·华为云原生技术丛书·

Istio
权威指南 下
云原生服务网格Istio架构与源码

张超盟 徐中虎 张伟 冷雪 编著

电子工业出版社
Publishing House of Electronics Industry
北京·BEIJING

内 容 简 介

本书是《Istio 权威指南》的下册，重点讲解 Istio 的架构与源码，分为架构篇与源码篇。

架构篇从架构的视角分别介绍 Istio 各组件的设计思想、数据模型和核心工作流程。在 Istio 1.16 中，Istiod 以原有的 Pilot 为基础框架构建了包含 Pilot、Citadel、Galley 等组件的统一控制面。本书第 15、16、17 章分别介绍以上三个组件各自的架构、模型和流程机制；第 18、19、20 章依次讲解数据面 Pilot-agent、Envoy 和 Istio-proxy 的架构和流程，包括三者的结合关系，配合 Istio 控制面组件实现流量管理功能，特别是 Envoy 的架构、模型和关键流程。

源码篇包括第 21~26 章，与架构篇的 6 章对应，分别介绍 Istio 管理面组件 Pilot、Citadel、Galley 与数据面 Pilot-agent、Envoy、Istio-proxy 的主要代码结构、代码流程及关键代码片段。本篇配合架构篇中每个组件的架构和机制，对 Istio 重要组件的实现进行了更详细的讲解和剖析，为读者深入研读 Istio 相关代码，以及在生产环境下进行相应代码的调试和修改提供指导。

本书适合入门级读者从零开始了解 Istio 的架构，也适合有一定基础的读者深入研究 Istio 的源码。

未经许可，不得以任何方式复制或抄袭本书之部分或全部内容。
版权所有，侵权必究。

图书在版编目（CIP）数据

Istio 权威指南. 下, 云原生服务网格 Istio 架构与源码 / 张超盟等编著. —北京：电子工业出版社，2023.5
（华为云原生技术丛书）
ISBN 978-7-121-45305-2

Ⅰ. ①I… Ⅱ. ①张… Ⅲ. ①互联网络－网络服务器－指南 Ⅳ. ①TP368.5-62

中国国家版本馆 CIP 数据核字（2023）第 051767 号

责任编辑：张国霞
印　　刷：三河市良远印务有限公司
装　　订：三河市良远印务有限公司
出版发行：电子工业出版社
　　　　　北京市海淀区万寿路 173 信箱　邮编 100036
开　　本：787×980　1/16　印张：29.25　字数：660 千字
版　　次：2023 年 5 月第 1 版
印　　次：2023 年 5 月第 1 次印刷
印　　数：3000 册　定价：128.00 元

凡所购买电子工业出版社图书有缺损问题，请向购买书店调换。若书店售缺，请与本社发行部联系，联系及邮购电话：(010) 88254888，88258888。
质量投诉请发邮件至 zlts@phei.com.cn，盗版侵权举报请发邮件至 dbqq@phei.com.cn。
本书咨询联系方式：(010) 51260888-819，faq@phei.com.cn。

推荐序一

随着企业数字化转型的全面深入，企业在生产、运营、创新方面都对基础设施提出了全新要求。为了保障业务的极致性能，资源需要被随时随地按需获取；为了实现对成本的精细化运营，需要实现对资源的细粒度管理；新兴的智能业务则要求基础设施能提供海量的多样化算力。为了支撑企业的数智升级，企业的基础设施需要不断进化、创新。如今，企业逐步进入深度云化时代，由关注资源上云转向关注云上业务创新，同时需要通过安全、运维、IT治理、成本等精益运营手段来深度用云、高效管云。云原生解决了企业以高效协同模式创新的本质问题，让企业的软件架构可以去模块化、标准化部署，极大提高了企业应用生产力。

从技术发展的角度来看，我们可以把云原生理解为云计算的重心从"资源"逐渐转向"应用"的必然结果。以资源为中心的上一代云计算技术专注于物理设备如何虚拟化、池化、多租化，典型代表是计算、网络、存储三大基础设施的云化。以应用为中心的云原生技术则专注于应用如何更好地适应云环境。相对于传统应用通过迁移改造"上云"，云原生的目标是通过一系列的技术支撑，使用户在云环境下快速开发和运行、管理云原生应用，并更好地利用云资源和云技术。

服务网格是CNCF（Cloud-Native Computing Foundation，云原生计算基金会）定义的云原生技术栈中的关键技术之一，和容器、微服务、不可变基础设施、声明式API等技术一起，帮助用户在动态环境下以弹性和分布式的方式构建并运行可扩展的应用。服务网格在云原生技术栈中，向上连接用户应用，向下连接多种计算资源，发挥着关键作用。

◎ 向下，服务网格与底层资源、运行环境结合，构建了一个理解应用需求、对应用更友好的基础设施，而不只是提供一堆机器和资源。服务网格帮助用户打造"以应用为中心"的云原生基础设施，让基础设施能感知应用且更好地服务于应用，对应用进行细粒度管理，更有效地发挥资源的效能。服务网格向应用提供的这层基础设施也经常被称为"应用网络"。用户开发的应用程序像使用传统的网络协议栈一样使用服务网格提供的应用层协议。就像 TCP/IP 负责将字节码可靠地在网络节点间传递，服务网格负责将用户的应用层信息可靠地在服务间传递，并对服务间的访问进行管理。在实践中，包括华为云在内的越来越多的云厂商将七层应用流量管理能力和底层网络融合，在提供传统的底层连通性能力的同时，基于服务的语义模型，提供了应用层丰富的流量、安全和可观测性管理能力。

◎ 向上，服务网格以非侵入的方式提供面向应用的韧性、安全、动态路由、调用链、拓扑等应用管理和运维能力。这些能力在传统应用开发模式下，需要在开发阶段由开发人员开发并持续维护。而在云原生开发模式下，基于服务网格的非侵入性特点，这些能力被从业务中解耦，无须由开发人员开发，由运维人员配置即可。这些能力包括：灵活的灰度分流；超时、重试、限流、熔断等；动态地对服务访问进行重写、重定向、头域修改、故障注入；自动收集应用访问的指标、访问日志、调用链等可观测性数据，进行故障定界、定位和洞察；自动提供完整的面向应用的零信任安全，比如自动进行服务身份认证、通道加密和细粒度授权管理。使用这些能力时，无须改动用户的代码，也无须使用基于特定语言的开发框架。

作为服务网格技术中最具影响力的项目，Istio 的平台化设计和良好扩展性使得其从诞生之初就获得了技术圈和产业界的极大关注。基于用户应用 Istio 时遇到的问题，Istio 的版本在稳定迭代，功能在日益完善，易用性和运维能力在逐步增强，在大规模生产环境下的应用也越来越多。特别是，Istio 于 2022 年 9 月被正式批准加入 CNCF，作为在生产环境下使用最多的服务网格项目，Istio 在加速成熟。

华为云在 2018 年率先发布全球首个 Istio 商用服务：ASM（Application Service Mesh，应用服务网格）。ASM 是一个拥有高性能、高可靠性和易用性的全托管服务网格。作为分布式云场景中面向应用的网络基础，ASM 对多云、混合云环境下的容器、虚拟机、Serverless、传统微服务、Proxyless 服务提供了应用健康、韧性、弹性、安全性等统一的全方位管理。

作为最早一批投身云原生技术的厂商，华为云是 CNCF 在亚洲唯一的初创成员，社区代码贡献和 Maintainer 席位数均持续位居亚洲第一。华为云云原生团队从 2018 年开始积极参与 Istio 社区的活动，参与 Istio 社区的版本特性设计与开发，基于用户的共性需求开发了大量大颗粒特性，社区贡献位居全球第三、中国第一。华为云云原生团队成员入选了每届 Istio 社区指导委员会，参与了 Istio 社区的重大技术决策，持续引领了 Istio 项目和服务网格技术的发展。

2021年4月，华为云联合中国信通院正式发布云原生2.0白皮书，全面诠释了云原生2.0的核心理念，分享了云原生产业洞察，引领了云原生产业的繁荣。此外，华为云联合CNCF、中国信通院及业界云原生技术精英们成立全球云原生交流平台——创原会，创原会当前已经在中国、东南亚、拉美、欧洲陆续成立分会，探索前沿云原生技术、共享产业落地实践经验，让云原生为数字经济发展和企业数字化转型贡献更多的价值。

《Istio 权威指南》来源于华为云云原生团队在云服务开发、客户解决方案构建、Istio社区特性开发、生产环境运维等日常工作中的实践、思考和总结，旨在帮助技术圈的更多朋友由浅入深且系统地理解 Istio 的原理、实践、架构与源码。书中内容在描述 Istio 的功能和机制的同时，运用了大量的图表总结，并深入解析其中的概念和技术点，可以帮助读者从多个维度理解云原生、服务网格等相关技术，掌握基于 Istio 实现应用流量管理、零信任安全、应用可观测性等能力的相关实践。无论是初学者，还是对服务网格有一定了解的用户，都可以通过本书获取自己需要的信息。

华为云 CTO　张宇昕

推荐序二

我很高兴向大家介绍这本关于 Istio 服务网格技术的权威书籍。Istio 是一种创新性的平台,在云原生计算领域迅速赢得人们的广泛关注。企业在向微服务和容器化架构转型的过程中,对强大且可扩展的服务发现、流量管理及安全平台的需求变得比以往更加迫切。Istio 在 2022 年 9 月正式被 CNCF 接受为孵化项目,并成为一种领先的解决方案,为云原生应用提供了无缝连接、可观察性和控制等能力。

本书提供了全面且实用的 Istio 指南,涵盖了 Istio 的核心概念、特性和对 xDS 协议等主题的深入探讨,还包括对 Envoy 和 Istio 项目源码的深入解析,这对潜在贡献者非常有用。无论您是软件工程师、SRE 还是云原生开发人员,本书都将为您提供利用 Envoy 和 Istio 构建可扩展和安全的云原生应用所需的知识和技能。

我要祝贺作者们完成了杰出的工作,并感谢他们在云原生社区分享自己的专业知识。我相信本书将成为对 Envoy、Istio 及现代云原生应用开发感兴趣的人不可或缺的资源。

CNCF CTO   *Chris Aniszczyk*

(原文)

I am thrilled to introduce this definitive book on Istio service mesh technology, a revolutionary platform that has been rapidly gaining popularity in the world of cloud-native computing. As businesses shift towards microservices and containerized architectures, the need for a robust and scalable platform for service discovery, traffic management, and security has become more critical than ever before. Istio was officially accepted in the CNCF as an incubation project in September 2022 and has emerged as a leading solution that provides seamless connectivity, observability, and control for cloud native applications.

This book provides a comprehensive and practical guide to Istio, covering its core concepts, features and deep dives into topics like the xDS protocol. It also includes a deep dive source code analysis of the Envoy and Istio projects which can be very useful to potential contributors. Whether you are a software engineer, an SRE or a cloud native developer, this book will provide you with the knowledge and skills which are necessary to leverage the power of Envoy and Istio to build scalable and secure cloud native applications.

I would like to congratulate the authors for their outstanding work and thank them for sharing their expertise with the wider cloud native community. I am confident that this book will be an invaluable resource for anyone interested in both Envoy and Istio and their roles in modern cloud native development.

CNCF CTO *Chris Aniszczyk*

前 言

Istio 从 2017 年开源第 1 个版本到当前版本，已经走过了 5 年多的时间。在此期间，伴随着云原生技术在各个领域的飞速发展，服务网格的应用也越来越广泛和深入。作为服务网格领域最具影响力的项目，Istio 快速发展和成熟，获得越来越多的技术人员关注和应用。我们希望通过《Istio 权威指南》系统且深入地讲解 Istio，帮助相关技术人员了解和熟悉 Istio，满足其日常工作中的需求。《Istio 权威指南（上）：云原生服务网格 Istio 原理与实践》是《Istio 权威指南》的上册，重点讲解 Istio 的原理与实践；《Istio 权威指南（下）：云原生服务网格 Istio 架构与源码》是《Istio 权威指南》的下册，重点讲解 Istio 的架构与源码。

近年来，服务网格在各个行业中的生产落地越来越多。CNCF 在 2022 年上半年公布的服务网格调查报告显示，服务网格的生产使用率已达到 60%，有 19% 的公司计划在接下来的一年内使用服务网格。当然，服务网格作为云原生的重要技术之一，当前在 Gartner 的评定中仍处于技术发展的早期使用阶段，有很大的发展空间。

CNCF 这几年的年度调查显示，Istio 一直是生产环境下最受欢迎和使用最多的服务网格。其重要原因是，Istio 是功能非常全面、扩展性非常好、与云原生技术结合得非常紧密、非常适用于云原生场景的服务网格。像早期 Kubernetes 在编排领域的设计和定位一样，Istio 从 2017 年第 1 个版本开始规划项目的应用场景和架构时，就致力于构建一个云原生的基础设施平台，而不是解决某具体问题的简单工具。

作为基础设施平台，Istio 向应用开发人员和应用运维人员提供了非常大的透明度。Istio 自动在业务负载中注入服务网格数据面代理，自动拦截业务的访问流量，可方便地在多种环境下部署和应用，使得业务在使用 Istio 时无须做任何修改，甚至感知不到这个基础设施的存在。在实现上，Istio 提供了统一的配置模型和执行机制来保证策略的一致性，其控制面和数据面在架构上都提供了高度的可扩展性，支持用户基于实际需要进行扩展。

2022 年 9 月 28 日，Istio 项目被正式批准加入 CNCF。这必将推动 Istio 与 Envoy 项目的紧密协作，一起构建云原生应用流量管理的技术栈。正如 Kubernetes 已成为容器编排领域的行业标准，加入 CNCF 也将进一步促进 Istio 成为应用流量治理领域的事实标准。Istio 和 Kubernetes 的紧密配合，也将有助于拉通规划和开发更有价值的功能。根据 Istio 官方的统计，Istio 项目已有 8800 名个人贡献者，超过 260 个版本，并有来自 15 家公司的 85 名维护者，可见 Istio 在技术圈和产业圈都获得了极大的关注和认可。

本书作者所在的华为云作为云原生领域的早期实践者与社区领导者之一，在 Istio 项目发展初期就参与了社区工作，积极实践并推动项目的发展，贡献了大量大颗粒特性。本书作者之一徐中虎在 2020 年 Istio 社区进行的第一次治理委员会选举中作为亚洲唯一代表入选，参与 Istio 技术策略的制定和社区决策。

本书作者作为 Istio 早期的实践者，除了持续开发满足用户需求的服务网格产品并参与社区贡献，也积极促进服务网格等云原生技术在国内的推广，包括于 2019 年出版《云原生服务网格 Istio：原理、实践、架构与源码解析》一书，并通过 KubeCon、IstioCon、ServiceMeshCon 等云原生和服务网格相关的技术峰会，推广服务网格和 Istio 相关的架构、生产实践和配套解决方案等。

写作目的

《Istio 权威指南》作为"华为云原生技术丛书"的一员，面向云计算领域的从业者及感兴趣的技术人员，普及与推广 Istio。本书作者来自华为云云原生团队，本书基于作者在华为云及 Istio 社区的设计与开发实践，以及与服务网格强相关的 Kubernetes 容器、微服务和云原生领域的丰富经验，对 Istio 的原理、实践、架构与源码进行了系统化的深入剖析，由浅入深地讲解了 Istio 的概念、原理、架构、模型、用法、设计理念、典型实践和源码细节。

本书是《Istio 权威指南》的下册，适合入门级读者从零开始了解 Istio 的架构，也适合有一定基础的读者深入研究 Istio 的源码。

前言

《Istio 权威指南》的组织架构

《Istio 权威指南》分为原理篇、实践篇、架构篇和源码篇，总计 26 章，其组织架构如下。

◎ 原理篇：讲解 Istio 的相关概念、主要架构和工作原理。其中，第 1 章通过讲解 Istio 与微服务、服务网格、Kubernetes 这几个云原生关键技术的联系，帮助读者立体地理解 Istio 的概念。第 2 章概述 Istio 的工作机制、服务模型、总体架构和主要组件。第 3、4、5 章通过较大篇幅讲解 Istio 提供的流量治理、可观测性和策略控制、服务安全这三大核心特性，包括其各自解决的问题、实现原理、配置模型、配置定义和典型应用，可以满足大多数读者在工作中的具体需求。第 6 章重点讲解自动注入和流量拦截的透明代理原理。第 7 章讲解 Istio 正在快速发展的多基础设施流量管理，包括对各种多集群模型、容器、虚拟机的统一管理等。

◎ 实践篇：通过贯穿全书的一个天气预报应用来实践 Istio 的非侵入能力。其中，第 8 章讲解如何从零开始搭建环境。第 9 章通过 Istio 的非侵入方式生成指标、拓扑、调用链和访问日志等。第 10 章讲解多种灰度发布方式，带读者了解 Istio 灵活的发布策略。第 11 章讲解负载均衡、会话保持、故障注入、超时、重试、HTTP 重定向、HTTP 重写、熔断与连接池、熔断异常点检测、限流等流量策略的实践。第 12 章讲解两种认证策略及其与授权的配合，以及 Istio 倡导的零信任网络的关键技术。第 13 章讲解入口网关和出口网关的流量管理，展示服务网格对东西向流量和南北向流量的管理。第 14 章则是对多集群和虚拟机环境下流量治理的实践。

◎ 架构篇：从架构的视角分别讲解 Istio 各组件的设计思想、数据模型和核心工作流程。在 Istio 1.16 中，Istiod 以原有的 Pilot 为基础框架构建了包含 Pilot、Citadel、Galley 等组件的统一控制面。第 15、16、17 章分别讲解以上三个组件各自的架构、模型和流程机制。第 18、19、20 章依次讲解服务网格数据面上 Pilot-agent、Envoy 和 Istio-proxy 的架构和流程，包括三者的结合关系，配合 Istio 控制面组件完成流量管理，特别是 Envoy 的架构、模型和关键流程。

◎ 源码篇：包括第 21~26 章，与架构篇的 6 章对应，分别讲解 Istio 管理面组件 Pilot、Citadel、Galley 与数据面 Pilot-agent、Envoy、Istio-proxy 的主要代码结构、代码流程和关键代码片段。本篇配合架构篇中每个组件的架构和机制，对 Istio 重要组件的实现进行了更详细的讲解和剖析，为读者深入研读 Istio 相关代码，以及在生产环境下进行相应代码的调试和修改提供指导。

学习建议

对于有不同需求的读者,我们建议这样使用本书。

- ◎ 对云原生技术感兴趣的所有读者,都可通过阅读《Istio 权威指南(上):云原生服务网格 Istio 原理与实践》,了解服务网格和 Istio 的概念、技术背景、设计理念与功能原理,并全面掌握 Istio 流量治理、可观测性和安全等功能的使用方式。通过实践篇可以从零开始学习搭建 Istio 运行环境并完成多种场景的实践,逐渐熟悉 Istio 的功能、应用场景,以及需要解决的问题,并加深对 Istio 原理的理解。对于大多数架构师、开发者和其他从业人员,通过对原理篇和实践篇的学习,可以系统、全面地了解 Istio 的方方面面,满足日常工作需要。

- ◎ 对 Istio 架构和实现细节感兴趣的读者,可以阅读《Istio 权威指南(下):云原生服务网格 Istio 架构与源码》,了解 Istio 的整体架构、各个组件的详细架构、设计理念和关键的机制流程。若对 Istio 源码感兴趣,并且在实际工作中需要调试或基于源码进行二次开发,那么还可以通过阅读源码篇,了解 Istio 各个项目的代码结构、详细流程、主要数据结构及关键代码片段。在学习源码的基础上,读者可以根据自己的兴趣或工作需求,深入了解某一关键机制的完整实现,并作为贡献者参与 Istio 或 Envoy 项目的开发。

勘误和支持

您在阅读本书的过程中有任何问题或者建议时,都可以通过本书源码仓库提交 Issue 或者 PR(源码仓库地址参见本书封底的读者服务),也可以关注华为云原生官方微信公众号并加入微信群与我们交流。我们十分感谢并重视您的反馈,会对您提出的问题、建议进行梳理与反馈,并在本书后续版本中及时做出勘误与更新。

本书还免费提供了 Istio 培训视频及 Istio 常见问题解答等资源,请通过本书封底的读者服务获取这些资源。

致谢

在本书的写作及成书过程中,本书作者团队得到了公司内外领导、同事及朋友的指导、鼓励和帮助。感谢华为云张平安、张宇昕、李帮清等业务主管对华为云原生技术丛书及本书写作的大力支持；感谢华为云容器团队张琦、王泽锋、张永明、吕贇等对本书的审阅与建议；感谢电子工业出版社博文视点张国霞编辑一丝不苟地制订出版计划及组织工作。感谢章鑫、徐飞等一起参与华为云原生技术丛书《云原生服务网格 Istio：原理、实践、架构与源码解析》的创作，你们为国内服务网格技术的推广做出了很大贡献，也为本书的出版打下了良好的基础。感谢四位作者的家人，特别是豆豆、小核桃、毛毛小朋友的支持，本书创作的大部分时间源自陪伴你们的时间；也感谢 CNCF 及 Istio、Kubernetes、Envoy 社区众多开源爱好者辛勤、无私的工作，期待和你们一起基于云原生技术为产业创造更大价值。谢谢大家！

华为云容器服务域总监　黄　毽

华为云应用服务网格架构师　张超盟

目 录

架 构 篇

第 15 章 Pilot 的架构 2
- 15.1 Pilot 的基本架构 2
  - 15.1.1 Istio 的服务模型 4
  - 15.1.2 xDS 协议 6
- 15.2 Pilot 的原理 12
  - 15.2.1 xDS 服务器 13
  - 15.2.2 服务发现 24
  - 15.2.3 配置规则发现 29
  - 15.2.4 xDS 的生成和分发 35
- 15.3 安全插件 42
  - 15.3.1 认证插件 43
  - 15.3.2 授权插件 46
- 15.4 Pilot 的关键设计 48
  - 15.4.1 三级缓存模型 48
  - 15.4.2 去抖动分发 50
  - 15.4.3 防过度分发 51
  - 15.4.4 增量 EDS 51
  - 15.4.5 资源隔离 53
  - 15.4.6 自动管理虚拟机工作负载 54
- 15.5 本章小结 55

第 16 章　Citadel 的架构 ... 56

- 16.1　Istio 的证书和身份管理 ... 56
- 16.2　Citadel 的基本架构 ... 59
- 16.3　Citadel 的核心原理 ... 60
  - 16.3.1　核心组件的初始化 ... 61
  - 16.3.2　CA 服务器 ... 62
  - 16.3.3　证书签发 ... 63
  - 16.3.4　证书轮转器 ... 65
- 16.4　本章小结 ... 67

第 17 章　Galley 的架构 ... 68

- 17.1　简化的 Galley ... 68
- 17.2　Galley 的整体架构 ... 69
  - 17.2.1　早期的 MCP ... 70
  - 17.2.2　基于 xDS 的 MCP ... 72
- 17.3　Galley 的核心工作原理 ... 72
  - 17.3.1　启动初始化 ... 72
  - 17.3.2　API 校验 ... 75
  - 17.3.3　对 API 配置的管理 ... 78
- 17.4　本章小结 ... 79

第 18 章　Pilot-agent 的架构 ... 80

- 18.1　Pilot-agent 的用途 ... 81
- 18.2　Pilot-agent 的核心架构 ... 81
- 18.3　Pilot-agent 的原理 ... 83
  - 18.3.1　Envoy 的启动 ... 84
  - 18.3.2　优雅退出 ... 85
  - 18.3.3　xDS 代理 ... 87
  - 18.3.4　证书管理 ... 90
  - 18.3.5　DNS 服务器 ... 91
  - 18.3.6　应用健康检查 ... 92
- 18.4　本章小结 ... 93

第 19 章 Envoy 的架构 94

19.1 Envoy 的整体架构 95
19.1.1 Envoy 的内部架构 96
19.1.2 Envoy 的通信架构 100

19.2 Envoy 的内存管理 110
19.2.1 堆内存管理 110
19.2.2 Buffer 管理 111

19.3 Envoy 过滤器的架构 114
19.3.1 过滤器的注册 115
19.3.2 过滤器的回调方法 117
19.3.3 过滤器的挂起与恢复 118

19.4 Envoy 的初始化流程 119
19.4.1 静态配置 120
19.4.2 动态配置 121
19.4.3 Envoy 的创建及初始化流程 124
19.4.4 Envoy 的运行流程 128
19.4.5 目标服务 Cluster 的创建 129
19.4.6 监听器的创建 131

19.5 Envoy 的网络及线程模型 133
19.5.1 Server 主线程 134
19.5.2 Accesslog 线程 136
19.5.3 工作线程 138
19.5.4 GuardDog 线程 139
19.5.5 线程间的同步 139

19.6 Envoy 的热升级流程 141
19.7 Envoy 的新连接处理流程 144
19.8 Envoy 的请求及响应数据处理流程 145
19.8.1 对下游请求数据的接收及处理 146
19.8.2 对上游请求数据的处理及发送 149
19.8.3 对上游响应数据的接收及发送 151

19.9 xDS 的原理及工作流程 153
19.10 安全证书处理 155
19.11 WASM 虚拟机的原理 158

  19.12 本章小结 161

第 20 章　Istio-proxy 的架构 162

  20.1 Istio-proxy 的基本架构 162
  20.2 Istio-proxy 的原理 163
    20.2.1 Istio-proxy 的整体工作流程 163
    20.2.2 L4 metadata_exchange 的工作流程 164
    20.2.3 L7 metadata_exchange 扩展的工作流程 169
    20.2.4 Stats 的工作流程 170
  20.3 本章小结 173

源 码 篇

第 21 章　Pilot 源码解析 175

  21.1 启动流程 175
  21.2 关键代码解析 177
    21.2.1 ConfigController 178
    21.2.2 ServiceController 186
    21.2.3 xDS 的异步分发 194
    21.2.4 对 xDS 更新的预处理 202
    21.2.5 xDS 配置的生成及分发 208
  21.3 本章小结 211

第 22 章　Citadel 源码解析 212

  22.1 启动流程 212
    22.1.1 Istio CA 的创建 213
    22.1.2 SDS 服务器的初始化 214
    22.1.3 Istio CA 的启动 215
  22.2 关键代码解析 216
    22.2.1 CA 服务器的核心原理 216
    22.2.2 证书签发实体 IstioCA 218
    22.2.3 CredentialsController 的创建和核心原理 222
  22.3 本章小结 224

第 23 章　Galley 源码解析ㅤ225

23.1　启动流程ㅤ225
23.1.1　Galley WebhookServer 的初始化ㅤ226
23.1.2　ValidatingWebhookConfiguration 控制器的初始化ㅤ226
23.2　关键代码解析ㅤ228
23.2.1　配置校验ㅤ228
23.2.2　Validating 控制器的实现ㅤ232
23.3　本章小结ㅤ235

第 24 章　Pilot-agent 源码解析ㅤ236

24.1　整体架构ㅤ236
24.2　启动及监控ㅤ238
24.3　xDS 转发服务ㅤ243
24.4　SDS 证书服务ㅤ248
24.5　健康检查ㅤ255
24.5.1　应用容器的 LivenessProbe 探测ㅤ255
24.5.2　应用容器的 ReadinessProbe 探测ㅤ257
24.5.3　Envoy 进程的 ReadinessProbe 探测ㅤ258
24.5.4　Pilot-agent 进程的 LivenessProbe 探测ㅤ262
24.6　本章小结ㅤ265

第 25 章　Envoy 源码解析ㅤ266

25.1　Envoy 的初始化ㅤ266
25.1.1　启动参数 bootstrap 的初始化ㅤ267
25.1.2　初始化观测指标ㅤ268
25.1.3　过滤器注册及信息补齐ㅤ269
25.1.4　Envoy 自身信息解析ㅤ273
25.1.5　Admin API 的初始化ㅤ273
25.1.6　Worker 的初始化ㅤ276
25.1.7　Dispatcher 内存延迟析构ㅤ279
25.1.8　CDS 的初始化ㅤ283
25.1.9　LDS 的初始化ㅤ286
25.1.10　初始化观测管理系统ㅤ287

- 25.1.11 启动 Stats 定期刷新 292
- 25.1.12 GuardDog 的初始化 292
- 25.2 热重启的流程 296
- 25.3 Envoy 的运行和连接创建 298
  - 25.3.1 启动 Worker 工作线程 299
  - 25.3.2 监听器的加载 301
  - 25.3.3 接收连接 304
- 25.4 Envoy 接收及处理数据 309
  - 25.4.1 读取数据 310
  - 25.4.2 接收数据 311
  - 25.4.3 处理数据 312
- 25.5 Envoy 发送数据到服务端 317
  - 25.5.1 路由匹配 317
  - 25.5.2 获取连接池 320
  - 25.5.3 创建上游请求 325
- 25.6 Envoy 收到服务端响应 333
  - 25.6.1 接收响应数据 333
  - 25.6.2 发送响应数据 335
- 25.7 xDS 流程解析 337
  - 25.7.1 xDS 公共订阅 337
  - 25.7.2 xDS 推送 342
  - 25.7.3 LDS 更新 343
  - 25.7.4 SDS 订阅 350
- 25.8 遥测元数据存储 352
  - 25.8.1 创建遥测元数据 352
  - 25.8.2 收集 Stats 观测数据 360
  - 25.8.3 定义静态指标 361
- 25.9 WASM 扩展 363
  - 25.9.1 WASM 虚拟机的启动 363
  - 25.9.2 WASM 虚拟机的运行 374
- 25.10 本章小结 387

第 26 章　Istio-proxy 源码解析 388
　　26.1　metadata_exchange 388
　　26.2　遥测数据 Stats 的上报 395
　　26.3　源码地址 406
　　26.4　本章小结 408

附录 A　源码仓库介绍 409

附录 B　实践问题总结 416

附录 C　服务网格术语表 432

结　语 447

架构篇

在完成对原理篇、实践篇的基本学习之后，相信你已经熟悉了 Istio 的功能、特点及使用场景。本篇将深入讲解 Istio 的内部实现，从架构的视角讲解 Istio 各组件的设计思想、数据模型和核心工作流程，并详细分析当前 Istio 架构模型的优缺点及未来演进方向。

自 1.5 版本开始，Istio 由微服务架构模型彻底回归单体应用模型，将原有的 Pilot、Mixer、Galley、Citadel、Injector 等控制面组件合并，以 Pilot 为基础框架，构建了新的控制面组件 Istiod。此举通过拥抱单体的思想，极大简化了 Istio 的安装、运行及升级流程，提升了应用体验。Istiod 没有改变任何用户体验，所有 API 及运行时特征都与原来保持一致。

尽管 Istiod 带来了控制面的合并，但原有组件的功能基本得到了保留。为了便于理解，本篇仍按照独立的功能模块依次展开内容讲解。

第15章 | Pilot 的架构

Pilot 是 Istio 控制面管理流量的核心组件，管理着服务网格中的所有 Envoy 代理实例。在配置管理方面，允许用户创建服务之间的流量转发及路由规则，并配置故障恢复策略，例如超时、重试及熔断。而且，Pilot 支持丰富的策略发现，包括认证、鉴权等安全策略，以及监控、访问日志、调用链等可观测性数据采集策略。在服务发现方面，Pilot 支持多种平台的服务发现，包括 Kubernetes 集群或者外部的注册中心。

另外，Pilot 在 Istio 回归单体应用后，承担着启动、协同所有其他功能组件工作的职责。Istiod 以 Pilot 为基础框架，启动 Citadel、Galley、Sidecar-Injector 等功能组件。如果使用并仔细观察过新版本的 Istio，那么我们不难发现控制面部署的 "istiod" Deployment 真正的进程名称依然是 "pilot-discovery"。这和 Pilot 架构本身的兼容性及强大的扩展能力分不开。

除此之外，Pilot 还提供了一个具有丰富功能的 REST 接口，主要用于调试。它不但提供了性能诊断接口 pprof，可供服务网格运维人员对控制面进行性能剖析，找到性能瓶颈；还提供了许多可供查询当前 xDS 状态或者特定代理状态的接口。目前，istioctl 命令行工具用于获取配置及代理状态的很多子命令都直接访问此接口。

15.1　Pilot 的基本架构

图 15-1 简单展示了 Pilot 的整体架构，其中的灰色部分表示 Pilot，Pilot 在服务网格中维护着 Istio 服务的抽象模型，这些模型独立于不同的底层平台如 Kubernetes、Consul、Mesos 和 CloudFoundry 的 API，模型的转换由平台适配器完成。

15.1 Pilot 的基本架构

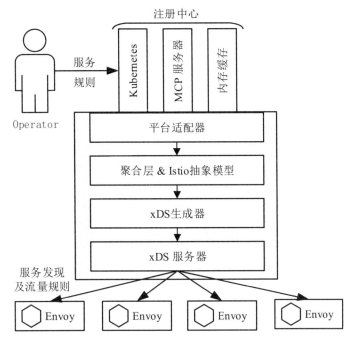

图 15-1 Pilot 的整体架构

目前除 Kubernetes 平台外,Istio 并不直接支持其他平台,而是设计了一种可扩展的 MCP 标准协议。Pilot 主要实现了 MCP 客户端,将 MCP 服务器留给第三方实现,由第三方自己适配自己的注册中心,这大大避免了 Istio 社区维护各种各样的注册中心适配器所导致的代码臃肿,并降低了维护复杂度。

平台适配器(Platform Adapter)负责监听底层平台,并完成从平台特有的服务模型到 Istio 规范模型的转换,如下所述。

◎ 服务模型的转换:将 Kubernetes Service、ServiceEntry 服务模型转换为遵循 Istio 规范的服务模型。
◎ 服务实例的转换:将 Kubernetes Endpoint、WorkloadEntry 资源转换为遵循 Istio 规范的服务实例模型。
◎ Istio 中 API 配置模型的转换:将 Kubernetes 或者 MCP 服务器非结构化的自定义配置规则转换为 VirtualService、Gateway、DestinationRule、PeerAuthentication、RequestAuthentication、AuthorizationPolicy 等结构化 API,并将 Kubernetes Ingress 资源转换为 Istio Gateway 资源。

在平台适配器之上就是抽象聚合层,之所以需要抽象聚合层,是因为 Pilot 支持基于多个不同的底层平台进行服务发现和流量规则发现。例如，Istio 可以支持同时通过 Kubernetes 和 MCP 服务器进行服务发现。抽象聚合层通过聚合不同平台的服务及配置规则，对外提供统一的索引接口，使得 Pilot 的发现服务（xDS）无须关注底层平台的差异，达到解耦 xDS 与底层平台的目的。

聚合层之上便是 xDS 生成器，xDS 生成器是唯一感知 Envoy API 的模块，也是 Istio 网络的核心。目前 xDS 生成器已经在核心的 CDS、EDS、LDS、RDS 生成器之外扩展了 NDS（DNS 名称发现服务）、ECDS（扩展配置发现服务）等多个生成器。xDS 生成器以工厂模式实现了 xDS 配置生成接口（XdsResourceGenerator.Generate），以供 xDS 服务器调用。

xDS 服务器位于 Pilot 架构的最上层，也是最前端，直接将 Pilot 的服务治理能力暴露给客户端。Pilot 通过 xDS 服务器接收并维持与 Envoy 代理的连接，基于发布-订阅模型分发相应的 xDS 配置。客户端与服务器之间遵循 xDS 协议，Pilot 实时、动态地推送已更新的 xDS 配置。相比定时轮询方式，这种方式实时性更强并节省了大量带宽及 CPU 资源。

目前，在 Pilot 与 Envoy 代理之间维护着一条 gRPC 长连接，所有配置的分发都基于此连接的一个 Stream。配置的分发采用异步方式，主要基于底层注册中心服务的变化或者配置规则的更新事件。

熟悉 Istio 服务模型和 xDS 协议是了解 Pilot 的基本架构和工作原理的必要条件，本节首先简单讲解 Istio 服务模型和 xDS 协议。如果已经对这些内容有所了解，则可直接跳过本节，进行后面内容的学习。

15.1.1　Istio 的服务模型

Istio 的服务模型是生成 xDS 配置的基础。Istio 通过平台适配器层将平台特有的服务模型转换为 Istio 通用的抽象服务模型，使得 Istio 控制面无须感知底层平台的差异。也就是说，xDS 生成器基于 Istio 通用的服务模型构建 xDS 配置，从而屏蔽底层平台的差异，这样可以解耦 xDS 生成器与底层平台，大大提高 Pilot 的可扩展性。

Istio 通用的服务模型包含服务（Service）和服务实例（ServiceInstance）。

1. 服务

每个服务都有一个全限定域名 FQDN 及用于监听连接的一个或多个端口。通常，服务拥有一个虚拟 IP 地址，使得针对其 FQDN 的 DNS 查询被解析为虚拟 IP 地址。例如，在 Kubernetes 平台上，forecast 的 FQDN 可能是 forecast.weather.svc.cluster.local，拥有虚拟 IP

地址 10.0.1.1 并监听在 3002 端口。Istio 的 Service 模型及其主要属性如下。

- Hostname：服务的全限定域名，在 Kubernetes 环境下，服务的域名形式是 \<name\>.\<namespace\>.svc.cluster.local。Hostname 主要有两个作用：①提供服务的索引；②生成虚拟主机的域名。
- Address：服务的虚拟 IP 地址，主要为 HTTP 服务生成路由的虚拟主机域名。Envoy 代理会根据虚拟主机的域名匹配结果进行路由转发。
- Ports：服务的端口信息，包含端口名称、端口号、服务的传输层协议。
- ClusterVIPs：服务于多 Kubernetes 集群的服务网格，表示集群 ID 与虚拟 IP 地址的关系。Pilot 在为 Envoy 代理构建监听器（Listener）和路由时，会根据代理所在的集群选用对应集群的虚拟 IP 地址。
- ServiceAccounts：服务的身份标识，遵循 SPIFFE 规范。例如，在 Kubernetes 环境下，身份信息的格式为 "spiffe://\<trust domain\>/ns/\<namespace\>/sa/\<serviceaccount\>"，这使 Istio 能够基于服务的身份对服务的访问进行认证和授权。
- Resolution：指示代理如何解析服务实例的地址。在大多数服务网格内的服务之间访问时使用 ClientSideLB，Envoy 会根据负载均衡算法从本地负载均衡池中选择一个 Endpoint 地址进行转发。除此之外，还有 DNSLB 和 Passthrough 两种解析策略可选，一般用于访问服务网格外部服务或者 Kubernetes Headless 服务。
- Attributes：定义服务的额外属性，主要用于获取可观测性、跨集群访问所需的网关地址。在属性中还有一个 ExportTo 字段，用于定义服务的可见范围，表示本服务可被同一命名空间或者服务网格中的所有工作负载访问。

可见，Istio Service 模型完全不同于底层平台的服务模型，例如 Kubernetes Service API。Istio 服务模型记录了聚合层及 xDS 生成器所需的属性，这些关键属性由 Kubernetes Service 转换而来。这种抽象的与底层无关的服务模型，在很大程度上解耦了 Pilot xDS Server 模块与底层平台的适配器，并具有很强的可扩展性。

2. 服务实例

ServiceInstance 表示特定版本的服务实例，记录了服务与其实例 IstioEndpoint 的关联关系。每个服务都有一个或者多个实例（称之为服务实例），服务实例是服务的实际表现形式，类似于 Kubernetes 中 Service 与 Endpoint 的概念。

服务实例的属性及其作用如下。

- Service：关联的服务，用于维护服务实例与服务的关系。

◎ ServicePort：表示服务的端口号和协议类型。
◎ Endpoint：IstioEndpoint 类型，定义了服务实例的网络地址、位置信息、负载均衡权重、标签及所在网络的 ID 等元数据。

IstioEndpoint 模型的主要属性及其含义如表 15-1 所示。

表 15-1　IstioEndpoint 模型的主要属性及其含义

主要属性	基本含义	在 Kubernetes 环境下的含义
Labels	服务实例的工作负载的标签	包括基本的 Pod 标签及 Istio 设置的位置、网络等标签
Address	服务实例监听的 IP 地址	Pod 的 IP 地址
EndpointPort	服务实例监听的端口号	Pod 中进程监听的端口
ServicePortName	服务端口的名称	Pod 的端口名称，用于区分具有相同端口号及不同协议的端口
ServiceAccount	服务实例的身份	Pod 的 ServiceAccount，在服务网格中代表服务的身份。Pilot 基于 ServiceAccount 为服务实例颁发证书
Network	网络标识	Pod 所在的网络，用于支持服务网格跨网络的流量治理
Locality	位置信息	Pod 所在的区域、可用区等位置信息，可以自动从 Pod 标签或 Node 标签上获取。用于支持基于位置的优先级路由策略
LbWeight	负载均衡权重	Pod 暂不支持，所有 Pod 服务实例的负载均衡权重都相同
TLSMode	TLS 模式	Pod 的 TLS 模式，通过 "security.istio.io/tlsMode" 标签获取
Namespace	服务实例所在的命名空间	Pod 所在的命名空间，用于调用链追踪和监控
WorkloadName	服务实例所属的工作负载的名称	Deployment 的名称，用于调用链追踪和监控

15.1.2　xDS 协议

xDS 协议是 Envoy 动态获取配置的传输协议，也是 Istio 与 Envoy 连接的桥梁。Envoy 通过文件系统或者通过查询一个或者多个 Pilot 来动态获取配置。总体来说，这些发现服务及相关 API 被统称为 xDS。目前在 Istio 中，Pilot 主要基于 gRPC 协议提供发现服务功能，本节主要讲解流式 gRPC 订阅。

1. xDS 概述

xDS 是一类发现服务的总称，包含 LDS、RDS、CDS、EDS、ECDS、SDS 及 Istio 扩展的 NDS 等。

（1）LDS：监听器发现服务（Listener Discovery Service）。监听器控制 Envoy 启动端

口监听（目前只支持 TCP，不支持 UDP），并配置 L3 或 L4 过滤器，在网络连接到达后，由网络的过滤器堆栈开始处理。Envoy 根据监听器的配置执行大多数不同的代理任务：限流、客户端认证、HTTP 连接管理、TCP 代理等。

（2）RDS：路由发现服务（Route Discovery Service），用于 Envoy HTTP 连接管理器动态获取路由配置。路由配置包含 HTTP 头部修改（增加、删除 HTTP 头部的键值）、Virtual Hosts（虚拟主机）及 Virtual Hosts 定义的各个路由条目。

（3）CDS：集群发现服务（Cluster Discovery Service），用于动态获取 Cluster 信息。Envoy Cluster 管理器管理着所有上游 Cluster。Envoy 一般从监听器（针对 TCP）或路由（针对 HTTP）中获取上游 Cluster，作为流量转发目标。

（4）EDS：端点发现服务（Endpoint Discovery Service）。在 Envoy 术语中，Cluster 的成员叫作 Endpoint，对于每个 Cluster，Envoy 都通过 EDS API 动态获取其所有 Endpoint。之所以将 EDS 作为首选的服务发现机制，是因为：

◎ 与通过 DNS 解析的负载均衡器进行路由相比，Envoy 能明确知道每个上游主机的信息，从而做出更加智能的负载均衡决策；
◎ Endpoint 配置包含负载均衡权重、可用域等附加主机属性，这些属性可用于服务网格负载均衡、统计采集等。

（5）ECDS：扩展配置发现服务（Extension Config Discovery Service）。ECDS API 允许扩展配置（例如 HTTP 过滤器及 Wasm 虚拟机配置）独立于监听器提供。当构建更适合与主控制平面分开的系统（例如 WAF、故障测试等）时，ECDS 很有用。ECDS 当前主要用来获取 Wasm 虚拟机的配置。

（6）SDS：证书发现服务（Secret Discovery Service），用于在运行时动态获取 TLS 证书。若没有 SDS 特性，则在 Kubernetes 环境下必须创建包含证书的 Secret，在代理启动前必须将 Secret 挂载到 Sidecar 容器中，如果证书过期，则需要重新部署应用。在使用 SDS 后，集中式的 SDS 服务器将证书分发给所有 Envoy 实例，如果证书过期，则服务器会分发新的证书，Envoy 在接收到新的证书后重新加载即可，不用重新部署。另外，SDS 使得工作负载之间的通信更加安全，因为证书公钥、私钥全被缓存在内存中，不落磁盘。

（7）NDS：DNS 主机名表发现服务（NameTable Discovery Service），主要是 Istio 为解决虚拟机与 Kubernetes 混合部署环境下的 DNS 解析问题而设计的一种本地 DNS 解决方案。Pilot-agent 提供了本地 DNS 的功能，本地 DNS 服务器通过 NDS 获取主机名称与地址的对应关系。在虚拟机上，应用的 DNS 解析请求被拦截到本地 DNS 服务器，由本地 DNS

服务器负责域名解析。

以上几种 xDS 资源在 Istio 数据面扮演着不可或缺的角色，Istio 通过 xDS 提供了非常灵活、动态的北向控制。

2. xDS API 交互

对于典型的 HTTP 路由场景，客户端配置的核心资源类型为监听器、RouteConfiguration、Cluster 和 ClusterLoadAssignment。每个监听器资源都可以指向 RouteConfiguration 资源，该资源可以指向一个或多个 Cluster 资源，并且每个 Cluster 资源都可以指向 ClusterLoadAssignment 资源。Envoy 在启动时首先获取所有监听器和集群资源，然后获取监听器和集群资源包含的任何 RouteConfiguration 和 ClusterLoadAssignment 资源。实际上，每个监听器或集群资源都是 Envoy 配置的根，其下包含其他类型的资源。

目前 Envoy 主要支持四种 xDS 传输协议的变种，涵盖了下面两种维度的所有组合：第 1 个维度是增量或全量，第 2 个维度是单个或多个 gRPC 流。Istio 当前只支持 ADS（聚合发现）的全量模式 StoW（State of the World）和增量模式（Incremental），因此本书对其他几种协议变种不做详细讲解。

一次完整的 xDS 流程包含以下三个步骤，如图 15-2 所示。

（1）Envoy 主动向 Pilot 发起 DiscoveryRequest 类型的请求。

（2）Pilot 根据请求生成相应的 DiscoveryResponse 类型的响应。

（3）Envoy 接收 DiscoveryResponse，然后动态加载配置，在配置加载成功后进行 ACK，否则进行 NACK。ACK 或者 NACK 消息也是以 DiscoveryRequest 形式传输的。

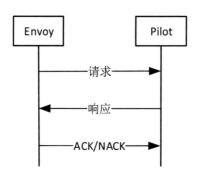

图 15-2　一次完整的 xDS 流程

DiscoveryRequest 配置的主要属性及其含义如表 15-2 所示。

表 15-2　DiscoveryRequest 配置的主要属性及其含义

主要属性	含　义
version_info	Envoy 最新加载成功的配置的版本号，在进行第 1 次 xDS 请求时为空
node	发起请求的 Proxy 信息，包含 ID、版本位置信息及其他元数据
resource_names	请求的资源名称列表，若为空，则表示订阅所有资源。LDS 或者 CDS 请求为空
type_url	请求的资源类型
response_nonce	Nonce 字符串，对特定配置进行 ACK 或者 NACK 的标识
error_detail	代理加载配置失败的原因，在 ACK 时为空

DiscoveryResponse 配置的主要属性及其含义如表 15-3 所示。

表 15-3　DiscoveryResponse 配置的主要属性及其含义

主要属性	含　义
version_info	本次响应的版本号
resources	响应的资源：序列化的资源，可表示任意类型的资源
type_url	资源类型
nonce	适用于基于 gRPC 协议的流式订阅，提供了一种在随后的 DiscoveryRequest 中明确 ACK 或者 NACK 特定 DiscoveryResponse 的方式

3. ADS 的演进

ADS（Aggregated Discovery Service，聚合发现服务）基于同一 gRPC 流，避免了 CDS、EDS、LDS、RDS 更新分别指向不同的 Pilot 服务端的可能。之所以引入 ADS，主要是因为基于 REST 协议的 xDS 有以下问题。

（1）xDS 是一种最终一致性协议，在配置更新的过程中流量容易丢失。例如，通过 CDS 或者 EDS 获得了 Cluster X，一条指向 Cluster X 的 RouteConfiguration 刚好被更新为指向 Cluster Y，但是在 CDS、EDS 还没来得及分发 Cluster Y 的配置的情况下，路由到 Cluster Y 的流量会被全部丢弃，并且返回给客户端 "503" 状态码。

（2）在某些场景中，流量的丢失是不可接受的。

值得庆幸的是，遵循 make-before-break 原则，通过调整配置的更新顺序完全可以避免丢失流量。

◎ CDS 的更新必须先进行，请求资源的名称为空。

◎ EDS 的更新必须在 CDS 的更新之后进行，并且 EDS 的更新需要指定 CDS 获取的相关集群名称。
◎ LDS 的更新必须在 CDS 或 EDS 的更新之后进行，请求资源的名称为空。
◎ RDS 的更新必须在 LDS 的更新之后进行，因为 RDS 的更新与 LDS 新加的监听器有关，在请求过程中必须指定新的监听器的路由名称。

xDS 基本的配置更新顺序如图 15-3 所示。

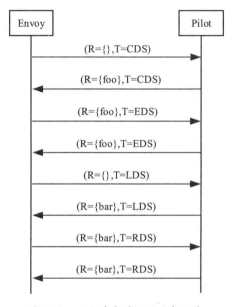

图 15-3　xDS 基本的配置更新顺序

Istio 在 0.8 之前的版本中使用独立的接口进行不同资源的服务发现，尽管 Envoy 采用了最终一致性模型（见图 15-4），但它仍不能保证不同资源的配置获取及加载时序，在配置更新过程中难免出现连接错误，这主要是因为：同一代理可能与不同的 Pilot 实例建立连接；不同的 Pilot 实例的配置规则、服务等资源的获取方式遵循最终一致性要求，但是没有强一致性保证。

在 ADS 出现后，一切都变得简单起来，Envoy 通过 gRPC 与某个特定的 Pilot 实例建立连接。Pilot 通过简单的串行分发配置方式保证 xDS 的更新按照 CDS→EDS→LDS→RDS 的顺序进行，Envoy 以相同的顺序加载配置，从而轻松避免基于 REST 方式的 xDS 容易出现的网络中断问题。

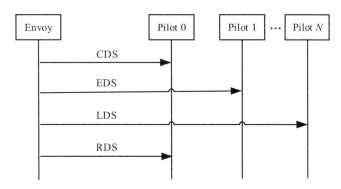

图 15-4　Envoy 采用的最终一致性模型

4. 增量 xDS

增量 xDS 是区别于 Istio 早期采用的全量 xDS 的另一种模型，也叫 Delta xDS。Pilot 每次只发送更新的 xDS 配置，大大提升了 xDS 传输效率。例如，在服务网格中总共有 1 万个监听器，在单个监听器更新后，Pilot 无须推送另外 999 个不变的监听器，只需推送更新的单个监听器。另外，允许 Envoy 按需/懒加载方式获取额外的资源。由此可见，增量 xDS 对于服务网格管理大规模集群具有重要意义。

增量 xDS 与全量 xDS 是两个正交的 API，它使用 DeltaDiscoveryRequest 向 Pilot 订阅 xDS 资源，Pilot 通过 DeltaDiscoveryResponse 发送本轮更新或者删除的资源。DeltaDiscoveryRequest 配置的主要属性及其含义如表 15-4 所示。

表 15-4　DeltaDiscoveryRequest 配置的主要属性及其含义

主要属性	含　义
node	发起请求的 Proxy 信息，包含 ID、版本位置信息及其他元数据
type_url	请求的资源类型
resource_names_subscribe	客户端需要新增订阅的资源名称
resource_names_unsubscribe	客户端取消订阅的资源名称
initial_resource_versions	将 xDS 客户端已知的资源版本通知服务器，即使 gRPC 流重新连接，服务器也能继续进行增量更新
response_nonce	Nonce 字符串，某个 DeltaDiscoveryResponse 的 ACK 或者 NACK 标识
error_detail	代理加载配置失败的原因，在 ACK 时为空

DeltaDiscoveryResponse 配置的主要属性及其含义如表 15-5 所示。

表 15-5　DeltaDiscoveryResponse 配置的主要属性及其含义

主要属性	含　　义
system_version_info	响应的版本
resources	更新的资源
type_url	资源的类型
removed_resources	删除的资源名称
nonce	响应的唯一值，Envoy 利用它对本次响应进行 ACK、NACK

Istio 1.14 增加了对增量 xDS 的支持，目前仍处于 Alpha 阶段。其中，对于 CDS、EDS 资源，基于服务及 Endpoints 的更新实现了一定程度的增量能力；但是对于 LDS、RDS 资源，目前仅仅通过 DeltaDiscoveryResponse 发送全量数据，并没有实现真正意义上的增量推送。

未来，Istio 社区会持续优化和支持 Delta xDS，提升服务网格的大规模扩展能力。

15.2　Pilot 的原理

Pilot 作为 Istio 控制面的核心，主要职责是获取注册中心的配置规则或者服务，服务于所有 Envoy。如图 15-5 所示，Pilot 主要包含服务发现、配置规则发现及 xDS 服务器三大模块。服务发现模块及配置规则发现模块用于从底层注册中心发现原始资源，然后通知 xDS 服务器进行一次新的 xDS 推送，并且作为缓存提供 xDS 配置源。xDS 服务器处理 Sidecar 的连接请求，服务于 xDS 的配置生成与分发。

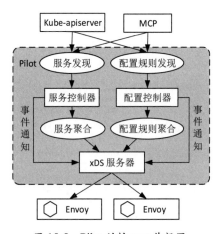

图 15-5　Pilot 的核心工作视图

另外，HTTP 服务接口主要提供 REST 接口供管理员获取调试信息，同时提供性能分析接口，可通过此接口获取进程运行时的堆栈、CPU 占用情况等。

15.2.1 xDS 服务器

如图 15-6 所示，xDS 服务器包含 ADS 服务器和 xDS 生成器两部分，主要处理数据面代理的所有 xDS 请求，维护所有客户端连接，并且以发布-订阅模式提供 xDS 服务。ADS 服务器实际上是一个 gRPC 服务器，同时提供客户端的认证。xDS 生成器由多种生成器组成，每种生成器都负责一种 xDS 资源的生成。xDS 服务器的架构模型也是经过社区多个版本的迭代形成的，具有松耦合、易扩展的特点。

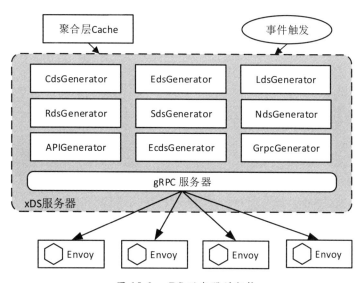

图 15-6 xDS 服务器的架构

1. ADS 服务器

Istio 主要实现了 StoW 全量的 ADS 接口，而对增量 ADS 接口的支持目前仍然比较初级。

随着 Envoy 社区将 xDS API 演进到 v3 版本，Istio 紧跟 Envoy 的脚步完成了 xDS 从 v2 到 v3 版本的升级。

gRPC 服务器的核心工作是定义其 gRPC 流处理器，每个流都由一个独立的 Go 协程处理。借助 Go 的天然高并发能力，ADS 服务器在设计时，重点考虑如何定义 Stream 状态机，以及如何处理每个 xDS 请求和响应。

在 Istio 中，每个数据面代理与 ADS 服务器一般都保持一条 gRPC 连接，并且 xDS 的订阅基于同一条 gRPC 流。简单来看，这也算是一种多路复用。ADS 服务器的每一条流都涉及数据的接收及发送，这是典型的 I/O 多路复用模型。ADS 服务器在架构上对数据的接收和发送分别使用独立的线程。两个线程的生命周期均与 gRPC 流相同，当 gRPC 流建立时，启动发送、接收线程；当流关闭时，结束线程。

如图 15-7 所示，xDS 请求的接收线程由主线程启动，主要接收 xDS 请求，进行必要的初始化工作。在 xDS 协议标准中，在 xDS 的第一次请求中除包含正常订阅的资源类型或者名称外，还包含代理的一些元数据信息，因此接收线程对第一次请求进行代理的初始化工作，并且将连接缓存到连接池中。这一步是后续的 xDS 生成及发送的关键，后续的 xDS 生成及发送依赖关键的代理元数据，例如代理的类型、标签、服务实例等。

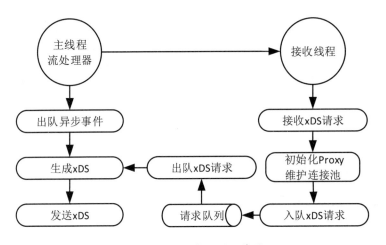

图 15-7　ADS 服务器的工作原理

接收线程将接收到的 xDS 请求入队，同时主线程流处理器异步地读取请求队列。xDS 协议是一种发布/订阅异步的消息传输协议，除这种请求-响应式的 xDS 交互外，更多的场景是基于外部资源对象的变化事件产生的 xDS 推送。主线程同时监听异步推送通知，尽管在任何一种事件发生时，ADS 服务器都会根据需要生成 xDS 配置，并且由本 gRPC 流发送到客户端。但是在本质上，xDS 请求与异步推送请求是有区别的：一般来说，xDS 请求每次都只能有一种类型的资源请求，相应的服务器按需服务即可；而异步推送请求往往会根据客户端所订阅的资源类型进行全量的 xDS 推送。异步推送的一个典型场景是新服务的创建会带来 CDS→EDS→LDS→RDS 的重新生成及分发。

在主线程中，xDS 的生成是一个较为复杂的过程，其中有相当多的关系型资源查询。因此在 Istio 的架构演化过程中，社区将 xDS 的生成抽象并解耦出来，构建了各种各样的 xDS 生成器。

2. xDS 服务器的安全性

xDS 服务器为了增强安全性，防止恶意用户通过 xDS 接口获取集群状态，在 Istio 1.7 中增加了对 xDS 客户端的认证和鉴权，目前主要支持以下三种认证方式。

（1）TLS 证书认证。虚拟机上的 Pilot-agent 使用证书连接 xDS 服务器。由于在虚拟机上没有自动的 JWT 令牌挂载能力，所以证书无疑也是最佳选择。

（2）Kubernetes JWT 认证。在 Kubernetes 环境下，这是一种最为简便的认证方式。Pilot-agent 获取 Kubernetes 挂载的 JWT Token，并与 xDS 请求一起发送到 xDS 服务器，xDS 服务器将令牌发往 Kube-apiserver 进行身份认证。

（3）OIDC 认证。OIDC 为用户提供了一种集成现有 OAuth2.0 授权系统的可能，能够最大化利用厂商现有的基础设施，使用场景也比较灵活，不局限于虚拟机，Kubernetes 集群也可以。

xDS 鉴权建立在 xDS 认证的基础上，将认证后的 xDS 客户端身份与代理的元数据进行匹配。在认证鉴权均通过后，xDS 客户端才是可信的客户端，否则将被拒绝服务。

3. xDS 生成器

主要的 xDS 生成器包括 CDS、EDS、LDS、RDS、SDS、ECDS、NDS、API、gRPC 等相互独立、正交的生成器。前 6 种 xDS 生成器都是 Envoy 标准的资源类型，NDS 生成器及 API 生成器则是 Istio 社区基于标准的 xDS 协议扩展出来的。

首先简单讲解 NDS 生成器及 API 生成器：NDS 生成器实际上是为支持应用的本地 DNS 解析而设计的，它根据服务发现请求生成服务的主机名与地址映射表；API 生成器比较特殊，通过 API 生成器，Istiod 能够提供 Istio 的各种配置资源及服务发现能力，对比可参考 15.2.3 节。gRPC 生成器是由 Istio 社区最新设计的，专为 proxyless gRPC 生成各种 xDS（CDS、EDS、LDS、RDS）配置。gRPC 在演进，gRPC 生成器也会随之演进。

这里重点讲解与网络紧密相关的 CDS、EDS、LDS、RDS 生成器。Envoy 至少需要这 4 种生成器，才能实现基本的流量治理。为了更加直观地理解这 4 种生成器的原理，这里部署一个简单的 httpbin 应用，通过相关配置看看在服务网格内如何访问 httpbin 应用。

第 15 章 Pilot 的架构

1）CdsGenerator

Istio 1.15 默认生成的 outbound 集群如下：

```
{
    "transportSocketMatches": [
        {
            "name": "tlsMode-istio",
            "match": {
                "tlsMode": "istio"
            },
            "transportSocket": {
                "name": "envoy.transport_sockets.tls",
                "typedConfig": {
                    "@type": "type.googleapis.com/envoy.extensions.transport_sockets.tls.v3.UpstreamTlsContext",
                    ……
                }
            }
        },
        {
            "name": "tlsMode-disabled",
            "match": {},
            "transportSocket": {
                "name": "envoy.transport_sockets.raw_buffer"
            }
        }
    ],
    "name": "outbound|8000||httpbin.default.svc.cluster.local",
    "type": "EDS",
    "edsClusterConfig": {
        "edsConfig": {
            "ads": {},
            "resourceApiVersion": "V3"
        },
        "serviceName": "outbound|8000||httpbin.default.svc.cluster.local"
    },
    "connectTimeout": "10s",
    "circuitBreakers":
    "metadata": {
        "filterMetadata": {
            "istio": {
                "default_original_port": 8000,
```

```
                "services": [
                    {
                        "host": "httpbin.default.svc.cluster.local",
                        "name": "httpbin",
                        "namespace": "default"
                    }
                ]
            }
        }
    },
    "filters": [
        {
            "name": "istio.metadata_exchange",
            "typedConfig": {
                "@type": "type.googleapis.com/udpa.type.v1.TypedStruct",
                "typeUrl": "type.googleapis.com/envoy.tcp.metadataexchange.config.MetadataExchange",
                "value": {
                    "protocol": "istio-peer-exchange"
                }
            }
        }
    ]
}
```

Outbound 集群名称的固定格式为 "outbound|<service port>|<subset>|<FQDN>"，httpbin 集群为 "outbound|8000||httpbin.default.svc.cluster.local"。Envoy 监听器或者路由都是通过集群名称关联集群的。集群类型是 EDS，意味着服务端点由 EDS API 获取，并且由 Envoy 做负载均衡。

metadata 是应用及服务的一些基本属性，可以用来提供一些额外的信息支持应用的监控、日志和调用链。istio.metadata_exchange 是一种过滤器，在连接建立后，上下游服务代理通过交换数据来获取对方的元数据，比如工作负载名称，从而取代第一代中心式的遥测组件 Mixer。

另一个很重要的属性字段是 transportSocketMatches，它通过匹配上游端点的属性来加载相应的配置。比如这里匹配到标签包含"tlsMode": "istio"的端点，Envoy 将对它进行双向 TLS 认证。上游 TLS 配置包含一些证书的获取，UpstreamTlsContext 表示工作负载连接上游服务时所用的 TLS 配置。其他未匹配到的端点，可能是未注入 Sidecar 的服务网格的内部应用，或者是服务网格的外部应用，流量被以 HTTP 明文的方式转发到这类服务端点。

连接相关的其他配置也主要在 Cluster 中，比如基本的超时时间、最大连接数、熔断、重试策略等。

2）EdsGenerator

EdsGenerator 用于生成 Cluster 需要的 Endpoint 配置。运行 istioctl pc endpoint <podname> --cluster=<cluster name> -ojson，获取到的 Endpoint 配置如下：

```
"name": "outbound|8000||httpbin.default.svc.cluster.local",
"addedViaApi": true,
"hostStatuses": [
    {
        "address": {
            "socketAddress": {
                "address": "10.244.0.20",
                "portValue": 80
            }
        },
         ……
        "healthStatus": {
            "edsHealthStatus": "HEALTHY"
        },
        "weight": 1,
        "locality": {}
    },
]
```

在上面这段代码中，name 与 Cluster 名称相同，address 表示上游服务实例的 IP 地址和端口号，这里的 IP 地址是 Pod 地址，端口号是 Pod 监听的端口号，可以与服务端口号不同。weight 表示负载均衡权重，权重越大，这个服务实例接收处理的请求越多。

与 Cluster 的生成相比，Endpoint 属性更少，EDS 生成器的工作相对简单。在 EDS 生成的过程中，Istio 充分利用多级缓存来提升效率，减少 CPU 消耗。第 1 层缓存是在 xDS 服务器中缓存全局的 IstioEndpoint，由 IstioEndpoint 生成 EDS 显然更加方便；第 2 层缓存是全局缓存生成的 EDS 配置，这样当影响 EDS 生成的资源不变时，Istio 就不用重新生成 EDS，而是直接将缓存的 EDS 发送到数据面代理。

3）LdsGenerator

LdsGenerator 用于生成 Envoy 监听器，Envoy 监听器根据流量的方向可以分为 Inbound 监听器和 Outbound 监听器，根据绑定端口与否可以分为虚拟监听器（实际未监听端口）和物理监听器。

15.2 Pilot 的原理

Inbound 监听器在服务端代理上工作,用于接收访问请求,可以在监听器层进行源地址及目标地址的获取、HTTP 的侦测、访问日志的记录、过滤器链的匹配、metric 的统计、调用链的追踪及认证、鉴权。virtualInbound 监听器是由多端口的监听器聚合而成的,便于协议探测。

Istio 自创建以来,一直从服务端口名称中获取协议类型,或多或少有一些不友好,后来随着 HTTP、TLS 探测器的出现,Istio 支持主动的协议探测。协议探测发生在监听器过滤器工作阶段,因此对于多端口服务实例来说,通过一个统一的监听器入口显然可以减少配置的冗余。Istio 协议探测主要依靠 Envoy 提供的 HTTP Inspector 和 TLS Inspector 两个过滤器。其中 HTTP Inspector 能够探测出应用协议是否是 HTTP,并且能够进一步检测出 HTTP 的版本,判断它是 HTTP/1.x 还是 HTTP/2。TLS Inspector 可以检测出传输协议是不是 TLS,如果传输协议是 TLS,则可以进一步检测出当前客户端使用的 SNI(服务名称指示)及 ALPN(应用层协议协商)。

Outbound 监听器在客户端代理或者网关上工作,用于将本地请求转发到上游服务器。如图 15-8 所示,Outbound 流量代理由两级监听器协同完成,所有 Outbound 流量首先都被拦截到 15001 端口,virtualOutbound 监听器在 15001 端口上接收流量,并根据原始目标地址递交给虚拟监听器 "0.0.0.0_8000"(假设目标端口是 8000);监听器之后会根据流量属性(目标端口、目标 IP 地址、SNI、传输协议、应用协议等)匹配 FilterChain,在 FilterChain 上配置一些网络过滤器进行路由选择、元数据交换、统计、调用链追踪等。

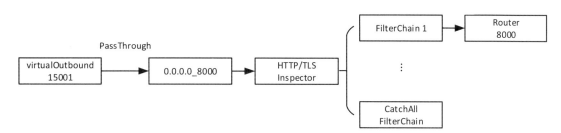

图 15-8 Outbound 监听器模型

运行 istioctl pc listener <podname> -ojson,获取到的监听器配置如下:

```
{
    "name": "0.0.0.0_8000",
    "address": {
        "socketAddress": {
            "address": "0.0.0.0",
            "portValue": 8000
        }
```

```json
        },
        "filterChains": [
            {
                "filterChainMatch": {
                    "transportProtocol": "raw_buffer",
                    "applicationProtocols": [
                        "http/1.1",
                        "h2c"
                    ]
                },
                "filters": [
                    {
                        "name": "envoy.filters.network.http_connection_manager",
                        "typedConfig": {
                            "@type": "type.googleapis.com/envoy.extensions.filters.network.http_connection_manager.v3.HttpConnectionManager",
                            "statPrefix": "outbound_0.0.0.0_8000",
                            "rds": {
                                "configSource": {
                                    "ads": {},
                                    "resourceApiVersion": "V3"
                                },
                                "routeConfigName": "8000" // 路由选择
                            },
                            "httpFilters": [
                                {
                                    "name": "istio.metadata_exchange", // 交换服务元数据
                                    ……
                                },
                                {
                                    "name": "istio.alpn", // alpn 重写
                                    ……
                                },
                                {
                                    "name": "envoy.filters.http.cors",
                                    ……
                                },
                                {
                                    "name": "envoy.filters.http.fault",
                                    ……
                                },
                                {
```

```
                            "name": "istio.stats", // 监控指标统计
                            ......
                        },
                        {
                            "name": "envoy.filters.http.router", // HTTP 路由
                            ......
                        }
                    ],
                    "tracing": ... // 调用链采集
                    "streamIdleTimeout": "0s",
                    "accessLog": ... // 访问日志
                    "useRemoteAddress": false,
                    "upgradeConfigs": [
                        {
                            "upgradeType": "websocket"
                        }
                    ],
                    "normalizePath": true
                }
            }
        ]
    }
],
"defaultFilterChain": {
    "filterChainMatch": {},
    "filters": [
        {
            "name": "envoy.filters.network.tcp_proxy",
            "typedConfig": {
                "@type": "type.googleapis.com/envoy.extensions.filters.network.tcp_proxy.v3.TcpProxy",
                "statPrefix": "PassthroughCluster",
                "cluster": "PassthroughCluster", // 默认所有未匹配到的都透明转发
                "accessLog": ...
            }
        }
    ],
    "name": "PassthroughFilterChain"
},
"deprecatedV1": {
    "bindToPort": false
},
"listenerFilters": [
    {
```

```
                    "name": "envoy.filters.listener.tls_inspector",
            },
            {
                    "name": "envoy.filters.listener.http_inspector",
            }
        ],
        ......
}
```

很多人都可能对 istio.alpn 过滤器有疑惑，它是由 Istio 社区而非 Envoy 社区开发的过滤器。下游 Envoy 利用 istio.alpn 过滤器对请求应用协议进行重写，目的是使上游 Envoy 在 Inbound 监听器上进行元数据交换、协议探测，并且选择合适的 FilterChain。协议探测指根据流量协议的特征识别出协议类型，可以解除对服务端口命名规范的要求，对协议名称不再需要强制使用<协议名称>-<端口名>这种形式。目前协议探测能识别出 TCP、HTTP、TLS 协议，但是对于 Server First 类型的协议比如 MySQL、MongoDB 等，协议探测难以正常工作，在使用这类协议时必须多加注意。虽然从代码维护角度来讲，协议探测有很高的复杂度，但是意义巨大，其设计也是非常先进的。

4）RdsGenerator

RdsGenerator 为 HTTP 类的服务生成路由策略，其他非 HTTP 类的服务不需要 HTTP 路由，因而不需要 RDS 生成器。如图 15-9 所示，在路由策略中主要包含一组虚拟主机，虚拟主机相当于路由表上的路由条目，HTTP 请求优先匹配到哪台虚拟主机，就会被哪台虚拟主机处理。在每台虚拟主机中也可以定义多种 HTTP 维度的路由规则，例如 URL 匹配、Header 匹配等，通过路由匹配规则将 Cluster 关联起来。

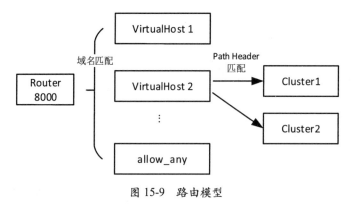

图 15-9　路由模型

运行 istioctl pc route <podname> --name=8000 –ojson，获取的 Outbound 路由配置如下：

```json
{
    "name": "8000",
    "virtualHosts": [
        {
            "name": "allow_any",
            "domains": [
                "*"
            ],
            "routes": [
                {
                    "name": "allow_any",
                    "match": {
                        "prefix": "/"
                    },
                    "route": {
                        "cluster": "PassthroughCluster",
                        "timeout": "0s",
                        "maxGrpcTimeout": "0s"
                    }
                }
            ],
            "includeRequestAttemptCount": true
        },
        {
            "name": "httpbin.default.svc.cluster.local:8000",
            "domains": [
                "httpbin.default.svc.cluster.local",
                "httpbin.default.svc.cluster.local:8000",
                "httpbin",
                "httpbin:8000",
                "httpbin.default.svc",
                "httpbin.default.svc:8000",
                "httpbin.default",
                "httpbin.default:8000",
                "10.96.162.21",
                "10.96.162.21:8000"
            ],
            "routes": [
                {
                    "name": "default",
                    "match": {
                        "prefix": "/"
```

```
                    },
                    "route": {
                        "cluster": "outbound|8000||httpbin.default.svc.cluster.local",
                        "timeout": "0s",
                        "retryPolicy": {
                        },
                        "maxStreamDuration": {
                            "maxStreamDuration": "0s",
                            "grpcTimeoutHeaderMax": "0s"
                        }
                    },
                }
            ],
            "includeRequestAttemptCount": true
        }
    ],
    "validateClusters": false
}
```

xDS 生成器属于控制面最核心也最难理解的模块,但是对于开发人员和运维人员理解、解决关键问题至关重要,建议相关读者结合源码分析充分理解 xDS 模型、流量拦截及流量转发的原理。

15.2.2 服务发现

Pilot 服务发现指 Istio 服务、服务实例、服务端口及服务身份信息的发现。目前通过两种不同的平台适配器,Pilot 可支持 Kubernetes 和 MCP 两种服务注册中心。在适配器之上,Pilot 通过抽象聚合层提供统一的接口,使 xDS 服务器无须感知底层平台的差异。

1. 服务发现模型

Pilot 的服务发现模型如图 15-10 所示,其中除了有熟知的 Kubernetes 适配器,还有一种特殊的 ServiceEntry 适配器。ServiceEntry 是 Istio 社区为服务网格外部服务或者虚拟机服务定义的用于支持多平台的服务网格。ServiceEntry 适配器和 Kubernetes 适配器将用户服务模型转换为 Istio 服务模型和服务实例模型,其工作原理基本相同。

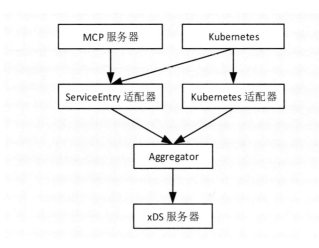

图 15-10 Pilot 的服务发现模型

Kubernetes 适配器利用 Kubernetes Informer 监听原生的 Kubernetes Service、Endpoint/EndpointSlice，分别将其转换为 Istio 内部的服务模型和服务实例模型。不同的是，ServiceEntry 适配器处理来自 MCP 服务器或者 Kubernetes 的 ServiceEntry、WorkloadEntry，也将其转换为 Istio 服务模型。ServiceEntry 是 Istio 扩展的服务表示方式，WorkloadEntry 是 Istio 扩展的工作负载表示方式，两者都是为了更好地支持服务网格而扩展的。MCP 服务器也是一种发布-订阅服务器，新的 ServiceEntry、WorkloadEntry 对象会被即时发送到 ServiceEntry 适配器，这一点与 Kubernetes 的 List-Watch 没有本质的区别。

另外，Istio 为了提供更好的虚拟机支持，现在将虚拟机应用提升到头等地位，与 Kubernetes Pod 级别相同，即 Kubernetes 的原生服务不仅能够选择 Pod，也能够同时选择 WorkloadEntry；类似地，ServiceEntry 定义的服务，也可以同时选择 Kubernetes 原生的 Pod 和通过 WorkloadEntry 定义的虚拟机工作负载。混合服务管理模型提供了传统虚拟机应用与 Kubernetes 容器化应用共存的可能，大大简化了传统应用向 Istio+Kubernetes 迁移的成本、风险。

2. 服务聚合

在 Istio 服务模型中既有服务网格内部服务，也有服务网格外部服务，其中的服务网格内部服务也被分为 Kubernetes 服务和虚拟机、裸机服务。Istio 通过 ServiceEntry、WorkloadEntry 定义其他所有类型的扩展服务。在 Kubernetes 环境下，ServiceEntry、WorkloadEntry 与其他配置规则一样也是通过 CRD 定义的，因此 ServiceEntry 服务发现是基于 ConfigStore 实现的。也就是说，基于 ServiceEntry 的服务发现是一种两级发现服务：

第 1 级是 Config Controller 通过 ConfigStore 实现的配置发现；第 2 级是 Service Controller 通过 ServiceEntry 适配器实现的服务发现。

服务聚合器 Aggregator 是 Pilot 对所有适配器的抽象封装，它通过注册接口 AddRegistry 提供对适配器的注册功能，通过 ServiceDiscovery 接口实现服务、服务实例及服务端口的检索功能。ServiceDiscovery 接口提供了以下功能：

（1）查询服务网格中的所有服务；

（2）根据 hostname 查询服务；

（3）根据 hostname、端口号及标签获取服务实例；

（4）获取代理自身所属服务的服务实例；

（5）获取代理自身的标签；

（6）获取服务的身份，对应 Kubernetes 环境下的 ServiceAccount；

（7）获取服务网格中的所有东西向网关地址。

Aggregator 只汇聚所有适配器的服务信息查询结果，它并不是信息的源头。当通过 Aggregator 的 Service()接口查询所有服务信息时，Aggregator 会遍历所有注册中心的适配器，分别获取各注册中心的服务信息并汇集，最后返回给查询方。在 Istio 中，所有适配器都实现了与 Aggregator 相同的 ServiceDiscovery 接口，Aggregator 正是通过此接口与其级联的。

到目前为止，通过 ServiceDiscovery 接口主动查询服务信息的模型已经清晰，但是众所周知，Istio 通过 xDS API 提供异步的配置分发，即当服务更新时，Pilot 主动生成对应的新服务的配置，通过 xDS 连接下发到 Envoy，这比周期性地轮询获取配置更高效。

3. 服务发现的异步通知机制

在软件系统中，异步通知的实现依赖于回调函数，当有更新事件（增加、删除、更新）产生时，系统在捕获到事件的同时执行回调函数。如果事件回调函数的执行周期较长并且事件更新频率较高，则为了保证事件接收流程不阻塞，一般会先进行上半部分（事件处理器）处理，将事件发送到队列，然后进行下半部分（事件消费者）处理，如图 15-11 所示。上、下半部分处理的说法来源于 Linux 的中断回调处理。在一般的分布式系统中，为了缩小生产者与消费者在生产速度和消费速度上的差异，都会通过如下异步事件处理模型进行处理。

15.2 Pilot 的原理

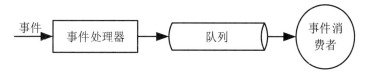

图 15-11 异步事件处理的一般模型

Pilot 服务发现的异步通知机制也是基于此通用模型实现的。通过 Controller 接口，Aggregator 对上层提供了服务事件处理的注册方式，Pilot 基于这种回调机制触发 xDS 服务器进行 xDS 的配置更新：

```
// 注册服务事件处理回调函数接口
type Controller interface {
    // 注册服务事件处理回调函数
    AppendServiceHandler(f func(*Service, Event))

    // 注册工作负载事件处理回调函数
    AppendWorkloadHandler(f func(*ServiceInstance, Event))
    ......
}
```

4. 服务发现的异步通知

如图 15-12 所示，Pilot 在初始化时会通过服务聚合器接口 AppendServiceHandler 及 AppendWorkloadHandler 分别向底层适配器注册服务、服务实例的更新事件处理回调函数。

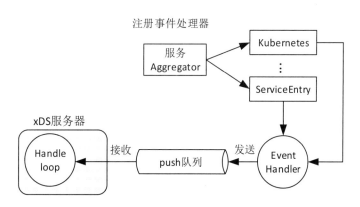

图 15-12 Pilot 服务发现的异步通知模型

各平台的适配器都基于底层注册中心提供的资源监视方式来监控资源的变化。资源的变化会同步触发事件处理回调函数的执行，这里更新事件处理回调函数的处理过程是根据更新的服务生成对应的 xDS 推送请求，然后把请求发送到 push 队列中。xDS 服务器在启动时会有一个独立的协程在队列的另一端接收推送请求，并执行下半部分的处理，负责 xDS 配置的生成及分发。

5. Kubernetes 适配器

在 Kubernetes 平台上，服务发现严重依赖于 Kubernetes 提供的 List-Watch 能力。在 Kubernetes 平台上，资源对象 Service 表示服务抽象，Endpoints 表示服务实例。除此之外，Pilot 还需要通过 Pod、Node 获取 Sidecar 代理的标签及可用域等信息。因此，Kubernetes 适配器通过 SharedInformerFactory 创建了 4 种类型的 Informer，并注册资源事件（Add、Update、Delete）处理函数。

目前，Kubernetes Service 资源事件处理器的主要功能如下。

（1）将 KubernetesService 转换成 Istio 服务模型。

（2）维护 Kubernetes 适配器的缓存，供服务聚合器查询。

（3）调用通过服务聚合器注册的服务回调函数，触发 xDS 更新。

Endpoint 资源对象的事件处理器的主要功能如下。

（1）将 Kubernetes 服务实例转换成 Istio 服务实例。

（2）更新 xDS 服务器中有关 EDS 的缓存。

（3）触发 EDS 更新，这是 Istio 在 1.0 版本之后对 xDS 的优化（增量 EDS 的特性）。当 Endpoint 有更新时，只更新受影响的服务的 EDS，生成增量 EDS 的配置，并将其下发到 Sidecar，避免冗余的 LDS、RDS、CDS 配置下发。

Kubernetes 适配器以典型的 Kubernetes Operator 形式运行，首先创建 Service、Endpoints/EndpointSlice、Pod、Node 4 种资源监听器，然后创建并注册资源事件处理函数，最后通过控制器的 Run 方法启动任务队列与 4 种类型的资源监听器。其工作原理如图 15-13 所示。

前面提到了任务队列，这里的任务队列不同于常见的队列模型，其中不仅存储了消息通知，还存储了任务处理器。这种方式的好处是统一了任务处理队列，对于不同类型的消息通知，可以做到复用同一个队列进行处理。xDS 服务器可以通过 model.Controller 接口注册 Kubernetes 事件处理函数。

Pod 资源的事件处理流程主要包括：①Pod 资源对象的缓存，方便 xDS Server 查询使用；②执行注册的 WorkloadHandler，使得 ServiceEntry 能够同时选择 Kubernetes Pod 与通过 WorkloadEntry 定义的工作负载。

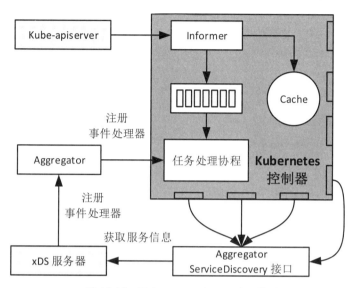

图 15-13　Kubernetes 适配器的工作原理

Kubernetes Service 选择 WorkloadEntry 的能力则是通过向 ServiceEntry 适配器注册 WorkloadHandler 实现的。

15.2.3　配置规则发现

Pilot 的配置规则指网络路由规则及网络安全规则，包含 VirtualService、DestinationRule、Gateway、PeerAuthentication、RequestAuthentication 等资源。目前，Pilot 支持对接三种不同的注册中心：Kubernetes、MCP 服务器和文件系统。Pilot 配置控制器分别实现了三种平台适配器，在平台适配器之上，控制器实现了一个抽象的接口封装，通过此接口对 xDS 服务器提供对配置规则的查询功能。为了实现不同的适配器聚合，在 Pilot 中，这三种平台适配器都实现了同一个接口：ConfigStoreController。

ConfigStoreController 根据 ConfigStore 资源的变化实现异步的事件通知：主动同步本地状态与远端存储，并提供接收更新事件通知及处理的能力。ConfigStoreController 的设计借鉴了 Kubernetes Informer 的设计思想，其中 ConfigStore 接口描述了一组与平台无关的 API，支持对任意资源的增删改查操作，底层平台适配器均实现了 ConfigStore 接口：

```
// 平台适配器的统一接口，基于 ConfigStore 接口提供配置的增删改查功能，还提供了事件处理回调
// 函数的注册功能
```

```go
type ConfigStoreController interface {
    ConfigStore

    // 为特定类型的配置注册事件处理回调函数
    RegisterEventHandler(typ string, handler func(Config, Event))

    // 启动并运行平台适配器实例
    Run(stop <-chan struct{})
    SetWatchErrorHandler(func(r *cache.Reflector, err error)) error

    // 缓存是否已同步
    HasSynced() bool
}

// 描述了一组与平台无感知的 API，支持对任意资源的增删改查操作
type ConfigStore interface {
    // 获取所有配置的 Schema
    Schemas() collection.Schemas

    // 获取指定类型、名称的 Config
    Get(typ config.GroupVersionKind, name, namespace string) *config.Config

    // 获取指定命名空间下指定类型的所有 Config
    List(typ config.GroupVersionKind, namespace string) ([]config.Config, error)
    // 创建 Istio 配置，在 Kubernetes 环境下，该方法会调用 Kube-apiserver 创建 Istio 配置
    Create(config config.Config) (revision string, err error)

    // 更新 Istio 配置，在 Kubernetes 环境下，该方法会调用 Kube-apiserevr 更新 Istio 配置
    Update(config config.Config) (newRevision string, err error)
    UpdateStatus(config config.Config) (newRevision string, err error)

    // 为 Istio 配置打补丁，不同于 Update 方法的是，这里不需要发送全量的 Istio 配置对象
    Patch(orig config.Config, patchFn config.PatchFunc) (string, error)

    // 删除 Config
    Delete(typ config.GroupVersionKind, name, namespace string, resourceVersion *string) error
}
```

1. Pilot 的配置规则发现模型

Pilot 的配置规则发现模型如图 15-14 所示，目前支持的配置规则注册中心包含 MCP

服务器、Kubernetes 和本地文件系统。

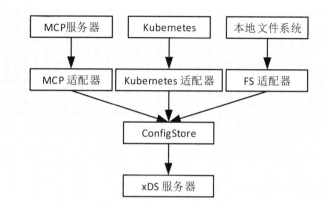

图 15-14　Pilot 的配置规则发现模型

接下来分别讲解相关适配器的模型与原理。

1）本地文件系统适配器

本地文件系统适配器的基本工作原理是通过文件监视器周期性地读取本地配置文件，将配置规则缓存在内存中，并维护配置的增加、更新、删除事件，当缓存有变化时，异步通知内存控制器执行事件回调函数，如图 15-15 所示。

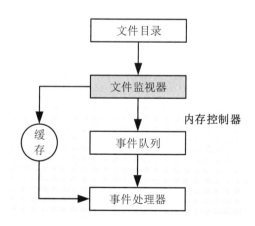

图 15-15　本地文件系统适配器的基本工作原理

其工作流程如下。

（1）创建一个 Store（缓存），用于存储所有配置，同时，为了保证配置的合法性，必须提供相关配置的校验功能。所以，Store 结构由存储所有配置的 Map 及所有配置的 Schema 组合而成，并实现 ConfigStore 接口，提供增删改查功能。

（2）创建 Monitor（文件监视器）。Monitor 周期性地检查配置文件，并根据配置的变化更新 Store。这里，Monitor 异步获取文件系统的通知事件，并读取配置，与本地缓存已有的配置进行比较，以此判断配置更新与否。这相对于轮询的方式，大大减少了文件读取及配置的对比次数，并且在一定程度上减少了配置更新的时延。

（3）更新 Store，并且发送更新事件到事件队列。

（4）事件处理器从事件队列中接收事件，并调用事件处理回调函数进行处理。

文件监视器与内存控制器共同实现了基于文件系统的配置更新异步通知机制。内存控制器负责事件处理函数的注册、执行及配置规则的增删改查，实现了 ConfigStoreCache 接口。利用文件系统创建及更新配置规则这种方式操作烦琐，用户体验较差，不适合在生产环境下使用。

2）MCP 适配器

MCP（Mesh Configuration Protocol）是一种服务网格配置传输协议，用于隔离 Pilot 与底层平台（文件系统、Kubernetes 或者其他任何注册中心），使得 Pilot 无须感知底层平台的差异，减少适配器的开发和维护，更专注于 Envoy xDS 配置的生成与分发。MCP 的设计灵感来自 xDS 协议，它最初是基于 gRPC Stream 的普通订阅协议。Istio 从 1.7 版本开始支持基于 xDS 的 MCP，老的 MCP 被废弃。

MCP 适配器包含 MCP 客户端与基于内存的控制器两个核心模块，其核心原理如图 15-16 所示。MCP 客户端与 MCP 服务器首先建立一条 xDS 连接，然后基于此连接向服务器发送订阅配置资源的请求，同时阻塞地接收配置资源更新的内容。MCP 客户端通过内存控制器提供的接口处理相关配置资源，包含基本的缓存更新及事件处理。

◎ MCP 客户端：与 MCP 服务器建立 gRPC 连接，并发送资源的订阅请求，它阻塞式地接收配置资源，并通知 CoreDataModel Controller 处理接收的新配置规则。
◎ 内存控制器：与文件系统适配器的内存控制器相同，实现了 ConfigStoreController 接口，提供配置规则的缓存及配置的事件处理注册机制。因此，在内存控制器中同时保存着不同配置的事件处理函数。

目前，内存控制器的事件回调处理函数的注册有两种不同方式：①ServiceEntry 和 WorkloadEntry 事件的回调函数在初始化 ServiceEntry 适配器时注册；②其他类型的配置回调处理函数在 Pilot 初始化事件回调时注册。

15.2 Pilot 的原理

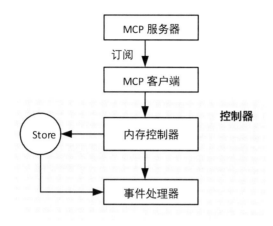

图 15-16　MCP 适配器的核心原理

ServiceEntry 在本质上是一种服务,其事件处理回调函数就是通过 ConfigStoreController.RegisterEventHandler 方法注册的;我们可以将其他类型的资源都称为配置规则,事件处理都是在控制器创建时指定的。ServiceEntry 是一类特殊的 CRD 资源,本质上等同于 Kubernetes Service,但由于它也是一种 CRD,因此 Pilot 在 ServiceEntry 的处理上与其他配置资源有很大的不同。对 ServiceEntry 的处理,交由 ServiceEntry 适配器进行。

如图 15-17 所示,Pilot 还支持配置多个 MCP 服务器的 Config 发现,每个 MCP 服务器都可以提供独立的配置源。Pilot 创建了多个客户端的订阅配置资源,通过聚合器聚合,对外提供统一的 ConfigStoreController 接口。

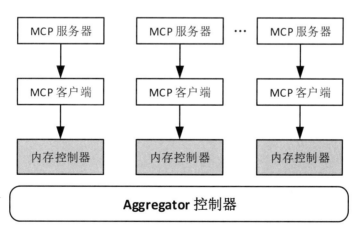

图 15-17　多个 MCP 服务器的 Config 发现模型

第 15 章　Pilot 的架构

MCP 作为 Pilot 配置发现的扩展方式，为方便用户对接已有的注册中心基础设施提供了一定的灵活性。另外，Istiod 本身可以作为 MCP 服务器，从而支持 Istiod 的级联。这种设计的初衷，是支持多控制面多集群服务网格。

3）Kubernetes 适配器

如图 15-18 所示，与前两种适配器的原理类似，基于 Kubernetes 的 Config 发现利用了 Kubernetes Informer 的 List-Watch 能力。在 Kubernetes 集群中，Config 以 CustomResource 的形式存在。Pilot 通过配置控制器即 CRD Controller 监听 Kube-apiserver 配置规则资源，维护所有资源的缓存，并触发事件处理回调函数。CRD Controller 实现了 ConfigStoreController 接口，对外提供 Config 的事件处理器注册及对 Config 资源的增删改查功能。

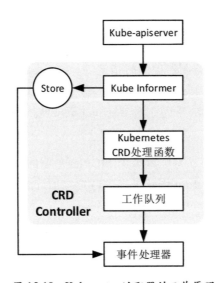

图 15-18　Kubernetes 适配器的工作原理

Kubernetes 适配器存在以下两级事件处理函数。

（1）第 1 级是 Kubernetes Informer 的 CRD 处理函数，通过 Informer 自身的接口注册。

（2）第 2 级是 Config 的事件处理函数，通过 ConfigStoreCache.RegisterEventHandler 方法注册。

这两级事件处理函数通过任务队列连接，这样设计也是为了避免当 Config 更新速度过快时，相应的事件处理函数执行速度过慢从而导致更新事件阻塞。这样的异步非阻塞模型也是 Kubernetes Operator 典型的资源处理模型。

2. 配置发现的异步通知

配置发现的异步通知实现原理与上一节服务发现的异步通知实现原理基本相同。

（1）xDS Server 在初始化时通过配置聚合器的 ConfigStoreController. RegisterEventHandler 方法向 Config 平台适配器注册事件处理函数，事件处理器（Event Handler）主要用于触发 xDS Server 发起一次全量 xDS 配置分发。

（2）Config 平台适配器在启动后，会监视底层注册中心的 Config 更新（创建、删除、更新），当配置资源更新时，执行平台层的事件处理器。不同平台适配器的事件处理器的执行方式略有差异：Kubernetes 适配器在接收到 Config 更新时，直接使用 Kubernetes Informer 底层的缓存来存储配置规则，而 MCP 适配器在 MCP 客户端接收到资源更新信息后，同步地将配置规则更新到自定义的内存控制器中。

15.2.4 xDS 的生成和分发

Envoy 的正常工作离不开正确的 xDS 配置，Envoy 的基本配置包含监听器、Route、Cluster 与 Endpoint 等，而负载均衡、故障注入、熔断、认证、授权等配置的动态更新是服务网格发展的必然趋势。Pilot 作为服务网格的指挥官，承担着动态配置生成及下发的重任。

本节将讲解 Envoy 网络转发所需的基本配置 API 及配置分发的时机。另外，Pilot 为提高配置下发的效率及降低配置延迟，做了许多性能优化，本节也做部分讲解。

1. 配置分发的时机

从 Pilot 的角度来看，存在两种配置分发模式：主动模式和被动模式。主动模式指 Pilot 主动根据订阅请求，将配置下发到订阅者 Sidecar，由配置规则、服务资源或者全局配置更新事件触发。被动模式指由 Pilot 接收 Sidecar 的订阅请求（DiscoveryRequest），然后发送响应（DiscoveryResponse）。

主动模式和被动模式的区别在于：主动模式是由底层注册中心的服务或者配置更新触发的，被动模式是由 xDS 客户端的 Sidecar 请求触发的。由于 xDS 协议是一种发布-订阅模型，因此被动模式是前提，即 Envoy 主动发起订阅请求，订阅某些资源，Pilot 通过连接池维护所有客户端订阅的资源信息；当 Pilot 监听到底层注册中心的配置规则或者服务有更新时，会根据客户端订阅的资源主动生成 xDS 配置信息并下发到 Sidecar 代理。

第 15 章　Pilot 的架构

在 Pilot 中配置的分发由 xDS Server 负责,前面已经讲解过 xDS Server 的基本构成,本节便从配置分发的角度详细分析其工作原理。

1)被动模式

如图 15-19 所示,在被动模式下,xDS 服务器通过 StreamAggregatedResources 接收 Sidecar 的资源订阅请求,其原理为:xDS 服务器首先接收 gRPC 连接,进行 xDS 客户端认证,然后初始化连接对象,启动 DiscoveryRequest 接收线程,最后请求处理模块循环读取请求队列。

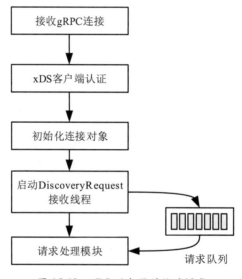

图 15-19　xDS 服务器的被动模式

在 Pilot 运行时,gRPC 服务器接收 gRPC 流上的 DiscoveryRequest,然后将 DiscoveryRequest 发送到请求队列。请求处理模块作为请求队列的接收方,循环处理从请求队列中获取的 DiscoveryRequest。请求处理模块是主要的配置生成模块,如图 15-20 所示,其首先解析 DiscoveryRequest,获取请求资源类型(CDS、EDS、LDS、RDS 等),然后对每种类型都分别进行处理。

15.2 Pilot 的原理

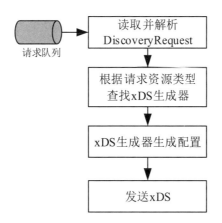

图 15-20 被动模式下请求处理模块的工作流程

2）主动模式

在主动模式下，xDS 服务器通过 StreamAggregatedResources 请求处理模块读取 pushChannel 队列中的 Event，然后通过 pushConnection 向 Sidecar 下发 xDS 配置，如图 15-21 所示。主动模式与被动模式一样，最终复用相同的 pushConnection 接口生成 xDS，并发送给 Sidecar。然而主动模式下的 xDS 分发往往针对 Sidecar 订阅的全部 xDS 资源，一般至少包括 CDS、RDS、LDS 和 RDS。

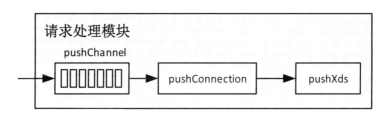

图 15-21 主动模式下请求处理模块的工作流程

主动模式的 xDS 分发由底层注册中心的事件处理器异步通知，如图 15-22 所示。

（1）事件处理器将 xDS 更新事件发送到 xDS 服务器的 pushChannel（一级发送队列）。

（2）xDS 服务器通过 handleUpdates 线程接收更新事件，进行防抖动、请求合并处理，然后将 xDS 请求发送到 xDS 服务器的 pushQueue（二级发送队列），在 pushQueue 中存储的是所有 xDS 连接的 xDS 请求。

（3）xDS 服务器通过 sendPushes 线程接收 xDS 请求，并将其发送到每个 xDS 连接的 pushChannel（三级发送队列）中，这一步主要是进行限流处理，防止 xDS 服务器过载。

（4）由每个 xDS 连接的请求处理模块读取请求，接管 xDS 的生成与分发。

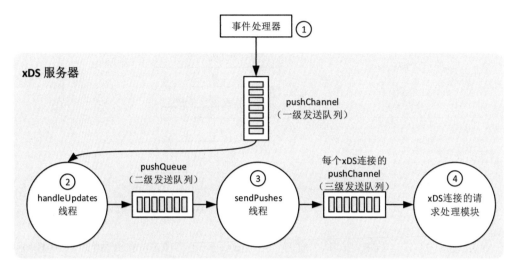

图 15-22　主动模式下的 xDS 分发流程

图 15-22 将完整的异步配置更新过程及 xDS 更新事件的内部处理流程表示得很清晰。为了加速配置分发且提高系统的稳定性，handleUpdates 在内部做了一些优化，例如防抖动处理，可避免短时间内更新事件过多而导致服务端过载，引起 xDS 的延迟过大，影响服务网格的性能及稳定性。

2. 监听器的生成

顶级 Envoy 配置包含一个监听器列表，每个监听器的主要属性及其含义如表 15-6 所示。

表 15-6　每个监听器的主要属性及其含义

主要属性	含义
name	监听器的名称
address	监听器应该监听的地址
filter_chains	过滤器链表，选择具体的 FilterChainMatch 过滤器用于一条连接
use_original_dst	为 true 时表示监听器重定向连接到拥有原始目标地址的监听器
per_connection_buffer_limit_bytes	读写缓冲区的大小，默认为 1MB
metadata	监听器的元数据
drain_type	监听器连接的释放类型

续表

主要属性	含义
listener_filters	操作和扩充连接的元数据，作用在任意 filter_chains 之前
listener_filters_timeout	过滤器的超时时间，默认为 15 秒
transparent	透明套接字
freebind	IP_FREEBIND 的套接字选项设置
socket_options	其他套接字选项
tcp_fast_open_queue_length	TCP Fast Open 选项

监听器最重要的属性是 filter_chains，该属性定义了一组过滤器链，Envoy 的工作线程对每一条连接都会根据匹配标准选择一条过滤器链进行执行，然后选择指定的路由将流量转发出去。

监听器的生成由 LdsGenerator（监听器生成器）负责，LdsGenerator 针对不同的代理类型分别生成对应的监听器配置，然后以 DiscoveryResponse 形式发送到代理。目前有两种代理类型：①sidecar，用于东西向应用容器的负载均衡与流量治理；②router，用于南北向服务网格边缘的负载均衡与流量治理。

从整体来看，LdsGenerator 对 sidecar 和 router 类型的代理监听器的生成是完全独立的两条路径，从软件工程的角度来看高度解耦，如图 15-23 所示。

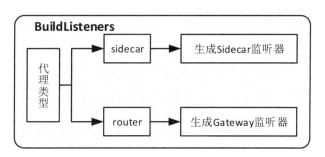

图 15-23　sidecar 和 router 类型的代理监听器的生成

3. Route 的生成

Envoy 包含一个 router 过滤器，Istio 通过设置它来执行七层路由任务。router 过滤器对于处理服务网格的边缘流量（类似反向代理 Nginx）及服务网格内东西向的流量都很有用。

router 过滤器实现了 HTTP 转发，可用于部署 Envoy 的几乎所有 HTTP 代理场景。router 过滤器的主要职责是遵循已配置的路由表中指定的指令，除了处理转发和重定向，还处理失败重试、统计等。HTTP 的 RouteConfiguration 配置的主要属性及其含义如表 15-7 所示。

表 15-7　HTTP 的 RouteConfiguration 配置的主要属性及其含义

主要属性	含　　义
name	路由的名称
virtual_hosts	组成路由表的一组虚拟主机
internal_only_headers	内部的 HTTP 头列表
response_headers_to_add	待添加到响应中的 HTTP 头列表
response_headers_to_remove	响应中待移除的 HTTP 头列表
request_headers_to_add	待添加到请求中的 HTTP 头列表
request_headers_to_remove	请求中待移除的 HTTP 头列表
validate_clusters	是否验证路由表指定的集群

可见，virtual_hosts（虚拟主机）是路由配置的核心，每个 virtual_hosts 都有一个逻辑名称及一组根据请求头 Host 路由到它的域名。这允许单个监听器为多个顶级域名路径提供服务。一旦根据域名选中一个 virtual_hosts，它的 routes 就会被处理，以决定需要被路由到哪个上游集群及是否需要重定向。VirtualHost 配置的主要属性及其含义如表 15-8 所示。

表 15-8　VirtualHost 配置的主要属性及其含义

主要属性	含　　义
name	名称
domains	域名列表
routes	路由列表
require_tls	指定的虚拟主机期望的 TLS 类型
rate_limits	限流配置

RdsGenerator（路由生成器）负责路由配置的生成。如图 15-24 所示，对于不同类型的代理，路由配置的生成略有不同，RdsGenerator 只负责 Outbound 路由。Inbound 路由比较简单，直接嵌入监听器中，因此直接在 LdsGenerator 生成监听器的过程中生成。

15.2 Pilot 的原理

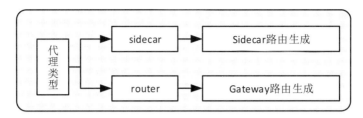

图 15-24 路由配置的生成

4. Cluster 的生成

Cluster 定义了一个上游 Endpoint 集合，以及负载均衡、连接管理、熔断、超时、重试等配置。Cluster 配置的主要属性及其含义如表 15-9 所示。

表 15-9 Cluster 配置的主要属性及其含义

主要属性	含 义
name	集群的名称，全局唯一
type	解析集群的服务发现类型
eds_cluster_config	EDS 的更新配置
connect_timeout	网络连接的超时时间
lb_policy	负载均衡策略，默认为轮询方式
load_assignment	用于非 EDS 类型的集群设置集群成员
health_checks	集群健康检查
max_requests_per_connection	连接池设置单条连接的最大请求数，设置为 1 时表示关闭 HTTP Keepalive 功能
circuit_breakers	集群熔断配置
tls_context	连接到上游的 TLS 配置
http2_protocol_options	HTTP/2 配置，以便 Envoy 认为上游支持 HTTP/2
dns_lookup_family	DNS IP 地址解析策略
outlier_detection	异常值检测配置
upstream_bind_config	上游连接绑定配置
lb_subset_config	路由子集配置
ring_hash_lb_config	Ring Hash 负载均衡配置
original_dst_lb_config	Original Destination 负载均衡配置
least_request_lb_config	LeastRequest 负载均衡配置
common_lb_config	通用的负载均衡配置
upstream_connection_options	上游连接 TCP Keepalive 配置

41

Cluster 的配置生成方式与监听器类似，根据代理的类型、流量的方向独立处理。

5. Endpoint 的生成

在 Envoy 中，Cluster 的成员都叫作 Endpoint。不同于 Kubernetes Endpoint，Envoy 通过 EDS 动态获取集群的成员配置。在 xDS 中，Endpoint 的配置 API 是 ClusterLoadAssignment，由具有不同位置属性的负载均衡 Endpoint 组成，将所有 Endpoint 都按照位置信息分组，可以方便 Envoy 支持基于位置信息的负载均衡策略。

如表 15-10 所示为 ClusterLoadAssignment 配置的主要属性及其含义。

表 15-10　ClusterLoadAssignment 配置的主要属性及其含义

主要属性	含　　义
cluster_name	集群的名称
endpoints	可路由的 Endpoint 列表
policy	负载均衡策略配置

从负载均衡角度来看，每个集群都是独立的，负载均衡发生在集群内所有位置的主机（Endpoint）之间或者以更精细的粒度发生在同一位置的主机（LocalityLbEndpoints）之间。对于一个特定的 Endpoint 实例来说，某个主机的有效负载均衡权重为它本身的权重乘以它所在位置的负载均衡权重。

ClusterLoadAssignment 与其他类型配置的生成有一定的区别：其中最大的区别是 EdsGenerator 使用了缓存，生成器每次都会将最新的 EDS 配置缓存起来。相对来说，EDS 的影响因素最小，缓存效果最好，Istio 社区有意对其他 xDS 提供缓存，后来也增加了 Route 和 Cluster 缓存，然而实际效果很难衡量。尤其是 Route 的生成比较复杂，依赖的变量比较多，造成缓存本身的维护相对复杂，内存的占用也比较多。因此建议大家在使用缓存前，一定要根据自己实际的服务网格规模做一些基准测试。

15.3　安全插件

为了丰富 Istio 的功能，比如认证和鉴权，Pilot 用了相当长的时间设计了独立的网络插件：authn、authz 和 ext_authz。Istio 1.14 对插件进行了一次重构，将插件提升为内置的核心功能模块。

在讲解安全插件之前，这里首先讲解 Istio 的安全策略，包括认证和鉴权方面的内容。其中，认证包含两种类型的身份认证。

（1）传输身份认证：也叫作服务间的身份认证，用于验证连接的客户端。Istio 提供了双向 TLS 认证作为传输身份验证的完整堆栈解决方案。服务网格的东西向流量默认全部使用 TLS 加密，业务逻辑代码对此毫无感知。该解决方案的好处：①为每个服务都提供了强大的身份标识，表示其角色，以实现跨集群和云的 RBAC；②保护从服务到服务的通信和从最终用户到服务的通信；③提供密钥管理系统，以自动执行密钥和证书的生成、分发和轮转。

（2）最终用户身份验证：验证作为最终用户或设备发出请求的原始客户端。Istio 通过 JWT（JSON Web Token）验证来简化开发，并且轻松实现请求级别的身份验证。

Istio 的授权功能为服务网格中的工作负载提供了服务网格、名称空间和工作负载级别的访问控制。

Istio 的安全策略配置依赖于如下认证和授权插件。

15.3.1 认证插件

认证插件作用在监听器的 FilterChain 上，通过构造 Envoy 的 HTTP 过滤器，用于 JWT 认证及双向 TLS 认证。

1）JWT 过滤器

可用于 JWT 校验，将会验证 JWT 的签名、接收者和发行者，同时会检查 JWT 的过期时间。如果 JWT 校验失败，那么请求将被 Envoy 拒绝；如果 JWT 校验成功，那么请求将被转发到上游进行鉴权处理。

签名验证需要 JWKS（JSON Web Key Sets），可以在过滤器配置中指定 JWKS，也可以从远程 JWKS 服务器处获取 JWKS。

JWT 默认从 HTTP 请求头 Authorization 中提取，并且不会转发到上游，也不会将 JWT 负载添加到请求头中。

2）双向 TLS 认证

Istio 利用 Envoy 提供客户端到服务端的通信隧道，加密服务间的通信，并且对应用完全透明，对业务代码无侵入。双向 TLS 认证的实现如下。

（1）Istio 将客户端的 Outbound 流量拦截到客户端本地的 Envoy。

（2）在客户端 Envoy 和服务端 Envoy 之间建立一个双向 TLS 连接，Istio 将流量从客户端 Envoy 转发到服务端 Envoy。

（3）在授权通过后，服务端 Envoy 通过本地 TCP 连接将流量转发到服务端应用。

Istio 的双向 TLS 认证流程如图 15-25 所示。

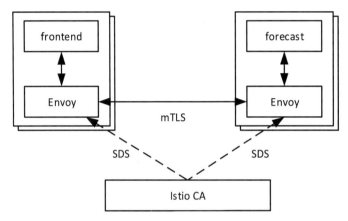

图 15-25　Istio 的双向 TLS 认证流程

服务端的 Envoy TLS 设置是通过构造 TLS 过滤器实现的，服务端 Inbound Listener 双向 TLS 认证的设置如下所示。首先，在监听器中构造名为 istio_authn 的 HTTP 过滤器强制执行严格的认证，然后通过 FilterChain.TransportSocket 指定双向认证所需的证书：

```
{
    // HTTP 认证过滤器
    "name": "istio_authn",
    "typedConfig": {
        "@type": "type.googleapis.com/istio.envoy.config.filter.http.authn.v2alpha1.FilterConfig",
        "policy": {
            "peers": [
                {
                    "mtls": {} // 严格的 TLS 认证
                }
            ]
        },
    }
}
```

15.3 安全插件

```
......
"transportSocket": {
    // 传输 Socket 的 TLS 设置
    "name": "envoy.transport_sockets.tls",
    "typedConfig": {
        "@type": "type.googleapis.com/envoy.extensions.transport_sockets.tls.v3.DownstreamTlsContext",
        "commonTlsContext": {
            "tlsParams":
            "tlsCertificateSdsSecretConfigs": [
                {
                    "name": "default",    // key/cert 通过 SDS 获取
                    "sdsConfig": {
                        "apiConfigSource": {
                            "apiType": "GRPC",
                            "transportApiVersion": "V3",
                            "grpcServices": [
                                {
                                    "envoyGrpc": {
                                        "clusterName": "sds-grpc"
                                    }
                                }
                            ]
                        },
                        "initialFetchTimeout": "0s",
                        "resourceApiVersion": "V3"
                    }
                }
            ],
            "combinedValidationContext": {
                "defaultValidationContext": {
                    "matchSubjectAltNames": [
                        {
                            "prefix": "spiffe://cluster.local/"
                        }
                    ]
                },
                "validationContextSdsSecretConfig": {
                    "name": "ROOTCA", // 根证书通过 SDS 获取
                    "sdsConfig": {
                        "apiConfigSource": {
                            "apiType": "GRPC",
```

```
                    "transportApiVersion": "V3",
                    "grpcServices": [
                        {
                            "envoyGrpc": {
                                "clusterName": "sds-grpc"
                            }
                        }
                    ]
                },
                "initialFetchTimeout": "0s",
                "resourceApiVersion": "V3"
            }
        }
    },
    "alpnProtocols": [
        "h2",
        "http/1.1"
    ]
},
"requireClientCertificate": true
    }
},
```

TLS 模式默认是 PERMISSIVE，这意味着无论是经过 Sidecar TLS 加密的流量，还是未经加密的 HTTP 流量，都可以被接收，Sidecar 的引入不会破坏原有的服务连通性。用户可以根据实际的应用场景，灵活配置自己严格或宽松的安全策略。

15.3.2 授权插件

Istio 的授权架构如图 15-26 所示。

管理员通过 AuthorizationPolicy 创建 Istio 授权策略，像其他配置规则一样，授权策略默认以 CRD 形式存储在 Kubernetes 中。Pilot 监听授权策略的变更，并生成授权规则下发到 AuthorizationPolicy 选中的 Sidecar。在每个 Envoy 上都运行着一个授权引擎，用于在运行时授权请求。当请求到达服务端 Envoy 时，授权引擎根据当前授权策略评估请求的上下文并返回授权结果。

15.3 安全插件

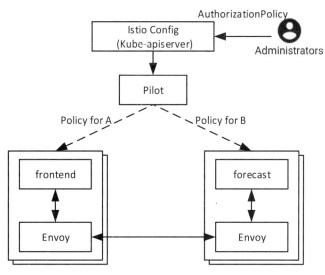

图 15-26　Istio 的授权架构

Pilot 的授权插件通过在 Inbound 监听器上构造 rbac 过滤器或者 ext_authz 过滤器来设置 Envoy 的鉴权引擎。rbac 过滤器支持基于连接属性（IP 地址、端口、SSL 主题）及传入的请求头信息进行白名单或黑名单设置。ext_authz 过滤器支持对接用户内部已有的个性化授权系统（例如 Open Policy Agent）或者符合工业标准的解决方案（例如 OAuth2/OIDC），提供了更多的灵活性。

HTTP 过滤器的 RBAC 配置的主要属性及其含义如表 15-11 所示。

表 15-11　HTTP 过滤器的 RBAC 配置的主要属性及其含义

主要属性	含　义
rules	RBAC 规则，为 config.rbac.v3.RBAC 类型
shadow_rules	影子规则，不会拒绝服务，只会发送统计信息及日志，仅用于测试，为 config.rbac.v3.RBAC 类型

以下是一个关于 RBAC 配置 rules 的示例，它有两个策略：身份为 "cluster.local/ns/default/sa/admin" 或 "cluster.local/ns/default/sa/superuser" 的服务实例具有当前服务的全部访问权限；任何用户都能通过 GET 方法访问服务的 "/products" 路径，只要目标端口是 80 或者 443。规则如下：

```
action: ALLOW
policies:
  "service-admin":
    permissions:
      - any: true
```

```yaml
          principals:
            - authenticated:
                principal_name:
                  exact: "cluster.local/ns/default/sa/admin"
            - authenticated:
                principal_name:
                  exact: "cluster.local/ns/default/sa/superuser"
   "product-viewer":
     permissions:
       - and_rules:
           rules:
             - header: { name: ":method", exact_match: "GET" }
             - header: { name: ":path", regex_match: "/products(/.*)?" }
             - or_rules:
                 rules:
                   - destination_port: 80
                   - destination_port: 443
     principals:
       - any: true
```

15.4 Pilot 的关键设计

Pilot 是 Istio 核心的控制中枢系统，它的性能直接影响服务网格的大规模、可扩展、低时延等性能指标，并影响 xDS 的一致性和服务网格的稳定性。如果 Pilot 的性能很低，xDS 的配置分发延迟很高，那么 Pilot 将难以管理大规模的服务网格。比如，服务网格拥有成千上万的服务及数十万的服务实例，配置生成的效率很低，控制面的负载很高，必将难以满足海量的实时动态配置更新的需求。Istio 社区早已意识到性能和稳定性是决定 Istio 在服务网格领域所处地位的核心要素，因此在设计上做了大量优化。本节重点解读 6 个具有代表性的设计，希望在软件架构设计方面对读者有所启发。

15.4.1 三级缓存模型

缓存模型是软件系统中最常用的一种性能优化机制，通过缓存一定的资源，减少 CPU 利用率、网络 I/O 等，Pilot 在设计之初就重复利用缓存来降低系统 CPU 及网络开销。在 Pilot 架构中共存在三级资源缓存，如图 15-27 所示。

15.4 Pilot 的关键设计

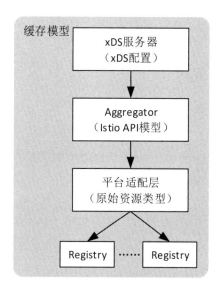

图 15-27　Pilot 的三级缓存模型

以 Kubernetes 平台为例,所有服务及配置规则的监听都通过 Kubernetes Informer 实现。我们知道,Informer 包含一个缓存,用于维护从 Kubernetes List-Watch 返回的资源对象。这就是 Pilot 平台适配层的第一级缓存。原则上,这一级缓存只读,不允许 Istio 更改,开发者在基于 Kubernetes 进行周边开发时最好都遵循这种规范。

平台适配层的资源(Service、Endpoint)都是平台特有的 API 模型,但是在 xDS 生成过程中,Istio 需要支持多平台,而不同平台的资源模型不一定相同,并且底层资源对 xDS 的生成也不友好,这对 xDS 的生成是一种挑战。因此,Pilot 设计了一种聚合层缓存,聚合层存储的是 Istio 标准的 API 模型,更利于 xDS 生成器的使用。另外,聚合层是对不同的平台适配层缓存的抽象,xDS 在生成时不再需要感知底层有多少平台。聚合层带来的是 xDS 服务器与底层平台的解耦,避免了重复执行从底层平台服务模型到 Istio 标准服务模型的转换,达到性能优化的目的。

最上面的一层缓存则是 xDS 配置的缓存。具体来讲,是 xDS 服务器将已经生成的特定类型的 xDS 配置缓存起来,以便后续进行 xDS 分发时直接使用。xDS 缓存是三级缓存中难度最高的一级,因为影响每种 xDS 配置的因素有很多而且不尽相同。如何根据 xDS 配置生成的依赖因素及 xDS 配置的更新频率来平衡缓存的成本,成为影响 xDS 缓存性能的关键。

目前在 xDS 层面有 CDS、EDS、RDS 缓存,因为它们的影响因子相对较少,比较容易根据变化的资源确定变化的 xDS。

在 xDS 层面对 CDS、EDS、RDS 进行缓存，通过适量的内存可以换来 Pilot CPU 利用率的降低。随着 Istio 的发展与成熟，越来越多的缓存优化逐渐成形。当然，任何事物都有两面性，我们需要综合、全面地权衡利弊。

15.4.2 去抖动分发

随着多云、混合云的普及，服务、服务实例及配置规则的数量呈指数级增长，资源的更新频率也成倍加快，任何资源的更新都可能导致 Envoy 配置规则的改变。如果每一次事件的变更都引起 Pilot 的重新生成及 xDS 配置的分发，那么必然导致 Pilot 过载及数据面不稳定，这些都难以满足大规模服务网格的需求。因此，Pilot 在内部将资源变化事件合并，以牺牲 xDS 配置的实时性为代价换取了大规模服务网格的稳定性。

具体的去抖动优化是通过 xDS 服务器的 handleUpdates 模块完成的，其主要根据最小静默时间及最大延迟时间两个参数控制分发事件的发送来实现。图 15-28 展示了利用最小静默时间进行去抖动的原理：t_N 表示在一个推送周期内第 N 次接收到更新事件的时间，如果从 t_0 到 t_N 不断有更新事件发生，并且在 t_N 时刻之后的最小静默时间段内没有更新事件发生，那么根据最小静默时间的原理，xDS 服务器将会在 t_N+minQuiet 时刻发送分发事件到推送队列。

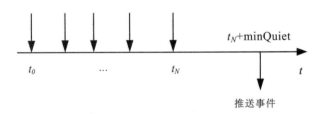

图 15-28　利用最小静默时间进行去抖动的原理

图 15-29 展示了最大延迟的去抖动原理：假设在很长时间内源源不断地产生更新事件，并且事件的出现频率很高，不能满足最小静默时间的要求，并且单纯依赖最小静默时间机制无法产生 xDS 分发事件，则会导致相当大的延迟，甚至可能影响 Envoy 的正常工作。根据最大延迟机制，如果当前时刻距离 t_0 时刻超过最大延迟时间，则无论是否满足最小静默时间的要求，xDS 服务器也会分发事件到 xDS 推送队列。

最小静默时间机制及最大延迟时间机制的结合，充分平衡了 Pilot 配置生成与分发过程中的时延及 Pilot 自身的性能损耗，提供了个性化控制服务网格性能及稳定性的选择，保证 Envoy 代理的配置具有最终一致性，这也是微服务通信的基本要求。

15.4　Pilot 的关键设计

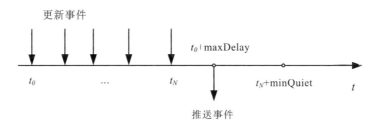

图 15-29　最大延迟的去抖动原理

15.4.3　防过度分发

事实证明，仅靠去抖动分发策略并不能保证数据面的稳定，某 Knative 用户在进行性能测试时发现，当同时创建 800 个服务及 800 个 VirtualService 时，Istio Ingress Gateway 的 Ready 时间大概为 5～10 分钟，这么长的预热时间显然是不可接受的。调查发现，Envoy 在加载的配置量达到一定规模时非常耗时，控制面 xDS 的分发速度过快与数据面 xDS 加载速度过慢形成了显著的对比。

因此，在 Istio 1.9 中增加了等待 xDS ACK 的机制，如图 15-30 所示，在第 1 次 xDS 发送后未收到 ACK 的情况下，在第 2、3 次 xDS 的订阅请求到达时，并不会直接触发 xDS 的生成及分发。相反，Pilot 会将这两次分发请求合并，在收到 Envoy 的 ACK 之后，会立刻进行新一轮的 xDS 生成与分发。

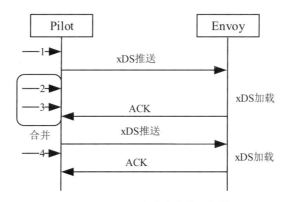

图 15-30　Pilot 的防过度分发机制

15.4.4　增量 EDS

在服务网格中，数量最多、变化最快的往往是服务实例，在 Kubernetes 平台上，服务

51

实例对应 Endpoint（Kubernetes 平台上的服务实例资源）。尤其是，在应用滚动升级或者动态扩缩容的过程中会产生非常多的服务实例的更新事件。而单纯的服务实例的变化并不会影响监听器、Route、Cluster 等 xDS 配置，如果仅仅由于服务实例的变化触发全量 xDS 的配置生成与分发，则会浪费很多计算与网络带宽资源，同时影响 Envoy 代理的稳定性。

Istio 在 1.1 版本中引入增量 EDS 特性，专门针对以上场景优化 Pilot。不同于前面提到的通用的事件处理回调函数，服务实例的事件处理器直接发送全量更新事件到 xDS Server 的 pushChannel。增量 EDS 异步分发的主要流程如图 15-31 所示。

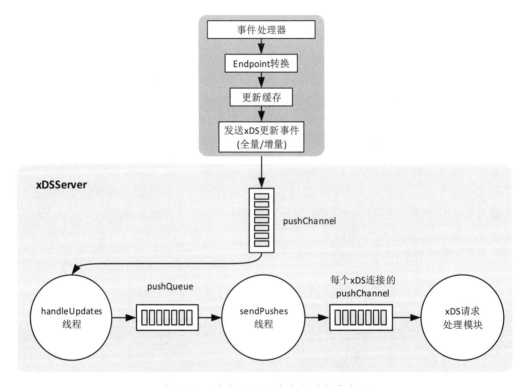

图 15-31 增量 EDS 异步分发的主要流程

Kubernetes 的 Endpoint 资源在更新时，首先在平台适配层由控制器将其转换为 Istio 特有的 IstioEndpoint 模型；然后 xDS Server 更新缓存，并通过对比其缓存的 IstioEndpoint 资源，检查是否需要全量下发 xDS 配置；仅当 Endpoints 新创建或者 Endpoints 的 Service Account 发生变化时，Pilot 才进行全量 xDS 下发；反之，Endpoints 实例的更新只会触发增量 EDS 分发；随后，xDS Server 通过 XDSUpdater 接口将增量 EDS 分发事件发送到 pushChannel，后续的处理步骤参见 15.2.4 节。

为了深入理解增量 EDS 的特性，这里讲解 xDS 服务器如何判断是进行增量 EDS 分发还是进行全量 xDS 分发。xDS 服务器全局缓存所有服务实例及服务身份集合，并通过服务实例及身份缓存判断是否需要全量配置的下发。在每个 Endpoint 事件处理流程中，xDS 服务器都判断 Endpoint 所属的服务是否新创建或者服务身份是否有更新，如果是，则本次事件触发全量 xDS 分发，否则进行增量 EDS 分发。当增量 EDS 分发开始时，Pilot 将本次更新的服务名称一起发送到推送队列，xDS 服务器只需生成与服务相关的 EDS 配置并下发即可。

15.4.5 资源隔离

随着用户集群规模的增长，Istio 与 Kubernetes 在管理能力方面的差距越来越大，Istio 社区充分认识到服务网格进行资源隔离的必要性。进行资源隔离，主要有以下方案。

- 方案一：多租户模式。即在 Kubernetes 集群中同时存在多个服务网格，不同的服务网格属于不同的租户，服务网格间的服务通信等同于外部访问。
- 方案二：定义服务间的依赖关系，通过人工干预的方式减少服务依赖，从而保证 Sidecar 的资源开销不会随着服务网格规模的增长而无限变化。目前业界有许多方案，可以通过软件自动感知服务访问拓扑，然后智能地设置服务的依赖，比较典型的有华为的 Mantis。
- 方案三：增量 xDS。Envoy 按需请求所需的配置，这一懒加载行为的最终效果与方案二类似。增量 xDS 目前处于 alpha 阶段，在生产上暂时不建议采用该方案。

在理论上，以上三种方案可以叠加，实际上 Istio 只实现了方案二。Istio 目前充分利用命名空间隔离的概念，在以下两方面做了服务依赖的优化。

- 用 Sidecar API 资源定义 Envoy 代理可以访问的服务，Sidecar API 资源是 Istio 1.1 新增的特性，目前支持为同一命名空间下的所有服务都定义其对外可访问的服务，或者通过标签为特定的服务定义其对外可访问的服务，支持通过服务名称或者命名空间指定依赖。
- 对服务及各种配置（VirtualService、DestinationRule）资源对象定义其有效作用范围。目前可对服务及各种配置定义同一命名空间可见或者全局范围可见。Istio 通过其实现服务访问层面的隔离，同 Sidecar API 资源一起减少 xDS 的配置数量。

15.4.6 自动管理虚拟机工作负载

在 Istio 1.8 以前，对虚拟机工作负载的管理比较麻烦，既没有健康检查能力，又需要手动管理工作负载的注册。甚至更早期，虚拟机工作负载与 Pod 不对等，并不是服务网格的"一等公民"。在 Istio 1.9 以后，虚拟机工作负载 WorkloadEntry 正式成为服务网格的"一等公民"，Istio 提供了自动注册功能，类似 Kubernetes Endpoint 的自动注册和工作负载健康检查。

如图 15-32 所示，服务的边界不再明显，虚拟机工作负载与 Kubernetes 工作负载一样可以组成同一服务，用户可以任意设置服务实例的部署形态，减少从传统基础设施迁移到 Kubernetes 平台的风险。

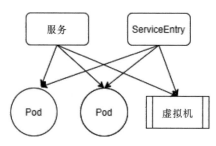

图 15-32 服务混合部署模型

虚拟机工作负载在 Istio 中自动注册，虚拟机工作负载的自动注册机制与 xDS 连接息息相关，当虚拟机工作负载与 Pilot 建立 xDS 连接，并且发送第 1 次 xDS 请求时，Pilot 会同步创建或者更新 WorkloadEntry。WorkloadEntry 模板来自 WorkloadGroup，标签、端口、网络等通用属性均可通过 WorkloadGroup 统一定义，降低虚拟机应用安装和部署的复杂度。

当 xDS 连接断开时，Pilot 将延迟注销和删除 WorkloadEntry，这样保证短暂的控制面网络抖动不会导致 WorkloadEntry 状态来回跳变。

对虚拟机工作负载的健康检查在 Istio 中进行，对虚拟机工作负载的健康检查可以通过 WorkloadGroup 对象声明，需要 Istio Agent 和 Pilot 的共同协作。Pilot-agent 周期性地执行健康检查操作，并将工作负载的健康状态通过 xDS 连接上报给 Pilot。Istio 通过扩展 xDS 协议支持健康检查信息的上报。Pilot 根据健康检查结果动态更新 WorkloadEntry 的健康状态，如图 15-33 所示。

细心的读者可能会问，为什么不是 Pilot-agent 根据健康检查结果直接更新 WorkloadEntry 的健康状态？Istio 社区对这个问题是有认真考虑的：鉴于 Istio 规模很大，让 Pilot-agent 直接访问 Kubernetes 集群会增加 Kubernetes 被攻击的风险，影响整个基础设施的安全。

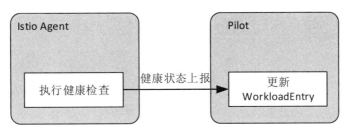

图 15-33　对虚拟机工作负载的健康检查模型

15.5　本章小结

本章从 Pilot 的基本架构出发，首先整体讲解 Pilot 组件的功能，主要包含服务发现、配置规则发现、xDS 服务器等核心模块，以及 Pilot 在整个 Istio 架构中的作用；然后讲解 Istio 特有的服务模型及 Pilot 提供的 xDS API，其中，xDS 协议基于流式 gRPC 提供各种配置的发现服务，大大提高了 Istio 的稳定性、可靠性，降低了配置生效的时延；接着深入解读 Pilot 的核心工作原理，讲解从底层注册中心的服务发现到 xDS 配置生成与分发的设计与实现细节；最后总结 Pilot 架构设计中为了提高 Istio 控制面的整体性能及支持大规模服务网格所做的优化。相信读者通过对本章的学习，会对 Istio 控制面的工作有一个更加清晰的认识。

第16章 Citadel 的架构

Citadel 是 Istio 核心的安全组件之一，主要负责工作负载证书的签发和轮转。在 Istio 服务之间不仅使用证书进行双向 TLS 认证，而且基于证书获取访问者的身份信息，从而进一步基于身份进行授权。Istio 工作负载的身份符合 SPIFFE（Secure Production Identity Framework for Everyone）格式，实现了 SPIFFE 标准。Citadel 目前已经与 Pilot 集成，虽然不再作为独立的部署单位，但是作为服务网格零信任安全的基石，它的功能越来越丰富。总之，Citadel 就是 Istio 的证书颁发机构（CA），其完整的证书获取及签发流程需要 Pilot-agent 与 Citadel 共同协作，本章重点讲解证书签发的主要方式，第 18 章会讲解证书的请求获取流程。

16.1 Istio 的证书和身份管理

Istio 通过认证、授权等安全措施，构建零信任安全的网络基础模型。零信任安全的核心包括：以身份为中心、业务访问安全、动态访问控制。其中"全面身份化"是零信任安全中进行动态访问控制的基石。在传统语境中，身份更多的是"人"的专属术语，是物理世界的人在数字世界的对等物，甚至大多数情况下等同于应用系统的账号。但是在网络世界中，人、机是主要参与实体，机器大多可以通过机器名、网络地址进行标识，而为了实现审计、访问控制等功能，人也需要一个标识，那就自然而然地为每一个人在系统中都创建一个账号，并将这个账号等同于数字身份。

随着 IT 技术的发展，在万物互联时代，人、服务、设备等都是实体，都需要身份才能够实现对网络请求全生命周期的管理。在现代身份治理框架中，核心是关注身份、账号和权限三个维度的映射关系。在 Istio 中，Citadel 作为最主要的身份系统，为服务网格内的所有工作负载都赋予一个独立的身份，再结合认证和权限管理，在零信任的网络环境下进行服务的访问控制。

16.1 Istio 的证书和身份管理

在 Istio 中，工作负载的身份标识完全遵循 SPIFFE 标准。SPIFFE 是一个生产环境身份标准，也是云原生领域最受欢迎的身份标准，目前是 CNCF 基金会的孵化项目。主流的厂商及开源系统基本都遵循 SPIFFE 标准管理自己的身份标识系统。

身份标识 SPIFFE ID 是一个统一资源标识符，具体格式为 "spiffe://trust domain/workload identifier"，在 Istio 中为 "spiffe://cluster.local/ns/default/sa/foo"。SPIFFE ID 包含两部分：信任域和工作负载标识。信任域和系统的信任根有关，在服务网格中，每个集群都可能属于一个独立的信任域，也可能多个集群都属于同一信任域。默认的信任域为 "cluster.local"。在 Istio 中，工作负载标识包含 Kubernetes 命名空间和服务账号。在 Kubernetes 中，服务账号默认关联着一个 Secret，在 Secret 中包含服务器的公共 CA 证书和签名的 JSON Web 令牌。这里不能忽视 JWT 令牌的作用，在 Kubernetes 中，工作负载可以使用令牌与 Kubernetes 集群进行通信；在 Istio 中，Sidecar 也可以利用 JWT 令牌与控制面组件 Istiod 进行通信。

在服务网格中，数据面在通信方面同样基于工作负载的身份信息进行认证、授权及遥测数据的采集。在现代网络通信中，常见的 C/S 模型的身份标识携带方式主要有两种：安全令牌和 X509 证书。其中安全令牌只适用于 HTTP 类协议，X509 证书的适用范围更广。因此在 Istio 零信任网络安全中，数据面的工作负载间使用 X509 证书进行身份认证。目前，Istio 使用 SDS 获取证书，所有自动签发的证书都不会被保存在磁盘上，因此我们很难获取工作负载的证书。

我们通过 OpenSSL 工具解析出如下完整的工作负载证书：

```
$ kubectl exec sleep-557747455f-tt97m -c istio-proxy -- openssl s_client -showcerts -connect httpbin:8000 > httpbin-proxy-cert.txt
```

打开上面生成的 httpbin-proxy-cert.txt 文件，其中包含两个证书。每个证书都以 "-----BEGIN CERTIFICATE-----" 开始，以 "-----END CERTIFICATE-----" 结束。第 1 个证书为 httpbin 服务端证书，解析结果如下所示，其中 Subject Alternative Name 正是 httpbin 工作负载的身份标识，遵循 SPIFFE ID 格式：

```
Certificate:
    Data:
        Version: 3 (0x2)
        Serial Number:
            da:1b:3d:ad:7b:54:f5:a3:0f:4b:8c:46:19:b2:2c:f2
    Signature Algorithm: sha256WithRSAEncryption
        Issuer: O=cluster.local
        Validity
```

```
            Not Before: Sep  3 03:55:45 2022 GMT
            Not After : Sep  4 03:55:45 2022 GMT
        Subject:
        Subject Public Key Info:
            Public Key Algorithm: rsaEncryption
                Public-Key: (2048 bit)
                ……
                Exponent: 65537 (0x10001)
        X509v3 extensions:
            X509v3 Key Usage: critical
                Digital Signature, Key Encipherment
            X509v3 Extended Key Usage:
                TLS Web Server Authentication, TLS Web Client Authentication
            X509v3 Basic Constraints: critical
                CA:FALSE
            X509v3 Authority Key Identifier:
                keyid:1F:8F:2D:8E:BE:41:32:C9:E6:B8:D1:47:32:32:6D:87:AE:01:26:64

            X509v3 Subject Alternative Name: critical
                URI:spiffe://cluster.local/ns/default/sa/httpbin
    Signature Algorithm:……
```

第 2 个证书为服务网格的 CA 证书，解析结果如下，很明显，这是一个 CA 证书，并且与 Istio 的 CA 证书完全相同：

```
Certificate:
    Data:
        Version: 3 (0x2)
        Serial Number:
            64:cb:e3:d6:0f:55:f8:c6:b6:57:69:bb:6e:42:01:50
    Signature Algorithm: sha256WithRSAEncryption
        Issuer: O=cluster.local
        Validity
            Not Before: Sep  3 01:25:43 2022 GMT
            Not After : Sep  3 01:25:43 2032 GMT
        Subject: O=cluster.local
        Subject Public Key Info:
            Public Key Algorithm: rsaEncryption
                Public-Key: (2048 bit)
                Modulus:
                ……
                Exponent: 65537 (0x10001)
        X509v3 extensions:
```

```
                X509v3 Key Usage: critical
                    Certificate Sign
                X509v3 Basic Constraints: critical
                    CA:TRUE
                X509v3 Subject Key Identifier:
                    1F:8F:2D:8E:BE:41:32:C9:E6:B8:D1:47:32:32:6D:87:AE:01:26:64
    Signature Algorithm: sha256WithRSAEncryption
```

这里做个简单概括：Istio 利用 X509 证书的扩展字段 SAN 携带服务的身份标识，目前服务网格内部的数据通信已经全面使用 X509 证书加密传输，加上 Proxy（这里既包含 Envoy，也包含 Istio 提供的扩展插件过滤器）提供的认证、授权等安全措施，我们完全可以使用 Istio 在零信任的网络基础设施中构建安全的微服务。同时，Istio 在零信任安全方面可以说是服务网格领域的鼻祖，即使是 Linkerd，后来也借鉴 Istio 提供了自动的双向认证功能。

16.2　Citadel 的基本架构

如图 16-1 所示，Istio 对工作负载证书的管理离不开 Citadel。

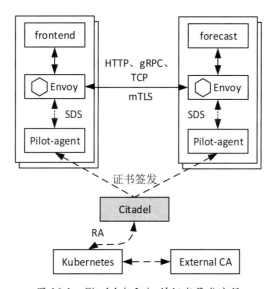

图 16-1　Citadel 与 Istio 的证书签发流程

Istio 最初借助 Kubernetes 的 Secret 挂载能力将工作负载证书挂载到容器中，这也带来了一定的问题：最初 Envoy 只能在启动时从文件系统中加载证书，周期性的证书轮转需要 Envoy 热重启，然而频繁重启自然引起数据面的连接重建，从而影响数据面的稳定性。因此，现在 Istio 已经基本废除了证书挂载的方式，转而支持通过 SDS 接口以订阅的方式从 SDS 服务器中获取工作负载证书，并在获取证书后直接在内存中加载，不会在磁盘中保存，也不再需要 Envoy 热重启，以进行证书的重新加载。相对来说，SDS 更加安全、稳定。

Istio PKI 建立在 Citadel 之上，使用 X.509 证书来携带 SPIFFE 格式的身份，为每个工作负载都提供强大的身份标识。PKI 还可以进行密钥和证书对轮转。我们知道，Istio 同时支持 Kubernetes 与虚拟机的混合服务管理，为了证书管理收敛，Istio 社区已经彻底摒弃了 Kubernetes 证书挂载，统一基于 SDS 和 gRPC 接口管理工作负载证书，使得证书管理与运行环境无关。

在 Kubernetes 场景中，工作负载证书的签发流程如下。

（1）一般在监听器与 Cluster 的配置中可能会包含服务端和客户端的 TLS 设置。在 Envoy 预热阶段，根据 TLS 的配置，向上游发起 SDS 请求，获取 TLS 证书。

（2）Pilot-agent 作为 SDS 服务器，实现了 SDS 的 StreamSecrets 接口，处理 SDS 请求。另外，Pilot-agent 本身不签发证书，但是它会根据 SDS 请求继续向 Citadel 发送证书签发请求 CSR，同时会做证书轮转。在工作负载证书管理上，Pilot-agent 比较重要：①它与 Envoy 同在 Sidecar 容器中，其间的通信基于 UDS（UNIX 域套接字），传输效率比 Envoy 直接与 Citadel 通信要高很多；②它提供了证书的缓存，负责证书轮转，并且将新签发的证书主动发送给 Envoy。

（3）Citadel 认证 CSR 请求，并且负责颁发证书。Citadel 以 gRPC 的方式接收 CSR 请求，证书的签发请求通过 CreateCertificate 接口处理。Citadel 对 CSR 请求的处理是同步的，当前主要有两种证书签发方式：①Citadel 作为 CA（证书颁发机构），使用管理员提供的根证书或者中间 CA 证书，为工作负载签发证书；②Citadel 是一种 RA（Registration Authority，证书注册中心），自身并没有直接签发证书的能力，而是通过 Kubernetes 创建证书签发请求（CertificateSigningRequest），由 Kubernetes 或者其他外部 CA 机构负责证书的签发。

RA 的好处是显而易见的：云厂商或者最终用户可以复用公司内部已有的证书签发能力，使用更安全的证书颁发机构，为零信任网络提供更安全的保障。

16.3 Citadel 的核心原理

Citadel 作为服务网格内唯一的身份管理组件，主要负责为集群内的服务账户颁发证书、启动 gRPC 服务处理证书签发请求 CSR 及根证书轮转。因此，Citadel 主要包含 gRPC 服务器、CA、RA、证书轮转器等组件，其中 Citadel 利用 CA 自签证书，RA 则利用外部 CA 签发证书。证书轮转器只在 Citadel 使用自签根证书签发证书时才启动。

16.3.1 核心组件的初始化

在 Istio 1.5 以后，Citadel 已经融入 Istiod，在 Istiod 中与 Pilot 等其他组件一起初始化和启动。如图 16-2 所示为 Citadel 的启动及初始化流程，主要包含以下步骤。

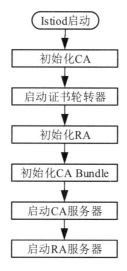

图 16-2 Citadel 的启动及初始化流程

（1）创建 CA 对象，它是用于签发证书的机构，实现了 CertificateAuthority 接口。目前可以使用自签证书或者外部提供的证书作为根证书。

（2）当 Citadel 使用自签根证书签发证书时，由于自签根证书的有效期较短，所以 Citadel 启动证书轮转器，负责根证书的轮转。

（3）创建 RA 对象，RA 与 CA 一样提供证书签发接口，不同的是 RA 在签发证书时需要调用其他外部 CA。

（4）初始化 CA Bundle（捆绑束），CA Bundle 是包含根证书和中间证书的证书链，目的是为控制面（xDS 服务器、Sidecar Injector 服务器、Galley 服务器）签发证书。

（5）启动 RA 或者 CA 服务器，具体是将 CA 或 RA 服务接口注册到 gRPC 服务器上，与 xDS 复用同一个 gRPC 服务器。

16.3.2　CA 服务器

在 Citadel 中，CA 服务器基于 gRPC 协议提供服务，主要通过 CreateCertificate 接口在运行时处理 CSR 请求，目前 CSR 请求主要来自 Pilot-agent。

如图 16-3 所示，目前 CA 服务器主要通过注册 IstioCertificateServiceServer 提供 CreateCertificate CSR 处理接口。

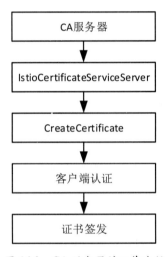

图 16-3　CA 服务器的工作流程

CSR 处理请求时，首先对 CSR 客户端的身份进行认证，目前有以下三种认证方式。

- ◎ X509 证书认证，通过解析客户端的 TLS 证书获取身份信息。
- ◎ Kubernetes JWT 认证，通过 Kubernetes 认证 JWT 获取客户端的身份。
- ◎ OIDC 认证，支持对接厂商的认证授权体系。在认证通过后才能进行证书的签发，否则 CA 服务器拒绝服务。

CA 服务器与客户端（Pilot-agent）之间是 1:1 的请求响应模式，通过图 16-4 能够明显看出，CA 服务器还没有主动推送的能力。很容易想到证书到期时，CA 服务器也不会主动进行轮转，并推送新的证书，而工作负载证书的轮转现在主要靠 Pilot-agent。或许可以大胆预测，未来的工作负载证书可能由 Citadel 直接提供，Citadel 实现了 SecretDiscoveryServiceServer 接口，而 IstioCertificateServiceServer 会相应地被废弃，Pilot-agent 中证书的管理部分也会被相应地移除。

16.3 Citadel 的核心原理

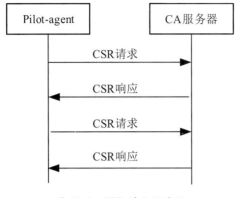

图 16-4　CSR 的处理流程

16.3.3　证书签发

前面讲解过，在 Citadel 中，工作负载证书的签发有 CA 和 RA 两种模式。整体的证书签发模型如图 16-5 所示。

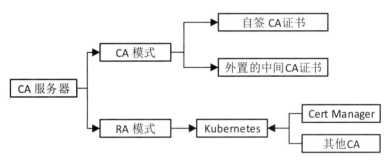

图 16-5　整体的证书签发模型

1. Istio CA（Certificate Authority）

Istio CA 签发证书时，根证书的来源有两种：①管理员提供的中间 CA 证书；②未提供中间 CA 证书时，CA 服务器默认自签的证书。

为了保护根 CA 的密钥，应该使用在安全计算机上离线运行的根 CA，并使用根 CA 向在每个集群中运行的 Istio CA 颁发中间证书（Intermediate）。Istio CA 可以使用管理员指定的中间证书和密钥对工作负载证书进行签名，并将管理员指定的根证书分发到工作负载 Sidecar 作为信任根。图 16-6 展示了多集群服务网格中的 CA 层次结构。

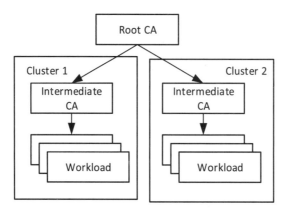

图 16-6　多集群服务网格中的 CA 层次结构

实际上，在部署 Istio 时，中间 CA 证书被保存在 Kubernetes Secret 中，名称为"cacerts"，并且在 Istio 控制面启动时，被挂载到 Istiod 容器的目录/etc/cacerts 下。这样，Istio CA 就能签发工作负载证书了。

为简化部署，Istio 允许在无中间 CA 证书时启动。如图 16-7 所示，在无证书启动时，Citadel 在初始化时自身会生成 CA 根证书，用来为工作负载签发证书。为防止在 Istio 控制面组件升级或者重启后根证书发生变化，Citadel 将自己生成的根证书保存在 Kubernetes 集群中。如图 16-8 所示，在 Istio 控制面扩容或者重启后，原来生成的根证书也能够以挂载的形式供 Istio 控制面组件继续使用，这同样是为了 Istio 控制面的多个实例共享同一个 CA 根证书。由于自签证书的安全性不够，因此在生产环境下部署 Istio 时不建议使用自签根证书的方式，最好使用安全性更好的根证书。

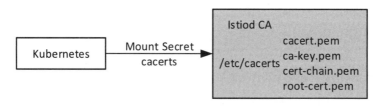

图 16-7　CA 证书的提供方式

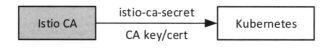

图 16-8　自签 CA 证书

2. Istio RA（Registration Authority）

RA 是 CA 功能的一部分，Istio RA 在本质上与 Istio CA 功能相同，都是为工作负载签发证书。但是在实现机制上不同，Istio RA 提供了一种集成使用外部 CA 的扩展机制。RA 相对来说更加灵活，外部 CA 可以无缝使用。

如图 16-9 所示，Istio RA 调用外部 CA 的方式有两种：①通过 Kubernetes CSR API 间接使用外部证书管理系统，比如开源的 Cert Manager、Vault 或者厂商私有的证书签发系统；②通过 gRPC 直接调用外部 CA 签发证书，当然这种方式目前只留了一个接口，并未真正实现。

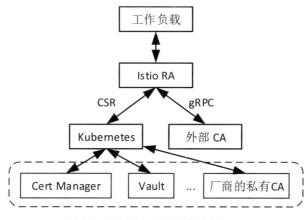

图 16-9　Istio RA 调用外部 CA 的方式

3. Istio 控制面的 DNS 证书签发

Citadel 的另一个重要功能是为 Istio 控制面本身提供 DNS 证书，包括安全的 gRPC 服务器及 Sidecar Injector、Galley HTTPS 服务器。DNS 与工作负载的证书签发方式类似，在 Kubernetes RA 场景中使用 Kubernetes 签发 DNS 证书，在 CA 场景中使用 CA 签发 DNS 证书。其区别在于，CA 自签证书存在有效期，因此 Citadel 还肩负着 DNS 证书轮转的责任。

由此可见，Istio 构筑了安全、完善的 PKI 体系，Citadel 在其中扮演着至关重要的角色。

16.3.4　证书轮转器

想象一下，Istio 控制面 Citadel 签发证书所使用的证书即将过期，该如何处理？最容

第 16 章 Citadel 的架构

易想到的答案是：先重新签发一个新的根证书，再重启 Citadel 重新加载证书。这种简单粗暴的方式会导致 Citadel 服务中断，进而可能会影响数据面的服务访问，是任何高可用的分布式系统都不能容忍的。Citadel 在设计中处处考虑到了系统的高可用。

（1）与工作负载所用的证书不同，Citadel 签发证书所用的中间 CA 证书的有效期更长，即使 CA 证书过期，由根 CA 重新签发后，也不会影响工作负载之间的网络通信。

（2）自签根证书的有效期默认是 10 年，并且支持自动轮转，保证根证书永远不会过期。

（3）工作负载证书的有效期较短，但是 Istio 通过 Citadel 和 Pilot-agent 共同保证了证书的自动轮转。

（4）Istio xDS 服务器自身使用的 DNS 证书有效期默认也是 10 年，同样支持自动轮转。

由此可知，证书的有效性保证了 Istio 控制面和数据面的可用性，这一切都与 Istio 证书轮转器有关。在 Istio 中，证书轮转器有两个：Citadel 中的根证书轮转器和 Pilot-agent 中的工作负载证书轮转器。这里主要讲解根证书轮转器。

根证书轮转器由一个轮转器（Rotator）和一个 Secret 控制器组成。轮转器用于周期性地检查根证书，并且在过期前重新签发根证书。Secret 控制器是一个操作 Kubernetes 的 Secret 的实体对象，由轮转器负责调用。

如图 16-10 所示为根证书轮转器的工作原理。

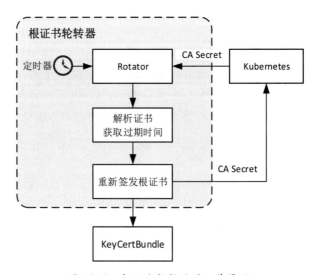

图 16-10　根证书轮转器的工作原理

根证书轮转器以一个单独的 Go 协程在后台周期性地检查根证书。

（1）从 Kubernetes Secret 中获取根证书。

（2）解析证书，获取过期时间，在即将到期时重新签发根证书。

（3）将新的证书密钥对保存到 KeyCertBundle 中，同时更新 CA Secret，以便后续进行证书签发。

如图 16-11 所示，DNS 证书的轮转也依赖于根证书的轮转，当根证书轮转时，Citadel 会将新的根证书保存到文件系统中。同时，DNS 证书的文件监听器将收到文件系统的通知，进而重新加载 DNS 证书 Key/Cert，最后重置 DNS 证书。这样就完成了 DNS 证书的优雅轮转，整个过程对 Istio 控制面的服务没有任何影响，这极大保证了 Istio 本身的可靠性。

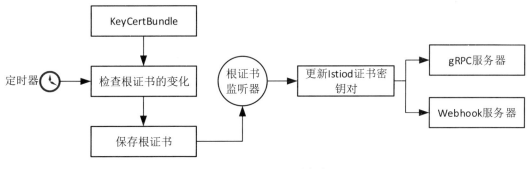

图 16-11　DNS 证书的轮转

16.4　本章小结

本章重点讲解 Istio 核心安全组件 Citadel 的工作原理，现在做一个简单回顾。

（1）先从整体上讲解 Istio 身份模型及证书管理，Citadel 在 Istio 零信任安全架构中扮演着重要的角色。

（2）讲解 Citadel 的整体架构和统一的工作负载证书签发流程。

（3）深入讲解 Citadel 核心部件的功能及工作原理。

第 17 章　Galley 的架构

Istio API 配置主要由流量治理、安全策略、遥测三类 API 构成，通俗地讲，Istio API 由 Kubernetes CRD（Custom Resource Definition）以 OpenAPI 的标准定义，比如常用的 VirtualService、DestinationRule、Gateway 等。

Galley 是 Istio API 配置管理的核心组件，负责用户的 API 配置信息校验，保证 API 配置的合法性；另外，Galley 负责接收外部的 API 配置，并为其他组件包括 Pilot、Citadel 等提供 API 的查询功能。

17.1　简化的 Galley

在 Istio 的发展历程中，Galley 经历了大约三个阶段的演进。无论如何演进，其核心 API 配置的校验能力不变。

第 1 阶段，在 Istio 1.0 版本以前，Galley 仅仅以校验服务器的身份独立存在，在架构上与普通的校验服务器无差别。独立的 HTTPS 服务器在用户进行 API 配置对象创建或更新时，同步拦截并校验 API 配置的合法性。

第 2 阶段，在 Istio 1.0～1.4 中，Istio 社区扩展了 Galley 的新能力，Galley 具有 API 发现的功能。这时的 Galley 提供了 Kubernetes、Consul 和文件系统三种平台适配器，支持从 Kubernetes 平台、Consul 服务注册中心和文件系统中实时获取动态的 API 配置。Galley 还实现了 MCP 服务端，支持 API 配置的动态分发，并且与 MCP 客户端协作，支持多集群、多平台的 API 配置聚合。

如图 17-1 所示，在第 2 阶段，Galley 整体架构的缺点是很明显的，API 配置的接收和分发原本由 Pilot 负责，这种模型是 Istio 社区强行将配置管理全部交由 Galley 的产物。这样自然导致 Pilot、Mixer 必须以 MCP 方式从 Galley 中获取 API 配置，在原本可以直接从

API 配置源（例如 Kubernetes）中获取 API 配置的路径中增加了 Galley 一环，在分布式系统中多增加一环所带来的网络延迟和故障率增加是不言而喻的。

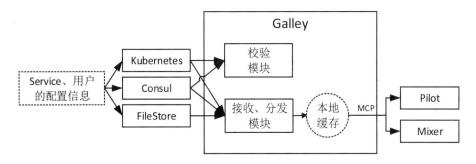

图 17-1　Galley 在第 2 阶段的整体架构

第 3 阶段是从 Istio 1.5 开始的，伴随着 Istio 架构的改革，单体控制面出现。Istio API 配置的获取工作重新交还给 Pilot，进而带来的是从 API 配置更新到 xDS 配置下发整体时延的减少和系统稳定性的增强。在这一阶段，Galley 除了保留了核心的 API 校验功能，还保留了 MCP API 配置发现的功能。而 MCP 已演化为基于 xDS 协议的 MCP，与早期的 MCP 完全不同，MCP over xDS 的方式证明了一切皆可通过 xDS 订阅。

17.2　Galley 的整体架构

Galley 的整体架构如图 17-2 所示，主要包含两部分：①Validation Webhook；②MCP Sink。其中，Validation Webhook 是 Kubernetes 的一种 Admission Controller（准入控制器），在 API 创建、更新的过程中，由 Kube-apiserver 动态调用，并根据 API 语义同步校验 API 配置。Kube-apiserver 根据 API 校验结果决定是否允许用户对 API 进行操作，当 API 校验成功时，Kube-apiserver 允许当前 API 操作，否则拒绝本次操作。在云原生的开发模式下，准入控制器是一种比较常用的 API 校验和拦截方式。

MCP Sink 是 API 配置规则的获取方式之一，也是 Istio 不可或缺的多平台支持和扩展方式。比如，在多集群服务网格中，Primary 集群的 Istiod 可能由于某些网络的连通性或安全策略限制，不能访问其他 Remote 集群的 Kube-apiserver，那么可以通过 MCP 扩展的方式，将 Remote 集群的 API 配置同步到主集群的 Istiod 中。

第 17 章　Galley 的架构

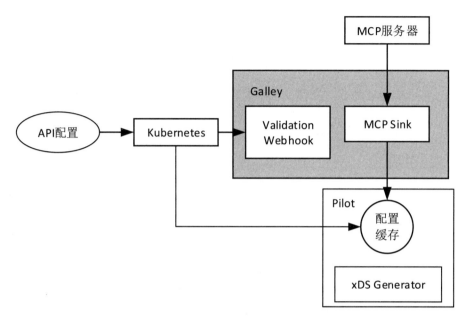

图 17-2　Galley 的整体架构

在图 17-2 中，MCP 服务器的实现方式可以由用户自定义，也可以由 Pilot 提供。Pilot 提供的 MCP 服务器只支持基于 Kubernetes 及文件系统的服务、配置发现，并不支持其他注册中心。Pilot 早期对 Consul 的原生支持已被彻底删除，这对于使用 Consul 的用户来说不太友好。用户只能自己实现一个 MCP 服务器，并且支持 Consul 的服务发现，然后通过 MCP 扩展支持 Consul。另外，其他平台的支持类似。

通过定义一种标准协议的方式提供灵活的扩展能力是云原生软件系统一贯采用的方法，Istio 通过这种方式减少了与各种差异化的平台、注册中心的耦合。Istio 社区也保证将更多的精力投入核心的逻辑处理中。

17.2.1　早期的 MCP

最早的 MCP（Mesh Configuration Protocol）设计参照 xDS 协议，也基于 gRPC 的传输方式。

早期的 MCP 与 xDS 协议类似，一次完整的 MCP 请求流程包括请求、响应、回复 ACK 或 NACK 消息，如图 17-3 所示。首先，各组件主动向 Galley 发起 MeshConfigRequest；然后，Galley 根据请求返回相应的 MeshConfigResponse；最后，各组件在接收到配置信息后进行动态加载，若加载成功，则回复 ACK 消息，否则回复 NACK 消息，ACK、NACK 消息也是以 MeshConfigRequest 形式传输的。

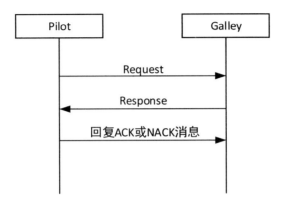

图 17-3　一次完整的 MCP 请求流程

MeshConfigRequest 的具体属性及其含义如表 17-1 所示。

表 17-1　MeshConfigRequest 的具体属性及其含义

属 性 名	含　义
VersionInfo	最近一次处理成功的资源版本信息，在首次请求时该版本的值为空，为 string 类型
SinkNode	发起请求的节点信息，包含节点 ID 及其他元数据，为*SinkNode 类型
TypeUrl	此次请求的资源类型，为 string 类型
ResponseNonce	回复 ACK 或 NACK 消息特定的 Response，为 string 类型
ErrorDetail	前一次返回加载失败的错误详情，为*google_rpc.Status 类型

MeshConfigResponse 的具体属性及其含义如表 17-2 所示。

表 17-2　MeshConfigResponse 的具体属性及其含义

属 性 名	含　义
VersionInfo	返回信息的版本号，为 string 类型
Resources	返回的配置信息，为[]Resource 类型
TypeUrl	配置信息的资源类型，为 string 类型
Nonce	Nonce 适用于基于 gRPC 协议的流式订阅，提供了一种在随后的 DiscoveryRequest 中明确回复 ACK 或 NACK 消息特定 DiscoveryResponse 的方式，为 string 类型

17.2.2 基于 xDS 的 MCP

最新的 MCP 完成了一次涅槃重生，现在是基于标准 xDS 协议扩展了 API 配置资源类型，换句话说，现在的 MCP 是一种扩展的 xDS。只不过 MCP 的资源类型 TypeUrl 是 {api group}/{api version}/{api kind} 格式。除此之外，MCP 的请求流程与 Envoy 原生的 xDS 没有任何差别。

17.3 Galley 的核心工作原理

Galley 的核心功能由 API 配置的校验和 MCP Sink 两部分组成，本节会详细讲解其核心工作原理。

17.3.1 启动初始化

Galley 的启动初始化与 Pilot 的启动初始化融合在一起，如图 17-4 所示。

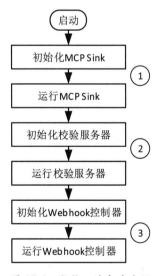

图 17-4　Galley 的启动流程

（1）初始化 MCP Sink，非必需步骤。根据在 Istio 的全局配置中是否包含 MCP 源决定初始化与否。当服务网格包含 MCP 源时，在配置控制器中初始化 MCP Sink 并运行 MCP Sink，实时监听 MCP 源，将接收到的 API 配置缓存在本地。

（2）初始化校验服务器，并将其注册到 HTTPS 多路复用器中。校验服务器最后与 HTTPS 一起启动，验证用户创建或者更新 API 配置的合法性。

（3）初始化并运行 Webhook 控制器，这一步在 Istiod 启动阶段进行。Webhook 控制器主要是维护校验服务器在 Kubernetes 中的配置，通过监控 CA 文件的更新事件，动态更新 Webhook 的配置。

1. MCP Sink

MCP Sink 顾名思义就是 MCP 客户端的实现及 API 配置的更新管理。Galley 通过创建 ADSC 对象，与 MCP 源建立 MCP 连接。ADSC 对象是 Istio 社区提供的 ADS 客户端连接库，可用于获取任意类型的 xDS 资源。MCP Sink 通过 ADSC 与 MCP 源订阅各种 API 配置。

Galley 通过内存控制器缓存 API 配置，内存控制器是一种通用的 ConfigStoreCache 实现之一。如果仔细读完第 15 章，那么我们会清楚地记得 ConfigStoreCache，它既包括配置的缓存，也提供配置更新的事件回调机制。MCP Sink 将接收到的 API 配置缓存在内存中，同时触发配置更新回调函数的执行。

MCP Sink 的工作原理如图 17-5 所示，主要包括如下步骤。

（1）通过 MCP over xDS 订阅 API 配置资源的创建、更新、删除等事件。

（2）接收到 API 配置，将其保存到本地缓存中，API 配置的更新暂时未提供增量的方式，在大规模场景中存在性能缺陷，好在 MCP Sink 不是必需的。

（3）每个 API 配置的更新均触发配置回调函数的执行，进而带来 Envoy xDS 的推送。回调函数的注册过程请参考 15.2.3 节。

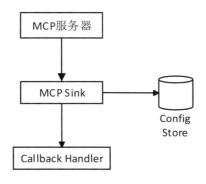

图 17-5 MCP Sink 的工作原理

2. Kubernetes 的校验服务器

Kubernetes 的校验服务器负责校验用户的配置信息，其本质是 Kubernetes 外置的 Admission Webhook 服务器。Validation 服务器只能接收来自 Kubernetes 的用户配置信息，并且只负责校验 Istio 定义的 CRD 对象；对于 Kubernetes 原生的资源对象 Service、Endpoint 等，Istio 的校验服务器不提供校验，由 Kubernetes 自己校验。在用户创建 API 配置时，校验服务器会对数据的合法性进行校验，只有校验成功的对象才会创建成功并进入服务网格内。校验服务器的初始化流程如下。

（1）加载 Istio 所有相关 API 配置的 Schema，在每种类型的 Schema 中都内置了其对应 API 类型的校验方法。

（2）新建 Webhook 对象，其中包含 API Schema。

（3）注册 admit 接口到 HTTPS 多路复用器，接收并处理 Istio API 配置的校验请求。

3. Webhook 控制器

Webhook 控制器的核心功能是动态维护校验服务器的配置 ValidatingWebhookConfiguration。ValidatingWebhookConfiguration 是 Kubernetes 原生的 API。在 Istio 中，校验服务器由管理员在部署阶段指定和创建。ValidatingWebhookConfiguration 主要包括校验服务器访问客户端的配置（服务名、CA Bundle、URL 路径）及其作用的资源对象。

CA Bundle 由 Webhook 控制器动态维护，其工作原理如图 17-6 所示，在 Istio 启动后，控制器将 CA Bundle 添加到 ValidatingWebhookConfiguration 中。控制器还监视 CA Bundle 的更新，并负责更新 ValidatingWebhookConfiguration 的 CA Bundle。

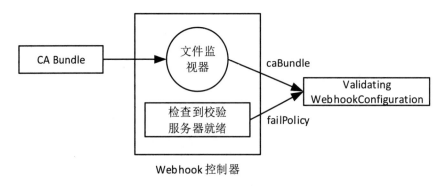

图 17-6　Webhook 控制器的工作原理

另外，ValidatingWebhookConfiguration 的失败策略（failurePolicy）也由 Webhook 控制器来维护。具体来讲，在初始阶段，校验服务器从运行到就绪需要一个过程，在此阶段，ValidatingWebhookConfiguration 的失败策略为"Ignore"，也就是说 Kubernetes 忽略校验服务器调用失败，Webhook 控制器则周期性地检查校验服务器是否就绪，在就绪时更新 ValidatingWebhookConfiguration 的失败策略为"Fail"，若校验服务器调用失败，则拒绝创建 API 配置。

为防止多个 Webhook 控制器并发操作同一个 ValidatingWebhookConfiguration，Istio 还引入了分布式锁（通过 Kubernetes 选主实现），只有主控制器才能操作 ValidatingWebhookConfiguration，避免多控制器来回更新。

17.3.2 API 校验

Galley 通过动态准入控制器（Dynamic Admission Webhook）实现对 Istio 所有 API 配置的校验。Admission 是 Kubernetes 中的一个术语，指的是在客户端和 Kube-apiserver 进行资源对象操作的过程中对资源对象进行准入控制。在 Kubernetes 中包含多个内置的 Admission Controller，Kubernetes 也提供了对 Admission Controller 的扩展能力，即引入了 Admission Webhook（Web 回调）扩展机制。Admission Webhook 的支持使用户无须侵入修改 Kubernetes 源码，即可对任意资源类型进行自定义的准入控制。开发者只需实现一个外部独立的校验服务器，并将其注册到 Kube-apiserver。Kubernetes 完整的 API 请求生命周期如图 17-7 所示。

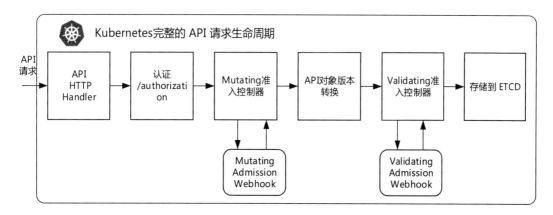

图 17-7　Kubernetes 完整的 API 请求生命周期

Admission 包括两个重要的阶段：Mutating 与 Validating。Mutating 发生在 Validating 前面。在 Mutating 阶段，可以对请求的 API 对象进行动态修改，例如在 Istio 服务网格中为服务实例注入 Sidecar，就利用了 Mutating Admission Webhook 动态修改 Pod 的能力。在 Validating 阶段，主要对请求的 API 对象进行校验，例如在 Galley 中对 API 配置进行校验，就利用了 Validating Admission Webhook 动态验证的能力。下面详细讲解 Validating Admission Webhook 的注册及校验原理。

1. 校验服务器的注册

校验服务器在启动时向 HTTPS 服务器注册了 /validate 接口来进行 API 配置校验，校验准入控制生效的前提是将校验服务器其注册到 Kubernetes 中。用来注册校验服务器的配置被称为 ValidatingWebhookConfiguration。Galley 使用的注册配置如下：

```
apiVersion: admissionregistration.Kubernetes.io/v1
kind: ValidatingWebhookConfiguration
metadata:
  labels:
    app: istiod
    istio: istiod
  name: istiod-istio-system
webhooks:
- admissionReviewVersions:
  - v1beta1
  - v1
  clientConfig:
    caBundle: ……
    service:
      name: istiod
      namespace: istio-system
      path: /validate
      port: 443
  failurePolicy: Fail
  matchPolicy: Exact
  name: validation.istio.io
  namespaceSelector: {}
  objectSelector: {}
  rules:
  - apiGroups:
    - security.istio.io
```

```
    - networking.istio.io
  apiVersions:
    - '*'
  operations:
    - CREATE
    - UPDATE
  resources:
    - '*'
  scope: '*'
sideEffects: None
timeoutSeconds: 30
```

在以上名为 istiod-istio-system 的 ValidatingWebhookConfiguration 配置文件中共定义了 validation.istio.io 这一个 Webhook，用来校验 Istio API 的配置。

Galley 在 443 端口上提供服务，它们的 namespaceSelector 都为空，这意味着准入控制器对任何命名空间下的 API 配置创建、更新操作都会进行校验。

2. 对 API 配置的校验

validate 接口提供了对 Istio 相关 API 配置的校验服务，API 配置在进行创建、更新时，都会触发 Kube-apiserver 调用该接口，校验流程如图 17-8 所示，若在该流程中有任何一个步骤返回错误，则认为此次校验失败。

（1）判断 API 请求的类型，对特定类型的资源只处理特定的操作。例如，对 Istio 定义的 API 对象只校验创建、更新请求。

（2）解析元数据，将在请求中携带的数据初步解析为 Istio 结构化的数据。

（3）获取对象的类型，根据初步解析的结果得到数据的资源类型 Kind，获取该类型资源的 Schema，在 Schema 中包含对该类型资源进行校验的函数 Validate<Kind>。

（4）利用该资源类型的 Schema 对 Istio 抽象的数据对象进行解析、转换，将其转换为可处理的 Istio 结构化 API。

（5）调用 Schema 中的 Validate<Kind>函数对转换后的对象进行最终校验。

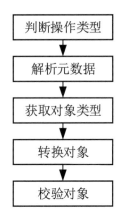

图 17-8　校验 API 配置的流程

17.3.3　对 API 配置的管理

Galley 实现了对组件配置信息的统一缓存及检索，通过 MCP 解耦了 Pilot 与外部注册中心，使 Pilot 更加聚焦于对主流业务 xDS 的处理。

如图 17-9 所示，API 配置管理也是 Galley 的核心功能之一，将从外部 MCP 服务器获取的用户配置信息保存到本地缓存中。Galley 的 MCP Sink 实现了 ConfigStore 接口，MCP Sink 接收到的 API 配置全部被缓存在本地，并将 API 配置更新事件发送到事件队列，进而通过注册的事件回调函数触发 xDS 下发。

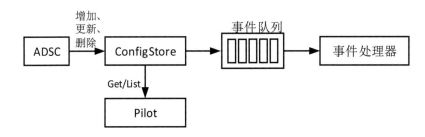

图 17-9　对 API 配置的聚合流程

MCP 目前是基于全量 xDS 的协议，在每次配置更新 MCP 服务器时都必须将全量的 API 配置发送到 Istio MCP Sink，这带来很大的资源浪费。目前在大规模场景中，MCP 本身存在着明显的缺陷，增量 MCP 才能解决大规模场景中 API 配置更新带来的性能问题。由于 MCP 基于 xDS，因此不难依托增量 xDS 来实现增量 MCP。

17.4 本章小结

本章首先整体讲解了 Galley 的演进历程，从简到繁再到简；然后讲解了 Galley 的整体架构和 MCP 概念，大家可以通过 MCP 自动集成外部的 API 注册中心；最后从 Galley 组件初始化、配置校验、配置管理等方面详细解读了其核心工作原理。

第 18 章 Pilot-agent 的架构

由 Sidecar 的注入原理可知，Istio 向应用中注入了 istio-init 和 istio-proxy 两个 Sidecar 容器。Pilot-agent 正是 istio-proxy 容器的启动命令入口。通过 kubectl 可以看到，在 istio-proxy 容器中一共有 Pilot-agent 和 Envoy 两个进程，而且 Pilot-agent 是 Envoy 的父进程：

```
$ kubectl exec -ti httpbin-6565f59ff8-hmf2q  -c istio-proxy -- ps -efww
UID         PID    PPID  C STIME TTY          TIME CMD
root          1       0  0 Jun04 ?        00:04:09 /usr/local/bin/pilot-agent
proxy sidecar --domain default.svc.cluster.local --serviceCluster httpbin.default
--proxyLogLevel=warning --proxyComponentLogLevel=misc:error
--log_output_level=default:info --concurrency 2
root         16       1  0 Jun04 ?        00:19:49 /usr/local/bin/envoy -c
etc/istio/proxy/envoy-rev0.json --restart-epoch 0 --drain-time-s 45
--parent-shutdown-time-s 60 --service-cluster httpbin.default --service-node
sidecar~10.244.0.52~httpbin-6565f59ff8-hmf2q.default~default.svc.cluster.local
--local-address-ip-version v4 --bootstrap-version 3 --log-format %Y-%m-%dT%T.%fZ.%l.
envoy %n.%v -l warning --component-log-level misc:error --concurrency 2
```

图 18-1 明确展示了 Pilot-agent 与 Envoy 的共存关系。Pilot-agent 最初的功能比较单一，只用作 Envoy 的守护进程。随着 Istio 社区功能的丰富，Pilot-agent 已经不仅仅作为守护进程，还提供了非常多的扩展功能支持，并且成为 Istio 数据面和控制面连接的桥梁。

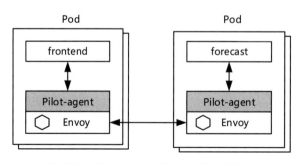

图 18-1　Pilot-agent 与 Envoy 的共存关系

18.1 Pilot-agent 的用途

看到这里大家肯定有一个疑问：为什么不直接启动 Envoy，而是通过 Pilot-agent 启动？很早以前，Pilot-agent 的主要职责是守护 Envoy 进程，包括热重启。但是目前 Pilot-agent 的作用不仅如此，而且代理 Envoy 与 Istiod 的通信，可以更加灵活地扩展 Istio 的功能。简要概括一下，Pilot-agent 具有以下 6 大功能。

- Pilot-agent 需要解析外部提供的参数，渲染 Envoy 的启动模板，生成 Envoy 的 Bootstrap 配置文件，最后启动 Envoy 进程。Envoy 作为数据面的流量通道，总会有异常退出的情况，而 Pilot-agent 提供了 Envoy 的守护功能，当 Envoy 异常退出时，Sidecar 容器退出，等待 Kubelet 重建。在应用滚动升级或者缩容的场景中，应用 Pod 退出时，Pilot-agent 可以捕捉 SIGTERM 信号，并通知 Envoy 进程优雅退出。
- 代理应用的健康检查，从而避免健康检查请求被 Envoy 拦截。
- SDS 服务器动态提供 Envoy 证书，避免传统的证书挂载方式引起 Envoy 热重启。
- 通过代理 xDS 请求，Pilot-agent 能够提供其他扩展能力，例如智能 DNS、Wasm 自动下载、工作负载的健康检查状态上报等。
- Local DNS 服务，既能减轻 DNS 中心服务器的压力，也能为虚拟机应用提供服务网格中服务的域名解析功能。
- 像 Kubelet 一样支持对 WorkloadEntry 的健康检查，对虚拟机应用非常友好。

Envoy 更多地作为应用服务进出流量的代理，提供丰富的服务治理、策略执行及遥测上报功能。以上功能在 Envoy 层面几乎不可能做到，更没必要耦合在其中。Pilot-agent 已经是 Istio 众多能力的构建者，其重要性不言而喻。

18.2 Pilot-agent 的核心架构

如图 18-2 所示，Pilot-agent 的核心组件包括 Envoy Agent、SDS 服务器、xDS Proxy、APP Prober、DNS 服务器和 HealthChecker。

第 18 章 Pilot-agent 的架构

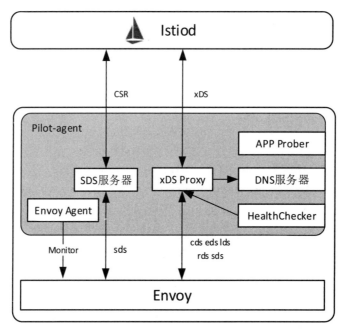

图 18-2 Pilot-agent 的核心架构

下面分别讲解这些核心组件。

（1）Envoy Agent 即 Envoy 代理守护模块，主要职责是先根据进程启动参数和环境变量等的输入构建 Envoy Bootstrap 文件；然后运行子进程 Envoy 并负责等待其退出。在 Envoy 退出后，Pilot-agent 进程也自动退出。细心的读者已经发现，Envoy Agent 原本提供的 Envoy 热重启能力已被删除，因为目前 Istio 已彻底转向支持 SDS，不再需要以热重启的方式重新加载证书。Envoy Agent 还支持优雅删除应用，具体做法是在容器退出时监听 SIGTERM 信号，然后向 Envoy 发送优雅断连请求。优雅删除能力对提高业务的韧性很有意义。

（2）xDS Proxy 主要用来代理 xDS 请求。Istio xDS 在类型方面比 Envoy 原生的种类（CDS、EDS、LDS、RDS、SDS、ECDS）扩展了 NDS、PCDS。xDS Proxy 首先是 Envoy 和 Istiod 之间 xDS 请求和响应的代理，还主动发起 NDS 和 PCDS 请求。NDS 是 Sidecar 向控制面订阅服务网格内服务域名和 IP 地址的一种 xDS 协议，NDS 响应用于本地 DNS 服务器。PCDS（Proxy Config Discover Service）协议是一种充满想象空间的协议，可用于承载与 Sidecar 相关的所以配置。目前，PCDS 只能用来获取多个 TrustAnchor 根证书，支持多信任域的服务网格中服务的访问。除此之外，xDS Proxy 还支持将 HealthChecker 健康检查的结果上报给 Istiod。那么为什么需要代理 Envoy 原生的 xDS 请求呢？因为直到 Istio 1.8 才出现 xDS Proxy。Istio 较早支持虚拟机和 Kubernetes 混合服务治理，但是在长期发展过程中，混合服务网格中虚拟机应用的 DNS 解析一直比较定制化，要么需要部署独立的 DNS 服务器，然后手动将服务域名和地址注册到 DNS 服务器中，要么以更为侵入的方式手动将服务域名和地址写到本地 hosts 文件中，这也是 Pilot-agent 引入本地 DNS 服务的主要原因。原来在 Sidecar 与 Istiod 之间存在两类连接：①Envoy 与 Istiod 之间的 ADS 连接；②Pilot-agent 与 Istiod 之间扩展功能的连接。为了减少 Istiod 承载的连接数，Istio 社区引入了 xDS Proxy 代理 Envoy 原生和 Istio 扩展的这两类 xDS。

（3）SDS 服务器由 Node Agent 合并而来，是工作负载的证书提供者，通过 SDS 接口向 Envoy 提供证书，并且负责证书轮转。SDS Server 本身并不签发证书，一般主流的方式是 SDS Server 与 Citadel 维持一条 gRPC 流，按需向 Citadel 发送 CSR 来获取证书。证书签发是 Istio 控制面与 Sidecar 之间的一条独立配置通道，与 xDS 发布-订阅式的通信方式相比，证书签发是请求-响应式的。由于差别巨大，暂时还没有复用 xDS 配置通道。

（4）DNS 服务器的典型应用场景是处理本地应用的 DNS 解析请求，主要针对虚拟机应用和 ServiceEntry 定义的服务网格外部服务。本地 DNS 是虚拟机混合治理特性成熟最重要的推动力。

（5）APP Prober 用来代理来自 Kubelet 的 Readiness Probe 和 Liveness Probe，因为在 Sidecar 模式下，Kubelet 正常的健康检查请求会被 Envoy 拦截，从而影响正常的访问。常见的问题是访问失败，比如服务设置了严格的 TLS 检查，来自 Kubelet 的明文请求自然不被接收。在 Istio 中，Sidecar Injector 默认重写 Pod 的 Probe，Kubernetes 系统的健康检查请求由 APP Prober 模块接收，并由其转发给真实应用。由 Pilot-agent 发送出去的流量不会被 iptables 拦截，因此避免了由于 Envoy 对流量进行拦截导致的健康检查失败问题。

（6）HealthChecker 是虚拟机世界中类似 Kubernetes Prober 的模块，主要给 Istio 中的虚拟机应用提供健康检查能力。HealhChecker 周期性地执行健康检查，然后通过 xDS Proxy 将健康检查结果上报给 Istiod。

18.3　Pilot-agent 的原理

18.2 节已经讲解了 Pilot-agent 的核心功能模块及其主要功能，本节将详细讲解这些核心功能的原理。

18.3.1　Envoy 的启动

Envoy 的启动步骤如图 18-3 所示，包含 3 个步骤：①生成 Bootstrap 配置文件；②准备 Envoy 参数列表；③创建 exec.Cmd 启动对象，并通过其 Start 方法启动 Envoy 进程。

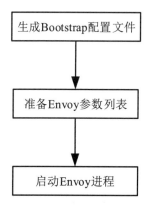

图 18-3　Envoy 的启动步骤

在 Envoy 的启动过程中最烦琐的步骤就是 Bootstrap 配置文件的生成，默认的 Bootstrap 配置文件模板是 "/var/lib/istio/envoy/envoy_bootstrap_tmpl.json"，它是在构建 Sidecar 容器的镜像时被复制到镜像的文件系统中的。Pilot-agent 通过 Bootstrap Instance 根据 ProxyConfig 渲染模板得到 Bootstrap 配置文件 "/etc/istio/proxy/envoy-rev0.json"。Bootstrap 配置文件是使用 xDS API 的必要条件，因为 Envoy 需要通过它获取 xDS 的 Pilot 地址和一些静态的 xDS 资源配置，例如调用链及监控组件 Prometheus 的地址等。

在 BootStrap 配置文件渲染成功后，首先进入启动参数准备阶段，主要是指定启动文件（-c）、日志级别、并发工作线程数（--concurrency）及连接优雅断开（--drain-time-s）等高性能配置选项。然后，Pilot-agent 启动子进程 Envoy。

在 Envoy Proxy 启动 Envoy 子进程之后，它的任务还没有结束，还在后台等待 Envoy 异常退出或主动优雅退出。Envoy 异常退出的流程如图 18-4 所示。

（1）Envoy 退出时，Envoy Proxy 模块也随之结束。

（2）Envoy Agent 执行清理工作，主要为虚拟机环境清理 BootStrap 文件，然后发送退出通知。

（3）Envoy Agent 主线程监听退出通知队列，在接收到退出通知后，自己主动退出，Pilot-agent 主进程结束。

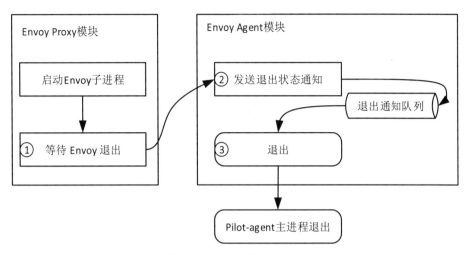

图 18-4　Envoy 异常退出的流程

可以清晰地看到，Envoy 无论以任何原因退出，Istio 都没有重启保障机制。Istio 社区希望充分利用已有系统的成熟能力，不再维护复杂的 Envoy 热重启逻辑。在 Kubernetes 集群中，Envoy 的退出会导致 Sidecar 容器的退出，Kubelet 会再次将 Sidecar 容器运行起来。在虚拟机环境下，也可以通过 Linux 系统成熟的系统管理程序 Systemd 来监控和守护 Pilot-agent 进程。

18.3.2　优雅退出

在滚动升级或者缩容的场景中，暴力停止 Envoy 很容易导致网络丢包。从软件工程的角度来说，这违背了事务操作的原子性。例如，电商平台仓储系统的后端实例在退出时，如果还有未处理完成的客户订单请求，那么客户可能会得到出乎意料的结果。Envoy 本身也提供了 /drain_listeners 接口支持优雅退出。

支持应用优雅退出是用户对 Istio（Sidecar）的基本要求。这里讲解 Kubernetes 对 Pod 优雅删除的支持。如图 18-5 所示，当 Pod 删除时，Kubelet 主动向 Pod 的所有容器都发送 SIGTERM 信号，然后 Kubelet 等待容器退出，在优雅删除周期内，应用容器执行优雅退出操作，比如执行注销操作。Kubelet 在等待容器优雅退出超时后，会对容器进行暴力删除，直接发送 SIGKILL 指令，强制删除 Pod 的所有容器。

第 18 章 Pilot-agent 的架构

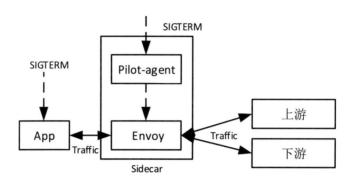

图 18-5 Istio 的应用优雅退出模型

在 Istio 中，Sidecar 容器主进程 Pilot-agent 收到 SIGTERM 信号后，会通知 Envoy 优雅退出。服务网格对优雅退出的基本要求是：①优雅删除时，不能影响应用容器对外发送请求，应用可能在退出前会执行一些外部 API 调用；②不允许外部向应用发送新的请求；③允许现有的请求完整结束。

幸运的是，/drain_listeners 接口为 Envoy 带来了强大的关闭监听器的能力。它支持独立关闭 Inbound（接收下游的访问请求）或 Outbound（发送访问上游的请求）任意方向的监听器。另外，支持监听器在关闭时优雅地断开连接，使业务的影响最小化。

如图 18-6 所示，Sidecar 优雅退出的流程如下。

（1）Pilot-agent 有个独立的信号处理线程，接收 SIGTERM 信号，然后通知 Envoy Agent 停止 Envoy 子进程。

（2）Envoy Agent 模块在接收到停止信号后，通过/drain_listeners 接口通知 Envoy 进程优雅地关闭监听器。然后 Envoy Agent 等待一段优雅删除时间，这一步非常重要，这时 Envoy 主动优雅地断开连接，最后发送强制杀掉 Envoy 进程的通知。

（3）Envoy Proxy 模块在接收到强制删除 Envoy 进程的通知后，如果 Envoy 进程仍未退出，则强制将其杀掉。

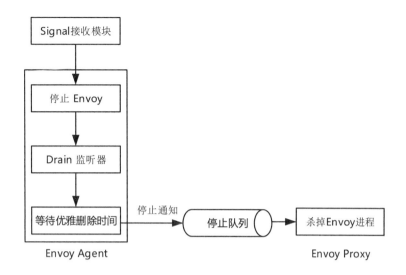

图 18-6 Sidecar 优雅退出的流程

18.3.3 xDS 代理

xDS 代理是 Envoy xDS 请求和 Pilot-agent xDS 请求的代理,这里的 xDS 既包括 Envoy 常用的 CDS、EDS、LDS、RDS、ECDS、SDS,也包括扩展的 NDS 和 PCDS。

如图 18-7 所示,xDS 代理主要包含三个模块:下游 ADS 服务器、上游请求处理模块和上游响应处理模块。

(1)下游 ADS 服务器在本质上是一个 gRPC 服务器,接收 Envoy 的 xDS 请求,并透明地转发给上游请求处理模块,还将上游响应处理模块转发的 xDS 响应透明地转发给 Envoy。除此之外,当下游 ADS 服务器第一次接收到 Envoy 的 LDS 请求时,还会主动发送 NDS 和 PCDS 请求。

(2)上游请求处理模块比较简单,它单纯地将请求队列中的 xDS 请求按照顺序依次发送到上游的 Istiod。

(3)上游响应处理模块负责接收控制面 Istiod 发送回来的 xDS 响应,并将 NDS、PCDS 和 ECDS 这三种类型的资源做单独的拦截处理,将其余类型直接透明转发到下游 ADS 服务器。

◎ NDS 处理器(NDS Handler)负责拦截 NDS 资源,并更新 DNS 服务器的 DNS 记录。

◎ PCDS 处理器（PCDS Handler）负责拦截 Proxy Config，并更新本地 Trust Bundle，最后触发 SDS 更新证书。PCDS 旨在解决多个根证书的工作负载访问问题，可参考 18.3.4 节。
◎ ECDS 处理器（ECDS Handler）支持远程获取 Wasm，并且重写 ECDS 响应，将 Wasm 的远程 URL 路径重写为本地文件路径。

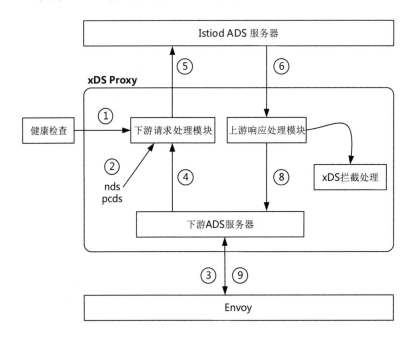

图 18-7　xDS 代理的核心架构及原理

本节重点讲解 ECDS。ECDS 是 Envoy 原生支持的扩展配置发现服务，Extension Config 主要用于对过滤器配置的动态发现。Istio 在早期并没有使用 ECDS，随着 Wasm 技术热度的提升，Istio 社区发现，当前社区对 Wasm 的管理能力严重不足，既没有提供对 Wasm 模块的存储能力，也没有提供自动拉取远端 Wasm 模块的能力。Envoy 自身倒是支持远端获取 Wasm，如果使用远端服务器提供 Wasm 扩展，则 Envoy 在接收到监听器 LDS 后，只要经过基本的校验，就会向服务端发送 LDS ACK，然后去远端下载 Wasm。Wasm 的远程拉取与监听器的预热是异步执行的，如果因为网络抖动或者配置错误导致 Wasm 拉取失败，那么 Envoy 的监听器预热将永远阻塞。更为严重的是，如果用户配置了 Fail Close 策略，那么 Envoy 将停止服务。

如果不能很好地解决 Wasm 模块的远端下载和监听器预热的矛盾，则只能要求用户在生产过程中使用 Wasm 时，必须提前将 Wasm 模块打包或者挂载到容器中。这样，Wasm

动态扩展的价值将大打折扣，在本质上变成动态加载提前准备好的静态 Wasm 模块。

Istio 如何解决这一困局？关键是通过 ECDS 生成器和 xDS Proxy 协作，共同支持对 Wasm 的远程获取。ECDS 生成器根据 EnvoyFilter 生成 Extension Config，具体来说，根据目标是 EXTENSION_CONFIG 的 EnvoyFilter 补丁生成具体的 ECDS 配置。xDS Proxy 主动拦截 ECDS 配置，并交由 ECDS 处理器处理。ECDS 处理器首先解析 Wasm 配置，然后根据远端地址下载 Wasm 并将其保存在本地文件中，最后重写 ECDS 配置，将 Wasm 源改为本地文件。

```yaml
- applyTo: EXTENSION_CONFIG
  patch:
    operation: ADD
    value:
      name: my-wasm-extension
      typed_config:
        "@type": type.googleapis.com/envoy.extensions.filters.http.wasm.v3.Wasm
        config:
          root_id: my-wasm-root-id
          vm_config:
            vm_id: my-wasm-vm-id
            runtime: envoy.wasm.runtime.v8
            code:
              remote:
                http_uri:
                  uri: http://my-wasm-binary-uri
          configuration:
            "@type": "type.googleapis.com/google.protobuf.StringValue"
            value: |
              {}
// 在AUTHZ过滤器后增加一个扩展过滤器，该配置会被应用到监听器上，
// Envoy据此配置主动发起ECDS请求
- applyTo: HTTP_FILTER
  match:
    context: SIDECAR_INBOUND
  patch:
    operation: ADD
    filterClass: AUTHZ # This filter will run *after* the Istio authz filter.
    value:
      name: my-wasm-extension # 与上面的名称一致
      config_discovery:
        config_source:
```

第 18 章 Pilot-agent 的架构

```
        api_config_source:
          api_type: GRPC
          transport_api_version: V3
          grpc_services:
          - envoy_grpc:
              cluster_name: xds-grpc
     type_urls: ["envoy.extensions.filters.http.wasm.v3.Wasm"]
```

18.3.4 证书管理

证书管理是整个 Istio 中最复杂、最重要的功能之一。说复杂，是因为参与证书管理的模块非常多，有证书签发的 Citadel，有负责配置安全认证的 Pilot，还有负责 SDS 代理的 Pilot-agent，它们之间的交互、协作交织在一起，比较难以梳理。本节希望用简洁的语言，将 Istio 证书管理的基本原理及工作流程梳理清楚。

图 18-8 表示 Istio 中完整的证书供应机制。整体而言，Istio 控制面 Citadel 负责服务网格证书的签发。Citadel 签发证书有两种形式：①作为 CA 机构自己签发证书，在这种情况下，Citadel 支持使用外部提供的 CA 证书或者自签根证书；②Citadel 本身作为 RA，通过 Kubernetes CertificateSigningRequest 使用 Custom CA 签发证书。

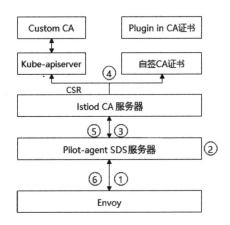

图 18-8　Istio 中完整的证书供应机制

证书的供应流程如下。

（1）Envoy 在加载 xDS 配置 TLS Context 时，主动向服务端发送 SDS 请求证书。典型场景是 Istio 负责证书的签发，Envoy 向 SDS 服务器发送 SDS 请求。另一种特殊场景是用户以 Kubernetes Secret 形式为工作负载提供自定义的证书，这时，Envoy 不是向 SDS 服务器发起 SDS 请求，而是向 xDS 代理发起 SDS 请求。xDS 代理对 SDS 不做任何劫持，完全透明转发。

（2）SDS 服务器典型的工作形态有两种：①在工作负载 mTLS 证书被挂载到 Sidecar 容器时，SDS 服务器根据本地证书文件生成 SDS Secret；②在本地没有证书挂载的情况下，作为客户端向 Citadel 发起 CreateCertificate 请求。

（3）Citadel CA 处理 CreateCertificate 请求，为工作负载签发证书，然后将证书发送到 SDS 服务器。

（4）SDS 服务器在将工作负载证书发送给 Envoy 之前，首先将其缓存下来，并且负责证书的轮转。

（5）SDS 服务器将工作负载证书转换成 Envoy Secret，并发送给 Envoy。

以上就是 Istio 管理证书的全部流程，可以看出 SDS Server 在其中的重要作用。

18.3.5　DNS 服务器

DNS 服务器主要为虚拟机应用提供服务域名解析的能力。在容器和虚拟机混合部署的服务网格中，容器中的应用解析虚拟机应用的 IP 地址一直不太方便，容器中的应用在访问虚拟机时必须通过一个独立部署的 DNS 服务器为虚拟机应用提供域名解析能力。

Istio 将 DNS 解析能力下沉到 Sidecar，其 DNS 服务器的核心工作原理如图 18-9 所示。Istio-init 容器设置 iptables 规则，将目标端口是 53 的数据包转发到 15053 也就是 DNS 服务器监听的端口。本地 DNS 服务器负责应用的 DNS 解析。在本地 DNS 服务器中找不到 DNS 记录时，本地 DNS 服务器继续通过级联的方式向上游 DNS 服务发起解析请求。

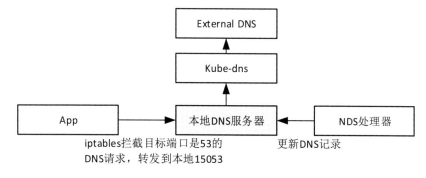

图 18-9　DNS 服务器的核心工作原理

DNS 服务器的 DNS 记录由控制面 Istiod 产生，通过 NDS 协议发送到 Pilot-agent 的 xDS 代理。NDS 处理器首先拦截 NDS 资源，然后主动更新 DNS 服务器的 DNS 记录。

18.3.6 应用健康检查

在服务网格中有 Kubernetes 应用和虚拟机应用。Kubernetes 为其应用提供丰富的健康检查能力，然而如果健康检查被拦截到 Envoy，那么某些安全规则可能影响其功能。为解决此问题，Istio 设计了单独的健康检查模块，并重写了 Pod 的健康检查配置。

1. 对 Kubernetes 应用的健康检查

Kubernetes 应用的部署形态是 Pod，Kubernetes 提供了 Pod 的 Readiness Probe 和 Liveness Probe，两者均支持对 HTTP 的健康检查。正常来讲，Kubelet 周期性地发起 HTTP 请求来检查应用的状态，而由于 Istio Sidecar 容器的存在，正常的健康检查流量会被 Envoy 拦截，Envoy 通常配置了一些安全策略，比如严格的 TLS 认证，可能会影响健康检查。

如图 18-10，Pilot-agent 通过 KubeAppProber 模块代理 Kubelet 的应用健康检查请求。在原理上，①在 Sidecar 注入时，Sidecar Injector 直接重写 Pod 的 Readiness Probe 和 Liveness Probe；②在 Probe 重写后，Kubelet Probe 的请求会被直接发送给 Pilot-agent，从而绕过 Envoy 的拦截。在 Pilot-agent 进程中，KubeAppProber 负责处理 Kubelet 的 HTTP 请求。③ KubeAppProber 是一个纯粹的代理，它会查询应用真实的 Probe 路径及端口，构造新的 HTTP 请求发送到应用。

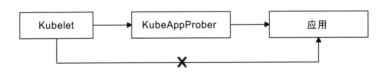

图 18-10　对 Kubernetes 应用的健康检查

2. 对虚拟机应用的健康检查

对虚拟机应用的健康检查在混合服务治理中非常重要，Istio 通过 HealthChecker 补齐了虚拟机应用与 Kubernetes 应用的监控差距。如图 18-11 所示，HealthChecker 根据 WorkloadGroup API 指定的 ReadinessProbe 检查说明周期性地执行健康检查，当应用的健康状态发生变化时，通过 xDS 将结果发送到 Istiod。Istiod 则通过 WorkloadEntry Controller 及时更新该应用的 WorkloadEntry 对象状态。

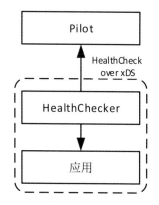

图 18-11 对虚拟机应用的健康检查

18.4 本章小结

本章主要讲解了 Pilot-agent 组件的主要功能，并重点分析了 Pilot-agent 几个核心模块的整体工作原理，包括 Envoy 的生命周期管理、xDS 代理、Istio 的证书管理、本地 DNS 服务器、应用健康检查等。希望通过对本章的学习，读者能够掌握 Istio 数据面与控制面的通信原理和工作流程。

第 19 章 Envoy 的架构

Envoy 是 Istio 数据面的核心组件,作为 Sidecar 与应用部署在同一个 Pod 中,负责透明接管出入 Pod 的应用流量,应用感知不到 Envoy 的存在。Pod 内的流量进入应用或从应用流出时,也都会经过 Envoy 所在的容器。在这个流程中,Envoy 一方面实现了服务的路由功能;另一方面通过灵活的内部过滤器配置实现了安全处理、流量治理、负载均衡、流量监控等核心功能。Envoy 作为一个通用的 L4、L7 网络代理,旨在构建满足高并发需求的服务架构,其设计目标:网络对应用透明,当网络和应用出现问题时能轻松找到根本原因。

之所以采用 Envoy 作为通用 Sidecar,是因为其支持如表 19-1 所示的特性,并且这些特性对用户的应用无侵入,用户的应用也感知不到这些特性的存在。

表 19-1　Envoy 支持的特性及其功能描述

支持的特性	功能描述
语言无关性	Envoy 作为一个独立的进程,与应用的服务相伴运行。这种结构的优点如下。 • 可以兼容用各种编程语言如 Java、C++、Go、Python 等开发的应用服务:在由多种编程语言编写的应用组成的网格中,Envoy 作为桥梁连接不同的应用;还可以在不修改应用本身的情况下实现定制的负载均衡策略,对遗留系统也可以实现大多数流量治理特性。 • 方便升级:针对大规模应用服务的架构,对传统软件进行库更新是非常麻烦的,Envoy 的部署和升级则是单独完成的,可以在不重新编译应用代码的情况下独立升级
支持多种应用协议	Envoy 协议的兼容性非常广: • 作为 L3/L4 网络代理,支持 TCP 转发、基于服务地址限流、TLS 认证。 • 作为 L7 代理,支持保证每个应用消息在被接收完整后再得到处理及基于服务协议的内容限流等高级功能。 • 作为 L7 路由,Envoy 支持通过服务访问路径、请求者身份、请求内容、服务亲和性等参数重定向路由请求,并在实现自定义协议解析后,支持 MySQL、MongoDB、Redis、DynamoDB 等中间件自定义路由策略。

续表

支持的特性	功能描述
	• 在 HTTP 模式下同时支持 HTTP/1/2/3 及 gRPC 通用协议。对不了解其协议内容的应用层协议，还可以通过 Tproxy 进行透明转发
健康检查及负载均衡	Envoy 支持对上游主机进行服务发现和健康检查，维护 Cluster 关联的后端健康实例列表。它的负载均衡模块支持对同一目标实例进行自动重连，以及对不同的目标实例进行失败重试、服务熔断、服务限流、流量镜像和异常点检查等
完善的可观测性	因为 Envoy 作为 Sidecar 的主要设计目标是使网络透明化，所以针对网络和应用层的问题诊断提供了大量的统计数据，比如应用于调用链跟踪的 Trace、应用于拓扑及访问统计信息的 Stats，以及访问日志 Accesslog。其中，Trace 是主动上报的，Stats 被外部监控系统如 Prometheus 定期拉取并可通过 Envoy 自身的 Admin 15000 端口查看
可扩展性	Envoy 通过过滤器实现各种网络接收、安全、协议解析等功能。Envoy 本身即过滤器框架，将监听过滤器、L4 网络过滤器、L7 协议过滤器等贯穿起来，同时支持与控制面通过 xDS 协议交互，可以动态增删及修改过滤器的配置，比如 Envoy 在与 Istio 控制面集成后，最终将 Istio 的配置 CRD 转换成 xDS 消息下发到 Envoy
高性能	数据在经过 Envoy 网络收发、消息解析、路由计算、观测数据收集等操作后，会增加一定的时延，但这并不意味着 Envoy 的处理速度很慢：因为 Envoy 采用了工作线程隔离的架构，每个连接在被接收后都由独立的线程负责处理，减少了跨线程共享数据的范围及锁冲突。同时，Envoy 采用 C++ 11 编写而成，有良好的执行性能

19.1 Envoy 的整体架构

以下主要介绍网格内部流量处理流程中，Envoy 作为容器被注入应用 Pod 内时处理应用流量的流程。

另外，当 Envoy 作为北向网关时，我们可以简单地将外部用户与 Ingress 网关合并考虑。这时 Ingress 网关将作为所有外部用户的代理处理进入网格的流量，外部用户需要显式访问 Ingress 网关的监听端口，而不是类似 Pod 内东西向流量的自动拦截处理方式。

如图 19-1 所示，Downstream 表示下游，一般为主动进入 Envoy 的连接，比如用户应用发起的连接或目标 Pod 接收到的请求端 Envoy 主动创建的连接；Upstream 表示上游，一般为请求端 Envoy 主动创建的到目标 Pod 的连接或目标 Pod 内 Envoy 到后端服务容器的连接。

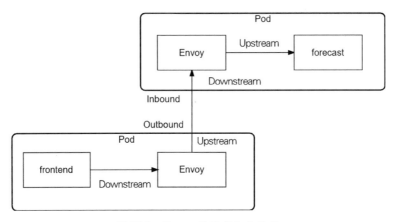

图 19-1　Envoy 的请求方向说明

19.1.1　Envoy 的内部架构

Envoy 在运行期间对用户访问请求的处理存在三个主要阶段。

（1）Downstream 请求处理阶段：此时需要区分应用发出请求的场景和目标 Pod 实例接收请求的场景。作为应用发出请求的 Outbound 端 Sidecar 时，Envoy 负责接收用户发起的连接并处理接收到的报文；作为接收请求的 Inbound 端 Sidecar 时，Envoy 负责处理请求端 Sidecar 创建的与本 Envoy 之间的 Socket 连接。在具体处理流程中，应用流量首先依次经过监听过滤器、L4 网络过滤器、解码器得到原始的应用请求对象，然后经过 L7 协议过滤器进行限流、故障注入、原始请求内容修改等处理。

（2）路由及负载均衡阶段：完成 Downstream 处理后的应用请求对象需要根据配置的路由规则决定如何寻找到 Cluster，以及选择此 Cluster 实例时使用的负载均衡策略。当找到最合适的目标 Pod 实例地址时，将请求对象交给上游处理。

（3）Upstream 处理阶段：此时已经确定 Cluster 实例的 Pod 地址，这里将请求通过新的 TCP 连接发送给目标。在将请求交给上游处理的流程中，还需要关注上游连接容量的问题，比如：

◎ HTTP/1 协议的每个上游连接同时只能处理一个请求及其响应，因此需要等待连接内当前应用请求响应处理完成后，才能处理下一个请求；
◎ HTTP/2 协议基于自身 Frame 帧结构的特点，可以同时使用一个上游连接处理多个不同用户的请求；

◎ 当所有上游连接都被占用时，新的请求需要在上游连接池关联的请求队列中等待空闲的上游连接。

这些不同的应用协议将根据其特点使用不同的上游连接处理策略。总的来说，对于 HTTP 这种标准应用协议，Envoy 可以判断原始应用消息的边界，因此可以实现每个应用消息级别的完整投递，并通过上游连接池化的特点来提升应用请求的并发处理性能；对于不识别消息结构的普通 TCP 应用消息，Envoy 则采用 TcpProxy 这种不识别应用层消息边界的 L4 网络过滤器进行转发，在转发流程中需要始终使用同一个上游连接，无法通过连接池池化来加速处理。

Envoy 的整体架构如图 19-2 所示。

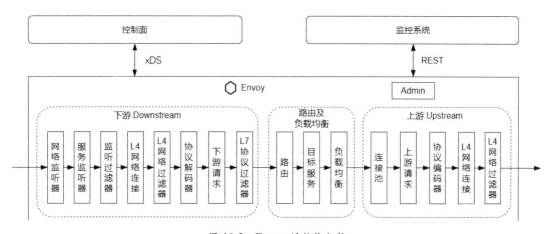

图 19-2　Envoy 的整体架构

Envoy 架构相关的基本术语如表 19-2 所示。

表 19-2　基本术语

名　称	功能说明
Downstream	Envoy 被动接收和处理上游连接，可能为 Pod 外的用户或其他 Envoy 发来的连接
网络监听器	Envoy 用来接收下游主机主动发来的 Socket 连接。对于 Outbound 模式，一般为 VirtualOutboundListener；对于 Inbound 模式，一般为 VirtualInboundListener；对于 Ingress 网关，为配置于 Gateway 资源中的已知协议的拦截端口，例如对于 Ingress 网关配置文件中的 ingressgateay:80，实际监听端口的默认映射为 0.0.0.0_8080 Listener

第 19 章 Envoy 的架构

续表

名　　称	功能说明
服务监听器（ServiceListener）	一般用于 Outbound 模式下，与 VirtualOutboundListener 同时存在。VirtualOutboundListener 在接收到请求端的新连接后，通过配置属性 use_original_dst 还原 TCP 连接的原始请求的 ClusterIp 地址及端口，通过此 ClusterIp 及端口可以确定请求准备访问的 Cluster。如果 Cluster 为未配置的 Istio 服务，则请求将进入 PassthroughClusterIp 服务，被根据实际的 IP 地址转发。如果为已配置的 Istio 服务，则 Envoy 将根据请求的地址、端口、TLS 证书信息等内容匹配到服务监听器 ServiceListener。不同 Cluster 的 ClusterIp 地址对应不同的 ServiceListener，因为 ServiceListener 配置属性中的 bind_to_port 为 false，因此 ServiceListener 并不真正监听网络。可以看出，VirtualOutboundListener 在接收连接后，会将连接转给 ServiceListener 处理，在此连接转交流程中，将根据 Envoy 工作线程的处理情况选择最合适的工作线程，这在一定程度上实现了对新连接的线程的负载均衡处理
监听过滤器	每个监听器都可以配置其使用的过滤器链，用于连接建立流程中对新连接的接收处理。比如 envoy.filters.listener.tls_inspector 监听过滤器可以自动判断 Socket 是否为 TLS 协议，并原地解析 TLS 握手协议的内容，判断当前连接是否携带合法的 TLS 握手报文，同时解析 TLS 协议扩展中 SNI 及 ALPN 等信息并保存。但注意，在此读取流程完成后并不丢弃 TLS 报文，因为后面真正建立连接时还需要重新读取此握手消息，从而实现 SSL 握手。另外，另一个监听过滤器 envoy.filters.listener.http_inspector 对于没有配置应用协议种类的服务，可以自动判断其是否为 HTTP 应用协议，帮助选择后续的应用协议解码器类型
L4 网络连接（下游）	为监听过滤器处理后得到的用户连接，记录了用户的原始远程地址及端口、原始请求的服务地址 ClusterIp 及端口、Envoy 接收连接的本地地址及端口、OS 层 Socket Fd 及 Transport 传输层（如 SSL 加密连接）读写数据的方法封装等；同时创建了 Envoy 请求及内存池 Buffer Instance，用于网络数据接收
L4 网络过滤器（下游）	包含：①网络读过滤器，用于按照配置的协议类型解析从 L4 网络连接内读取的数据（如 HTTP、Dubbo、Redis、MySQL）；②网络发送过滤器，用于解析上游响应数据并将其反向发送回发起端。此处的过滤器可以对请求进行拦截、限流、故障注入等处理。另外，作为 L7 协议过滤器处理的入口，HttpConnectionManager 自身也是一个 L4 过滤器。TcpProxy 请求透传代理也是一个 L4 过滤器
HttpConnectionManager	一种特殊的 L4 过滤器。当判断连接为 HTTP 时，对下游 HTTP/1 连接接收到的每个请求都创建一个下游流对象。如果为 HTTP/2，则创建一个复用的长连接流对象，可以同时传输多个请求
协议解码器（Codec）	对不同应用层协议的 HTTP 版本调用不同的解析库：①对 HTTP/1 调用 Node.js 库；②对 HTTP/2 调用 nghttp 库，将数据流拆解为 HTTP 头、数据体、数据尾等
下游请求	对接收的每个 HTTP 请求，都将在 HttpConnectionManager 内创建对应的 ActiveStream 对象，用于记录请求关联的路由选择结果及上游所发送请求对应的响应数据解析路径
L7 协议过滤器	将经过解码器 Codec 得到的原始 HTTP 消息片段连续发送到每个 L7 过滤器，每个 L7 过滤器都可以修改请求的内容或暂时停止并挂起当前请求流，被挂起的流可以在处理条件得到满足时再次被激活并继续处理

续表

名称	功能说明
Admin	用于响应对 Envoy 的管理请求的监听器，并拥有一个独立的 L7 过滤器，在 Envoy 启动时被添加，其关联的监听器监听在 15000 端口，响应 RESTful 管理请求，可以实现获取 Envoy 配置文件、收集 Stats、调整日志级别等功能
路由	路由与负载均衡的作用不同。路由主要根据请求的目标寻找合适的上游 Cluster，对于 HTTP，可以根据请求中的不同域如 domain、url、version 等匹配到不同的 Cluster；对于 TCP，由于不需要理解用户的协议，所以根据源端口及地址或目标端口及地址，匹配目标上游 Cluster
目标服务（Cluster）	一组逻辑相似的上游主机被称作目标服务 Cluster，Envoy 通过下面介绍的负载均衡规则将请求发送到 Cluster 内的主机实例地址。不同于 SVC，Cluster 属于 Envoy 内更下层的服务概念，例如相同 SVC 的多个版本将被映射为不同的 Cluster，这样用户可以访问相同的 SVC 服务，最终经过 Envoy 处理后被路由到具体的 Cluster
负载均衡	确定 Cluster 后，负载均衡模块判断目标上游 Cluster 的所有可用实例是否健康，并根据负载均衡策略选择当前最适合的一个实例地址发起连接
Upstream（上游）	Envoy 主动创建的与 Cluster 的连接，可能为下游 Envoy 与上游 Envoy 之间的连接或者上游 Envoy 与应用容器之间的连接
连接池	在选定某个上游主机后，将通过连接池来决定是复用之前请求创建的上游连接来提升性能，还是创建一个新的上游连接。连接池内的目标实例地址是相同的，并且新创建的上游连接在完成请求处理后将被放入连接池为下一个请求服务
上游请求	为与 Cluster 实例的 TCP 连接。在 TcpProxy 请求转发场景下，一个下游连接唯一关联一个上游连接，HTTP 则没有这种关联关系，或者说只在请求发送及其响应处理期间关联。这样，该请求的后续响应将根据该关联关系找到原始的下游连接并发送响应给请求端
协议编解码器（Codec）	与下游处理类似，HTTP 请求向上游发送前，需要将请求对象编码成待发送的字节流，并负责将上游返回的响应报文解码为 HTTP 对象
L4 网络连接（上游）	与下游的 L4 网络连接类似，但由 Envoy 主动创建，用于向 Cluster 实例发送数据，并支持对数据进行 L4 过滤。比如用于观测的 metadata_exchange 过滤器及连接代理协议 proxy_protocol 就是基于此实现的

如图 19-3 所示，在 Envoy 的整体架构中提到的下游请求在经过路由计算、负载均衡、连接池后最终选择上游连接。在这个模型中可以看出 Istio 中 VirtualService 指定的版本信息、Envoy 连接池配置等因素对最终选择的上游连接的影响。

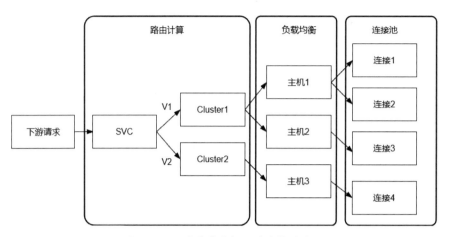

图 19-3　下游请求选择上游连接的流程

19.1.2　Envoy 的通信架构

在通常情况下，每个应用实例的 Pod 都由一个应用及一个自动注入的 Envoy 容器组成，为了说明通信中出入方向的配置区别，本例按照每个 Pod 都包含两个应用服务的场景进行说明。Pod1 内的 APP1 访问服务 SVC1，其在 Pod2 及 Pod3 上都存在实例；Pod1 内的 APP2 访问服务 SVC2，其在 Pod2 及 Pod3 上存在实例，Pod2 的地址为 ip1，Pod3 的地址为 ip2，如图 19-4 所示。

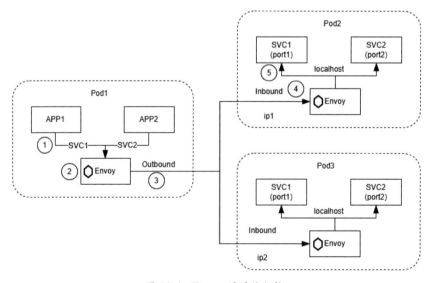

图 19-4　Envoy 的通信架构

在 Envoy 的通信架构中有以下基本概念。

- SVC：Istio 中的服务类似于 Kubernetes 中服务的概念，表示可以通过 Kube-dns 转换得到的一个仅存在于 Istio 模型中的虚拟地址 ClusterIp。并且 Envoy 可以解析请求的内容并将其路由到不同的上游 Cluster（比如匹配 HTTP 消息头部的版本），在经过负载均衡后，将其转换成实际提供服务的目标 Pod 地址。
- Envoy 接收用户的连接：对于网格的东西向流量处理（区别于 Ingress 网关的南北向流量），根据前面 Envoy 拦截的原理可以分析出，Envoy 首先在 iptables 的 OUTPUT chain 上插入拦截处理功能，因此 APP1 的访问请求被 iptables 拦截并重定向到 Envoy 15001 端口的 virtualOutboundListener 并接收。由于在 DNAT 流程中保存了原始目标地址及端口，因此经过 Envoy 的 orginal_dst 流程，可以在监听器的第一次接收阶段进行复原。接着，Envoy 将根据获得的服务地址 ClusterIp 尝试匹配不同的 ServiceListener，一旦匹配成功，则将创建连接。
- Outbound：服务于下游请求的 Envoy 创建的新 TCP 连接可看作流量的出方向，在此阶段将创建上游连接，例如此时将选择 Pod2 的 ip1 作为上游服务实例的地址。
- Inbound：访问 Cluster 的外部流量进入提供服务的 Pod2 实例内，此从外部网络进入的流量被 iptables 的 INPUT chain 识别，并被 Envoy 拦截到 15006 端口。与 Outbound 不同的是，经过 original_dst 还原的请求的目标地址应该是本 PodIp，无须对应额外的 ServiceListener 配置。因此，新连接将进入 Envoy 的 VirtualInboundListener，然后通过目标端口、传输层协议及应用层协议来区分不同的 Cluster。
- 在 Istio 的 1.8 版本之前，Inbound 上游的服务地址总是 127.0.0.1，在 Pod2 的 Outbound 方向将使用 127.0.0.1 作为目标地址，连接本 Pod 内部到用户的应用容器。在 Istio 的后续版本中发生了一些变更：增加了 iptables 规则，对 Envoy 自身发出的且目标网络设备不为 lo 的流量不再进行是否拦截的判断，而是通过容器自身的地址及服务端口连接到应用服务容器。

举例来说，Envoy Outbound 方向的内部配置包括两部分：virtualOutboundListener 及匹配到的 ServiceListener。其中 virtualOutbound 的配置如下：

```
[
  {
    "name": "virtualOutbound", # 聚合 virtualOutboundListener
    "address": {
      "socketAddress": {
        "address": "0.0.0.0",
```

```
                "portValue": 15001
            }
        },
        "filterChains": [
            {
                "filterChainMatch": {
                    "destinationPort": 15001
                    # 通过 BlackHoleCluster 丢弃目标端口为 15001 的请求
                },
                "filters": [
                    ……
                    {
                        "name": "envoy.filters.network.tcp_proxy",
                        "typedConfig": {
                            "@type": "type.googleapis.com/envoy.extensions.filters.network.tcp_proxy.v3.TcpProxy",
                            "statPrefix": "BlackHoleCluster",
                            # 使用 TcpProxy 代理且目标为黑洞服务
                            "cluster": "BlackHoleCluster"
                        }
                    }
                ],
                "name": "virtualOutbound-blackhole"
            },
            {
                "filters": [
                    ……
                    {
                        "name": "envoy.filters.network.tcp_proxy",
                        "typedConfig": {
                            "@type": "type.googleapis.com/envoy.extensions.filters.network.tcp_proxy.v3.TcpProxy",
                            "statPrefix": "PassthroughCluster",
                            # 未匹配到提供有效服务的监听器且端口不是 15001，
                            # 使用 TcpProxy 直接转发
                            "cluster": "PassthroughCluster",
                            ……
                        }
                    }
                ],
                "name": "virtualOutbound-catchall-tcp"
            }
```

```
        ],
        "useOriginalDst": true,    # 通过 socket 标志恢复服务地址
        "trafficDirection": "OUTBOUND",
        ……
    }
]
```

下面尝试通过 Original_dst 解析获得的 ServiceListener 的配置:

```
[
    {
        "name": "0.0.0.0_80",
        "address": {
            "socketAddress": {
                "address": "0.0.0.0",
                "portValue": 80
            }
        },
        "filterChains": [
            {
                "filterChainMatch": {
                    "transportProtocol": "raw_buffer",
                    "applicationProtocols": [
                        "http/1.0",
                        "http/1.1",
                        "h2c"
                    ]
                },
                "filters": [
                    {
                        "name": "envoy.filters.network.http_connection_manager",
                        # L4 HTTP 连接管理器
                        "typedConfig": {
                            "@type": "type.googleapis.com/envoy.extensions.filters.network.http_connection_manager.v3.HttpConnectionManager",
                            "statPrefix": "outbound_0.0.0.0_80",
                            "rds": {
                                ……
                                "routeConfigName": "forecast.default.svc.cluster.local:80"  # 根据路由配置项匹配上游 Cluster
                            },
                            "httpFilters": [
                                ……
```

```
                            {
                                        "name": "istio.alpn",
                                        "typed_config": {
                                                "@type": "type.googleapis.com/istio.
envoy.config.filter.http.alpn.v2alpha1.FilterConfig",
                                                "alpn_override": [
                                                      {
                                                          "alpn_override": [
                                                              "istio-http/1.0",
# 当下游用户请求应用的协议为 HTTP/1 时，上游与目标 Pod 的 ALPN 协议类型被设置为
# istio-http/1.0，这样与 virtualInboundListener 中各个 filterChain 的 ALPN 进行匹配
                                                              "istio",
                                                              "http/1.0"
                                                          ]
                                                      },
                                                      ……
                            },
                                        {
                                        "name": "envoy.filters.http.router",
                                        # L7 路由过滤器
                            ……
        "deprecatedV1": {
            "bindToPort": false    # 不真正启动端口监听
        },
        "listenerFilters": [
            {
                "name": "envoy.filters.listener.tls_inspector",    # 处理 TLS 握手
                ……
            {
                "name": "envoy.filters.listener.http_inspector",    # 判断是否为 HTTP
                ……
```

从以上配置可以看出，VirtualOutbound 只负责获取原始 Socket 的目标地址 ClusterIp，在根据指定的 useOriginalDst 恢复目标地址后，尝试通过原始目标地址 ClusterIp 等信息匹配到 ServiceListener 并继续处理。如果为原始请求端口（15001），则丢弃请求，或者在无法匹配到 ServiceListener 时直接转发到目标地址，在这种场景中主要解决应用直接访问目标 Pod 地址的问题。

从以上配置还可以看出，ServiceListener 匹配的用户应用协议 applicationProtocols 一般为标准的应用协议名称如 http/1.1 等，但经过 L7 协议过滤器 istio.alpn 后，上游协议中的 ALPN 属性将被重新设置为 istio-http/1.0 等类型，这样请求在经过 Envoy 发送到目标 Pod

后，目标 Pod 内 Envoy 的 VirtuanInboundListener 可以通过解析 TLS 的 ALPN 属性的协议名称，判断下游是由 Envoy 创建的扩展 HTTP 连接还是由其他应用程序直接创建的标准 HTTP 连接，从而选择不同的过滤器处理链 filterChainMatch。

virtualOutbound 的典型配置及其作用如表 19-3 所示。

表 19-3 virtualOutbound 的典型配置及其作用

监听器	过滤器匹配	功能说明
virtualOutbound 0.0.0.0:15001	实际目标端口：15001	name=virtualOutbound-blackhole：若实际连接的目标端口为 15001，则直接丢弃报文，防止死循环
	未匹配到 Cluster 及端口	name=virtualOutbound-catchall-tcp：若未根据 Cluster 及端口匹配到 ServiceListener 的用户连接，则通过 L4 过滤器 envoy.filters.network.tcp_proxy 直接转发；若匹配到服务地址及端口，则将连接传递给目标 ServiceListener
ServiceListener1 0.0.0.0_80	传输协议：raw_buffer 应用协议：http/1.1、h2c	name=0.0.0.0_80：代理所有目标端口为 80 的 HTTP 流量，在监听器部分已经匹配目标地址为 0.0.0.0 且目标端口为 80，过滤器匹配传输协议为 raw_buffer 且应用协议为 HTTP/1、HTTP/2
ServiceListener2 ClusterIp_服务端口	用户请求应用协议的类型可被匹配为 http/1.1、h2c	name=ClusterIp_服务端口：首先按照监听器的服务地址及端口进行匹配。根据 tls_inspector 的探测结果，如果用户连接使用 SSL 加密协议，则由于 Envoy 没有配置对应的用户证书，因此无法对连接解密，只能使用 envoy.filters.network.tcp_proxy 直接转发。如果为非加密协议 HTTP，则类似 0.0.0.0_80，可指定过滤器传输协议及应用协议

从图 19-5 还可以看出，VirtualOutbound 在新连接进入 ServiceListener 后才真正进行连接级别的 SSL 安全握手及应用协议 HTTP 类型的判断。由于这里存在两级监听器转移的流程，并且连接负载均衡是作用在监听器上的，所以在连接从 VirtualOutboundListener 转移到 ServiceListener 后，此连接级的负载均衡历史记录将被清理。因此，如果采用非随机策略分配连接（默认为随机分配），则另一个新连接在被 VirtualOutboundListener 拿到后，可能还会被分配给相同的 ServiceListener 线程处理，导致工作线程对新连接的处理不均衡。

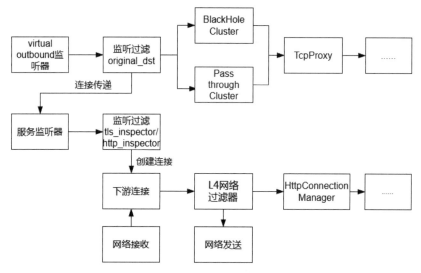

图 19-5　VirtualOutbound 新连接接收及转移的流程

Envoy Inbound 方向的内部配置只包含 VirtualInboundListener 部分：

```
[
    {
        "name": "virtualInbound",
        "address": {
            "socketAddress": {
                "address": "0.0.0.0",
                "portValue": 15006 # virtualInbound 的监听端口
            }
        },
        "filterChains": [
            {
                "filterChainMatch": {
                    "destinationPort": 15006
                    # 通过 BlackHoleCluster 丢弃目标端口为 15006 的请求
                },
                "filters": [
                    ……
                    {
                        "name": "envoy.filters.network.tcp_proxy",
                        "typedConfig": {
                            "@type": "type.googleapis.com/envoy.extensions.filters.network.tcp_proxy.v3.TcpProxy",
                            "statPrefix": "BlackHoleCluster",
```

```
                    "cluster": "BlackHoleCluster" # 忽略请求
                }
            }
        ],
        "name": "virtualInbound-blackhole"
    },
    ……
    {
        "filterChainMatch": {
            "destinationPort": 80, # 匹配到服务端口
            "transportProtocol": "tls",
            "applicationProtocols": [ # 匹配TLS握手中ALPN协议类型的扩展
                "istio-http/1.0",
                "istio-http/1.1",
                "istio-h2"
            ]
        },
        "filters": [
            ……
            {
                "name": "envoy.filters.network.http_connection_manager",
                "typedConfig": {
                    "@type": "type.googleapis.com/envoy.extensions.filters.network.http_connection_manager.v3.HttpConnectionManager",
                    "statPrefix": "inbound_0.0.0.0_80",
                    "routeConfig": {
                        "name": "inbound|80||",
                        "virtualHosts": [
                            {
                                "name": "inbound|http|80",
                                "domains": [
                                    "*"
                                ],
                                "routes": [
                                    ……
                                        "route": {
                                            "cluster": "inbound|80||",
                                            # Cluster标识
                                            ……
                    "httpFilters": [
                        ……
                        {
```

```
                    "name": "envoy.filters.http.router",
                    # 最后一个 L7 协议过滤器一定为路由
            ......
            "name": "0.0.0.0_80"  # Inbound 匹配 TLS 路由
        },
        {
            "filterChainMatch": {
                "destinationPort": 80,  # 匹配服务端口
                "transportProtocol": "raw_buffer",  # 匹配非加密协议
                "applicationProtocols": [
                    "http/1.0",
                    # 当下游连接协议为非 TLS 时，由于没有扩展 ALPN 协议部分，
                    # 所以只能将连接使用的应用协议作为标准 HTTP 进行处理
                    "http/1.1",
                    "h2c"
                ......
            ],
            "listenerFilters": [
                {
                    "name": "envoy.filters.listener.original_dst",
                    # 监听器恢复原始目标地址
                    ......
                {
                    "name": "envoy.filters.listener.tls_inspector",  # 完成 TLS 握手
                    ......
                {
                    "name": "envoy.filters.listener.http_inspector",  # 自动检查 HTTP
                    ......
            "trafficDirection": "INBOUND",  # Envoy 的数据处理方向
            ......
        }
]
```

VirtualInbound 相对于 VirtualOutbound 配置来说比较简单，没有多级监听器转发的流程，所有协议匹配逻辑都在 VirtualInboundListener 的 filterChains 中处理。其主要原因：VirtualOutbound 为用户端请求代理，其请求中的目标 ClusterIp 地址不同，需要不同的 ServiceListener 进行区分。而进入 VirtualInbound 的连接已经经过下游 Envoy 负载均衡的处理，此时请求的目标地址就是本 Pod 的地址，因此不需要匹配不同的 ServiceListener 来区分目标地址，只需匹配不同的服务端口即可。

VirtualInboundListener 的典型配置及其作用如表 19-4 所示。

表 19-4 VirtualInboundListener 的典型配置及其作用

监听器	过滤器匹配	功能说明
virtualInboundListener 0.0.0.0:15006	实际目标端口：15006	name=virtualInbound-blockhole：若实际目标端口为 15006，则直接丢弃报文，防止死循环
	未指定/指定实际目标端口 传输协议：tls 应用协议：istio-http/1.0、istio-http/1.1、istio-h2	name=virtualInbound-catchall-http：若请求地址匹配目标端口 destination_port，并且监听过滤器 tls_inspector 解析 TLS 协议携带的 APLN 协议类型包含 istio-http/1.0 等协议名称，则认为此时收到下游 Envoy 发起的连接，并且在此下游请求中除包含原始用户请求外，同时携带调用端的 metadata_exchange 元数据部分。随后，当前 Inbound 端的 Envoy 使用 envoy.filters.network.http_connection_manager 处理此 metadata_exchange 元数据交换流程及原始用户请求。同时可以看出，若传入的连接为非 Istio 应用协议的 TLS 连接，且无法经过 http_inspector 判断请求为 HTTP 应用协议，则当前连接内的数据只能使用 TCP 代理向服务容器转发
	未指定/指定实际目标端口 传输协议：raw_buffer 应用协议：http/1.1、h2c	name=virtualInbound-catchall-http：使用 envoy.filters.network.http_connection_manager 作为 L4 网络过滤器，处理 Pod 外部进入的非安全连接，支持 HTTP/1 及 HTTP/2 协议
	未指定/指定实际目标端口 传输协议：tls 应用协议：stio-peer-exchange、istio	name=virtualInbound：通过 tls_inspector 解析为 TLS 协议，由下游 Envoy 发起携带调用端 metadata_exchange 元数据的加密 TCP 连接，随后使用 envoy.filters.network.tcp_proxy 作为 L4 网络过滤器处理加密的 TCP 流量
	未指定/指定实际目标端口 传输协议：raw_buffer	name=virtualInbound：使用 envoy.filters.network.tcp_proxy 作为 L4 网络过滤器处理非加密的 TCP 流量
	未指定/指定实际目标端口 传输协议：tls	name=virtualInbound：使用 envoy.filters.network.tcp_proxy 作为 L4 网络过滤器处理加密的 TCP 流量

VirtualInbound 的处理流程如图 19-6 所示。

从 VirtualInbound 的配置可以看出，这里不再有多个 ServiceListener，而是在 VirtualInboundListener 下配置了多个 filterChainMatch 条件，用于根据目标地址、通过监听过滤器解析得到的协议类型，判断应该进入哪个 filterChain 进行 L4 网络过滤器的处理，判断条件中的 transportProtocol 由监听过滤器 envoy.filters.listener.tls_inspector 解析获得，applicationProtocols 由监听过滤器 envoy.filters.listener.tls_inspector 及 envoy.filters.listener.http_inspector 解析获得。

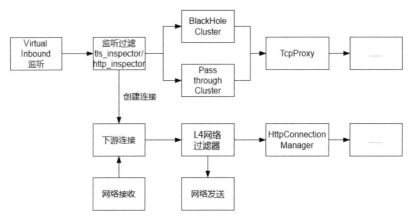

图 19-6　VirtualInbound 的处理流程

19.2　Envoy 的内存管理

Envoy 的内存管理分为线程间同步对象管理、线程内对象管理和 Buffer 管理。其中，需要线程间同步管理的对象一般是配置、运行状态监控 Stats 类对象；需要线程内管理的对象是在处理请求时通过 make_unique 或者 make_shared 等创造出的类的实例；需要 Buffer 管理的对象一般指在数据接收、编解码等流程中存储临时数据的 Buffer。Envoy 自身有一套内存管理对象，其下层还配置并使用了 tcmalloc，用于将已分配的内存延迟释放回操作系统，提升小片堆内存的分配效率。

19.2.1　堆内存管理

Envoy 使用了 C++ 11 内存管理的特性，即使用 make_shared、make_unique 等方法创建实例，其中有的模块是常驻内存的，例如 Envoy 进程管理器 ServerManager、目标服务管理器 ClusterManager 等，它们在进程启动时就已创建，直到进程销毁时才释放；一些模块是动态创建的，即每条连接都会创建一套完整的实例，在连接终止时释放实例，例如 L4 网络连接、L4 网络过滤器、L4 连接管理器、L7 协议过滤器模块中的实例都是动态创建的。

与连接、请求流相关的动态实例不是在连接关闭后就马上释放的，而是先加入延迟释放队列 deferredDelete，然后在每个 Dispatcher（任务调度器）的下一个空闲执行周期被线程调度器上的 libevent Timer 事件触发执行，并通过 clearDeferredDeleteList 操作释放。这样处理的主要原因是这些对象都会将自己以方法裸指针形式注册为 Dispatcher 内的事件回调方法处理器，并且传入本对象引用。我们知道，Dispatcher 对象属于工作线程，其生命周期将长于这些连接级的对象。因此如何保证当底层事件处理器 libevent 回调发生时或在处理回调方法中还可以安全地访问已被删除的当前连接呢？当然，这也可以使用智能指针实现，但将大大延长对象的释放周期并导致内存占用时间长，无法有效释放，同时增加了回调（callback）的实现难度。而采用这种延迟释放的方式，通过 Dispatcher 内任务顺序执行的特性，可以保证当前连接在线程本轮事件处理过程中还可被安全访问，并且在下一轮线程事件调度时才有机会得到释放。通过这种方式可以保证对连接的安全访问，同时平衡了内存占用时间及对象访问安全两个因素。

请求内的对象都是按需创建的：当一个新的下游连接建立时，首先会创建 connection 对象；然后在读取数据时创建 TransportSocket 对象；在数据读取完成后依次创建 filter manager 和 filter chain 对象；而且，当有配置 L7 过滤器时才开始创建 L7 的 connection manager、connection、codec、filter 对象，这些对象在整个连接周期内常驻内存，直到连接关闭才得到释放。

19.2.2　Buffer 管理

下面介绍负责接收网络数据的内存管理器，如图 19-7 所示。

在 Envoy 中通过 OwnedImpl 对象分配从网络读入或写出的数据存储字节流的内存堆空间，在逻辑上可以分为 BufferFragment、Slice、SliceDeque、Instance、OwnedImpl、WatermarkBuffer 及 RawSlice。

- ◎ OwnedImpl：核心内存管理器，内部包含 SliceDeque 环形双端队列管理内存，队列中的每个元素都可以为 Slice 类型，可以从头或尾进行添加。Slice 既可以管理此内存管理器内部分配的内存，也可以管理外部分配对象 BufferFragment 管理的内存。所有数据分片都以数组的形式被记录在内存分片管理环上，这样可以加快分片对象的随机访问速度。在初始环内可以容纳最多 8 个分片，每次都需要在新增分片时将新 Slice 加入环的尾部，当继续增加分片时若发现数组容量不够，则将创建容量为原始环数组容量 2 倍大小的新环，并复制当前环内剩余的未被处理过的所有分片到新环。
- ◎ Slice：在 OwnedImpl 复制外部的内存数据时由 OwnedImpl 分配，为不定长的连续内存区域，每个 Slice 管理的数据都按照 4K 字节长度对齐，包含 Slice 对象本身及可以使用的空闲内存，分配长度通过 sliceSize 计算获得。

- BufferFragment：用于 OwnedImpl 管理外部分配的内存。BufferFragment 对象保存原始内存指针及析构方法，当外部分配的对象被清理时，OwnedImpl 析构方法将调用 BufferFragment 内保存的析构方法清理内存。不论是 Slice 还是被管理的 BufferFragment，其内存分配大小在创建内存分片时已经确定。当 Envoy 需要获取 Buffer 进行数据写入时，OwnedImpl 将执行 reserve 方法，跨越多个内部 Slice 将预留的一段指定大小的区域返回给 Envoy。返回给 Envoy 的内存为 iovec 数组形式，恰好适用于 readv 这种可以填入非连续内存区域的操作系统调用。

- RawSlice：以 iovec 数组形式返回的可用内存，用于 readv 操作系统调用的网络数据接收，这样在多个 readv 操作完成后，网络字节流将按照接收顺序被连续保存到分片环内分片对象指向的数据区域。

- 在数据填充完毕后，数据接收方法 IoSocketHandleImpl::read 的最后一步为通过 commit 方法真正修改 SliceDeque 剩余的空闲区域指针，比如读网络字节流的流程。Envoy 工作线程在开始处理已读取的数据时，可以使用 copyOut 方法将消息数据从多个 Slice 复制到外部的内存区域。或者 getRawSlices 将内部的内存分片暴露给应用，又或者在调用者使用 linerlize 将多个 Slice 管理的不连续内存区域合并得到一个连续内存区域的新 Slice 后，返回给调用者用于对数据的连续处理。在每个 Slice 内存数据都被读取并处理后，调用者应该负责主动调用 drain 方法调整剩余的部分数据指针。

- OwnedImpl 的 move 方法还支持将其他 Instance 内存管理器中的分片直接移动进入 OwnedImpl，这样只需修改 Slice 指针而不用进行内存复制，从而提升性能。另外需要注意的是，在使用 drain 方法调整剩余的数据指针或使用 move 方法时，都有机会释放那些已经被处理完成的 Slice 分片，从而回收网络 I/O 占用中的 Envoy 内存部分。

- WatermarkBuffer 作为 OwnedImpl 内存管理器的扩展类型，提供了 below_low_watermark、above_high_watermark、above_overflow_watermark 回调方法。当从网络中接收的字节流数据超过预设水位上限时，会触发注册到内存管理器的 L4 网络过滤器的回调方法。一般此回调方法都会将当前网络数据的读取（readv）操作暂停，等到工作线程再次消费数据时若发现低于水位下限，则发出通知给 L4 网络过滤器的回调方法进行 readv 操作。在一般情况下，为了防止数据抖动，Envoy 将每个连接关联的 Buffer 对象的内存水位上限都设置为配置项 per_connection_buffer_limit_bytes，默认 1MB；将水位下限都设置为水位上限的一半，默认 512KB。可以看出，Envoy 的连接流量控制是通过软件实现的，并不通过硬件中断实现。

◎ Envoy 网络数据的收发是以事件形式驱动的，例如来自服务端的 read 事件触发 Envoy 读取来自服务端的响应数据，并经过一系列的处理，将数据存储到客户端的 Write Buffer 中，然后向 libevent 中加入 write 事件。libevent 在收到 write 事件后，通过线程调度器执行 Write Buffer 的任务，将数据发送给客户端。因为是异步处理方式，所以在遇到客户端响应慢且 Write Buffer 依然较大的问题时，暂时不响应 libevent 的 read 事件，这样保证 Envoy 不会被新的请求处理再次拖慢。在每次将 Write Buffer 发送给客户端后，工作线程都先检查水位下限，如果低于水位下限，则表示当前 Envoy 中待处理的请求已经大大减少，处理能力恢复，此时将自动开启 read 事件响应，这样数据又会被读入 Buffer 并处理。

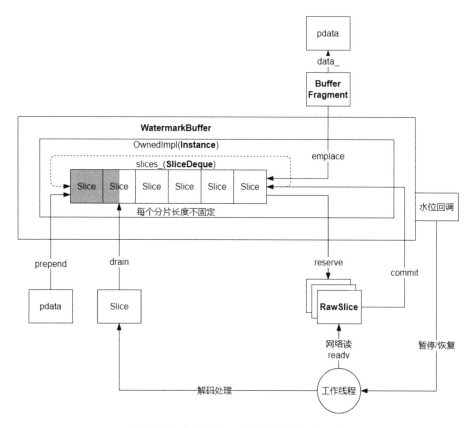

图 19-7　负责接收网络数据的内存管理器

由于每条连接都有独立的 Buffer 内存分配，因此 Envoy 占用的内存总量随着连接数量的增加而增加。另外，除了对每个连接请求的 Buffer 内存数量进行限制，Envoy 还可以配置全局内存限制，在达到全局内存限制时可以不再接收新的连接。

19.3 Envoy 过滤器的架构

Envoy 内部采用了可配置的 L4、L7 协议过滤器架构进行新连接上的数据收发。如图 19-8 所示，Envoy 内置了常用的多种过滤器，开发者可以扩展新的功能。C++编写的过滤器需要连同 Envoy 一起进行编译并被静态链接入 Envoy 的二进制文件中。其中如 Wasm、Lua 这类采用 C++编写的虚拟机属性的过滤器可以动态加载、热替换、运行由 Lua、Wasm 编写的脚本语言或字节码扩展。

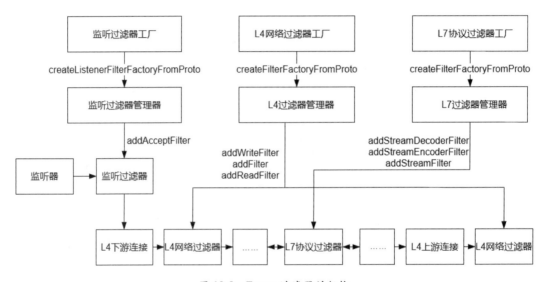

图 19-8　Envoy 过滤器的架构

Envoy 过滤器由各自类型的过滤器工厂负责创建，这样可以实现过滤器的延迟创建，减少创建 Envoy 对内存的占用，同时达到核心处理模块与数据处理模块解耦的目的，每个过滤器都被通过名称或类型注册到 Envoy 中，并在运行期根据配置文件中指定的名称或类型动态创建出来。

Envoy 的过滤器分为三种：监听过滤器、L4 网络过滤器、L7 协议过滤器。

◎ 监听过滤器：由监听过滤器工厂负责创建，并在创建完成后将自身添加到监听过滤器的管理器中，该管理器根据监听过滤器的添加顺序维护监听过滤器链，当接收到新连接时，会根据监听过滤器链中监听过滤器的顺序依次调用监听过滤器的回调方法。此阶段的监听过滤器可判断传输类型、处理 SSL 连接验证、恢复连接上的原始目标地址等，用于连接创建前的准备工作。

◎ L4 网络过滤器：L4 网络过滤器由 L4 网络过滤器工厂负责创建，并在创建完成后将自身添加到 L4 网络过滤器的管理器中。该管理器根据 L4 网络过滤器的添加顺序维护网络过滤器链，当从网络接收到原始数据报文时，会根据 L4 网络过滤器链中的 L4 网络过滤器顺序一次性调用 L4 网络过滤器的回调方法。此阶段的 L4 网络过滤器可以根据目标地址等信息进行 TCP 转发、限流、鉴权、快速响应测试等，还可以作为 L7 协议过滤器解析的入口，将数据报文转成请求对象并继续处理。

◎ L7 协议过滤器：由 L7 协议过滤器工厂负责创建，并在创建完成后将自身添加到 L7 协议过滤器的管理器中，该管理器根据 L7 过滤器的添加顺序维护 L7 协议过滤器链。当由 L4 网络过滤器 HttpConnectionManager 作为入口传入应用请求时，经过 HTTP 编解码器解码后，此阶段的 L7 协议过滤器对每个 HTTP 请求都进行过滤，比如七层限流、七层鉴权、修改 HTTP 数据包、执行 Lua 及 Wasm 扩展、失败注入、路由等。其中，路由处理比较复杂且必须作为最后一个 L7 协议过滤器，它在处理完成后将执行 HTTP 负载均衡、上游连接池创建等操作。

19.3.1 过滤器的注册

1. 过滤器的静态注册阶段

从图 19-9 可以看出，每个过滤器都需要声明一个静态工厂注册对象，其构造方法将根据基础对象分类（如 Listener、Network、HTTP）注册到每个分类所在的全局静态工厂对象 Envoy::Registry::RegisterFactory 中，每个分类的全局静态工厂对象内部都为 KV 模型，Key 为声明的自定义过滤器类型的名称，Value 为工厂注册对象实例。

其中，每个过滤器类型都通过 RegisterFactory 指定自己的父类型，比如常用的监听过滤器的父类型为 NamedListenerFilterConfigFactory，L4 网络过滤器的父类型为 NamedNetworkFilterConfigFactory，L7 HTTP 过滤器的父类型为 NamedHttpFilterConfigFactory。

同时，将当前过滤器的 Category（分类）与其下的所有已注册过滤器类型的名称作为另一个 KV 映射添加到 FactoryCategoryRegistry 类对象中。Category 为过滤器的类型描述，比如 L4 网络过滤器 envoy.filters.network.metadata_exchange 的 Category 为 envoy.filters.network，L7 协议过滤器 istio.alpn 的 Category 为 envoy.filter.http。FactoryCategoryRegistry 类对象提供了 registeredFactories 方法，返回所有已注册 Category 与其下过滤器名称列表的哈希映射，用来遍历所有支持的过滤器。

第 19 章 Envoy 的架构

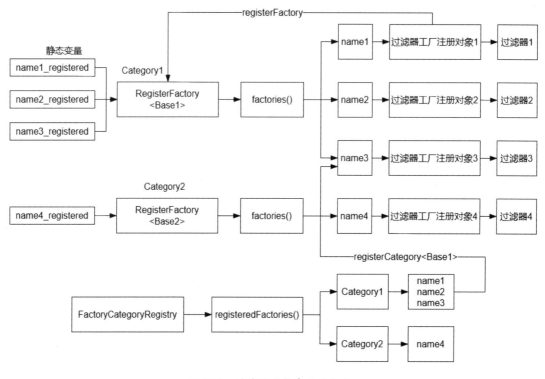

图 19-9　过滤器的静态注册阶段

2. 过滤器的配置阶段

Envoy 进程在启动阶段对过滤器的配置处理如图 19-10 所示。Envoy 在启动时会先读取配置文件中的 bootstrap.extensions 部分，根据在配置文件中使用的过滤器的 Category 或名称信息调用 registerdFactories 方法查找过滤器工厂对象；然后调用每个过滤器工厂的创建方法，返回过滤器工厂对象，这时在 Envoy 启动阶段，实际的过滤器并没有被创建出来，可以减少 Envoy 对内存的总消耗。其中，监听过滤器在添加监听器对象 ListenerImpl 时加入，L4 网络过滤器在添加每个监听器的过滤器链对象 FilterChainImpl 时加入，L7 协议过滤器在添加 L4 网络过滤器 HttpConnectionManagerImpl 时加入。

接下来收到用户的调用请求，将进入处理用户请求阶段：将调用过滤器工厂创建一个回调方法，再调用该回调方法创建一个过滤器，接着将配置的过滤器实例添加到过滤器链中。举例来说：对于 envoy.rate_limit 过滤器，其过滤器工厂的创建方法为 RateLimitFilterConfig:: createFilterFactoryFromProtoTyped，此方法将返回实际过滤器的创建回调方法对象　return [proto_config, &context, timeout,filter_config](Http::FilterChain

FactoryCallbacks& callbacks) -> void {...}。不同分类的过滤器支持的回调方法不同，但将按照配置中的顺序执行调用方法，实际调用流程在下面会讲解。

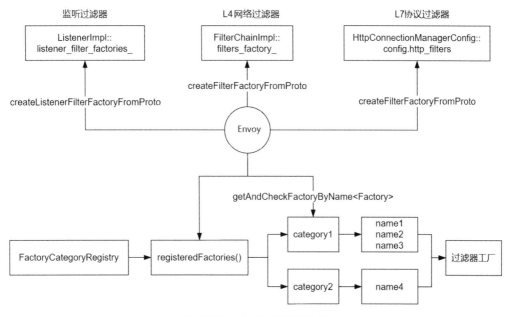

图 19-10　过滤器的配置阶段

需要注意的是，由于路由过滤器、TCP 转发过滤器起到连接下游与上游处理流程的作用，因此 L4 TcpProxy 过滤器、L7 路由过滤器通常作为过滤器链的最后一个过滤器出现。

19.3.2　过滤器的回调方法

接下来介绍过滤器对象在处理用户请求时的主要回调方法的入口点，每种类型的 Envoy 过滤器都根据其安装位置的不同处理不同的网络事件。

（1）监听过滤器：在监听过滤器创建的回调方法对象中通过 addAcceptFilter 插入用于处理新连接的监听过滤器链。在接收到新的网络连接时，Envoy 进程将依次调用此过滤器链中每个监听过滤器的 onAccept 方法，对传入的网络连接描述符 fd 进行处理。并且在过滤器处理方法中，可以将网络连接相关的处理结果保存到连接的 Socket 信息中。

（2）L4 网络过滤器：分为读过滤器、写过滤器、读写过滤器。

◎ 读过滤器通过 addReadFilter 方法插入过滤器链中，用于处理在 L4 网络连接上接收到的网络数据；当新连接建立时，将触发 onNewConnection 回调方法初始化网络过滤器，而且在有网络数据到达时，触发 onData 回调方法解析网络数据。
- ◎ 写过滤器通过 addWriteFilter 方法插入过滤器链中，用于在向网络连接发送数据前处理待发送数据，当有数据要发送到网络连接时，将触发 onWrite 回调方法。
- ◎ 读写过滤器通过 addFilter 方法插入过滤器链中，同时包含读过滤器和写过滤器，因此可同时处理 onNewConnection、onData、onWrite 回调方法。

（3）L7 协议过滤器：分为解码过滤器、编码过滤器、编解码过滤器。解码过滤器用于处理 L4 网络过滤器解码后的 HTTP 对象。编码过滤器用于处理 L4 网络过滤器编码前的 HTTP 对象。编解码过滤器同时包含解码过滤器和编码过滤器。工作线程在应用请求处理开始时，通过 addStreamDecoderFilter、addStreamEncoderFilter、addStreamFilter 方法将 L7 协议过滤器添加到 L7 协议过滤器链中，并按照 L7 协议过滤器的添加顺序分别执行每个 L7 协议过滤器的回调方法来处理 HTTP 请求的不同数据部分。比如在解码过滤器中，decodeHeaders 回调方法处理 HTTP 头部，decodeData 回调方法处理 HTTP 数据体，decodeTrailers 回调方法处理 HTTP 消息解码结束位置等。又如在编码过滤器中，encodeHeaders 回调方法处理 HTTP 头部，encodeData 回调方法处理 HTTP 数据体，encodeTrailers 回调方法处理 HTTP 消息编码结束位置等。

19.3.3　过滤器的挂起与恢复

每个新建连接自身都是过滤器管理器，其按照先后顺序调用每个过滤器的处理方法，且在当前过滤器处理完毕后返回 Continue 标志，并切换到下一个过滤器继续处理。

以监听过滤器为例，如果当前过滤器收到的数据不足以继续处理，则可以返回 StopIteration 标志，这样过滤器管理器将不再继续执行剩余的监听过滤器，并保存当前过滤器的位置信息。同时被暂停的过滤器需要向事件触发源再次进行注册，这样在接收到新的网络数据时，可以在此过滤器内继续处理，在当前过滤器完成处理后，需要主动调用 continueFilterChain 方法继续处理剩下的过滤器链，此时事件源作为任务执行者继续执行上一轮记录的过滤器位置。其流程如图 19-11 所示。

以 http_inspector 监听过滤器为例，其用于处理新连接的回调方法 onAccept 判断当前协议是否为 HTTP 并根据消息的内容获取 HTTP 的版本号，当收到的数据不足以判断协议时，将向当前 Socket 事件源通过 initializeFileEvent 方法注册读事件回调并挂起过滤器，在再次接收到新数据并经判断确认是 HTTP 后，主动调用 continueFilterChain 方法继续推动后续过滤器的处理流程。

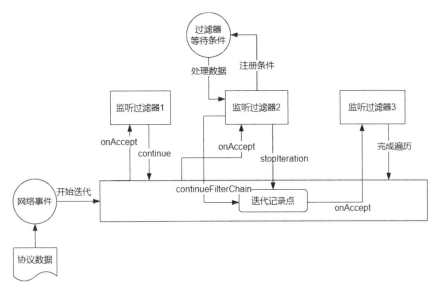

图 19-11 过滤器的挂起与恢复

以上对 Envoy 的过滤器的注册、创建及执行流程进行了较完整的讲解，接下来讲解 Envoy 的初始化流程。

19.4 Envoy 的初始化流程

Envoy 在启动时需要读取配置文件，并分为静态配置阶段与动态配置阶段。静态配置文件包含 bootstrap、staticResources、admin 部分，是在 Envoy 启动时由 Pilot-agent 生成并作为启动参数传入的，主要包含系统服务及默认的配置参数。动态配置文件包含 dynamicResources 部分，为 Envoy 与控制面 Istiod（通过 Pilot-agent 转发）建立连接后，由 Istiod 发送的当前 Istio 集群中已经运行的服务配置信息，服务配置信息的发送通过基于 gRPC 应用协议扩展出的 xDS 协议完成。

xDS 协议为一组事先由 Protobuf 结构定义好的数据结构，可以动态插入、删除、修改 Envoy 的配置，主要结构类型包括 CDS、EDS、LDS、RDS、SDS 等。其中：LDS 描述监听器的配置；RDS 描述路由的配置；CDS 描述上游 Cluster 的配置；EDS 描述上游 Cluster 内的主机配置；SDS 描述安全加密通信用的证书配置；HDS 描述健康检查配置；除了这些，还包含为了解决配置下发时序问题聚合多个 xDS 服务结构一起处理的 ADS 配置等。在更新 LDS 配置时，其关联的 Envoy 下游监听过滤器、L4 网络过滤器、L7 协议过滤器对象都会被动态插入或更新，上游 L4 网络过滤器可以通过 CDS 插入或更新。

19.4.1 静态配置

静态配置文件可以在 Envoy 运行过程中通过 istioctl 命令行获取：

```
istioctl pc bootstrap podname
```

获取的典型配置如下：

```json
{
    "bootstrap": {
        "node": {
            "id": "sidecar~10.244.92.166~curl-deployment-58bf87867b-v27jw.default~default.svc.cluster.local",  # 根据 PodId 生成的唯一标识
            "cluster": "curlpod.default",
            ......
            "extensions": [ # 所有可被使用的过滤器列表
                ......
                {
                    "name": "envoy.filters.http.router",  # 路由过滤器
                    "category": "envoy.filters.http"
                },
                {
                    "name": "envoy.transport_sockets.tls", # 处理下游 TLS 的过滤器
                    "category": "envoy.transport_sockets.downstream"
                },
                {
                    "name": "envoy.filters.listener.original_dst",
                    # 还原对目标地址的监听
                    "category": "envoy.filters.listener"
                },
                {
                    "name": "tls", # 建立上游的 TLS 连接
                    "category": "envoy.transport_sockets.upstream"
                },
                ......
            ],
        },
        "staticResources": { # 静态配置部分
            "listeners": [
                {
                    "address": {
                        "socketAddress": {
                            "address": "0.0.0.0",
```

```
                    "portValue": 15090   # 匹配 Prometheus 监控服务
                    ......
                ],
        ......
        "admin": {
            "accessLogPath": "/dev/null",
            "profilePath": "/var/lib/istio/data/envoy.prof",
            "address": {
                "socketAddress": {
                    "address": "127.0.0.1",
                    "portValue": 15000 # Envoy Admin 服务监听端口
                }
            }
        },
}
```

在以上配置中，bootstrap 部分包含可以被使用的所有过滤器列表。静态配置部分包含 xds-grpc、sds-grpc、用于收集数据的 Prometheus 等系统服务。admin 部分包含 Envoy 自身管理相关的 RESTful 端口等信息。

19.4.2　动态配置

Envoy 动态配置部分的 dynamic_resources 是与控制面连接后根据系统内的实际服务信息创建的，采用 xDS 协议通过 xds-grpc 上游 Cluster 通道进行通信，此时 Envoy 将建立与 pilot-agent UDS 的 Socket 通道来发送和接收控制面的配置数据。

在 Envoy 运行过程中，可以通过以下命令获得下发到 Envoy 的动态配置内容：

```
kubectl exec -it podname -c istio-proxy -- pilot-agent request GET /config_dump
```

通过 xDS 动态获取的配置如下：

```
{
......
    "dynamic_active_clusters": [   # 通过 CDS 获得动态配置的 Cluster
    {
        "version_info": "2021-04-30T07:51:14Z/5",
        "cluster": {
            "@type": "type.googleapis.com/envoy.config.cluster.v3.Cluster",
            "name": "BlackHoleCluster",   # 黑洞服务是动态配置的
            "type": "STATIC",
```

```
    ......
  },
  {
    "version_info": "2021-04-30T07:51:14Z/5",
    "cluster": {
      "@type": "type.googleapis.com/envoy.config.cluster.v3.Cluster",
      "name": "InboundPassthroughClusterIpv4",  # 转发服务也是动态配置的
      "type": "ORIGINAL_DST",
      ......
  {
    "version_info": "2021-04-30T07:51:14Z/5",
    "cluster": {
      "@type": "type.googleapis.com/envoy.config.cluster.v3.Cluster",
      "name": "outbound|80||nginx.default.svc.cluster.local",  # 应用 Cluster
      "type": "EDS",  # Cluster 实例通过 EDS 动态获取
      "eds_cluster_config": {
        ......
      "filters": [
        {
          "name": "istio.metadata_exchange",
          # 向此 Cluster 对应的实例发起请求时,首先需要进行元信息交换
          ......
"dynamic_listeners": [   # 动态的监听器配置通过 LDS 下发
......
  {
    "name": "10.110.59.75_80",
    "active_state": {
      "version_info": "2021-04-30T07:51:14Z/5",
      "listener": {
        "@type": "type.googleapis.com/envoy.config.listener.v3.Listener",
        "name": "10.110.59.75_80",
        "address": {
          "socket_address": {
            "address": "10.110.59.75",  # 匹配 Cluster 的地址
            "port_value": 80
          }
        },
        "filter_chains": [
          {
            "filter_chain_match": {
              "transport_protocol": "raw_buffer",
              "application_protocols": [
```

19.4 Envoy 的初始化流程

```
       "http/1.0",
       "http/1.1",
       "h2c"
      ]
     },
     "filters": [
      {
       "name": "envoy.filters.network.http_connection_manager",
       ……
         "route_config_name": "nginx.default.svc.cluster.local:80"
         # 引用 dynamic_route_config 路由
       },
       ……
     "deprecated_v1": {
      "bind_to_port": false   # 不监听网络
     },
    ……
  {
   "name": "virtualOutbound",
   ……
  },
  {
   "name": "virtualInbound",
   ……
{
 "@type": "type.googleapis.com/envoy.admin.v3.RoutesConfigDump",
 "static_route_configs": [
   …… # 静态配置路由
 ],
 "dynamic_route_configs": [   # 动态配置通过 RDS 下发
  ……
    {
     "name": "nginx.default.svc.cluster.local:80",   # Cluster 的路由
     "domains": [
      "nginx.default.svc.cluster.local",
      "nginx.default.svc.cluster.local:80",
      "nginx",
      "nginx:80",
      "nginx.default.svc.cluster",
      "nginx.default.svc.cluster:80",
      "nginx.default.svc",
      "nginx.default.svc:80",
```

```
      "nginx.default",
      "nginx.default:80",
      "10.110.59.75",
      "10.110.59.75:80"
    ],
    "routes": [
     {
      "match": {
       "prefix": "/"
      },
      "route": {
       "cluster": "outbound|80||nginx.default.svc.cluster.local",
       # 目标上游服务 Cluster
……
 {
  "@type": "type.googleapis.com/envoy.admin.v3.SecretsConfigDump",
  "dynamic_active_secrets": [  # 动态证书通过 SDS 下发
   {
    "name": "default",   # 动态创建的本地 Pod 负载证书
    ……
   },
   {
    "name": "ROOTCA",   # ROOTCA 证书
    ……
```

通过上面的摘要可以分析出，动态部分都有 dynamic_ 作为前缀，SDS 对应 dynamic_active_secrets，CDS 对应 dynamic_active_clusters，LDS 对应 dynamic_listeners，RDS 对应 dynamic_route_configs。但从这里无法看到 EDS，这是因为 EDS 是 Cluster 的可用实例 host 列表，可能经常变更，不需要写入配置文件。可以通过以下命令查看 host 列表：

```
istioctl pc endpoints podname
```

返回信息包含 Cluster 对应的 Pod 实例地址及状态是否健康等信息：

```
10.244.92.139:80                    HEALTHY    OK    outbound|80||nginx.default.svc.cluster.local
```

19.4.3　Envoy 的创建及初始化流程

Envoy 的启动流程分为：Envoy 实例的创建及初始化流程、Envoy 的运行流程，如图

19-12 所示。Envoy 实例的创建入口为 main 方法，并创建 Server::InstanceImpl 实例代表 Envoy 进程。Envoy 实例在创建完成后会创建与老版本 Envoy 通信的 DrainManager，作用为在当前 Envoy 成功启动后，通知老版本的 Envoy 等待一段时间后自动优雅下线。

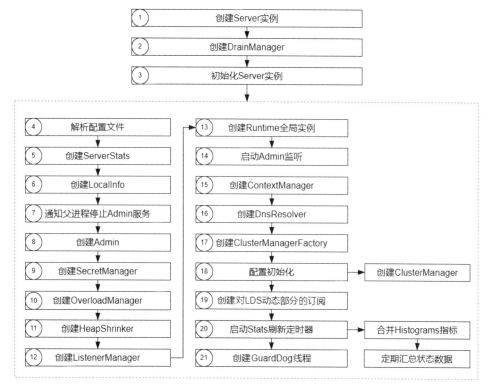

图 19-12　Envoy 的初始化流程

Envoy 初始化的流程如下。

（1）Envoy 根据启动命令行参数读取并解析静态配置文件 rev0.json 中 bootstrap 部分的内容，这部分内容包含了 Envoy 自身的重要信息，比如启动身份信息 node、Pod 启动时的 metadata 元数据、Envoy 二进制文件内已经包含的过滤器类型列表 extensions、静态资源 static_resources 包含的一些静态监听器、系统 Cluster、用于获取动态资源 dynamic_resources 的 gRPC 配置等。解析的内容被放在 envoy::config::bootstrap::v3::Bootstrap 类型的对象中。

（2）创建主线程 ServerStats 实例，Envoy 定期将自身运行状态的监控值汇总到主线程 "server." 前缀对应的观测存储区域，可以被 Admin 接口通过 RESTful 方式拉取并输出，也可以配置外部的 sink 目标并定期上报。举例来说，"server.concurrency" 可以获取 Envoy 的工作线程数量，"server.version" 可以获取 Envoy 的软件版本等。

（3）根据 bootstrap 等信息创建全局 Envoy 的身份对象 LocalInfoImpl，此对象将用于代理用户访问请求时 metadata_exchange 双方身份信息交换的流程中。由于作为 Sidecar 的每个 Envoy 只代理本 Pod 内应用容器的流量，因此身份信息在启动时确定，并且在运行期间不可更改。

（4）在 Envoy 启动完成并稳定运行后，在同一个 Pod 内只允许存在一个处于工作状态的 Envoy 容器。因此新 Envoy 将会与老 Envoy 进行通信，并在新 Envoy 完成启动后主动驱赶老 Envoy 下线。也就是说，在初始化时，新 Envoy 通过 UDS 通道向老 Envoy 发送 Admin 停止服务指令，此时老 Envoy 可以继续代理用户的请求，但不能接收外部控制指令。

（5）创建本地 Admin 服务对象，此时还在主线程初始化阶段，不提供对外服务。

（6）创建用于安全通信的 SSL 证书获取管理器 SecretManager，其主要功能将在 19.10 节介绍。

（7）为了保证 Envoy 运行的稳定性，需要创建过载保护器 OverloadManager。可以根据在 bootstrap 中配置的监控资源 resource_monitors（比如当前进程内存占用量的某个阈值）设定，触发是否执行某个动作（actions，比如运行 tcmalloc 内存清理，在清理过程中会用到下面创建的 HeapShrinker）。又或者若判断连接数超过一定数量，则自动停止监听器接收新连接。

（8）创建用于堆内存回收的 HeapShrinker。Envoy 默认底层采用 tcmalloc 控制堆内存分配和回收，这样已分配并释放的较小内存将被 tcmalloc 缓存，而不会立即释放回操作系统，等再次分配时可以直接返回给调用者。虽然这样会加快内存的分配速度并提升性能，但当堆内存分配较频繁且分配数量较大时，从外部来看，这个进程的内存占用量较大。

（9）创建监听管理器 ListenerManager，在创建流程中将根据线程数量 concurrency 创建相同数量的 Envoy 工作线程对象，每个工作线程都有独立的连接管理器 ConnectionHandler 对象，用于新连接建立前的准备工作。工作线程对象此时还未与实际的监听器关联，无法接收新连接。

（10）创建用于在运行期调整参数的 Runtime 对象。Runtime 对象提供了一种机制，可以读取由 Admin 接口/runtime_modify 设置的变量值，内容设置采用 KV 形式，比如以"curl http://localhost:15000/runtime_modify?key=value"形式开启或关闭。在某个指定的 Runtime 变量值更新后，Envoy 在执行过程中可以执行预设分支的逻辑。比如，用"envoy.reloadable_features.allow_response_for_timeout"控制 HTTP 请求时间过长时是否直接关闭连接或者在关闭连接前向客户端返回一个"downstream duration timeout"的报错。

其默认值为 True，可以通过 Admin 接口设置为 False。

（11）启动 Admin 监听，将已经创建的 Admin 对象关联 TcpListenSocket 网络监听，在 Envoy 主线程完成运行后，主线程内的 Dispatcher 可以处理外部的 Admin 请求。

（12）创建 SSL 上下文管理器 ContextManager，用于管理应用请求中 SSL 连接关联的 SSL 上下文的创建，这些内容将与 SSL 证书获取管理器 SecretManager 一起介绍。

（13）创建 DNS 解析器 DnsResolver，其采用异步方式处理 Cluster 名称与 IP 地址的关联关系解析，底层调用 ares DNS 解析库。Envoy 中的 ClusterManager 定期使用 DnsResolver 解析类型为 STRICT_DNS 的 Cluster。在 DNS 解析成功后，Envoy 将在 Cluster 上保存解析后的后端实例地址列表，这些实例地址用于处理应用请求的负载均衡及创建上游连接。

（14）创建 ClusterManager 工厂 ProdClusterManagerFactory，其用于创建 ClusterManager。ClusterManager 管理的 Cluster 在每个工作线程中都存在一份独立的快照，并且在控制面 CDS 变更时由主线程通过消息机制向各个线程发送变更的内容。这样就避免了多线程访问相同 Cluster 时需要加锁的问题。

（15）初始化静态配置。此时 Envoy 根据 bootstrap 配置的内容进行初始化链路追踪器、初始化静态安全证书配置、创建 ClusterManager、添加静态监听器等操作。后面将详细讲解创建 ClusterManager 的内部流程。

（16）根据 boostrap 配置中的 dynamic_resources 部分，Envoy 执行 ListenerManager 的 createLdsApi 启动 LDS 订阅，从 Istio 控制面得到网格中动态变更的监听器配置。另外，由于监听器处理下游连接，在经过路由后需要匹配到 Cluster，因此被 Listener 关联到的 Cluster 需要在监听器可以提供服务前准备好。如 ClusterManager 对象创建的 CDS 订阅先于 ListenerManager 创建的 LDS 订阅。

（17）启动 Stats 刷新定时器，用于定期将各个线程中的时序类数据 HISTOGRAM 从各个工作线程提取到主线程中合并，同时将分散的计数类数据 COUNTER、GAUGE 汇总到 Envoy 自身运行状态前缀 "server." 的 Stats 缓存中，此汇总后的数据可以被 Admin 通过外部管理接口获取或显示。

（18）创建监控主线程、工作线程运行状态的 GuardDog 线程，每个 GuardDog 都监控其管理线程内的 WatchDog，当 GuardDog 发现 WatchDog 状态长时间未更新时，则判断线程是否被长期阻塞或工作异常，从而决定是否停止或重启异常的线程。

19.4.4　Envoy 的运行流程

在前面的初始化流程结束后，ClusterManager 及 ListenerManager 已被创建，接下来 Envoy 需要将工作线程与监听器进行关联并启动。整个 Envoy 启动流程的入口点在 InstanceImpl::run 方法内，流程如图 19-13 所示。

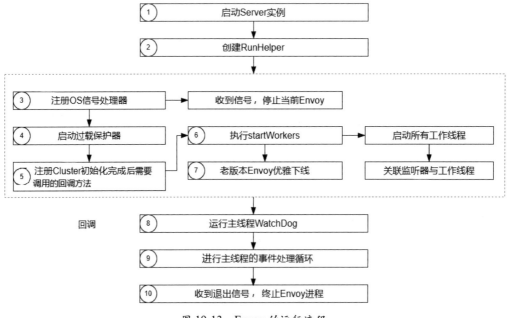

图 19-13　Envoy 的运行流程

具体流程如下。

（1）在完成 Envoy 初始化流程后，调用 run 方法运行 Service 实例。

（2）创建 RunHelper 包装对象并传入工作线程启动回调方法，在该回调方法中主要执行 startWorkers 方法来启动工作线程。

（3）RunHelper 首先注册操作系统中 SIGTERM、SIGTERM、SIGINT、SIGUSR1、SIGHUB 信号的回调方法，Envoy 在收到此类信号时将进行退出前的清理动作。

（4）在启动工作线程前启动过载保护器 OverloadManager，用于保护 Envoy 运行资源。

（5）注册 ClusterManager 初始化完成后需要调用的回调方法，ClusterManager 在建立与控制面的 CDS 订阅关系并获取 Cluster 的配置后，将通过此回调方法执行 RunHelper 传入的 startWorkers 方法。这样可以确保在 Cluster 可用后才启动工作线程接收用户的请求。

(6)工作线程启动任务通过 ListenerManager 的 startWorkers 实现,此流程中的 ListenerManager 通过 addListenerToWorker 建立监听器与工作线程的绑定关系。工作线程的启动任务最后调用 start 启动工作线程,start 将创建操作系统线程并在工作线程中将 threadRoutine 作为入口函数,此入口函数在创建监控线程运行状态的 WatchDog 后,启动工作线程的 Dispatcher 并使其进入事件处理循环状态,此时工作线程可以提供代理服务。

(7)在所有工作线程都启动完毕后,Envoy 通过前面在初始化流程中创建的 DrainManger 向老版本 Envoy 发送退出消息,让老版本 Envoy 优雅下线。老版本 Envoy 在收到信号且经过一定时间后,确保已建立的连接处理完成后自动退出。

(8)在工作线程启动完成后,主线程也将创建 WatchDog 来监控主线程的运行状态。

(9)主线程启动 Dispatcher 进入事件处理循环状态,比如处理 XDS 资源的动态更新、对 Admin 接口的 RESTFul 请求、定时汇总 Stats 等。

(10)主线程的 Dispatcher 在收到退出命令后,执行 Envoy 退出前的清理工作,主线程退出后,Envoy 进程也将结束。

19.4.5 目标服务 Cluster 的创建

19.4.4 节讲解了 Envoy 的启动流程,其中提到 ClusterManager 负责管理网格中的 Cluster,这里对 Cluster 的创建及关联流程进行详解讲解。Cluster 的创建流程如图 19-14 所示。

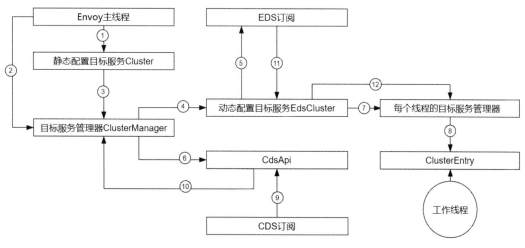

图 19-14 Cluster 的创建流程

Envoy 内 Cluster 的创建流程如下。

（1）在 Envoy 初始化阶段解析启动配置文件并获得 bootstrap 静态配置的内容，其中也包含静态 Cluster 的配置内容。在该阶段还创建 ProdClusterManagerFactory，并利用 ProdClusterManagerFactory 在静态配置 initialize 方法内创建 ClusterManager 对象。

（2）在 ClusterManager 创建流程中传入 Cluster 的静态配置并使用 loadCluster 加载。

（3）在加载流程中执行 createClusterImpl 方法，根据每个 Cluster 的类型创建不同的对象实例。比如使用 EDS 方式获取 Cluster 实例地址的 EdsCluster 或者直接在 Cluster 配置文件中指定实例地址的 StaticCluster。这里以 EdsCluster 为例，在其构造方法中同时开启 EDS 订阅，并从 Istio 控制面接收此 Cluster 后端实例的变更。

（4）在 ClusterManager 的构造方法中通过 createCds 创建对 CDS 变更的监听，此后网格中 Cluster 的变更都会被通知到 Envoy 主线程。

（5）在 ClusterManager 构造方法中注册 ClusterManager 初始化完成后需要调用的回调方法 onClusterInit，此方法将在 Envoy 主线程的 run 方法中启动工作线程时被执行。此方法将前面静态加载的 Cluster 对象以异步任务的形式执行 runOnAllThreads 方法向每个线程发送，来更新每个线程内 ClusterManager 中保存的 Cluster 快照。之后 Envoy 在收到 CDS 变更的通知时，也将首先执行 loadCluster 方法，将配置转换成 Cluster 对象，然后以显式调用相同 onClusterInit 的形式向各个线程发送更新。

（6）每个线程内的 ClusterManager 在收到更新任务时，如果判断当前 Cluster 配置为新添加的或者发生变更，则创建目标服务线程本地拷贝 ClusterEntry。此对象用于 Envoy 处理应用请求时对路由及负载均衡阶段 Cluster 及后端实例的选择。

（7）主线程在接收到 CDS 变更时，调用 onConfigUpdate 方法解析 CDS 消息并通知 ClusterManager 修改主线程中的 Cluster 对象。

（8）ClusterManager 调用 onConfigUpdate 方法通知各个线程同时修改线程内 Cluster 保存的快照。

（9）如果收到某个 Cluster 上的 EDS 变更，则表示 Cluster 的后端实例列表发生变更，Envoy 通过在 Cluster 上注册的回调方法执行 batchHostUpdate 方法，通知 Envoy ClusterManager 内指定的 Cluster 发生配置变更。

（10）在使用同样的 runOnAllThreads 对每个线程都更新 Cluster 时，每个 ClusterEntry 都同时使用 updateClusterMembership 更新当前实例列表。在更新完成后，每个工作线程都使用 Cluster 的新后端实例。

19.4.6 监听器的创建

在 ClusterManager 创建完成后，Envoy 需要创建 ListenerManager（监听管理器）管理网格中的监听器。这里主要介绍 ListenerManager 如何动态订阅 LDS 资源及创建监听器，以及如何根据 LDS 资源中的 RDS（路由信息）资源创建路由过滤器所需的路由项。其中 LDS 为描述 Listener 配置的 xDS 资源，RDS 为描述路由配置的 xDS 资源。Envoy 监听器的创建流程如图 19-15 所示。

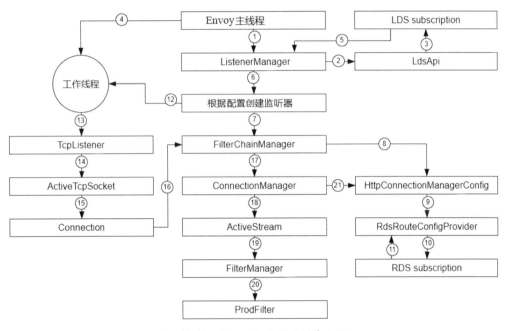

图 19-15　Envoy 监听器的创建流程

具体流程如下。

（1）Envoy 在初始化阶段创建 ListenerManger。

（2）Envoy 向 ListenerManager 传入在 bootstrap 中配置的 dynamic_resources.lds_config 部分，并调用 createLdsApi 方法创建与网格控制面建立了 LDS 资源订阅关系的 LdsApi，它与控制面的通信可以选择多种通信协议，比如 RESTful 或 gRPC。

（3）LdsApi 创建指定资源对象为 "envoy.config.listener.v3.Listener" 的 LDS 监听，由于 Envoy 启动时在配置文件中无法指定处理应用连接的监听器，因此 LDS 监听资源会接收网格中所有监听器的变更内容。

（4）Envoy 在初始化流程中创建工作线程并启动线程的入口方法。

（5）当 Envoy 主线程收到 LDS 变更时，LdsApi 触发 ListenerManager 的添加或更新监听器方法来创建新的监听器或更新已有的监听器配置。

（6）ListenerManager 根据 LDS 的配置创建新的监听器配置对象，此对象仅为配置，并不实际进行网络监听。

（7）在监听器配置对象的创建流程中，ListenerManager 创建 L4 网络过滤器链管理器 FilterChainManager，用于管理 L4 过滤器链，并将在当前 L4 网络过滤器链中配置的 L4 网络过滤器通过 buildFilterChains 注册到连接创建回调中。当应用连接被接收时，按照顺序创建 L4 网络过滤器，每个网络过滤器在创建的同时都将自己添加到 FilterChainManager 中，举例来说：作为 L7 协议过滤器链入口的 L4 网络过滤器 ConnectionManager 就是在这里被注册的。此时还没有真正创建 ConnectionManager 实例。

（8）在每个监听器的配置中都可能包含单独的路由配置信息，因此还需要创建 HttpConnectionManagerConfig 来创建其内部 RDS 的订阅。

（9）每个不同监听器相关的路由配置都被保存在单独的 RouteConfig 中，用于描述连接中的目标虚拟主机 VirtualHost 及请求的 URL 被匹配后最终访问的 Cluster 的映射关系。此时每个 RdsRouteConfigProvider 都保存从 RDS 中获取的与当前监听器关联的路由映射，在 RdsRouteConfigProvider 内部通过线程局部存储 TLS 的方式来保存路由映射项。

（10）RdsRouteConfigProvider 负责创建 RDS 订阅及监听。

（11）主线程在收到 RDS 消息时，通过 onConfigUpdate 方法通知关联的 RdsRouteConfigProvider 对象路由配置发生变更。由于不同路由项有不同的 RdsRouteConfigProvider 负责订阅，因此只有与当前 RDS 相关的监听器上的 RdsRouteConfigProvider 才能收到配置变更的内容。此时 RdsRouteConfigProvider 采用异步通知方法通知所有线程都保存新的路由配置。此后一旦与路由配置相关的监听器获取到新连接并进行 L7 请求处理，则将通过 RdsRouteConfigProvider 对象从当前线程局部存储的 TLS 上获取关联的路由配置，并用于与请求进行匹配计算来得到 Cluster。

（12）在收到 LDS 的配置变更内容时，Envoy 除了需要注册过滤器链内的 L4 网络过滤器类型，还需要创建实际的网络监听器。这里通过 addListenerToWorker 将新增的监听器绑定到每个工作线程。

（13）在绑定完成后，监听器处于工作状态，例如 VirtualOutboundListener 将处于网络监听状态。

（14）当工作线程收到应用网络连接时，监听器接收到网络连接 ActiveTcpSocket。

（15）经过监听过滤器的处理后，监听器此时已完成连接协议类型探测等准备工作，将创建新的连接。

（16）在连接的创建流程中，连接管理器除了需要将 Socket FD 保存到连接内，还需要通过 createNetworkFilterChain 根据已注册的 L4 网络过滤器链的配置按顺序创建过滤器对象，并需要创建安全相关的 TransportSocket 对象。安全相关的流程将在后面进行说明。

（17）在连接建立流程中，连接管理器创建 L7 协议过滤器处理入口点的 L4 网络过滤器 ConnectionManager。

（18）L4 连接在接收到报文时，将创建请求处理对象 ActiveStream 来承载整个请求的生命周期。不同的应用协议对应 ActiveStream 不同的生命周期，HTTP/1 协议为短生命周期，HTTP/2 协议为长生命周期。

（19）在处理应用请求的头部时，HttpConnectoinManager 根据 L7 协议过滤器的注册信息创建 L4 网络过滤器实例，例如 ProdFilter 为处理路由的过滤器。

（20）在处理应用请求的头部时，路由过滤器 ProdFilter 通过 RdsRouteConfigProvider 获取当前线程保存的路由对象进行路由计算。

19.5 Envoy 的网络及线程模型

在启动完成后，Envoy 将包含 Server 主线程、GuardDog 线程、工作线程等，其中，Server 线程负责响应 Admin 服务请求及解析上游 Cluster 实例的 DNS 等工作，GuardDog 线程负责管理工作线程的 WatchDog。一个 Envoy 的进程同时包含多个监听器，其中，提供服务的 Pod 将创建 VirtualInboundListener。由于无法确定应用是否会在运行过程中发送对其他服务的请求，因此所有网格服务都会创建 VirtualOutboundListener 来拦截应用发起的外部调用请求。每个监听器都创建独立的工作线程及 Dispatcher，用于按照顺序处理网络及内部事件。在每个监听器上都绑定了所有工作线程，每个工作线程都实际对应一个 Worker 对象。Envoy 的线程模型如图 19-16 所示。

第 19 章　Envoy 的架构

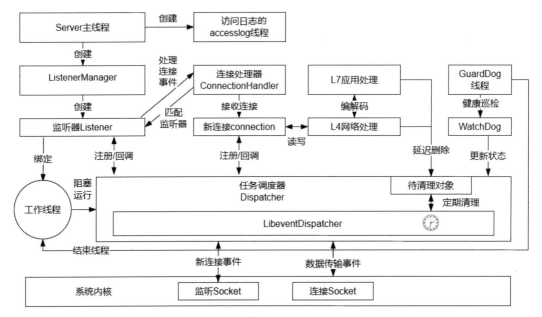

图 19-16　Envoy 的线程模型

19.5.1　Server 主线程

Server 主线程在初始化流程完成后，将启动主线程的 Dispatcher，用于异步处理 Admin 请求和 DNS 解析、过载管理、堆内存压缩、Stats 观测数据合并等工作。

DNS 解析指将在系统中配置的 Cluster 域名解析成 IP 地址列表并缓存在本地 DNS 缓存中。当 Envoy 内部的其他模块需要解析网格内的域名时，由于无法从操作系统层面将网格域名解析为实际的 IP 地址，因此此 Cluster 域名将不经过系统提供的 DNS 解析，而是直接从本地缓存中查找。Envoy 中的 DNS 解析使用 Network::DnsResolver 实现对查找结果的缓存来提升二次查找性能，其使用 c-ares 这个开源项目为解析器，通过设置定时器定时运行解析任务并刷新 DNS 缓存。定时器的轮询时间由参数 ares_init_options 设定，通过 Dispatcher 内置的 createDnsResolver 方法创建。

Admin 是 Envoy 自身提供的 RESTful 服务，接收来自外部的管理命令并返回 Envoy 运行状态相关的信息，支持在运行期调整 Envoy 的日志输出级别及导出 Envoy 动态生成的完整配置文件等。Admin 监听在 127.0.0.1:15000 地址及端口，采用本地地址 127.0.0.1 监听是出于对安全的考虑。在 Admin 创建阶段，主线程为其创建单独的监听器并通过 addStreamFilter 添加过滤器 AdminImpl。在主线程启动后，Admin 服务处理 HTTP 请求并通过 decodeHeader 方法解析请求的头部，并调用 runCallback 方法根据请求的 URL 执行相应的 HTTP 处理器。

过载保护器（OverloadManager）用于保证 Envoy 自身的运行资源处于安全状态，其原理为在 Envoy 启动时根据 bootstrap 中的 resource_monitor 配置注册监控资源及对应的执行方法（action）。举例来说，用户可以设置在堆内存达到一定数值时触发 Envoy 堆内存管理器 tcmalloc 自动向操作系统释放缓存，配置举例如下：

```
apiVersion: v1
  kind: ConfigMap
  metadata:
    name: istio-custom-bootstrap-overload-config
    # 此名称用于应用 Pod 的 Deployment 部署文件的注解部分
    namespace: default
  data:
    custom_bootstrap.json: |
      {
        "overload_manager": {
          "refresh_interval": "0.25s", # 检查周期
          "resource_monitors": [ # 监控资源目标
            {
              "name": "envoy.resource_monitors.fixed_heap",
              "typed_config": {
                "@type": "type.googleapis.com/envoy.config.resource_monitor.fixed_heap.v2alpha.FixedHeapConfig",
                "max_heap_size_bytes": "104857600"
                # 以字节为单位，比如配置 100MB 字节作为堆内存的阈值
              }
            }
          ],
          "actions": [ # 在阈值条件满足时触发操作
            {
              "name": "envoy.overload_actions.shrink_heap", # 内存回收操作
              "triggers": [
                {
                  "name": "envoy.resource_monitors.fixed_heap",
                  # 匹配前面的内存阈值条件名称
                  "threshold": {
                    "value": "0.95"
                    # 当达到内存阈值 95% 时，触发 tcmalloc 向操作系统释放缓存
                    ……
```

如上面的 ConfigMap 配置所示，可以创建 custom_bootstrap.json 配置文件，指定 Envoy 在监控到整体的堆内存用量达到 95%时，触发 tcmalloc 向操作系统释放缓存。

然后在应用 Pod 的 Deployment 部署文件的注解部分指定上面配置文件的名称：

```
apiVersion: apps/v1
kind: Deployment
metadata:
  name: curl-deployment
spec:
  selector:
    matchLabels:
      app: curlpod
  replicas: 1
  template:
    metadata:
      labels:
        app: curlpod
      annotations:
        sidecar.istio.io/bootstrapOverride: "istio-custom-bootstrap-overload-config"   # Envoy注解引用上面的ConfigMap名称
```

对于 Stats 观测数据的合并，Envoy 内置了三种观测数据类型：Counter、Gauge 和 Histogram。前两种为计数值，内部采用原子变量（atomic）保证多线程修改的安全性；Histogram 为时序化数据，无法只使用一个原子变量来表示，因此需要 Server 主线程定期通过 flushStats 方法跨线程主动收集合并。为了缩短收集观测数据时各线程间的加锁冲突时间，Envoy 采用每个线程都包含两个独立 Histogram 数据队列的方式，交替处理 Histogram 的读取和写入任务。主线程在读取完一个 Histogram 数据队列处理后，触发原子操作来交换两个队列，这样可以认为当前监控显示的 Histogram 为工作线程统计数据的最新快照。

19.5.2　Accesslog 线程

Accesslog 线程负责将应用请求进行格式转换后以文本形式记录到本地文件系统中，用于帮助运维人员排查线上问题。Accesslog 线程模型如图 19-17 所示。

19.5 Envoy 的网络及线程模型

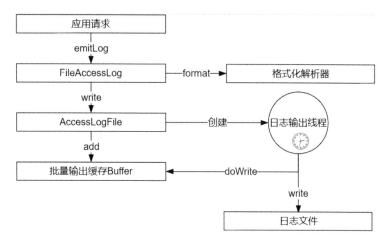

图 19-17 Accesslog 线程模型

Accesslog 的日志记录分为两部分。对于工作线程来说，在处理完应用的请求后，工作线程将应用请求对象通过 emitLog 方法发送到 Accesslog 批量输出缓存（Buffer）中。在这个过程中，FileAccessLog 使用格式化解析器（FormatterImpl）对应用的请求进行格式化，将其转换为字符串形式。格式化解析器可以将请求格式化为默认的便于阅读的以空格分隔的文本形式或者便于日志处理系统分析和处理的 JSON 字符串形式。在日志写入流程中，如果还未创建日志输出线程，则通过 AccessLogFile 创建，日志输出线程定期将批量日志输出到缓存的内容取出并写入外部日志文件中。每个外部日志文件都对应一个单独的日志输出线程，这样将减少日志输出冲突并提升效率。另外，此日志处理线程由于其定期处理的特性，不需要处理事件回调，因此无须创建 Dispatcher。

Accesslog 的输出格式由请求格式化器决定，其可以通过在 IstioOperator 中配置的 accessLogFormat 进行修改，但只支持 Istio 系统内指定的占位符，格式为 "%xxx%"。配置举例如下：

```
  data:
  mesh: |-
    accessLogFile: /dev/stdout
    accessLogFormat: "[%START_TIME%]
\"%REQ(:METHOD)% %REQ(X-ENVOY-ORIGINAL-PATH?:PATH)% %PROTOCOL%\" %RESPONSE_CODE%
%RESPONSE_FLAGS% %RESPONSE_CODE_DETAILS% %CONNECTION_TERMINATION_DETAILS%
\"%UPSTREAM_TRANSPORT_FAILURE_REASON%\" %BYTES_RECEIVED% %BYTES_SENT% %DURATION%
%RESP(X-ENVOY-UPSTREAM-SERVICE-TIME)% \"%REQ(X-FORWARDED-FOR)%\"
\"%REQ(USER-AGENT)%\" \"%REQ(X-REQUEST-ID)%\" \"%REQ(:AUTHORITY)%\"
\"%UPSTREAM_HOST%\" %UPSTREAM_CLUSTER% %UPSTREAM_LOCAL_ADDRESS% %DOWNSTREAM_LOCA
L_ADDRESS% %DOWNSTREAM_REMOTE_ADDRESS% %REQUESTED_SERVER_NAME% %ROUTE_NAME% \n"
```

Accesslog 将在应用请求处理完成时被工作线程记录，HTTP 请求对象包含的 StreamInfo、RequestHeaderMap、ResponseHeaderMap、ResponseTrailerMap 参数通过格式化解析器的 format 方法进行格式化，每个不同的参数对象都继续适配不同的参数格式化器，比如 StreamInfoHeaderFormatter 根据配置的 accessLogFormat 格式提取请求对象中的 StreamInfo 参数并转成字符串，最终将字符串拼接结果按顺序添加到批量输出缓存中。

19.5.3　工作线程

如图 19-18 所示，工作线程（Worker）由 ListenerManager 创建，每个工作线程都同时拥有自己的 Dispatcher。Dispatcher 通过 LibeventDispatcher 对象驱动底层的 libevent 库处理 Socket 的 accept、epoll、readv、writev 等网络事件。多个工作线程内的 Dispatcher 彼此并行处理任务，在每个 Dispatcher 内串行处理任务。除了可以响应网络事件，Dispatcher 还可以插入自定义任务并通过定时器触发执行，比如清理内存延迟、更新配置快照等。每个监听器都同时绑定所有工作线程，应用的新连接到达事件是由内核随机分配给某个工作线程的。

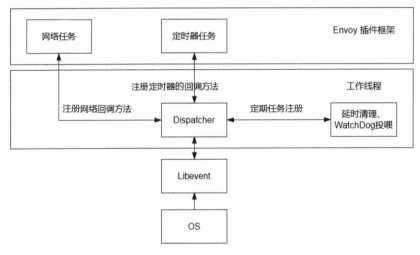

图 19-18　工作线程模型

工作线程的 Dispatcher 可以接收网络事件、单次定时器任务、周期定期任务的注册，下层使用 Libevent 库注册以上任务对应的事件。其中，网络事件对应 Socket 新连接、数据收发等动作；单次定时器以单次延迟的方式被触发，可执行如 Timeout 超时处理等动作；周期定期任务（Schedule）可被 Dispatcher 不断地定期触发，比如定期执行每个线程并延迟清理已完成请求的 deferedDeleteList 方法。

工作线程由 ListenerManager 创建，工作线程的数量可以在 Envoy 启动配置文件中指定，如果在配置文件中没有指定，则 Envoy 默认通过 thread::hardware_concurrency 获取 CPU 的内核数量作为启动线程的数量。在默认情况下，线程数量和 CPU 的核心数量相等。

一旦某个用户连接被 Envoy 接收并匹配到监听器，则在其连接断开前，所有处理都运行在连接最后接收的监听器所在的线程中。虽然在连接中，下游请求的读写、过滤及上游请求的读写、过滤都在某一个工作线程内完成，但这些处理在线程内不是阻塞串行执行的，而是以 I/O 为界限轮流处理多条连接上的事件的。处理某条连接上单次报文的过滤、解码、编码等工作都是以串行阻塞形式进行的，这些操作为 CPU 密集型，不可被打断，直到这个报文通过 I/O 事件发送出去才结束，工作线程这时会将该 I/O 事件加入 libevent 处理队列中，由 libevent 进行排队。这样做的好处是将 I/O 事件剥离出来，防止由于某个 I/O 事件的堵塞而导致线程阻塞。

从图 19-18 同时可以看出，每个工作线程都会关联一个 Dispatcher 来负责排队处理各项任务的回调方法，这样保证了线程内任务回调方法被触发时对线程内数据访问的安全性，不需要对数据进行加锁访问。

19.5.4　GuardDog 线程

用于维护工作健康运行状态的 GuardDog 线程负责创建每个工作线程内的 WatchDog。如图 19-19 所示，GuardDog 线程定时轮询检查每个工作线程的健康标记是否被设置，此标记在每个工作线程执行其 WatchDog 任务时被设置，并在 GuardDog 线程遍历检查后被清理。这样在某个工作线程长期没有机会执行 WatchDog 时，表示其可能被某项任务长期阻塞，GuardDog 线程将发现并强制结束该工作线程。

图 19-19　GuardDog 线程的健康监控流程

19.5.5　线程间的同步

当需要跨线程同步数据时，比如主线程收到的 xDS 配置发生变更时，首先在主线程上创建新的配置对象。同时为了减少冗余内存及对象复制开销,每个工作线程实际保存的是主线程内的监听器、Cluster 等配置对象的指针。当这些配置发生更新时,主线程需要向工作线程发送任务通知,在其通知中包含了每个工作线程需要执行的任务回调方法,此方法用于修改线程内配置对象的指针内容,以及一个在所有工作线程执行完毕后返回的主线程回调方法。此通知被通过目标工作线程的 Dispatcher 内的 Post 方法发送到工作线程关联的任务队列中,当工作线程处理此任务时,线程可以安全地将配置对象的指针进行替换,而不影响其他线程。虽然可能在某个短暂的时间点内,不同的工作线程看到的配置对象不同,但因为无须加锁而提升了系统性能,同时,Envoy 通过共享智能指针(shared_ptr)加线程本地存储(thread_local)的机制来巧妙地实现对老对象的自动释放。

我们都知道,当 C++中 shared_ptr 智能指针所引用的对象计数为 0 时,对象将被内存管理器自动释放,因此每个工作线程都有一个 thread_local 的 Slot 通过 shared_ptr 指向当前使用的配置对象,这样就构成了一个二级引用。Slot 被线程访问时,实际上是通过指向配置对象的 shared_ptr 指针进行读取操作的。当收到配置变更通知时,只需修改此 Slot 对应的 shared_ptr 指针即可,而且当老对象无指针引用时,最后一个 shared_ptr 会负责将老对象安全释放。具体执行流程如图 19-20 所示。

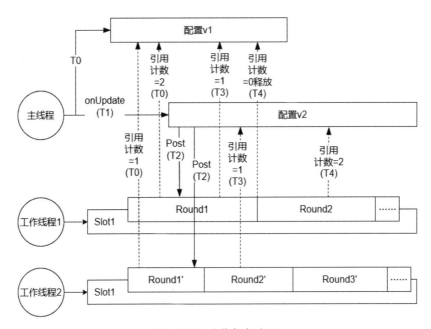

图 19-20　具体执行流程

Envoy 线程间的数据同步流程如表 19-5 所示。

表 19-5　Envoy 线程间的数据同步流程

时间	工作线程	引用计数	功能描述
T0	工作线程 v1、工作线程 v2 都引用配置 v1	配置 v1 引用计数=2	初始阶段，线程 1 和线程 2 都引用配置 v1
T1	同上	同上	主线程的 xDS 触发 onUpdate 方法，对所有工作线程都更新配置 v2
T2	同上	同上	主线程分别向工作线程 1、工作线程 2 发送异步 Post 事件更新配置
T3	工作线程 v2 引用配置 v2	配置 v1 的引用计数为 1、配置 v2 的引用计数为 1	每个工作线程待处理的事件队列都不同，且每个事件需要处理的时间都不同，因此不同的工作线程的每轮调度时间点都不同。此时工作线程 2 首先收到 Post 请求进行更新，然后将配置引用 shared_ptr 指针指向新的配置 v2
T4	工作线程 v1 引用配置 v2	配置 v1 的引用计数为 0（自动释放），配置 v2 的引用计数为 2	工作线程 v2 收到 Post 事件，shared_ptr 指向新的配置 v2，因此配置 v1 引用计数为 0，被自动释放，完成 Envoy 内配置 v2 的更新。之后主线程将执行在 Post 任务前传入的回调方法 onCompleteCallback

从表 19-5 可以看出，只要工作线程所引用的配置对象在被引用期间不发生修改，就不用加锁访问，因而较大提升了 Envoy 工作线程的并发处理性能。对需要每个工作线程单独记录的部分，则通过线程局部存储 TLS 的方式保存到每个线程中，比如 Cluster 相关的 ClusterEntry 部分。

19.6　Envoy 的热升级流程

　　Envoy 作为通用的 Sidecar，支持在应用不重启时自身原地升级，并且在升级后，新 Envoy 进程可以平滑地接管老 Envoy 的监听器，并接收应用的新建连接。注意在 Envoy 升级流程中，在同一时刻只能有一个 Envoy 进程负责处理应用的请求。因此 Envoy 在启动时，需要判断是否存在老 Envoy 已经处于运行状态，如果是，则需要与老 Envoy 通信并获取老 Envoy 的监听套接字、Stats 统计信息及 Accesslog 文件锁等信息。在新 Envoy 启动完成后，将发送信号给老 Envoy 优雅下线。

　　既然需要建立与老 Envoy 的通信通道，就需要了解其通信地址。由于在热升级流程中两个 Envoy 进程是通过 UDS 进行通信的，因此只要两个 Envoy 进程双方可以通过某种计算达到 UDS 地址名称的共识，就可以建立通信。

Envoy 的热升级流程如图 19-21 所示。

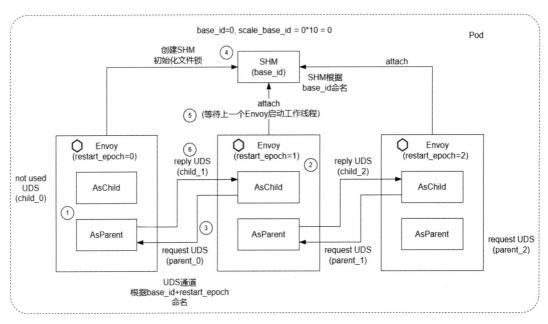

图 19-21 Envoy 的热升级流程

具体来说，在 Envoy 内包含两个独立的组件 AsChild 和 AsParent。AsChild 负责与老 Envoy 建立连接并发送请求（Request），AsParent 负责向新 Envoy 发送响应（Reply）。可以看出，epoch=0 的 AsChild 通道不会与任何 Envoy 建立连接。

（1）当 Envoy 启动时，Envoy 命令行传入启动参数 base_id（默认为 0）及 restart_epoch（首个 Envoy 为 0），可计算得到 scale_base_id = base_id * 10。后面每次重新启动 Envoy 时，都将保持 base_id 不变，并对 restart_epoch 加 1，表示当前 Envoy 是第几次启动。

（2）AsParent 接收的请求地址为 "envoy_domain_socket_parent_"，之后拼接 scale_base_id 和 restart_epoch，其中 scale_base_id 为 10 的倍数。可以看出，如果同时存在 base_id=0,1 的两个升级序列，则在每个序列内最多可以同时安全启动 0～9 总计 10 个 epoch 而不产生干扰；否则，如果在 base_id=0 的序列中存在 restart_epoch=10 的 Envoy，则将与 base_id=1 且 restart_epoch=0 的 Envoy 产生干扰，不过升级流程一般不会很快出现这类问题。同样，AsChild 接收的请求地址为 "envoy_domain_socket_child_"，之后拼接 scale_base_id 和 restart_epoch。

（3）除了使用每个新启动的 Envoy 创建 UDS 通道，在热升级过程还使用当前 base_id 来创建共享内存（SHM），以控制对本地日志文件及访问记录文件 Accesslog 的安全写入。从图 19-21 可以看出，共享内存的命名只跟当前 base_id 相关，由 restart_epoch=0 的 Envoy 负责创建，被所有 Envoy 共享。在创建阶段将通过 initializeMutex 方法对共享内存的 SharedMemory 结构中的 log_lock 及 access_log_lock 进行初始化，并且携带跨进程访问标志 PTHREAD_PROCESS_SHARED。

（4）同时，此共享内存的 SharedMemory 对象还携带了表示当前 Envoy 是否处于初始化完成状态的标志（flags_）。此标志在每个 Envoy 创建时都被设置为 SHMEM_FLAGS_INITIALIZING 状态，并在此 Envoy 完成工作线程启动后，关闭老 Envoy 监听器的 drainParentListeners 操作过程中被去掉。举例来说，当 restart_epoch=0 的 Envoy 进程处于初始化流程中时，restart_epoch=1 的 Envoy 进程将在内存中映射此共享内存，并判断此标志为 SHMEM_FLAGS_INITIALIZING，然后退出。在当前 Envoy 启动工作线程后，当前 Envoy 表示有能力处理应用及热升级请求，可接收新 Envoy 的热重启请求。

（5）新 Envoy 在启动后与老 Envoy 建立 UDS 连接，此连接中的每个方向都为半双工模式的单向连接，一般都为 AsChild 主动发送表 19-6 所示的 5 种消息到 AsParent。AsChild 是同步发送的，不需要借助 Dispatcher 调度，AsParent 则是被动接收请求的，需要将自己注册到线程的 Dispatcher 中处理异步事件。

5 种热升级消息处理方式如表 19-6 所示。

表 19-6　5 种热升级消息处理方式

序号	消息的名称	发送方	功能描述
1	kShutdownAdmin	AsChild	停止 AsParent 的 Admin 端口监听，使得新访问 15000 端口的请求进入新 Envoy，并且 epoch=2，在发送此消息给 epoch 且 epoch=1 时，如果 epoch=1 且 Envoy 已创建其他 AsParent，则以级联形式向其 AsParent Envoy 发送关闭消息
2	kPassListenSocket	AsChild	迁移当前 Envoy 的监听套接字 fd，新的用户连接将被新 Envoy 随后处理
3	kStats	AsChild	将老 Envoy 已经缓存的统计信息如 Guage、Counter、Histogram 发送到新的 Envoy 进程，保证后续用户请求的各项统计信息准确一致
4	kDrainListeners	AsChild	在新 Envoy 启动完毕后，通过发送此消息使得老 Envoy 延迟下线，这样有机会完成对已建立的用户连接的请求处理及响应发送
5	kTerminate	AsChild	在 15 秒后发送 SIGTERM 信号给老 Envoy 进程，退出其主线程循环并结束进程

19.7　Envoy 的新连接处理流程

如图 19-22 所示，当工作线程启动并关联监听器时，其连接管理器 ConnectionHandler 将创建适配不同协议如 TCP、UDP 的监听器实例，使得每个工作线程都服务于所有监听器。

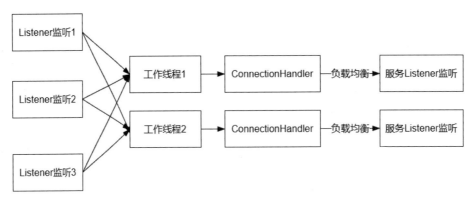

图 19-22　Envoy 的新连接处理流程

当新连接到达时，Envoy 内调度器下层的 libevent 随机选择一个工作线程处理此连接事件，新连接事件被监听器接收后进入 ConnectionHandler（连接处理器）处理。此处对 Outbound 及 Inbound 的处理不同。

- 对于 Outbound 场景来说，Outbound 先被 VirtualOutboundListener 处理，可以理解为对多个 Cluster 的统一代理，通过 Sockops 操作可解析到新 Socket 连接的原始服务地址。接收线程根据不同的服务地址将新连接转发给 ServiceListener，每个 Cluster 都可以对应一个独立的 ServiceListener，此 ServiceListener 不会真正监听网络连接。
- 对于 Inbound 场景来说，VirtualInboundListener 为目标 ServiceListener，其目标地址为 Pod 自身的地址，因此新连接不需要被转到其他 ServiceListener，而是直接被 VirtualInboundListener 处理，并最终根据不同的目标端口向本 Pod 内的后端服务容器转发。

在新连接建立阶段还将使用监听过滤器判断并处理 SSL 连接证书，经过原始连接目标地址 Original_dst、源地址 Original_src 恢复等处理工作之后，在连接内将创建高层 TransportSocket 网络抽象，用于应用 SSL 的安全数据收发。

在 Envoy 的 ConnectionHandler 中，每个监听器在处理连接前都有机会经过连接均衡器的处理。因此对于 VirtualOutboundListener 来说，虽然可能由于操作系统随机选择的原因导致连接无法准确地进行负载均衡，但可以由 Envoy 的连接均衡器决定向哪个工作线程传递连接。如果这个连接均衡流程出现问题，则新连接的后续请求将对 Envoy 的性能产生较大影响。但对于 VirtualInboundListener 来说，其在新连接接收刚开始时便已经确定处理的工作线程，因此也可能出现连接处理不均衡的问题。但在一般情况下，对于微服务场景来说，一个 Service 可能在后端部署了很多后端实例，而每个 VirtualInboundListener 都只处理某个后端实例内的请求，因此每个 Inbound 处理的连接数都较少，并且线程数不多，即使存在此类问题，也对当前 Envoy 的处理性能影响不大。

在连接最终被 ConnectionHandler 处理完毕后，将创建 L4 连接 ServerConnection 用于代表下游连接，此对象将负责连接的最终关闭和清理，并且与接收此连接的监听器建立关系，当监听器发生变更或删除时，监听器将依次关闭其上的活动连接。对应到实际应用中，如果在运行流程中修改了某个监听器上过滤器或其他参数的配置，则 Envoy 将视为对此监听器的删除，并进行原地重建操作。此时将本监听器上已有的连接延迟关闭，可以通过 Admin 的 15000 端口的 config_dump 查看每个监听器的版本及更新时间，来判断某个监听器的配置是否发生变更，并用此找到某些长连接断开的原因，举例如下：

```
{
  "@type": "type.googleapis.com/envoy.admin.v3.ListenersConfigDump",
  "version_info": "2022-05-04T12:28:11Z/3",
  "static_listeners": [
   {
    "listener": {
     "@type": "type.googleapis.com/envoy.config.listener.v3.Listener",
     "address": {
      ……
     "last_updated": "2022-05-04T12:28:03.566Z"  # 变更时间点
   },
```

19.8　Envoy 的请求及响应数据处理流程

接下来介绍 Envoy 的请求及响应数据处理流程。

19.8.1　对下游请求数据的接收及处理

Envoy 通过 19.7 节介绍的 ConnectionHandler 接收并创建新连接时，将通过创建 ServerConnection 将新连接的 Socket 通过 Dispatcher 绑定 libevent 网络 I/O 事件处理任务，并创建收到网络报文时的 L4 处理器链，此 Socket 绑定被设置为边沿触发方式，这样做可以减少内核发送到应用层的通知次数来提升性能，但要求 Envoy 在收到某次通知时循环所有网络事件。

对于网络报文 Read 事件的处理，Envoy 调用 onRead 方法以每次最多 16KB 的形式，通过 Transport 层将数据以字节流形式读入前面介绍的请求缓存中，并将其向 L4 网络过滤器链传递。

在 L4 网络过滤器处理部分，可以通过连接地址、端口及 Buffer 作为参数进行计算。比如 L4 限流就是在 Filter::onNewConnection 回调方法中判断 Cluster 的调用次数来决定是否返回 Network::FilterStatus::Continue 继续处理的，或者在返回 Network::FilterStatus::StopIteration 时被限流。

需要说明的是，HttpConnectionManager 自身即 L4 网络过滤器，其 onData 回调方法将处理读取的网络报文，在处理数据前，HttpConnectionManager 将根据当前连接使用的协议类型参数为 v3::HttpConnectionManager:: HTTP/1、HTTP/2、AUTO 中的哪个，来决定创建哪种类型的 HTTP 解码器（Codec）。如果将其设置为 AUTO，则读取用户数据的内容，来判断 HTTP 的版本信息，具体判断流程请参考 ConnectionManagerUtility::determineNextProtocol 方法，此方法主要以应用请求起始部分的字符特征为判断标准进行协议分类判断。

在 HTTP 解码器创建完成后，将接收缓冲区传入的 dispatch 方法，在 dispatch 方法内部将对不同的 HTTP 版本使用调用不同的解码器。比如对 HTTP/1 使用 Node.js 解码器，HTTP/2 使用 nghttp2 解码器。HTTP 解码器自动识别 HTTP 区域，比如对应消息头部开始部分的 onMessageBegin，对应 URL 部分的 onUrl，对应 HTTP 消息头部每个域的 onHeaderField，对应 HTTP 头部结束部分的 onHeadersComplete，对应 HTTP 消息体开始部分的 dispatchBufferedBody，对应 HTTP 消息结束部分的 onMessageComplete 等，这些解码器方法分别对应 HTTP 定义的应用消息的各个区域位置。HTTP 解码器的回调处理流程如图 19-23 所示。

19.8 Envoy 的请求及响应数据处理流程

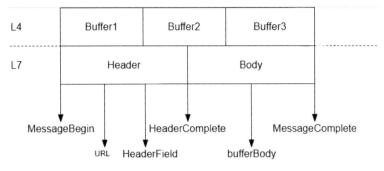

图 19-23 HTTP 解码器的回调处理流程

需要说明的是，L4 每次接收到的报文都由于 TCP 拥塞控制，可能无法与实际的应用消息边界一致，比如在一个 TCP 消息内可能包含多个 HTTP 请求，或一个不完整的 HTTP 请求。此时由 HTTP 解码器来负责对多个原始的 L4 数据进行识别并拼接，当满足 HTTP 消息边界触发条件时触发 HTTP 解码器的回调方法。

解析后继续处理，如图 19-24 所示。

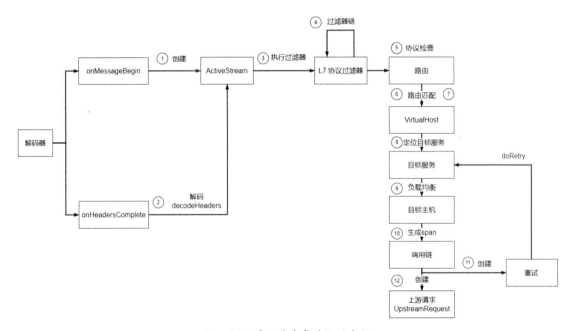

图 19-24 对下游请求的处理流程

Envoy 接收到下游请求时的处理流程如下。

（1）若 HTTP 解码器判断新的 HTTP 消息头部到达，则工作线程回调方法

147

ServerConnectionImpl::onMessageBeginBase 在 HttpConnectionManager 上创建对应每个请求的 ActiveStream 对象，将该对象作为请求的解码处理器及响应编码处理器。

（2）若 HTTP 解码器处理完消息头部，则将触发 ServerConnectionImpl::onHeadersComplete 回调方法。这里首先对 HTTP 消息头部各域进行合法性校验，然后使用前面创建的请求对象 ActiveStream 对其进行 decodeHeaders 解码处理。

（3）ActiveStream 的 decodeHeaders 方法根据协议的兼容性、HTTP 头部是否完整、路径表示是否合法等条件进行判断，如果失败，则快速返回错误信息。并在 HTTP 请求解析完成后调用 L7 过滤器框架 filter_manager 开始对 L7 协议过滤器的处理。

（4）前面介绍过 Envoy 过滤器框架的原理，总的来说，将按照过滤器的创建顺序进行对每个 L7 过滤器的处理，过滤器返回 Continue 则继续，返回 StopIteration 则停止。最后一个过滤器一般为 Router，而且总是返回 StopIteration。

（5）在路由处理开始前，需要记录请求头部 ContentType 是否为 application/grpc，来决定收到响应并返回时是否将其编码为 gRPC 协议。

（6）每个 HTTP 请求在第 1 次访问时都会进行路由计算，路由计算需要结合 Envoy 配置、当前请求 HTTP 头部的信息及随机数进行。首先通过 HTTP 头部的 Host 信息与正则表达式匹配得到 VirtualHost，如果 VirtualHost 存在，则在其下配置的各路由配置项下再匹配 HTTP 头部进行查找，每个路由项都可以为前缀匹配（PrefixRoute）、路径匹配（PathRoute）、正则匹配（RegexRoute）和连接匹配（ConnectRoute）。当匹配结束时，返回工作线程内的 ClusterEntry 项。此时路由匹配结束。注意：此时只需找到 Cluster，并没有具体到服务内的实例地址，如果没有匹配成功，则直接返回 NotFound 错误信息。

（7）检查此路由项是否存在可直接响应的配置，如果存在，则直接返回，可用于测试。

（8）根据 Cluster 的名称从当前线程的 ClusterManager 中找到服务对象信息，如果匹配失败，则返回 NoRouteFound 错误信息。

（9）在通过解析 HTTP 头部填充下游 streamInfo 内的 filterState 信息后，通过 createConnPool 创建上游连接池。首先根据 Cluster 内的配置创建不同类型的连接池，比如 TcpConnPool 或 HttpConnPool。以 HttpConnPool 为例，首先根据 Cluster 的名称在线程内的 ThreadLocalClusterManager 中查找到 entry 项，然后根据此 Cluster 配置的负载均衡器挑选合适的目标实例地址 Host，同时可以根据 Route 配置的 priority 参数指定连接池的级别，因此在每个 priority 下对不同的目标实例 Host 都有独立的连接池。如果没有已创建的连接池，则使用 allocateConnPool 创建并返回新的连接池。

19.8 Envoy 的请求及响应数据处理流程

（10）在进行路由计算的同时，对每个请求都进行唯一标记并保存到 HTTP 头部，用于对 Envoy 内调用链追踪（tracing）的处理。此时调用 injectContext 在新请求的 HTTP 头部注入调用链跟踪功能 Tracing 用到的唯一 SpanId，并进行头部 Path 部分的路径重写等工作。

（11）createRetryState 创建重试对象。在当前上游连接池的目标实例无法连接成功时，可以在收到连接失败的响应后，调用 doRetry 方法并根据重试策略重新选择新的目标实例地址，以及创建新的上游连接池继续尝试。

（12）路由过滤器创建代表当前 HTTP 请求的 UpstreamRequest 对象及代表当前 HTTP 请求的新上游连接，UpstreamRequest 负责将请求发送到上游 Cluster。之后，工作线程在接收到上游返回的响应后进行消息解码，并将解码后的响应经过与 UpstreamRequest 内路由记录关联的原始下游连接 ActiveStream 发送回客户端或下游 Envoy 代理进程。

19.8.2 对上游请求数据的处理及发送

19.8.2 节提到，UpstreamRequest 对象作为下游请求的上游代理对象，最终被通过上游连接池发送到 Cluster。Envoy 的完整请求流程如图 19-25 所示，上游请求在经过编码后被发送到 Cluster 的后端实例，在 Envoy 接收到上游的响应后，响应经过上游解码、下游编码后被发送到下游连接。在此过程中，上游请求在发送时需要判断是否存在可用的上游连接，如果不存在，则需要在上游连接池中创建可用的上游连接，因此需要采用异步处理方式。而在反向处理上游的响应时，由于下游连接一定已存在，因此将不需要下游连接的创建过程，而是在工作线程处理下游响应时，直接完成将响应从上游发送到下游连接的一系列操作。下游响应的相关处理流程将在 19.8.3 节介绍。

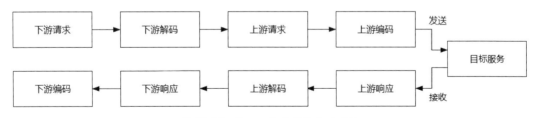

图 19-25　Envoy 内请求的发送逻辑

接下来具体分析 Envoy 对上游请求的发送和处理流程，如图 19-26 所示。

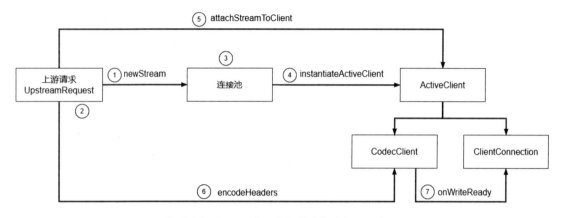

图 19-26 Envoy 对上游请求的发送和处理流程

具体流程如下。

（1）在上游连接请求对象 UpstreamRequest 创建完毕后，工作线程调用 encodeHeaders 在上游连接池中创建新的 Stream 来表示上游请求。

（2）根据之前不同应用协议的连接池类型，调用不同连接池实例的 newStream 方法创建上游请求。这里仍以 HTTP 为例，参考下游处理逻辑中将 ActiveStream 作为下游的响应处理编码器 ResponseEncoder 的做法，上游将 UpstreamRequest 设置为上游的响应解码器 ReponseDecoder。

（3）在 Envoy 上游通用连接池的 newStream 逻辑中，在每个连接池内都存在三种不同的可用连接状态。

◎ connecting：当上游连接池按需创建新连接时，由于不影响工作线程的其他任务，所以将采用异步连接方式进行，此时还未完成三次握手的上游连接处于此状态。

◎ ready：在上游连接建立完成后，此连接没有被其他请求关联，但可以随时携带新请求。这里也是 newStream 逻辑中首先判断的状态，如果有这种空闲的连接，则直接将新请求与空闲的连接通过 attachStreamToClient 关联，并同时创建另一个新连接以备给下一个请求使用。

◎ busy：当上游请求还在被处理时为此种状态，此时对于 HTTP/1 来说，由于应用协议规范要求在每个连接都处理完成后（接收到响应）才可以继续处理新请求，因此当前请求在调用 newStream 方法创建与下游关联的上游请求时，如果发现所有连接都处于 busy 状态，则需要根据连接池的配置，判断是否可以使用 tryCreateNewConnections 创建新连接。如果不可以，则将待处理的请求放入 PendingStreams 等待队列中等待某个使用中的连接被释放。

19.8 Envoy 的请求及响应数据处理流程

（4）每个上游连接都关联一个通过 ActiveClient 调用 instantiateActiveClient 方法创建的 TCP 连接。对于 HTTP/1 来说包含两部分：L4 物理连接及 CodecClient 编解码器。与下游处理类似，这里的 CodecClient 实际上根据不同的应用协议创建编解码器，可类比下游创建 ServerConnection、上游创建 ClientConnection。

（5）在 ActiveClient 创建完毕后，而且当前有可用的处于 ready 状态的连接时，连接池将调用 attachStreamToClient 方法将当前请求与可用的用户绑定，然后标记选定的上游连接为 busy 状态，之后创建请求编码器并回调上游请求对象 UpstreamRequest 的 onPoolReady 方法，表示等待处理的请求可继续被处理。

（6）UpstreamRequest 的 onPoolReady 方法首先调用请求对象自身的 encodeHeaders，然后使用在 CodecClient 内创建的请求编码器将上游请求中的 RequestHeaderMap 编码后变为字节流写入 L4 连接的待发送缓冲区中，最后通过 flushOutput 调用 L4 连接的 write 方法异步发送上游请求。

（7）L4 连接的发送也为当前工作线程内的一个任务，经过 Dispatcher 的调度后，工作线程执行 Write 事件回调方法。该回调方法调用 L4 连接的 onWriteReady 回调方法，真正将字节流发送到上游 Cluster。

19.8.3 对上游响应数据的接收及发送

工作线程接收及发送上游响应数据的流程如图 19-27 所示。

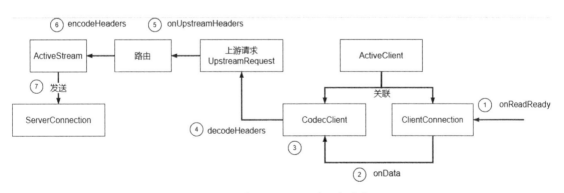

图 19-27 工作线程处理上游响应的流程

第 19 章　Envoy 的架构

具体说明如下。

（1）当请求被 Cluster 处理完并收到响应时，首先由 Dispatcher 接收网络事件并回调 onReadReady 方法，onReadReady 方法将网络字节流读取到 Buffer 对象中。

（2）前面在上游连接内的 CodecClient 构造方法中为创建的 L4 连接 ClientConnection 创建了一个简易的 L4 数据读取过滤器 ReadFilter，L4 连接在收到数据时，将调用此过滤器的 onData 回调方法，然后上游响应数据进入 CodecClient 的 onData 方法中进行处理。

（3）CodecClient 的处理流程可以类比下游 HttpConnectionManager 的数据接收流程：将对读取到的缓存调用 HTTP 编解码器，调用下层 Node.js 或 nghttp2 库回调处理响应的各个部分。这样当 L4 网络过滤器的回调方法 onData 被触发时，就会由 CodecClient 负责处理上游返回的响应了。

（4）在编码器处理响应时，Dispatcher 也解析应用协议的边界，比如 MessageBegin、HeaderComplete 等。与下游不同的是，这里将调用 ClientConnectionImpl 的 onHeadersComplete 回调方法处理响应，其方法内部执行 UpstreamRequest 中的 decodeHeaders 处理方法。

（5）UpstreamRequest 由于前面在路由阶段已经确定了唯一一条 Router 记录，因此在响应时不再经历路由寻找流程，而是直接以 parent 指针的形式调用 Router 的 onUpstreamHeaders 方法，此时实际上是反向进入 L7 协议过滤器进行处理。

（6）HTTP 响应经过 L7 协议过滤器中的 encodeHeaders 方法进行发送前编码，这里有机会对返回给用户的响应再次进行 L7 处理。工作线程将调用下游 ActiveStream 的 encodeHeaders 方法，使用之前创建下游 ActiveStream 时生成的 Codec 库对不同应用层协议（HTTP/1/2）进行编码。

（7）编码结果将被 L4 连接的 write 方法异步发送回应用，这样便完成了整个请求的处理流程。

另外，从以上整个请求处理流程也可以大概分析出，在请求从下游向上游的发送流程中，由于需要经历路由选择及负载均衡，所以相较于上游收到响应向下游返回的流程，需要消耗较多的 CPU 算力。

19.9 xDS 的原理及工作流程

xDS 建立在 gRPC 通信框架的基础上，为 Envoy 与上层控制面（如 Istio）提供运行期配置变更的交互通道，前面提到的 CDS、EDS、LDS、RDS、SDS 等都是通过此通道进行收发的。

Envoy 在启动流程中将根据在 bootstrap 中设置的 xds-grpc 服务，通过 pilot-agent 创建与 istiod 控制面的连接。配置如下：

```
{
    "cluster": {
     "@type": "type.googleapis.com/envoy.config.cluster.v3.Cluster",
     "name": "xds-grpc",
     "type": "STATIC",
     ……
     "http2_protocol_options": {},
     ……
     "load_assignment": {
      "cluster_name": "xds-grpc",
      "endpoints": [
       {
        "lb_endpoints": [
         {
          "endpoint": {
           "address": {
            "pipe": {
             "path": "./etc/istio/proxy/XDS"
            ……
```

从以上配置可以看出，xDS 采用了固定名称为"xds-grpc"的 Cluster，其服务内部使用名称为"./etc/istio/proxy/XDS"的 UDS 与本 Pod 内的 pilot-agent 进程进行通信。由于用于证书生成的 SDS 为同步调用方式，与其他 xDS 在通信模型上有区别，因此采用单独的名称为"./etc/istio/proxy/SDS"的 UDS 与 pilot-agent 通信。

Envoy 内的 xDS 模型分为 4 个层次，如图 19-28 所示。

第 19 章 Envoy 的架构

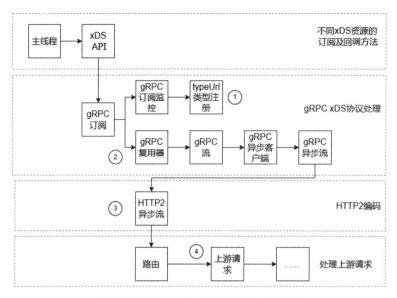

图 19-28 Envoy 内 xDS 模型的四个层次

Envoy xDS 的执行流程如下。

（1）不同 xDS 资源的订阅及回调：这里用于适配各种 xDS 资源，不同的 xDS，其订阅的 typeUrl 是不同的，在收到响应时将调用不同的 onConfigUpdate 回调方法。以 LDS 为例，主线程在启动时首先会创建 ListenerManager 管理运行中的服务列表及网络端口监听，同时创建 LdsApi 对象来负责订阅 LDS 关联 typeUrl 的资源。之后，LdsApi 对象根据 DiscoveryResponse 类型是增量还是全量的，并结合内存中已经存在的监听器配置信息，计算需要添加或删除的监听器列表。最后 LdsApi 调用 ListenerManager 的接口增加或删除运行中的监听器。xDS 的其他资源处理流程类似。

（2）gRPC xDS 协议的处理：这里将根据订阅资源 typeUrl 创建每个 xDS 资源的订阅并创建 gRPC 复用器。这里不同的 typeUrl 将被记录为 TypeUrl 类型注册到哈希表中，其每个元素 Key 都为 typeUrl，Value 为使用 gRPC 协议的订阅资源的监控对象列表。这样的二级索引结构可以支持多个 xDS 实例订阅相同的 typeUrl，同时减少下层响应数据的内存占用。gRPC 复用器创建 gRPC 流对象，同时启动定时器来发送 DiscoveryRequest 请求，通过定时器可以合并多个 gRPC 请求，提升与控制面网络消息的传输效率。当 gRPC 复用器发送 gRPC DiscoveryRequest 时，gRPC 连接通过 Protobuf 序列化原始请求。

（3）HTTP/2 编码：在此流程中，Envoy 查找名称为 "xds-grpc" 的 Cluster，此 Cluster 自身包含一个 HTTP 异步上游连接,用来将前面传入的 gRPC 消息通过 Common::prepareHeaders

编码为 RequestHeaderMap 对象，此对象表示一个只包含头部的 HTTP 请求。

（4）上游请求处理：这里将编码后的 HTTP 消息通过路由过滤器的 decodeHeaders 方法进行处理，接下来可以复用通用的 HTTP/2 请求流程，包括路由、负载均衡、上游连接池等逻辑。当从上游连接接收到 DiscoveryResponse 响应时，gRPC 流对象首先使用 Protobuf 反序列化 DiscoveryResponse，然后通过回调方法通知 gRPC 复用器。之后，gRPC 复用器通过 onConfigUpdate 回调方法通知关联的 LDS API 对象，对其他 xDS 类型的处理相同，区别在于对 onConfigUpate 回调方法的处理不同。

19.10 安全证书处理

在讲解 SDS 流程前，需要补充说明 SSL 证书、SSL Context（上下文）、SSL 实例、SSL Socket 之间的关联模型，此关联模型有助于我们理解 SSL 证书下发及 SSL 安全网络连接的建立流程，该关联模型如图 19-29 所示。

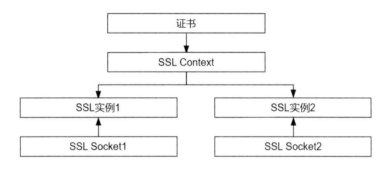

图 19-29　关联模型

在图 19-29 中，安全证书包含加密及认证信息，表示某个服务或请求端的身份，在 Envoy 中通过 SDS 生成；SSL Context 为 SdsApi 根据安全证书配置信息调用下层 boringSSL 库创建的与证书一一对应的对象；SSL 实例为根据连接地址、ALPN 等信息匹配到某安全证书对应的 SSL Context 后，由 SSL Context 调用下层 boringSSL 库创建的用于安全握手的实例；SSL Socket 保存 SSL 实例，并使用 SSL 实例及 boringSSL 库完成客户端与服务端之间的安全握手流程。可以看出，与单个安全证书对应的 SSL Context 可以创建多个 SSL 实例。

Envoy 内的证书处理模块及证书处理流程如图 19-30 所示。

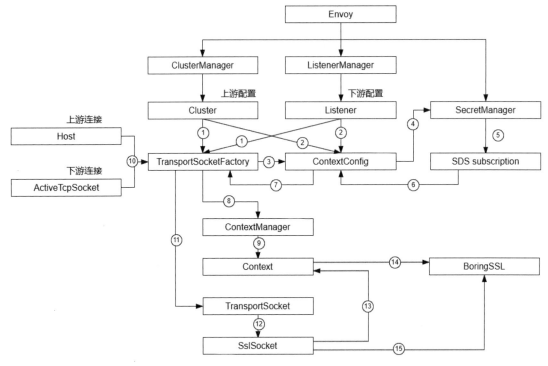

图 19-30　Envoy 内的证书处理模块及证书处理流程

可以看出，Envoy 在初始化流程中将创建 ClusterManager、ListenerManager、SecretManager，具体流程如下。

（1）ClusterManager 用于创建 Cluster，ListenerManager 用于创建监听器，这些已经在 Envoy 初始化流程中做了介绍。在 Cluster 或监听器的创建过程中，会同时创建 SSLTransportSocketFactory 对象（网络传输工厂）来管理安全证书关联的 SSL Context 类型，比如后续连接由监听器接收并使用服务端的 SSL Context，如果由 Cluster 创建，则使用客户端的 SSL Context。TransportSocketFactory 还负责在收到网络连接时创建代表应用数据更高层次收发封装的 TransportSocket。

（2）在同样的 Cluster 及监听器创建流程中，都创建处理 SDS 订阅的 ContextConfig 对象。ContextConfig 与 SecretManager 关联，并将收到的证书配置转换为 SSL Context。

（3）TransportSocketFactory 向 ContextConfig 注册，通过 setSecretUpdateCallback 将自身注册为 SDS 配置变更的回调方法。

（4）ContextConfig 执行 findOrCreateTlsCertificateProvider 方法，通过 SecretManager 创建与控制面的 SDS 订阅关系。

（5）由 SecretManager 创建与控制面的 SDS 连接，Envoy 与 pilot-agent 建立独立的 UDS 通道传输 SDS 消息，SecretManager 在创建此通道时可以配置多种应用协议类型，比如 gRPC、RESTful 等。SDS 通道的建立依赖 Pod 在启动时注入的 ServiceAccount 及 Istio 控制面以此 ServiceAccount 生成的 Token，Envoy 在启动后通过 Pod 文件挂载选项可以获取与控制面通信的安全 Token，当与控制面建立 xDS 连接时，Envoy 通过 pilot-agent 建立与控制面的 xDS 连接，并将此 Token 发送给 Istio 控制面，Istio 控制面在收到此 Token 时，可以验证其是否为自己所生成，来判断控制面连接的合法性。接下来，此通道用于发送证书申请 CSR 并接收返回的证书。

（6）Envoy 主线程在收到 SDS 配置消息时，会调用 ContextConfig 的 onConfigUpdate 方法进行校验证书的配置等操作。

（7）通过第 3 步设置的回调方法执行 onAddOrUpdateSecret 方法，将证书的配置变更信息传递给 TransportSocketFactory。

（8）TransportSocketFactory 在收到证书的配置变更信息后，根据自身创建的类型是客户端还是服务端，调用 ContextManager 不同 SSL Context 的创建方法，比如 createSslClientContext 或 createSsslServerContext。

（9）ContextManager 根据传入的证书配置创建 SSL Context，并通过 boringSSL 创建 SSL Context。此时证书的配置变更部分处理完毕。

（10）Envoy 在接收到下游连接时，将使用 newConnection 创建下游连接的 ActiveTcpSocket 对象；或者在创建上游连接时，通过 createConnection 创建代表上游连接目标实例的 HostImpl 对象。不论是哪种连接类型，Envoy 都使用已经配置的 TransportSocketFactory 创建安全连接对象 TransportSocket。

（11）TransportSocketFactory 创建每个连接的 TransportSocket 对象。

（12）TransportSocket 创建代表下层 SSL 连接的 SslSocket 对象。

（13）SslSocket 根据连接信息匹配证书及在 Context 内封装的 SSL Context 对象执行 newSsl 创建 SSL 实例。

（14）SSL Context 通过 boringSSL 库的 SSL_new 方法创建 SSL 实例，此时新创建的 SSL 实例需要再使用 SSL_set_connect_state 方法指定当前连接是作为客户端还是作为接收连接的服务端进行使用，这个方法将影响 SslSocket 在后续连接握手流程中的行为。

（15）此时 SslSocket 已创建并初始化完成，SSL 连接的握手流程主要由 borrsingSSL 负责，最终生成的连接由 TransportSocket 封装并负责数据加解密后的收发。

以上流程介绍了 SDS 的证书及上下游连接的关联关系，到这里，xDS 相关的主要配置部分介绍完毕。接下来介绍 WASM 虚拟机技术在 Envoy 中的应用。

19.11　WASM 虚拟机的原理

WASM 作为 Web 技术从前端转移到后端的一个成功实践，将对脚本语言的支持、安全的沙箱环境、运行中的热更新等能力加入 Envoy 中，部分替代了 Envoy 中传统的基于 C++过滤器的开发方式，使得 HTTP 过滤器的编写更快速，运行更安全。

Envoy 支持多种 WASM 虚拟机运行时（Runtime），包括 null_vm、Google 的 v8 及 wavm。其中，null_vm 为默认使用的运行时，无须将其传入扩展的字节码。而且由于其只是适配了 WASM 架构，并没有使用异构的虚拟机运行时，所以其内存分配还是在 Envoy 的 C++ 堆内存空间中。配置如下：

```
          "http_filters": [
            {
             "name": "istio.metadata_exchange",
             "typed_config": {
              "@type": "type.googleapis.com/udpa.type.v1.TypedStruct",
              "type_url": "type.googleapis.com/envoy.extensions.
filters.http.wasm.v3.Wasm", # 使用 wasm_filter 创建 proxy 层的 wasm 对象
              "value": {
               "config": {
                "vm_config": {
                 "runtime": "envoy.wasm.runtime.null",
                 # 指定虚拟机运行时为 null_vm
                 "code": {
                  "local": {
                   "inline_string": "envoy.wasm.metadata_exchange"
                    # 指定 null_vm 的扩展为 metadata_exchange
                 ……
```

19.11 WASM 虚拟机的原理

其他运行时如 v8 的配置如下：

```
http_filters:
- name: envoy.filters.http.wasm  # 使用 wasm_filter 创建 proxy 层的 wasm 对象
  typed_config:
    config:
      name: "my_plugin"
      root_id: "my_root_id"
      configuration:
        "@type": "type.googleapis.com/google.protobuf.StringValue"
        value: |
          {}
      vm_config:
        runtime: "envoy.wasm.runtime.v8"   # 指定运行时为 v8
        vm_id: "my_vm_id"
        code:
          local:
            filename: "lib/envoy_filter_http_wasm_example.wasm"
```

配置的区别主要体现在指定不同的运行时和由编译器生成的 WASM 可执行字节码文件名，比如采用 LLVM 的后端 emscripten 可以指定 v8 作为运行时，这里不做重点介绍。下面主要针对 Envoy 内置的 NullVm 进行架构介绍。

NullVm 是 Envoy 内置的 WASM 虚拟机，实现简单，不具备沙箱隔离、热替换等功能，并且不能读取 WASM 字节码文件，需要通过 inline_string 参数指定 Envoy WASM 过滤器使用的运行时类型，主要目的为通过适配 WASM C++ SDK 接口来支持 Istio 项目中的扩展。

NullVm 使用 Envoy 的堆内存，Envoy 与 Null_Vm 间的数据交换过程不需要进行复制，效率最高。

如图 19-31 所示为 Envoy 与 WASM 框架的交互关系。

第 19 章 Envoy 的架构

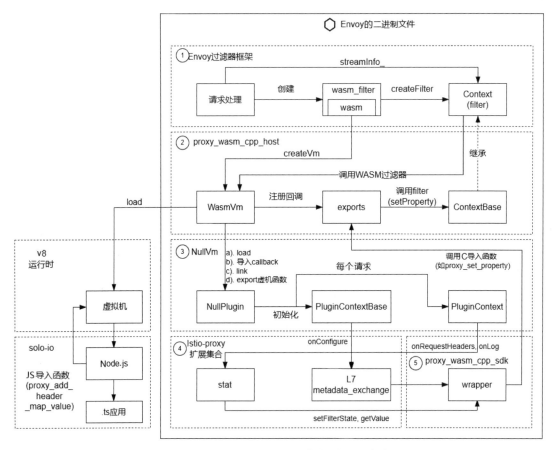

图 19-31 Envoy 与 WASM 框架的交互关系

可以看出,编译生成的 Envoy 二进制文件实际包含了五部分:Envoy 过滤器框架、proxy_wasm_cpp_host、NullVm 或其他运行时、Istio-proxy 扩展集合及 proxy_wasm_cpp_sdk。

(1) Envoy 过滤器框架指 Envoy 主体的 L4/L7 过滤器框架,Envoy 代码分别对 L4 及 L7 各增加了一个过滤器 wasm_filter。在 wasm_filter 构造流程中创建的 WASM 抽象对象负责与 proxy_wasm_cpp_host 层的交互。

(2) Envoy 调用 proxy_wasm_cpp_host 的接口创建了 WasmVm 对象,这个对象负责对各种虚拟机运行时的抽象,在 createVm 时会首先根据配置文件的运行时类型如 envoy.wasm.runtime.null 创建 NullVm 实例(如果配置为 envoy.wasm.runtime.v8,则创建 v8 实例),然后进行初始化:①load 将配置文件制定的.WASM 字节码文件的路径或 NullVm 支持的 inline_string 传给虚拟机并进行校验、字节码加载;②registerCallbacks 将在 exports

模块中调用 Envoy 内 Context 接口的 C 方法指针传给 NullVm 虚拟机(v8 流程类似);③link 调用各虚拟机运行时的方法、内存导入表等，将虚拟机运行时所依赖的外部方法、内存准备好；④getFunctions 将已经处于就绪状态的虚拟机内符合 Envoy 事件的可回调方法导出到 WasmVm，之后在 Envoy 有响应事件到达时，通过这些回调方法对象触发虚拟机内的处理方法。

（3）NullVm 为符合 WASM 虚拟机运行时规范接口的 C++扩展，其虚拟机的内外部内存传递依然通过函数指针形式实现，区别于其他运行时如 Google v8，这类基于字节码结构的虚拟机运行时内外部内存的传递需要经过虚拟机内的地址映射，其地址映射效率较低，因此 NullVm 使用直接内存指针传递的方式效率最高。NullVm 运行时提供初始化扩展的 PluginContextBase 及处理每个请求的 PluginContext 入口方法，后面 Istio-proxy 模块内如 Stats 及 metadata_exchange 的扩展需要自定义的 PluginContextBase 及 PluginContext 对象的子类，并实现回调处理如 onConfigUpdate 对扩展进行初始化，在应用请求进入 WASM 后将调用扩展回调方法 onRequestHeaders、onLog 等。

（4）这里的 Istio-proxy 中 Stats、metadata_exchange 等 WASM 扩展作用于 NullVm 虚拟机内，可以消除使用普通 WASM 虚拟机造成的内存转换的性能损耗。

（5）proxy_wasm_cpp_sdk 为 WASM 虚拟机内扩展调用 Envoy 过滤器的 wapper 辅助方法包,其保存了 WasmVm 对象的导出方法,并将 WASM 的 Context 转换为 Envoy 的 Context 对象，并调用 Envoy 过滤器框架中 wasm_filter 创建的 Context 对象回调方法，由于此时已经进入 Envoy 空间，可将传递来的过滤器的更新数据通过 streamInfo_保存到请求上下文中，被其他过滤器读取。

如果使用其他虚拟机如 Google v8，则其下层应用扩展可以采用 TypeScript 实现，需要导出虚拟机内的扩展回调方法给 WasmVm 使用。具体来说，需要映射 JavaScript 到 C 语言的 proxy_导出类方法，随后调用 proxy_wasm_cpp_host 的 exports 模块切换到 Envoy 空间来更新请求的上下文。

19.12　本章小结

本章从功能、架构、模块、工作线程模型等方面深入讲解 Envoy 的核心原理：首先从宏观层面讲解 Envoy 的基本功能；然后讲解 Envoy 核心工作模块的主要功能；接着从线程模型、内存管理、流量控制、WASM 扩展等方面深入讲解 Envoy 的内部工作原理；最后讲解 Envoy 是如何与 Istio 结合来共筑服务网格的基础设施的。

第 20 章　Istio-proxy 的架构

Envoy 作为通用的数据面代理，可以独立于控制面（如 Istio）使用。为了适配 Istio 控制面，istio-proxy 不但增加了 pilot-agent 进程用于 Envoy 的生命周期管理及 xDS 通信代理，还在数据面支持 Istio 的特有功能扩展，比如采用 WASM 虚拟机技术的遥测数据收集功能 Stats、用于交换调用双方的信息的 metadata_exchange 等扩展，这些基于 WASM 扩展的模块都位于 proxy/extensions 目录下。同时，Istio-proxy 通过用 C++编写的 L4 网络过滤器 metadata_exchange 来交换 TCP 下调用双方的信息，该过滤器位于 proxy/src/envoy/tcp/metadata_exchange 目录下。可以看出，为了支持这些适配于 Istio 的特定数据处理能力，就需要基于 Envoy 数据面的通用功能进行扩展，而这些扩展形成了 Istio-proxy 项目。在部署形态上，Istio 所使用的 Envoy 数据面实际上使用的是由 Istio-proxy 及 Envoy 两个项目同时编译生成的一个二进制文件。

20.1　Istio-proxy 的基本架构

Istio-proxy 的架构如图 20-1 所示，可以看出其主要采用了 Envoy C++过滤器框架下 WASM 过滤器支持的 NullVm 虚拟机扩展技术。

因此，在 Istio 场景下最终生成的 Envoy 二进制文件包含 C++过滤器框架、NullVm 虚拟机及其扩展。如果使用其他运行时，则需要根据其各自的特点选择不同虚拟机的初始化及启动方法，以及宿主 Host 与虚拟机双方的导出函数列表，用于宿主与虚拟机运行时之间的通信。

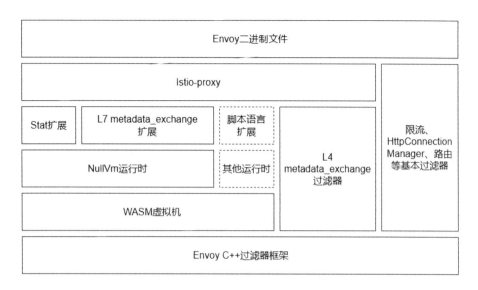

图 20-1 Istio-proxy 的架构

20.2 Istio-proxy 的原理

下面主要讲解 Istio-proxy 项目的整体工作流程及主要的过滤器和扩展。

20.2.1 Istio-proxy 的整体工作流程

如图 20-2 所示，在 Envoy 容器中，Istio-proxy 提供的 Istio 扩展功能作为 C++过滤器或 WASM 扩展被编入 Envoy 二进制文件中，并通过 Envoy 过滤器激活。这些过滤器和扩展在处理应用流量时收集每个请求的执行记录，将其转换为遥测数据后通过外部观测系统驱动发送出去。比如 Istio-proxy 中负责交换请求调用双方 Pod 身份的 metadata_exchange 过滤器及扩展，负责在请求结束时收集遥测数据的 Stats，以及通过 gRPC 连接的回调方法 onLog 将请求信息记录发送到外部日志系统的 stackdriver 等。总之，Isiot-proxy 提供了适配 Istio 所需运行环境的 Envoy 过滤器库。

第 20 章　Istio-proxy 的架构

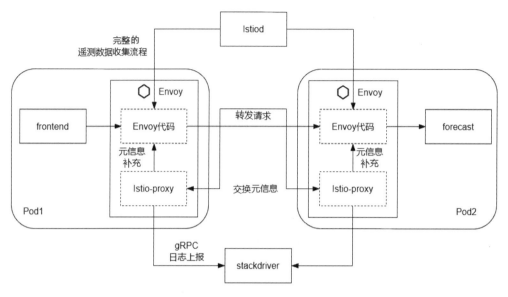

图 20-2　Istio-proxy 的通信架构

接下来主要讲解 Istio-proxy 中 metadata_exchange 身份信息交换及遥测数据收集的流程。

20.2.2　L4 metadata_exchange 的工作流程

Istio-proxy 实现了满足 Envoy 过滤器框架要求的几个过滤器，其中，istio.metadata_exchange 主要用于交换上下游 Envoy 调用连接之间对方的 metadata 身份信息，交换信息被记录到 Envoy 内存观测数据集合 Stats 中，随后被 Prometheus 等监控系统拉取并汇总到中心监控系统中。

metadata_exchange 支持 TCP 及 HTTP，但采用了不同的实现机制。TCP 由于不解析应用层消息，所以在上下游 Envoy 建立连接时首先通过 L4 网络连接发送一个私有交换消息，此消息携带本端的 metadata 消息并携带扩展的名称为"istio-peer-exchange"的 ALPN 用于接收端判断，在接收端收到此协议后同时沿反方向发出自身的 metadata 信息。

HTTP 则基于 L7 协议过滤器，上下游 Envoy 的 metadata 信息在经过过滤器时被添加到 HTTP 的头部并传递到对端。此 L7 协议过滤器基于 WASM 虚拟机框架实现对 HTTP 头部数据的处理。最后，不论是 TCP 还是 HTTP 交换完成的元数据，都将被保存在连接上下文的 filterState 对象中，并在遥测数据整合计算阶段作为 Matrics 维度信息被提取。

20.2 Istio-proxy 的原理

基于 L4 网络过滤器实现的 TCP 层 metadata_exchange 过滤器虽然与基于 WASM 实现的 L7 metadata_exchange 扩展在元数据交换过程上有较大区别，但二者有相同的元数据模型。

每个 Envoy 作为一个业务 Pod 的透明代理，在启动时都会携带业务 Pod 自身的身份信息。Node 的唯一名称通过 bootstrap 中 node.id 指定：

```
sidecar~10.244.92.166~frontend-deployment-58bf87867b-v27jw.default~default.svc.cluster.local
```

同时，NAMESPACE、WORKLOAD_NAME 等元数据信息在 Envoy 启动时被传入 Envoy 启动配置文件 bootstrap 中的 node.metadata 部分，例如：

```
    "metadata": {
        "OWNER": "kubernetes://apis/apps/v1/namespaces/default/deployments/frontend-deployment",  #对应 metadata_exchange 中的 OWNER
        "ISTIO_VERSION": "1.9.0",  # 对应 metadata_exchange 中的 ISTIO_VERSION
        "INSTANCE_IPS": "10.244.92.166",
        "POD_PORTS": "[\n]",
        "LABELS": {    # 对应 metadata_exchange 中的 LABELS
         "service.istio.io/canonical-name": "frontend",
         "istio.io/rev": "default",
         "pod-template-hash": "58bf87867b",
         "app": "frontend",
         "security.istio.io/tlsMode": "istio",
         "service.istio.io/canonical-revision": "latest"
        },
        "NAMESPACE": "default",  # 对应 metadata_exchange 中的 NAMESPACE
        "MESH_ID": "cluster.local",   # 对应 metadata_exchange 中的 MESH_ID
        "CLUSTER_ID": "Kubernetes",   # 对应 metadata_exchange 中的 CLUSTER_ID
        "WORKLOAD_NAME": "frontend-deployment",
        # 对应 metadata_exchange 中的 WORKLOAD_NAME
        "SERVICE_ACCOUNT": "default",
        "INTERCEPTION_MODE": "REDIRECT",
        "ISTIO_PROXY_SHA": "istio-proxy:298ff36b2d43794816f7d8cdc5461bf6eed71bba",
        "PROXY_CONFIG": {
         "tracing": {
          "zipkin": {
           "address": "zipkin.istio-system:9411"
          }
         },
```

```
            "concurrency": 2,
            "statNameLength": 189,
            "serviceCluster": "frontend.default",
            "statusPort": 15020,
            "drainDuration": "45s",
            "parentShutdownDuration": "60s",
            "configPath": "./etc/istio/proxy",
            "discoveryAddress": "istiod.istio-system.svc:15012",
            "binaryPath": "/usr/local/bin/envoy",
            "proxyAdminPort": 15000,
            "terminationDrainDuration": "5s",
            "controlPlaneAuthPolicy": "MUTUAL_TLS"
        },
        "APP_CONTAINERS": "frontend",    # 对应metadata_exchange中的APP_CONTAINERS
        "NAME": "frontend-deployment-58bf87867b-v27jw"    # 对应metadata_exchange
中的NAME
        },
```

L4 Metadata_exchange 过滤器在调用发起方的目标服务 Cluster 及服务接收方的监听器的 L4 网络过滤器中，两边形成配对关系。

发送端的 Cluster 配置如下：

```
{
  "version_info": "2021-04-30T07:51:14Z/5",
  "cluster": {
  "@type": "type.googleapis.com/envoy.config.cluster.v3.Cluster",
   "name": "outbound|8080||forecast-http.default.svc.cluster.local",
   ……
   "protocol_selection": "USE_DOWNSTREAM_PROTOCOL",
   "filters": [
    {
     "name": "istio.metadata_exchange",
     # 配置L4 发送方的 metadata_exchange 过滤器
     "typed_config": {
      "@type": "type.googleapis.com/udpa.type.v1.TypedStruct",
      "type_url": "type.googleapis.com/envoy.tcp.metadataexchange.config.MetadataExchange",  # 配置 Cluster 中的 metadata_exchange 过滤器
       "value": {
        "protocol": "istio-peer-exchange"
        ……
```

接收端监听器中 L4 网络过滤器的配置如下：

```
         "filters": [
         {
          "name": "istio.metadata_exchange",
          "typed_config": {
           "@type": "type.googleapis.com/udpa.type.v1.TypedStruct",
           "type_url": "type.googleapis.com/envoy.tcp.metadataexchange.config.
MetadataExchange", # TCP 层的 metadata_exchange 过滤器
           "value": {
            "protocol": "istio-peer-exchange"
……
```

Envoy 中 L4 metadata-exchange 过滤器的工作流程如图 20-3 所示。

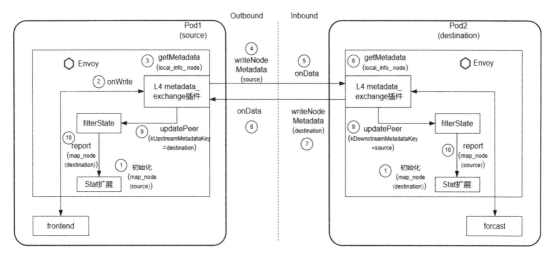

图 20-3　Envoy 中 L4 metadata-exchange 过滤器的工作流程

L4 metadata-exchange 过滤器的调用流程如表 20-1 所示。

表 20-1　L4 metadata-exchange 过滤器的调用流程

序　号	功能描述
（1）	每个 Pod 在初始化时都解析启动参数并将其保存到 Envoy 中，其中 local_node 对象包含本 Pod 身份信息这里的 source 及 destination 分别表示每条 Stats 观测记录中请求发起者 Pod 与请求接收者 Pod 的元信息，当请求完成时，Pod1 与 Pod2 应分别记录各自的包含 source 及 destination 元信息的完整的 Stat 观测记录。Stat 观测记录的本地部分可在 Stats 扩展的初始化时完成填充，例如：Pod1 中 Stats 扩展的配置方向为 Outbound 端，因此将事先填充 source 部分；Pod2 中 Stats 扩展的配置方向为 Inbound 端，因此将填充 destination 部分。同理，metadata_exchange 也将根据过滤器和扩展配置的方向，读取各自的 local_info 信息，用于元数据交换

续表

序号	功能描述
(2)(3)(4)	应用请求到达 metadata_exchange 过滤器并被处理时，将触发 L4 网络过滤器的 onWrite 回调，这里首先通过 getMetadata 方法获取 Pod1 的 local_info_.node 元信息，并经过 protobuf 序列化后添加到私有信息头部 x-envoy-peer-metadata 及 x-envoy-peer-metadata-id 中；然后将此私有信息添加到应用请求之前，并通过 writeNodeMetadata 发送到 Pod2，并异步等待接收对方返回的 metadata 信息
(5)(6)(7)	作为 Inbound 端的 Pod2 也通过 L4 网络过滤器 metadata_exchange 的 onData 回调方法处理此 HTTP 头部数据，并采用类似的方法通过 getMetadata 将自身的身份信息 local_info_.node 封装后调用 writeNodeMetadata 发送回 Pod1
(8)	Pod1 可以收到 Pod2 发来的 metadata 响应数据，并进入 onData 方法进行处理
(9)	Pod1 和 Pod2 各自处理读取到的对方的 metadata 消息，并通过 updatePeer 及 updatePeerId 保存到连接上下文的 filterState 中。Pod1 将 Pod2 作为对端信息保存到 filterState 的 Key 为 kUpstreamMetadataKey，Value 为 destination，相反，Pod2 将 Pod1 作为对端信息保存到 filterState 的 Key 为 kDownstreamMetadataKey，Value 为 source
(10)	请求完成时将触发 Stats 扩展的 report 方法进行 Stat 数据处理并上报，上报结果被保存在 Envoy 内存中，等待 Prometheus 定时拉取。report 方法将读取由 metadata_exchange 保存到连接上下文 filterState 中的对端信息，并将此信息通过 map_node 方法及本 Stats 的配置方向更新到 Stat 观测记录的对端部分，比如 Stats 的配置方向为 Outbound，Stat 观测记录的 source 部分已经在初始化时被填充，则此时 map_node 方法将填充观测记录的 destination 部分。在填充完成后，在 Stat 中将同时拥有本端信息及对端信息。Prometheus 在拉取时，不论是访问 Pod1 还是访问 Pod2，都将得到两端的完整身份信息。注意，在 Pod1 拉取的 Stats 中，源端观测记录为 "wasmcustom.reporter=.=source"，而 Pod2 得到的目标端观测记录为 "wasmcustom.reporter=.=destination"。可以通过这个信息进行 Outbound 或 Inbound 端的识别

在以上流程中需要注意的是，L4 与 L7 在判断统计信息记录边界时有所不同：L7 是基于 HTTP 请求的，可以判断请求是否结束，并在此时进行请求级别的 onLog 统计。L4 是基于连接的，无法界定请求边界，只能统计收发字节数，而且由于连接的有效时间不确定，无法仅在连接断开时再进行统计，因此需要由定时器 onTick 触发定期统计。

最终，Stats 数据通过对外暴露的 Admin 线程的 RESTFul 接口 /stats 被外部系统拉取，或者通过 /stats?prometheus 转换格式后被 Prometheus 系统拉取。外部观察方法如下：

```
kubectl exec -it $podname -c istio-proxy -- pilot-agent request GET /stats?prometheus
```

从图 20-3 也可以看出，L4 的元数据交换是发生在 TCP 连接建立成功后的，因此每次连接只发生一次，并在后续的应用层消息发送前，两边的 Envoy 已经获取对方的信息。而且从 Envoy 的配置上看，需要在发送端的目标服务 Cluster 和接收端的监听器中分别配置 metadata_exchange 过滤器。

20.2.3 L7 metadata_exchange 扩展的工作流程

L7 metadata_exchange 扩展在 Outbound 端及 Inbound 端的配置位置相同，都在 L4 网络过滤器 http_connection_manager 的 L7 协议过滤器 WASM 扩展内进行配置。这点与 L4 metadata_exchange 过滤器不同。L4 metadata_exchange 过滤器需要同时在 Outbound 目标服务 Cluster 上及对端 Inbound 内的 L4 网络过滤器上配置。这是由于对于 HTTP 来说，metadata_exchange 的传递不需要额外的私有协议格式，只需根据不同的方向将两边的 Pod 元信息通过标准的 HTTP 头部进行传递即可。Envoy metadata_exchange 扩展的工作流程如图 20-4 所示。

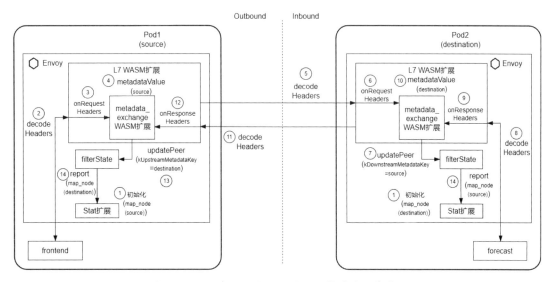

图 20-4　Envoy metadata_exchange 扩展的工作流程

metadata_exchange 扩展的执行流程如表 20-2 所示。

表 20-2　metadata_exchange 扩展的执行流程

序　号	功能描述
（1）	Stats 扩展及 L7 metadata_exchange 扩展在初始化时，都将 Pod 本身的 local_info 身份信息保存到扩展中
（2）（3）（4）	在进入路由前执行 L7 协议过滤器的 decodeHeaders 方法，此时的 L7 协议过滤器为 WASM，metadata_exchange 作为 WASM 扩展，其 onRequestHeaders 方法被调用。metadata_exchange 扩展通过 metadataValue 方法将 Pod1 身份信息 source 调用 replaceRequestHeader 保存到 HTTP 头部 "x-envoy-peer-metadata"，然后经过上游连接池编码后发送出去

续表

序 号	功能描述
（5）（6）	Pod2 在从下游连接接收到 HTTP 请求后，触发 L7 WASM 过滤器的 decodeHeaders 方法。接着同样进入 WASM 扩展 metadata_exchange 中的 onRequestHeaders 方法，此时由于头部已经包含"x-envoy-peer-metadata"，所以认为获取到 Pod1 的身份信息
（7）	在 Pod2 中，metadata_exchange 扩展首先通过 updatePeer 方法将 Pod1 的身份信息保存到请求的 filterState 中，Key 为 kDownstreamMetadataKey，接着继续处理请求并转发到后端服务
（8）	后端请求处理完成，返回响应，再次进入 Envoy L7 WASM 扩展的 decodeHeaders 方法
（9）（10）	由于 WASM 本身已识别请求或响应，所以此时将触发 metadata_exchange 扩展的 onResponseHeaders 方法。在响应数据中获取 Pod2 的 metadaValue 并保存到 HTTP 头部"x-envoy-peer-metadata"中，并通过下游连接发送回 Pod1
（11）（12）	当 Pod1 对收到的响应数据进行处理时，将进入 L7 WASM 扩展的 decodeHeaders 方法，同样由于 WASM 本身可识别请求或响应，所以将触发 metadata_exchange 扩展的 onResponseHeaders 方法
（13）	由于在响应中已经包含 HTTP 头部"x-envoy-peer-metadata"，所以过滤器认为获取到 Pod2 的身份信息，并通过 updatePeer 保存到请求的 filterState 中
（14）	Pod1 及 Pod2 在请求处理完成时，将触发 Stats 方法的 report 各自上报统计数据，这里与 L4 网络过滤器 metadata_exchange 的处理一致

可以看出，这里的 metadata 信息处理是在路由前完成的，而且左侧的 Envoy 要等到右侧的 Envoy 的 HTTP 响应到达时才能得到 metadata 信息。另外，由于是 HTTP 请求级别的，所以每个 HTTP 请求都要经过一次 metadata_exchange 身份信息交换。

20.2.4　Stats 的工作流程

无论是 TCP 层的 metadata_exchange 过滤器还是 HTTP 层的 metadata_exchange 扩展，在完成调用双方的身份交换后，最终都由 Stats 扩展对观测数据进行统一记录。Stats 扩展的每条观测记录（Tags）都应包含描述调用发起方 source、调用接收方 destination 的 Pod 元信息。从前面介绍的 metadata_exchange 过程中了解到，元数据交换过程其实是让调用双方互相了解对方的 Pod 元信息。而遥测数据中另一部分的本端的 Pod 元信息是在扩展的初始化过程中就被读取并填充好的。下面简单总结 Stats 及 metadata_exchange 过滤器和扩展的遥测数据填充过程，此过程对于 TCP 层 metadata_exchange 和 HTTP 层 metadata_exchange 都是相同的，如图 20-5 所示。

20.2 Istio-proxy 的原理

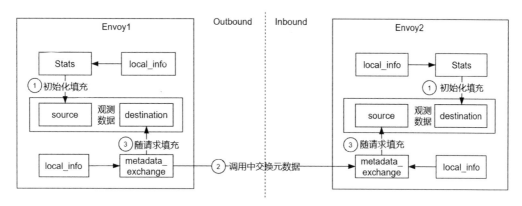

图 20-5　Stats 及 metadata_exchange 过滤器和扩展的遥测数据填充过程

在此过程中：

（1）Stats 扩展在启动时，将读入本 Pod 的 local_info 元信息并保存到扩展中，根据本扩展的配置方向为 Outbound 或 Inbound，使用 map_node 方法预先将本 Pod 元信息填充到每条 Stats 观测数据的 source 或 destination 部分。

（2）在 metadata_exchange 身份信息交换过程中，Outbound 扩展和过滤器将在处理应用请求时也读取本 Pod 的元信息，并发送到对端 Pod。对端 Inbound 位置的 metadata_exchange 扩展和过滤器将接收到的 Pod 元信息保存到请求上下文中，然后发送回本 Pod 的元信息。同样，Outbound 位置的 metadata_exchange 扩展和过滤器将读取到的对方 Pod 的元信息也保存到请求上下文中。

（3）当请求结束或遥测数据定时收集被触发时，Stats 扩展将根据 metadata_exchange 保存到请求上下文中的元信息及本扩展的配置方向 Outbound 或 Inbound，将 Pod 的元信息填入每条 Stats 观测数据的 destination 或 source 部分。

从上面的介绍可以看到，在调用双方完成 metadata_exchange 交换及请求处理完成后，Stats 扩展将对请求进行处理，完整的遥测数据 Stat 将被生成并记录。之后遥测数据将被 Prometheus 拉取。Envoy Stats 观测数据的拉取流程如图 20-6 所示。

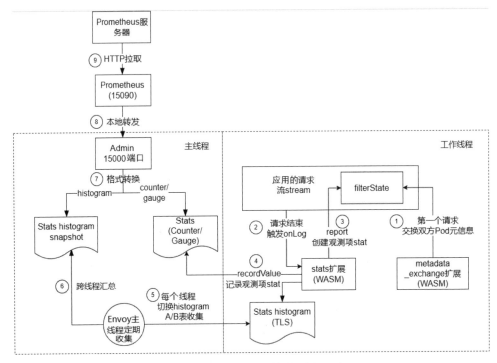

图 20-6　Envoy Stats 观测数据的拉取流程

整体的拉取逻辑可以分为以下 4 步。

（1）应用进行第 1 次 RPC 调用时，首先对调用端及目标端通过 metadata_exchange 交换 Pod 的元数据，发起端的 Pod 元信息在 onRequestHeaders 中时，将通过 setFilterState 将其保存到接收端 filterState；之后，在接收端发送回 Pod 元信息后，发起端在 onResponseHeaders 中通过 setFilterState 将接收端的元信息保存到发起端的 filterState 对象中，此对象以 KV 形式存在于请求的 streaminfo 对象中。

（2）当 RPC 层请求结束时，请求对象的析构函数将调用 Stats 扩展的 onLog，进而调用 report 函数。另外，Stats 扩展在初始化 onConfigure 时，同时启动一个定时器定期触发扩展的 onTick，用于解决 L4 网络过滤器收发数据时无法确定请求结束边界的问题，无论对于哪种协议场景，都最终调用 report 函数。

（3）report 函数将从上面的 filterState 中获取元信息并通过 statgen 调用 Envoy 空间的 counterFromStatNameWithTags 创建对应的各个观测数据 Stats，并更新 Stats 的观测数值。比如观测数据中 istio_requests_total 的 tag 列表。

（4）对于 COUNTER/GAUGE 计数类型的 Stats 统计数据，Envoy 依赖 atomic 类型的

原子性保证跨线程增减的安全。对于 Histogram 类型的时序数据，将其保存到每个工作线程的局部存储空间 TLS 内。在保存时采用 A/B 表结构，当主线程向每个工作线程定时发送时序数据收集任务时，每个线程的收集任务将负责处理 A/B 表切换，从而避免工作线程的请求代理工作与主线程收集产生锁冲突，提升处理性能。

（5）Envoy 主线程在启动时，将创建定时器定期给所有工作线程都发送收集 Histogram 的任务，并切换每个线程当前的 A/B 表。

（6）每个线程在完成 Histogram 表切换后，都由主线程执行其时序数据的汇总并合并。

（7）在 Envoy 启动时，主线程 Admin 监听器安装/stats/prometheus 处理器，此处理器响应本 Envoy 15090 端口 Prometheus 监听器的拉取请求，并分别格式化 server.空间的 Counter、Gauge、Historgram 统计数据为 Prometheus 协议的格式，然后响应 Prometheus 服务器的 HTTP 拉取动作。

（8）Prometheus 在拉取 Stats 请求时，Pod 的 15090 端口实际被转发到 Envoy Admin 的 15000 端口。

至此已完成 Envoy 进程中应用请求相关的观测数据处理部分，此观测数据可被外部观测系统如 Prometheus 系统定期收集和展示。

20.3　本章小结

本章介绍了 Istio-proxy 的用途及其与 Envoy 的关系，并在此基础上介绍了 Istio-proxy 内的 L4 元数据交换过滤器 metadata_exchange 及基于 WASM 虚拟机的 L7 元数据交换的 metadata_exchange 扩展及负责遥测数据收集的 Stats 的工作原理。可以看出，采用类似的方式，用户可以方便地创建基于 Envoy L4/L7 过滤器框架的自定义过滤器或 WASM 框架的自定义扩展，并对现有的 Envoy 通用代理数据面进行定制化以适配不同的网格产品。

源码篇

本篇希望通过对 Istio 社区各项目的代码结构、核心文件及关键代码的介绍，将希望深入学习、钻研 Istio 源码的读者带入 Istio 的开源世界，进一步理解和思考 Istio 的内在之美。

Istio 项目还在快速发展中，建议具备一定 Go 语言基础的读者都查阅并学习 Istio 源码，从而快速跟进 Istio 项目，获得对底层原理更深入、清晰的认识。

Istio 自 1.5 版本之后，已经将控制面组件合并为一个单体应用 Istiod，但是基本保留了原有组件的功能，因此本篇仍然按照功能模块组织行文，方便读者学习和理解。

第 21 章 Pilot 源码解析

Pilot 是 Istio 控制面的核心组件，它的主要职责有如下两个。

（1）为 Sidecar 提供监听器、Route、Cluster、Endpoint、DNS Name Table 等 xDS 配置。Pilot 在运行时对外提供 gRPC 服务，在默认情况下，所有 Sidecar 代理与 Pilot 之间都建立了一条 gRPC 长连接，并且订阅 xDS 配置。

（2）通过底层平台 Kubernetes 或者其他注册中心进行服务和配置规则发现，并且实时、动态地进行 xDS 生成和分发。

本书架构篇已对 Pilot 的架构及其工作原理进行了深入讲解，本章主要面向更高级的用户和开发者，从源码层面对 Pilot 的启动流程及关键模块的工作原理、流程进行深入解析。

21.1 启动流程

Pilot 组件是由 pilot-discovery 进程实现的，实际上其他组件如 Citadel、Galley 的启动入口都被集成到了 istio.io/istio/pilot/cmd/pilot-discovery/app/cmd.go 中，关键的入口代码如下：

```
// pilot-discovery 的启动命令
&cobra.Command{
    Use:   "discovery",
    Short: "Start Istio proxy discovery service.",
    Args:  cobra.ExactArgs(0),
    FParseErrWhitelist: cobra.FParseErrWhitelist{
        // 允许存在未知的参数，以实现向后兼容
        UnknownFlags: true,
    },
    PreRunE: func(c *cobra.Command, args []string) error {
```

第 21 章　Pilot 源码解析

```
        // 设置日志格式
        if err := log.Configure(loggingOptions); err != nil {
            return err
        }
        // 校验 Pilot 启动参数
        if err := validateFlags(serverArgs); err != nil {
            return err
        }
        if err := serverArgs.Complete(); err != nil {
            return err
        }
        return nil
    },
    RunE: func(c *cobra.Command, args []string) error {
        ……
        // 创建 Pilot 服务器对象
        discoveryServer, err := bootstrap.NewServer(serverArgs)
        if err != nil {
            return fmt.Errorf("failed to create discovery service: %v", err)
        }

        // 启动 Pilot 服务器
        if err := discoveryServer.Start(stop); err != nil {
            return fmt.Errorf("failed to start discovery service: %v", err)
        }

        cmd.WaitSignal(stop)
        // 优雅退出
        discoveryServer.WaitUntilCompletion()
        return nil
    },
}
}
```

pilot-discovery 进程的启动流程主要如下。

（1）进行初始化配置：设置日志系统，主要设置日志级别、输出路径等；校验启动参数，防止传入非法参数。

（2）创建 Pilot 服务器对象。Pilot Server 对象是注册中心与 Sidecar 代理之间的桥梁，它将服务及配置资源转化成 xDS 配置，再通过 gRPC 连接流将 xDS 配置发送给 Sidecar。Pilot Server 对象的主要属性及其含义如表 21-1 所示。

表 21-1　Pilot Server 对象的主要属性及其含义

主要属性	含义
XDSServer	提供 xDS 服务的模块
clusterID	Config 集群的 ID 地址
environment	Pilot 的资源聚合接口
kubeClient	连接 Config 集群的 Kubernetes 客户端
multiclusterController	多集群支持，单一 Pilot 组件支持底层的多个 Kubernetes 集群
configController	Istio 配置规则的发现聚合接口
ConfigStores	Istio 配置规则的缓存
serviceEntryController	ServiceEntry 控制器，负责 ServiceEntry 的服务发现
httpServer	HTTP 服务器，用于调试、监控及健康检查，默认监听 8080 端口
httpsServer	Webhook 服务器，主要用于 Sidecar 注入和 Istio API 校验，默认监听 15017 端口
grpcServer	非安全的 gRPC 服务器，默认监听 15010 端口
secureGrpcServer	安全的 gRPC 服务器，默认监听 15012 端口
workloadTrustBundle	Istio 的多根证书支持，保存多根证书
CA	用于处理 CSR 请求并签发工作负载证书
RA	与 CA 类似
server	Pilot 的所有组件都注册启动任务到此实体对象，主要用于实现 Pilot 的优雅退出

（3）启动 Pilot 服务器。Pilot 服务器的启动是通过执行其所有模块的启动函数 startFuncs 实现的，在模块初始化时都会通过 func (s *Server) addStartFunc(fn server.Component) 接口将自己的启动任务注册到服务器对象的 server 属性中。

21.2　关键代码解析

由于 Istio 支持异构的基础设施平台（如 Kubernetes、虚拟机及物理机等），同时支持不同的注册中心进行服务和配置规则发现，因此 Pilot 包含很多正交功能模块，有负责配置发现的 ConfigController、负责服务发现的 ServiceController、负责 xDS 生成与分发的 DiscoveryServer。DiscoveryServer 的工作与服务、配置发现紧密相关。Pilot 还包含一些非核心模块，比如 Debug、监控等模块。

本节主要以典型的 Kubernetes 平台为基础，重点分析 ConfigController、ServiceController、DiscoveryServer 的工作流程，讲解 Pilot 是如何监控底层注册中心及触发 xDS 的生成与分发的。

21.2.1 ConfigController

ConfigController（配置资源控制器）主要用于监听注册中心的配置资源，在内存中缓存监听到的所有配置资源，并在 Config 资源更新时调用注册的事件处理函数。由于需要支持多注册中心，因此 ConfigController 实际上是多个控制器的集合。

1. ConfigController 的核心接口

ConfigController 实现了 ConfigStoreController 接口：

```
type ConfigStoreControllerinterface {
    // 配置缓存接口
    ConfigStore
    // 注册事件处理函数
    RegisterEventHandler(kind config.GroupVersionKind, handler func(config.Config, config.Config, Event))
    // 运行控制器
    Run(stop <-chan struct{})
    // 设置 Watch 失败后触发的回调函数，用于错误日志输出和指标采集
    SetWatchErrorHandler(func(r *cache.Reflector, err error)) error
    // 配置缓存是否已同步
    HasSynced() bool
}
```

其中，可以通过 RegisterEventHandler 接口为每种类型的配置资源都注册事件处理函数，通过 Run 方法运行控制器。ConfigStore 为控制器核心的资源缓存接口提供了对 Config 资源的增、删、改、查功能：

```
type ConfigStore interface {
    // 获取配置类型的 Schema
    Schemas() collection.Schemas
    // 按照名称和命名空间获取配置规则
    Get(typ config.GroupVersionKind, name, namespace string) *config.Config
    // 按命名空间查询配置规则
    List(typ config.GroupVersionKind, namespace string) ([]config.Config, error)
    // 创建配置规则，主要用于测试
    Create(config config.Config) (revision string, err error)
    // 更新指定的配置规则
    Update(config config.Config) (newRevision string, err error)
    // 更新配置规则的状态
    UpdateStatus(config config.Config) (newRevision string, err error)
```

```
    // 对指定的配置规则打补丁
    Patch(orig config.Config, patchFn config.PatchFunc) (string, error)
    // 删除配置规则
    Delete(typ config.GroupVersionKind, name, namespace string, resourceVersion
*string) error
  }
```

2. ConfigController 的初始化

ConfigController 通过 initConfigController 实现初始化。在 Kubernetes 环境下，Config 资源都是通过 CRD（Custom Resource Definitions）定义并保存在 Kubernetes 中的，所以 ConfigController 实际上是一个 CRD Operator，它从 Kubernetes 平台监听所有的 Istio API 资源。从如下 collections.Pilot 定义中可以了解 Istio 所有的 Config 资源类型，主要涉及流量治理、认证、鉴权、遥测等：

```
Pilot = collection.NewSchemasBuilder().
    MustAdd(IstioExtensionsV1Alpha1Wasmplugins).
    MustAdd(IstioNetworkingV1Alpha3Destinationrules).
    MustAdd(IstioNetworkingV1Alpha3Envoyfilters).
    MustAdd(IstioNetworkingV1Alpha3Gateways).
    MustAdd(IstioNetworkingV1Alpha3Serviceentries).
    MustAdd(IstioNetworkingV1Alpha3Sidecars).
    MustAdd(IstioNetworkingV1Alpha3Virtualservices).
    MustAdd(IstioNetworkingV1Alpha3Workloadentries).
    MustAdd(IstioNetworkingV1Alpha3Workloadgroups).
    MustAdd(IstioNetworkingV1Beta1Proxyconfigs).
    MustAdd(IstioSecurityV1Beta1Authorizationpolicies).
    MustAdd(IstioSecurityV1Beta1Peerauthentications).
    MustAdd(IstioSecurityV1Beta1Requestauthentications).
    MustAdd(IstioTelemetryV1Alpha1Telemetries).
    Build()
```

当然，如果用户使用了 Gateway API，那么 ConfigController 会额外监控 Gateway API 资源类型，这时 Pilot 所用的 Schema 如下：

```
PilotGatewayAPI = collection.NewSchemasBuilder().
    MustAdd(IstioExtensionsV1Alpha1Wasmplugins).
    MustAdd(IstioNetworkingV1Alpha3Destinationrules).
    MustAdd(IstioNetworkingV1Alpha3Envoyfilters).
    MustAdd(IstioNetworkingV1Alpha3Gateways).
    MustAdd(IstioNetworkingV1Alpha3Serviceentries).
    MustAdd(IstioNetworkingV1Alpha3Sidecars).
```

```
        MustAdd(IstioNetworkingV1Alpha3Virtualservices).
        MustAdd(IstioNetworkingV1Alpha3Workloadentries).
        MustAdd(IstioNetworkingV1Alpha3Workloadgroups).
        MustAdd(IstioNetworkingV1Beta1Proxyconfigs).
        MustAdd(IstioSecurityV1Beta1Authorizationpolicies).
        MustAdd(IstioSecurityV1Beta1Peerauthentications).
        MustAdd(IstioSecurityV1Beta1Requestauthentications).
        MustAdd(IstioTelemetryV1Alpha1Telemetries).
        MustAdd(K8SGatewayApiV1Alpha2Referencegrants).
        MustAdd(K8SGatewayApiV1Alpha2Tcproutes).
        MustAdd(K8SGatewayApiV1Alpha2Tlsroutes).
        MustAdd(K8SGatewayApiV1Beta1Gatewayclasses).
        MustAdd(K8SGatewayApiV1Beta1Gateways).
        MustAdd(K8SGatewayApiV1Beta1Httproutes).
        Build()
```

如图 21-1 所示，Kubernetes ConfigController 通过 initConfigController 实现初始化。initConfigController 在实现上首先调用 initK8SConfigStore，然后调用 makeKubeConfigController，最后调用 crdclient.New 创建了一组 CRD 控制器，负责监听 Istio API 对象。如果使用了 Gateway API，那么在初始化 ConfigController 时还会创建 GatewayController，负责从 Kubernetes Gateway API 到 Istio Gateway/VirtualService 的转换。

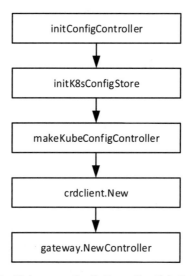

图 21-1 Kubernetes ConfigController 的初始化流程

CRD Client 的定义如下：

```go
type Client struct {
    schemas collection.Schemas

    domainSuffix string
    // Istio 的版本号，如果在配置中有 revision，则客户端只读取与 revision 匹配的配置
    revision string

    // kinds 记录所有资源类型对应的 Informer 控制器
    kinds map[config.GroupVersionKind]*cacheHandler
    // 事件处理队列
    queue queue.Instance
// 资源类型及对应的时间处理回调函数
handlers map[config.GroupVersionKind][]model.EventHandler

    // Istio 客户端
    istioClient istioclient.Interface

    // Gateway API 客户端
    gatewayAPIClient gatewayapiclient.Interface
    ......
    // CRD 相关的 Schema
    schemasByCRDName   map[string]collection.Schema
    client             kube.Client
    // CRD Informer 监听 CRD 的创建
    crdMetadataInformer cache.SharedIndexInformer
}
```

其中，istioClient 主要用于操作 Istio API 对象；gatewayAPIClient 用于操作 Kubernetes Gateway API 对象；queue 表示 Config 资源的事件处理队列，控制器单独启动一个 Golang 协程处理事件来处理队列中的 Config；kinds 缓存所有 Config 资源类型的处理逻辑，并调用在 handler 中记录的事件处理函数。

另外，虽然 Istio 没有适配器可直接对接其他注册中心，但 Istio 提供了可扩展的接口协议 MCP，方便用户集成其他第三方注册中心。MCP ConfigController 与 Kubernetes ConfigController 基本类似，均实现了 ConfigStoreController 接口，支持 Istio 配置资源的发现，并提供了缓存管理功能。

在创建 MCP ConfigController 时需要通过 MeshConfig.ConfigSources 指定 MCP 服务器的地址。如图 21-2 所示，MCP ConfigController 的创建与 Kubernetes 注册中心一样，首先需要调用 initConfigController 方法；然后根据配置源的地址执行 initConfigSources；接着通过 adsc.New 创建 MCP 客户端，MCP 客户端负责与 MCP 服务器连接并且订阅 Istio 的配

置资源；最后创建一个基于内存的 ConfigStoreCache，以供 MCP 客户端使用，并缓存订阅的配置资源并提供事件回调。

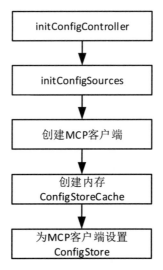

图 21-2　MCP ConfigController 的初始化流程

3. ConfigController 的核心工作机制

这里重点阐述典型的 Kubernetes ConfigController，如图 21-3 所示，CRD 控制器为每种 Config 资源都创建了一个 Informer，用于监听所有 Config 资源并注册 EventHandler 事件处理函数。

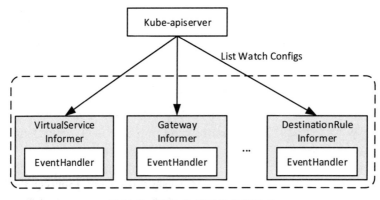

图 21-3　CRD 控制器的处理流程

每种 Informer 的事件回调处理函数均通过 createCacheHandler 方法注册，其核心代码如下：

```go
func createCacheHandler(cl *Client, schema collection.Schema, i informers.GenericInformer) *cacheHandler {
    scope.Debugf("registered CRD %v", schema.Resource().GroupVersionKind())
    h := &cacheHandler{
        client: cl,
        schema: schema,
        // 创建一个带过滤器的Informer，可支持配置命名空间级隔离
        informer: informer.NewFilteredSharedIndexInformer(cl.namespacesFilter, i.Informer()),
    }
    ……
    kind := schema.Resource().Kind()
    h.informer.AddEventHandler(cache.ResourceEventHandlerFuncs{
        AddFunc: func(obj any){
            incrementEvent(kind, "add")
            if !cl.beginSync.Load(){
                return
            }
            cl.queue.Push(func() error {
                return h.onEvent(nil, obj, model.EventAdd)
            })
        },
        UpdateFunc: func(old, cur any){
            incrementEvent(kind, "update")
            if !cl.beginSync.Load(){
                return
            }
            cl.queue.Push(func() error {
                return h.onEvent(old, cur, model.EventUpdate)
            })
        },
        DeleteFunc: func(obj any){
            incrementEvent(kind, "delete")
            if !cl.beginSync.Load(){
                return
            }
            cl.queue.Push(func() error {
                return h.onEvent(nil, obj, model.EventDelete)
            })
        },
    })
```

```
        return h
    }
```

由此可见，当 Config 资源在 Kubernetes 中创建、更新和删除时，EventHandler 创建任务对象并将其发送到任务队列中，然后由任务处理协程处理。再来看一下 onEvent 具体是如何处理每种资源的变化的，其关键是通过 TranslateObject 进行对象的转换，然后通过处理函数通知对象的 CUD（Create、Update、Delete）事件：

```
func (h *cacheHandler) onEvent(old any, curr any, event model.Event) error {
    // 检查 Pilot 当前是否就绪，防止未就绪时更新 xDS，造成系统状态不一致
    if err := h.client.checkReadyForEvents(curr); err != nil{
        return err
    }

    currItem, ok := curr.(runtime.Object)
    ……

    currConfig := TranslateObject(currItem, h.schema.Resource().
GroupVersionKind(), h.client.domainSuffix)
    ……
    for _, f := rangeh.client.handlers[h.schema.Resource().GroupVersionKind()] {
        f(oldConfig, currConfig, event)
    }
    return nil
}
```

h.client.handlers 是各种资源的处理函数集合，那么它具体是做什么，通过什么方式注册的呢？实际上，它是 ConfigController 通过 initRegistryEventHandlers 注册的，其核心代码如下：

```
configHandler := func(prev config.Config, curr config.Config, event model.Event) {
    defer func(){
        // 状态报告
        if event != model.EventDelete{
            s.statusReporter.AddInProgressResource(curr)
        } else {
            s.statusReporter.DeleteInProgressResource(curr)
        }
    }()
    log.Debugf("Handle event %s for configuration %s", event, curr.Key())

    // 对于更新事件，仅当对象的 Spec 发生变化时才触发 xDS 推送
```

```go
        if event == model.EventUpdate && !needsPush(prev, curr) {
            log.Debugf("skipping push for %s as spec has not changed", prev.Key())
            return
        }
        pushReq := &model.PushRequest{
            Full:           true, // 触发 xDS 全量更新
            ConfigsUpdated: sets.New(model.ConfigKey{Kind:
kind.FromGvk(curr.GroupVersionKind), Name: curr.Name, Namespace: curr.Namespace}),
            Reason:         []model.TriggerReason{model.ConfigUpdate},
        }
        s.XDSServer.ConfigUpdate(pushReq)
    }

    // initRegistryEventHandlers 初始化 EventHandler
    schemas := collections.Pilot.All()
    if features.EnableGatewayAPI {
        schemas = collections.PilotGatewayAPI.All()
    }
    for _, schema := range schemas {
        // 下面 3 种类型在 serviceentry controller 中处理，这里不用为其注册事件处理函数
        if schema.Resource().GroupVersionKind() ==
collections.IstioNetworkingV1Alpha3Serviceentries.
            Resource().GroupVersionKind(){
            continue
        }
        if schema.Resource().GroupVersionKind() ==
collections.IstioNetworkingV1Alpha3Workloadentries.
            Resource().GroupVersionKind(){
            continue
        }
        if schema.Resource().GroupVersionKind() ==
collections.IstioNetworkingV1Alpha3Workloadgroups.
            Resource().GroupVersionKind(){
            continue
        }
        // 注册其他所有 API 对象的事件处理函数
        s.configController.RegisterEventHandler(schema.Resource().GroupVersionKind(), configHandler)
    }
```

RegisterEventHandler 是 ConfigStoreController 接口中的重要方法，在 CRD 控制器中的实现就是将处理函数注册到内部，供前面的 onEvent 方法调用，触发 xDS 的全量更新：

```
func (cl *Client) RegisterEventHandler(kind config.GroupVersionKind, handler
model.EventHandler) {
    cl.handlers[kind] = append(cl.handlers[kind], handler)
}
```

完整的 Config 事件处理流程如图 21-4 所示。

(1) EventHandler 构造任务（Task），任务实际上是对 onEvent 的封装。

(2) EventHandler 将任务推送到 ConfigController 的任务队列（Task queue）。

(3) 任务处理协程阻塞式地读取任务队列，执行任务，通过 onEvent 方法处理事件，并通过 configHandler 触发 xDS 的更新。

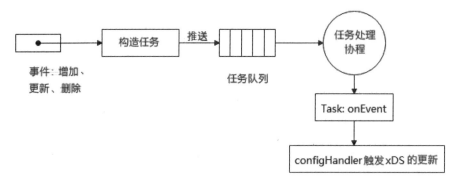

图 21-4　完整的 Config 事件处理流程

ConfigController 的核心原理及工作流程大致如上所述。Istio 对配置资源的发现使用了典型的异步处理模型，对资源对象的处理则使用了同步（独立的协程按照顺序处理任务）处理模型。同步处理模型在事件更新频率很快（超过任务执行频率）的情况下很容易造成任务堆积，因为它只是针对同一个资源对象的多个事件分别进行处理，并没有进行资源合并和去重。实际上，对 ServiceController 事件的处理也使用了相同的队列类型，存在相同的隐患。这在大规模场景下很容易造成内存过载，因此对其进行优化势在必行。感兴趣的读者请继续阅读 21.2.4 节，了解 Istio 是如何从全局视角对这一同步处理模型进行优化的。

21.2.2　ServiceController

ServiceController（服务控制器）是服务发现的核心模块，主要功能是监听底层平台的服务注册中心，将平台服务模型转换成 Istio 服务模型并缓存；同时根据服务的变化，触发相关服务的事件处理回调函数的执行。

1. ServiceController 的核心接口

ServiceController 对外为 DiscoveryServer 中的 XDSServer 提供了通用的服务模型查询接口 ServiceDiscovery。ServiceController 可以同时支持多个服务注册中心，因为它包含不同的注册中心控制器，它们的聚合是通过抽象聚合接口（aggregate.Controller）完成的，抽象聚合接口的相关定义如下：

```go
// 聚合所有底层注册中心的数据，并监控数据的变化
type Controller struct {
// MeshConfiguration 的容器
meshHolder mesh.Holder
    // 注册中心的集合
    registries []*registryEntry
    ……
    // 控制器回调函数的集合，当添加了某一注册中心时，控制器会向其注册回调函数
    handlers model.ControllerHandlers
    // 按照集群区分的回调函数
    handlersByCluster map[cluster.ID]*model.ControllerHandlers
    // Gateway 的处理函数，在东西向网关地址发生变化时触发
    model.NetworkGatewaysHandler
}
type registryEntry struct {
    serviceregistry.Instance
    stop <-chan struct{}
}
// 注册中心接口
type Instance interface {
    // 控制器接口
    model.Controller
    // 服务发现接口
    model.ServiceDiscovery
    ……
}
```

从上述定义可知，注册中心对象实现了 Istio 通用的控制器接口 Controller 及服务发现接口 ServiceDiscovery，接口的定义如下：

```go
// 控制器接口，用于注册事件处理回调函数。具体的注册中心控制器会接收资源更新事件，
// 并执行相应的事件处理回调函数
type Controller interface {
    // 注册服务的事件处理回调函数
    AppendServiceHandler(f func(*Service, Event)) error
```

```
    // 注册服务实例的事件处理回调函数，主要是为了支持 Kubernetes Service 和 Istio
ServiceEntry 交叉选择服务实例
    AppendWorkloadHandler(f func(*WorkloadInstance, Event))

    // 运行控制器
    Run(stop <-chan struct{})

    // 同步检查控制器的缓存
    HasSynced() bool
}
// 服务发现接口提供对服务模型的查询功能
type ServiceDiscovery interface {
    // 查询网格中的所有服务
    Services() ([]*Service, error)

    // 根据 hostname 查询服务
    GetService(hostname Hostname) (*Service, error)

    // 根据服务、端口号及标签获取服务实例
    InstancesByPort(svc *Service, servicePort int, labels labels.Collection)
[]*ServiceInstance

    // 获取与 Sidecar 代理相关的服务实例
    GetProxyServiceInstances(*Proxy) []*ServiceInstance

    // 获取 Proxy 工作负载的标签
    GetProxyWorkloadLabels(*Proxy) labels.Collection

    // 根据服务及端口获取服务身份信息
    GetIstioServiceAccounts(svc *Service, ports []int) []string

    // 获取 MulitiCluster Service，与 MCS 相关，如果未启用 MCS 支持，则可以不关注
    MCSServices() []MCSServiceInfo
}
```

2. ServiceController 的初始化流程

这里重点看看 Kubernetes 注册中心的 ServiceController 的初始化流程，如图 21-5 所示，通过函数的调用，由 "istio.io/istio/pilot/pkg/serviceregistry/kube" 包的 NewController 创建控制器实例，将多个控制器聚合成 ServiceController。

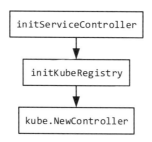

图 21-5　Kubernetes 注册中心的 ServiceController 的初始化流程

Kubernetes 注册中心的控制器对象的主要属性及其含义如表 21-2 所示。

表 21-2　Kubernetes 注册中心的控制器对象的主要属性及其含义

主要属性	含　义
opts	控制器的属性配置
client	Kubernetes REST 客户端
queue	控制器的任务队列
handlers	Service 及 Pod 实例的事件处理函数
endpoints	Kubernetes 的 Endpoints 控制器抽象接口，支持 Endpoint 和 EndpointSlice
nodes	Node 的资源缓存及事件处理函数
exports	多集群服务 ServiceExport 的资源处理接口
imports	多集群服务 ServiceImport 的资源处理接口
pods	Pod 的资源缓存及事件处理函数
xdsUpdater	ADS 模型中的增量下发接口，目前主要用于增量 EDS
servicesMap	Istio 服务模型的缓存
externalNameSvcInstanceMap	ExternalName 类型的服务实例缓存
workloadInstancesByIP	工作负载实例的缓存
workloadInstancesIPsByName	工作负载的 IP 地址

Kubernetes 控制器的核心就是监听 Kubernetes 相关资源（Service、Endpoint、EndpointSlice、Pod、Node）的更新事件，执行相应的事件处理回调函数；并且进行从 Kubernetes 资源对象到 Istio 资源对象的转换，提供一定的缓存能力，主要是缓存 Istio Service 与 WorkloadInstance。Kubernetes 控制器的关键属性的初始化方式如图 21-6 所示。

其中，Kubernetes 控制器主要负责对 4 种资源的监听和处理，其中 Endpoint 有两种类型：通用的 Endpoint 和 Kubernetes 新版本实现的 EndpointSlice。Istio 对这两种类型均提供了支持，以满足不同用户的使用需求。对于每种类型的资源，控制器分别启动了独立的

Informer 负责 List-Watch，并且分别注册了不同类型的事件处理函数（onServiceEvent、onPodEvent、onNodeEvent、onEvent）到队列中。

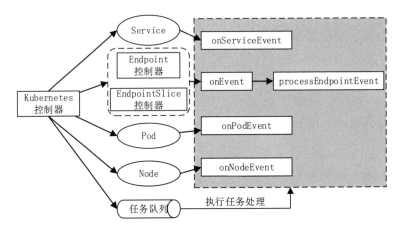

图 21-6　Kubernetes 控制器的关键属性的初始化方式

queue 是缓存资源更新事件的任务队列，控制器在运行时会启动一个独立的 Golang 协程阻塞式地接收任务并进行处理。

3. ServiceController 的工作机制

如图 21-7 所示，ServiceController 为 4 种资源分别创建了 Kubernetes Informer，用于监听 Kubernetes 资源的更新，并为其注册 EventHandler。ServiceController 监听器的 EventHandler 注册流程及事件处理流程与 ConfigController 完全相同。

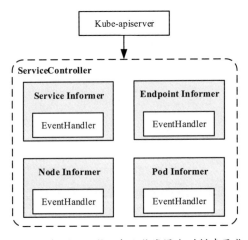

图 21-7　ServiceController 为几种资源分别创建了监听器

当监听到 Service、Endpoint、Pod、Node 资源更新时，如图 21-8 所示，EventHandler 会创建资源处理任务并将其推送到任务队列，然后由任务处理协程阻塞式地接收任务对象，最终调用任务处理函数完成对资源对象的事件处理。

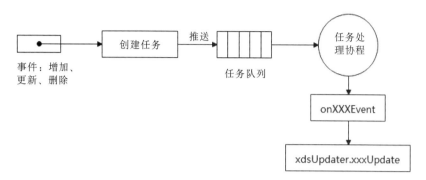

图 21-8　ServiceController 的事件处理流程

同时，对不同类型的资源处理如下。

（1）Service 资源：通过 Service 控制器的 AppendServiceHandler 方法注册服务变化处理函数 serviceHandler，进而触发全量的 xDS 分发。

```
serviceHandler := func(svc *model.Service, _ model.Event){
    pushReq := &model.PushRequest{
        Full: true,
        ConfigsUpdated: map[model.ConfigKey]struct{}{{
            Kind:      gvk.ServiceEntry,
            Name:      string(svc.Hostname),
            Namespace: svc.Attributes.Namespace,
        }: {}},
        Reason: []model.TriggerReason{model.ServiceUpdate},
    }
    s.ConfigUpdate(pushReq)
}
```

（2）Endpoint 资源：主要根据集群所使用的 Endpoint 模式的不同，将 Endpoint 交由 Endpoint 控制器处理，将 Endpointslice 交由 EndpointSlice 控制器处理。Endpoint 事件处理函数没有在外部注册，而是由内置函数调用 XDSUpdater 接口完成。对 Headless 服务的 Endpoint 的处理比较特殊，这里会触发全量的 xDS 更新。与普通的 ClusterIP 类型的服务共享一个监听器不同，Headless 服务的 xDS 模型比较特殊，它的每个服务实例都可能对应一个监听器。在这种情况下，Headless 服务实例的更新必然引起 xDS 监听器的变化。

```go
func processEndpointEvent(c *Controller, epc kubeEndpointsController,name
string, namespace string, event model.Event, ep interface{}) error{

    // 更新 Endpoint 缓存，触发 xDS 更新
    updateEDS(c, epc, ep, event)
    // Headless 服务的 Endpoints 处理
    if features.EnableHeadlessService{
        if svc, _ := c.serviceLister.Services(namespace).Get(name); svc != nil{
            // 如果是 Headless 服务，则触发全量的 xDS 更新
            if svc.Spec.ClusterIP == v1.ClusterIPNone{
                hostname := kube.ServiceHostname(svc.Name, svc.Namespace, c.domainSuffix)
                c.xdsUpdater.ConfigUpdate(&model.PushRequest{
                    Full: true,
                    ConfigsUpdated: map[model.ConfigKey]struct{}{{
                        Kind:      gvk.ServiceEntry,
                        Name:      string(hostname),
                        Namespace: svc.Namespace,
                    }: {}},
                    Reason: []model.TriggerReason{model.EndpointUpdate},
                })
                return nil
            }
        }
    }

    return nil
}
```

（3）Pod 资源：Pod 资源的回调处理函数在 PodCache 初始化时注册。

```go
c.pods = newPodCache(c, podInformer, func(key string) {
    item, exists, err := c.endpoints.getInformer().GetIndexer().GetByKey(key)
    ……
    c.queue.Push(func() error {
        return c.endpoints.onEvent(item, model.EventUpdate)
    })
})
c.registerHandlers(c.pods.informer, "Pods", c.pods.onEvent, nil)
```

（4）Node 资源：跨集群通信时，若没有软硬件负载均衡设备，则可以用 NodePort 类型的服务承载跨集群的流量。对于 NodePort 类型的服务，可以通过节点的 IP 地址及

NodePort 端口访问，因此在集群没有 ELB（弹性负载均衡）时，包含 ExternalIP 地址的节点可以充当东西向网关服务的访问入口。另外，服务实例的 Locality 信息均可从 Node 对象中自动获取，不需要应用本身做什么特殊标记。Node 资源的更新事件处理函数为 onNodeEvent：

```go
func (c *Controller) onNodeEvent(obj interface{}, event model.Event) error {
    node, ok := obj.(*v1.Node)
    ......
    var updatedNeeded bool
    if event == model.EventDelete {
        updatedNeeded = true
        c.Lock()
        delete(c.nodeInfoMap, node.Name)
        c.Unlock()
    } else {
        k8sNode := kubernetesNode{labels: node.Labels}
        for _, address := range node.Status.Addresses {
            // 只处理包含 ExternalIP 地址的节点
            if address.Type == v1.NodeExternalIP && address.Address != "" {
                k8sNode.address = address.Address
                break
            }
        }
        if k8sNode.address == "" {
            return nil
        }

        c.Lock()

        // 检查节点是否已在缓存中，并且将新的节点对象与缓存中的节点对象进行比较。
        // 如果新对象有变化，则可能需要触发全量的 xDS 更新
        currentNode, exists := c.nodeInfoMap[node.Name]
        if !exists || !nodeEquals(currentNode, k8sNode) {
            c.nodeInfoMap[node.Name] = k8sNode
            updatedNeeded = true
        }
        c.Unlock()
    }

    // 更新 Gateway 地址
    if updatedNeeded && c.updateServiceNodePortAddresses() {
        // 触发全量的 xDS 更新
```

```
        c.xdsUpdater.ConfigUpdate(&model.PushRequest{
            Full: true,
        })
    }
    return nil
}
```

21.2.3　xDS 的异步分发

本节主要深入讲解底层 Config 和 Service 资源的变化与 xDS 配置分发的关系。由于 Pilot 对 Config 及 Service 资源的处理方式不尽相同，因此本节重点介绍这两种资源的任务处理器（Task Handler）的注册方式及工作流程。

1. 任务处理函数的注册

Pilot 通过 XDSServer 处理客户端的订阅请求，并完成 xDS 配置的生成与下发，而 XDSServer 的初始化由 NewServer 完成，因此从实现的角度考虑，将 Istio 任务处理函数的注册也放在了 XDSServer 对象的初始化流程中，如图 21-9 所示。

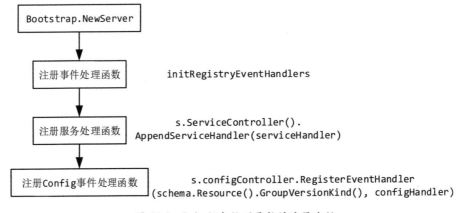

图 21-9　Istio 任务处理函数的注册流程

其中，Config 事件处理函数通过配置控制器的 RegisterEventHandler 方法注册，Service 事件处理函数通过 model.Controller.AppendServiceHandler 方法注册。

2. Config 控制器的任务处理流程

在 Kubernetes 平台上，ConfigContoller 的 RegisterEventHandler 接口实现位于

istio.io/istio/pilot/pkg/config/kube/crdclient/client.go 中。如下所示，Config 资源的任务处理函数就是入参 handler，但实际上追踪源码可以发现，这里的处理函数就是 XDSServer 在初始化 initRegistryEventHandlers 时注册的事件处理函数 configHandler：

```go
// ConfigStoreCache RegisterEventHandler 的方法实现，为每种类型的资源分别注册回调处理
// 函数
func (cl *Client) RegisterEventHandler(kind config.GroupVersionKind, handler func(config.Config, config.Config, model.Event)) {
    h, exists := cl.kinds[kind]
    if !exists{
        return
    }

    h.handlers = append(h.handlers, handler)
}

    // Config 的回调处理函数
    configHandler := func(prev config.Config, curr config.Config, event model.Event) {
        ……
        pushReq := &model.PushRequest{
            Full: true,
            ConfigsUpdated: map[model.ConfigKey]struct{}{{
                Kind:      kind.FromGvk(curr.GroupVersionKind),
                Name:      curr.Name,
                Namespace: curr.Namespace,
            }: {}},
            Reason: []model.TriggerReason{model.ConfigUpdate},
        }
        // 触发 xDS 推送
        s.XDSServer.ConfigUpdate(pushReq)
    }
```

configHandler 及下面的 serviceHandler 一样，都通过 XDSServer 的 ConfigUpdate 接口将请求发送到 pushChannel 上：

```go
// XDSServer 接口
func (s *DiscoveryServer) ConfigUpdate(req *model.PushRequest) {
    inboundConfigUpdates.Increment()
    s.InboundUpdates.Inc()
    s.pushChannel <- req
}
```

3. Service 控制器的任务处理流程

这里只分析 Kubernetes 场景,其 Service 控制器 AppendServiceHandler 方法的实现位于 istio.io/istio/pilot/pkg/serviceregistry/kube/controller.go 中,关键代码如下:

```go
// 注册 Service 事件处理函数
func (c *Controller) AppendServiceHandler(f func(*model.Service, model.Event)) {
    // 将 serviceHandler 注册到控制器
    c.serviceHandlers = append(c.serviceHandlers, f)
}
// Service 事件处理函数
serviceHandler := func(svc *model.Service, _ model.Event) {
    pushReq := &model.PushRequest{
        Full: true,
        ConfigsUpdated: map[model.ConfigKey]struct{}{{
            Kind:      gvk.ServiceEntry,
            Name:      string(svc.Hostname),
            Namespace: svc.Attributes.Namespace,
        }: {}},
        Reason: []model.TriggerReason{model.ServiceUpdate},
    }
    // 触发 xDS 推送
    s.XDSServer.ConfigUpdate(pushReq)
}
```

在 Service 资源更新时,由 Kube Controller 的任务队列执行 onServiceEvent 接口调用,触发 serviceHandler 的执行。onServiceEvent 还会执行必要的服务转换,将 Kubernetes 服务转换成 Istio 服务并且更新缓存。Kube Controller 缓存的主要作用是提供对 ServiceDiscovery 接口的查询。详细的代码实现如下:

```go
func (c *Controller) onServiceEvent(curr any, event model.Event) error {
    svc, err := extractService(curr)
    if err != nil{
        log.Errorf(err)
        return nil
    }

    log.Debugf("Handle event %s for service %s in namespace %s", event, svc.Name, svc.Namespace)

    // 将 Kubernetes 服务转换成 Istio 服务
```

```
        svcConv := kube.ConvertService(*svc, c.opts.DomainSuffix, c.Cluster())
        switch event{
        case model.EventDelete:
            // 删除服务
            c.deleteService(svcConv)
        default:
            // 更新或者创建服务
            c.addOrUpdateService(svc, svcConv, event, false)
        }

        return nil
}
```

但是 Kubernetes 平台的 Endpoint 事件处理方式与 Service 事件处理方式有天壤之别，Endpoint 的处理函数内置，不需要从外部注册，这是因为 Istio 1.0 引入了增量 EDS 的优化，目前增量 EDS 只支持 Kubernetes 平台。Endpoint 处理函数是 processEndpointEvent，实现如下：

```
func processEndpointEvent(c *Controller, epc kubeEndpointsController, name string, namespace string, event model.Event, ep interface{}) error {
    // 更新 EDS
    updateEDS(c, epc, ep, event)
    // Headless 服务，触发全量的 xDS 更新
    if features.EnableHeadlessService{
        if svc, _ := c.serviceLister.Services(namespace).Get(name); svc != nil{
            if svc.Spec.ClusterIP == v1.ClusterIPNone{
                hostname := kube.ServiceHostname(svc.Name, svc.Namespace, c.domainSuffix)
                c.xdsUpdater.ConfigUpdate(&model.PushRequest{
                    Full: true,
                    ConfigsUpdated: map[model.ConfigKey]struct{}{{
                        Kind:      gvk.ServiceEntry,
                        Name:      string(hostname),
                        Namespace: svc.Namespace,
                    }: {}},
                    Reason: []model.TriggerReason{model.EndpointUpdate},
                })
                return nil
            }
        }
    }
```

```
        return nil
    }

    func updateEDS(c *Controller, epc kubeEndpointsController, ep interface{}, event
model.Event) {
        host, svcName, ns := epc.getServiceInfo(ep)
        log.Debugf("Handle EDS endpoint %s in namespace %s", svcName, ns)
        var endpoints []*model.IstioEndpoint
        if event == model.EventDelete{
            epc.forgetEndpoint(ep)
        } else {
            // 生成 IstioEndpoint
            endpoints = epc.buildIstioEndpoints(ep, host)
        }

        // Kubernetes 服务选择 Workload Entries，支持混合部署
        if features.EnableK8SServiceSelectWorkloadEntries{
            c.RLock()
            svc := c.servicesMap[host]
            c.RUnlock()
            if svc != nil{
                fep := c.collectWorkloadInstanceEndpoints(svc)
                endpoints = append(endpoints, fep...)
            } else {
                log.Debugf("Handle EDS endpoint: skip collecting workload entry
endpoints, service %s/%s has not been populated", svcName, ns)
            }
        }
        // 调用 EDSUpdate
        c.xdsUpdater.EDSUpdate(c.clusterID, string(host), ns, endpoints)
    }
```

最后由 XDSServer 的 EDSUpdate 接口进行 EDS 的缓存更新及触发 xDS 更新，XDSServer 实现了 XDSUpdater 接口。接下来看看 XDSUpdater.EDSUpdate 方法的关键实现：

```
    func (s *DiscoveryServer) EDSUpdate(clusterID, serviceName string, namespace
string,
        istioEndpoints []*model.IstioEndpoint) {
        inboundEDSUpdates.Increment()
        // 更新 EDS 缓存
        fp := s.edsCacheUpdate(clusterID, serviceName, namespace, istioEndpoints)
        // 触发 xDS 更新
```

```go
        s.ConfigUpdate(&model.PushRequest{
            Full: fp,
            ConfigsUpdated: map[model.ConfigKey]struct{}{{
                Kind:      gvk.ServiceEntry,
                Name:      serviceName,
                Namespace: namespace,
            }: {}},
            Reason: []model.TriggerReason{model.EndpointUpdate},
        })
    }
    // 更新 EDS 缓存
    func (s *DiscoveryServer) edsCacheUpdate(shard model.ShardKey, hostname string, namespace string,
        istioEndpoints []*model.IstioEndpoint,
    ) PushType {
        if len(istioEndpoints) == 0{

            // 在 Endpoint 变为 0 时,应该删除服务的 EndpointShard
            // 但是我们不能删除 EndpointIndex Map 中的键值,
            // 因为假如这时 Pod 状态在 Crash Loop 和 Ready 之间跳变,
            // 就会引起不必要、频繁的、全量的 xDS 更新
            s.Env.EndpointIndex.DeleteServiceShard(shard, hostname, namespace, true)
            log.Infof("Incremental push, service %s at shard %v has no endpoints", hostname, shard)
            return IncrementalPush
        }

        pushType := IncrementalPush

        // 找到服务的 EndpointShard,如果不存在,则创建一个新的
        ep, created := s.Env.EndpointIndex.GetOrCreateEndpointShard(hostname, namespace)

        // 如果新创建了 EndpointShard,则需要触发全量的 xDS 更新
        if created{
            log.Infof("Full push, new service %s/%s", namespace, hostname)
            pushType = FullPush
        }

        ep.Lock()
        defer ep.Unlock()
```

```go
        newIstioEndpoints := istioEndpoints
        // 支持发送 Unhealthy Endpoints
        if features.SendUnhealthyEndpoints.Load(){
            oldIstioEndpoints := ep.Shards[shard]
            newIstioEndpoints = make([]*model.IstioEndpoint, 0, len(istioEndpoints))
            emap := make(map[string]*model.IstioEndpoint, len(oldIstioEndpoints))
            nmap := make(map[string]*model.IstioEndpoint, len(newIstioEndpoints))
            for _, oie := range oldIstioEndpoints{
                emap[oie.Address] = oie
            }
            for _, nie := range istioEndpoints{
                nmap[nie.Address] = nie
            }
            needPush := false
            for _, nie := range istioEndpoints{
                if oie, exists := emap[nie.Address]; exists{
                    // 如果 Endpoint 存在，则这里判断其健康状态是否发生了变化，
                    // 仅在发生变化时才需要进行 xDS 推送
                    if oie.HealthStatus != nie.HealthStatus{
                        needPush = true
                    }
                    newIstioEndpoints = append(newIstioEndpoints, nie)
                } else if nie.HealthStatus == model.Healthy {
                    // 如果 Endpoint 原来不存在，则仅当其健康时进行 xDS 推送
                    needPush = true
                    newIstioEndpoints = append(newIstioEndpoints, nie)
                }
            }
            // 如果检查到 Endpoint 原来存在，但是现在被删除了，则这时也需要进行 xDS 推送
            for _, oie := range oldIstioEndpoints{
                if _, f := nmap[oie.Address]; !f {
                    needPush = true
                }
            }

            if pushType != FullPush && !needPush{
                log.Debugf("No push, either old endpoint health status did not change or new endpoint came with unhealthy status, %v", hostname)
                pushType = NoPush
            }
```

```
        }

        ep.Shards[shard] = newIstioEndpoints

        // 检查 ServiceAccount 的变化
        saUpdated := s.UpdateServiceAccount(ep, hostname)

        // For existing endpoints, we need to do full push if service accounts change.
        if saUpdated && pushType != FullPush{
            log.Infof("Full push, service accounts changed, %v", hostname)
            pushType = FullPush
        }

        // 清空 xDSCache
        s.Cache.Clear(sets.New(model.ConfigKey{Kind: kind.ServiceEntry, Name: hostname, Namespace: namespace}))

        return pushType
    }
```

从上述实现可以看出，服务实例 Endpoint 更新事件的处理函数与 configHandler、serviceHandler 略有不同：它根据 Endpoint 的变化更新与服务相关的缓存，并判断本次 Endpoint 资源的更新是否需要全量的 xDS 配置分发。在服务网格中变化最多、最快的往往是 Endpoint，因此增量 EDS 的更新能够大大降低系统的资源（CPU、内存、带宽）开销，提高服务网格的稳定性。

4. 资源更新事件处理：xDS 分发

从根本上讲，Config、Service、Endpoint 对资源的处理最后都是通过调用 ConfigUpdate 方法向 XDSServer 的 pushChannel 队列发送 PushRequest 实现的，其完整流程如图 21-10 所示。

之后，XDSServer 首先通过 handleUpdates 线程阻塞式地接收并处理更新请求，并将 PushRequest 发送到 XDSServer 的 pushQueue 中，然后由 sendPushes 线程并发地将 PushRequest 发送给每一条连接的 pushChannel，最后由 XDSServer 的流处理接口处理分发请求。

第 21 章 Pilot 源码解析

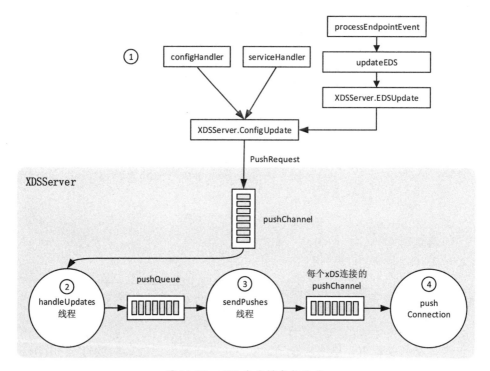

图 21-10 xDS 分发的完整流程

21.2.4 对 xDS 更新的预处理

经过 5 年多的发展，Istio 在 xDS 更新流程中做了大量工作，主要体现以下几方面。

1. 防抖动

XDSServer 对更新事件做防抖动处理的核心代码位于 handleUpdates 函数中，如下所示。在通过最小静默时间（PILOT_DEBOUNCE_AFTER）合并更新事件的同时，通过最大延迟时间（PILOT_DEBOUNCE_MAX）控制 xDS 配置下发的时延。两者是性能与时延的博弈，在实际生产环境下需要配合调优共同为服务网格的性能及稳定性服务。由于 DiscoveryServer.Push 需要初始化 PushContext，会消耗大量内存，所以为了避免 OOM，在 debounce 中存在大量的代码逻辑来保证 DiscoveryServer.Push 串行地执行：

```
func (s *DiscoveryServer) handleUpdates(stopCh <-chan struct{}) {
    debounce(s.pushChannel, stopCh, s.debounceOptions, s.Push, s.CommittedUpdates)
}
```

```go
// 防抖动处理
func debounce(ch chan *model.PushRequest, stopCh <-chan struct{}, opts
debounceOptions, pushFn func(req *model.PushRequest), updateSent *atomic.Int64) {
    var timeChan <-chan time.Time
    var startDebounce time.Time
    var lastConfigUpdateTime time.Time

    pushCounter := 0
    debouncedEvents := 0
    var req *model.PushRequest

    free := true
    freeCh := make(chan struct{}, 1)

    push := func(req *model.PushRequest, debouncedEvents int){
        pushFn(req)
        updateSent.Add(int64(debouncedEvents))
        freeCh <- struct{}{}
    }

    pushWorker := func(){
        eventDelay := time.Since(startDebounce)
        quietTime := time.Since(lastConfigUpdateTime)
        // 当以下两个条件满足任意一个时，进行更新事件处理
        // （1）距离本轮第 1 次更新事件超过最大延迟时间
        // （2）距离上次更新时间超过最大静默时间
        if eventDelay >= opts.debounceMax || quietTime >= opts.debounceAfter{
            if req != nil{
                pushCounter++
                log.Infof("Push debounce stable[%d] %d: %v since last change, %v since last push, full=%v",
                    pushCounter, debouncedEvents,
                    quietTime, eventDelay, req.Full)

                free = false
                go push(req, debouncedEvents)
                req = nil
                debouncedEvents = 0
            }
        } else {
            // 启动定时器，定时长度为最小静默时间
```

```go
            timeChan = time.After(opts.debounceAfter - quietTime)
        }
    }

    for{
        select{
        case <-freeCh:
            free = true
            pushWorker()
        case r := <-ch:
            if len(r.Reason) == 0{
                r.Reason = []model.TriggerReason{model.UnknownTrigger}
            }
            if !opts.enableEDSDebounce && !r.Full{
                // 立即触发 EDS 推送
                go pushFn(r)
                continue
            }

            lastConfigUpdateTime = time.Now()
            if debouncedEvents == 0{
                // 启动新一轮的配置下发定时器，定时长度为最小静默时间
                timeChan = time.After(opts.debounceAfter)
                // 记录第 1 次事件更新的时间
                startDebounce = lastConfigUpdateTime
            }
            debouncedEvents++

            req = req.Merge(r)
        case <-timeChan:
            if free{
                pushWorker()
            }
        case <-stopCh:
            return
        }
    }
}
```

2. XDSServer 的缓存更新

数量最大的缓存是 EndpointShardsByService（全量的 IstioEndpoint 集合），也是在

Service、Endpoint 更新时，ServiceController 主要维护的缓存。EnvoyXdsServer 根据 EndpointShardsByService 可以快速构建本轮需要下发的 EDS 配置。

如图 21-11 所示，EndpointShardsByService 的更新主要在以下两种情况下发生：①在 Endpoint 的事件处理函数中；②在 Service 的事件处理函数中，主要针对 Selector 有变化或者 Service 的缓存同步晚于 Endpoint 的场景。

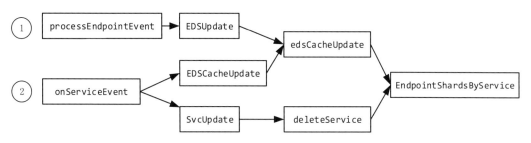

图 21-11　EndpointShardsByService 的更新流程

3. PushContext（推送上下文）的初始化

PushContext 是 xDS 生成中最重要的结构对象，几乎包含所有网格资源信息。PushContext 结构的主要属性及其含义如表 21-3 所示。

表 21-3　PushContext 结构的主要属性及其含义

主要属性	含　义
exportToDefaults	默认的 Service、VirtualService、DestinationRule 规则的作用范围
ServiceIndex	Service 缓存，包含公共的可见服务、Namespace 私有服务等
ServiceAccounts	服务账户缓存
virtualServiceIndex	VirtualService 缓存
destinationRuleIndex	DestinationRule 缓存
gatewayIndex	Gateway 缓存
clusterLocalHosts	集群的私有服务
sidecarsByNamespace	Sidecar 缓存
envoyFiltersByNamespace	EnvoyFilter 缓存
AuthnPolicies	认证策略缓存
AuthzPolicies	授权策略缓存
Telemetry	遥测缓存
networkGateways	东西向网关地址

PushContext 相关属性的初始化通过 InitContext 方法实现，为了提升效率，分为增量更新和完全重建两种方式：

```go
func (ps *PushContext) InitContext(env *Environment, oldPushContext
*PushContext, pushReq *PushRequest) error {
    // 并发安全
    ps.initializeMutex.Lock()
    defer ps.initializeMutex.Unlock()
    if ps.initDone.Load(){
        return nil
    }

    ps.Mesh = env.Mesh()
    ps.LedgerVersion = env.Version()

    // 初始化默认的 ExportTo 表
    ps.initDefaultExportMaps()

    // 创建新的 PushContext 或者增量更新 PushContext
    if pushReq == nil || oldPushContext == nil || !oldPushContext.initDone.Load()
|| len(pushReq.ConfigsUpdated) == 0{
        // 创建新的 PushContext
        if err := ps.createNewContext(env); err != nil{
            return err
        }
    } else {
        // 增量更新 PushContext
        if err := ps.updateContext(env, oldPushContext, pushReq); err != nil{
            return err
        }
    }

    // 初始化服务网格的网络
    ps.initMeshNetworks(env.Networks())

    ps.clusterLocalHosts = env.ClusterLocal().GetClusterLocalHosts()

    ps.initDone.Store(true)
    return nil
}
```

创建新的 PushContext 相对简单，但缺点是消耗 CPU 资源。增量更新，理论上只是部分更新 PushContext 的缓存, CPU 资源消耗少, 速度更快。具体来讲,增量更新 PushContext 是根据每一轮资源更新的类型,分析每一种资源变化所影响的缓存,定向更新某些缓存。

PushContext 对象的缓存为后续 xDS 配置的生成提供了快捷的资源索引。PushContext 是 Pilot 性能优化中很重要的一环,牺牲了一点内存,但成倍减少了读/写冲突,节省了 CPU 资源。

4. Pilot push 事件的发送及并发控制

Pilot push 事件的发送及并发控制由 doSendPushes 方法完成,如图 21-12 所示。

(1) push 事件的发送面向所有 xDS 客户端, 即 Sidecar 代理, 并且具有一定的并发控制功能。Pilot 利用 Golang Channel 设计了一个简易的并发控制器,防止因为并发度过高, push 处理模块消费过慢,导致发送端的 Golang 协程暴涨、不受控制。

(2) 如果并发控制器允许,则为每个客户端都启动一个发送协程,尝试向其队列 pushChannel 发送 xDS Event。如果此客户端正在进行配置的生成及分发,则发送阻塞。如果 gRPC Stream 在事件通知发送过程中断开,则停止发送。

(3) 每个客户端在通过 pushConnection 将本次 xDS 推送完毕后,都会调用 MarkDone 函数,主要目的是通知并发控制器。

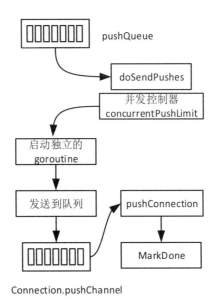

图 21-12 Pilot push 事件的发送及并发控制

21.2.5　xDS 配置的生成及分发

异步 xDS 配置的分发任务由 StreamAggregatedResources 接口的 push 处理模块异步处理。push 处理模块异步阻塞式地接收 pushChannel 中的 XdsEvent 事件，然后通过 DiscoveryServer.pushConnection 方法向所有已连接的 Envoy 代理发送 xDS 配置，关键代码如下：

```
func (s *DiscoveryServer) pushConnection(con *Connection, pushEv *Event) error {
    pushRequest := pushEv.pushRequest

    if pushRequest.Full{
        // 更新 Proxy 的状态
        s.updateProxy(con.proxy, pushRequest)
    }

    // 根据资源的变化情况，判断是否需要为 Proxy 更新 xDS
    if !s.ProxyNeedsPush(con.proxy, pushRequest){
        log.Debugf("Skipping push to %v, no updates required", con.ConID)
        return nil
    }

    // 遍历 Proxy 监听的资源类型
    for _, w := range orderWatchedResources(con.proxy.WatchedResources){
        if !features.EnableFlowControl{
            // 在没有限流时，根据订阅的资源类型生成相应的配置并发送到 Proxy
            if err := s.pushXds(con, pushRequest.Push, currentVersion, w, pushRequest); err != nil {
                return err
            }
            continue
        }
        // 有限流时，根据客户端是响应还是超时进行处理
        synced, timeout := con.Synced(w.TypeUrl)
        ......
        if synced || timeout{
            // 若 Envoy 响应或者超时，则根据订阅的资源类型生成配置并发送到客户端
            if err := s.pushXds(con, pushRequest.Push, currentVersion, w, pushRequest); err != nil {
                return err
            }
        } else {
            con.proxy.Lock()
```

```
                // Envoy 没有响应，也没有超时，将保存发送请求
                con.blockedPushes[w.TypeUrl] =
con.blockedPushes[w.TypeUrl].Merge(pushEv.pushRequest)
                con.proxy.Unlock()
            }
        }
        ……
        return nil
    }
```

pushXds 则首先主要根据订阅的资源类型找到对应的 xDS 生成器，然后通过生成器生成相应的 xDS 配置，最后通过 send 接口发送出去：

```
    func (s *DiscoveryServer) pushXds(con *Connection, push *model.PushContext,
        currentVersion string, w *model.WatchedResource, req *model.PushRequest)
error {
        if w == nil{
            return nil
        }
        // 获取 xDS 生成器
        gen := s.findGenerator(w.TypeUrl, con)
        if gen == nil{
            return nil
        }
        ……
        // xDS 生成器生成 xDS 配置
        res, logdata, err := gen.Generate(con.proxy, push, w, req)
        ……
        resp := &discovery.DiscoveryResponse{
            ControlPlane: ControlPlane(),
            TypeUrl:      w.TypeUrl,
            VersionInfo:  currentVersion,
            Nonce:        nonce(push.LedgerVersion),
            Resources:    model.ResourcesToAny(res),
        }
            // 调用 send 方法将 xDS 响应发送出去
        if err :=con.send(resp); err != nil {
            recordSendError(w.TypeUrl, con.ConID, err)
            return err
        }
        return nil
    }
```

Pilot 主要负责 6 种 xDS 配置资源 CDS、EDS、LDS、RDS、ECDS、NDS 的生成及下发。接下来以 CDS 生成器为例，看看 XDSServer 是如何根据代理的属性及 PushContext 缓存生成原始的 Cluster 配置的。

CDS 配置的生成通过 ConfigGenerator.BuildClusters 方法完成，generateRawClusters 通过 ConfigGenerator.BuildClusters 方法生成原始的 Cluster 配置。BuildClusters 的实现如下：

```go
func (configgen *ConfigGeneratorImpl) BuildClusters(proxy *model.Proxy, push *model.PushContext) []*cluster.Cluster {
    clusters := make([]*cluster.Cluster, 0)
    envoyFilterPatches := push.EnvoyFilters(proxy)
    // 创建 Cluster 生成器
    cb := NewClusterBuilder(proxy, push)
    instances := proxy.ServiceInstances

    switch proxy.Type{
    case model.SidecarProxy: // 生成 Sidecar Proxy Cluster
        outboundPatcher := clusterPatcher{efw: envoyFilterPatches, pctx: networking.EnvoyFilter_SIDECAR_OUTBOUND}
        // 构建 Outbound Cluster
        clusters = append(clusters, configgen.buildOutboundClusters(cb, outboundPatcher)...)
        // 添加 blackhole 或者 passthrough Cluster, 为默认的路由转发流量
        clusters = outboundPatcher.conditionallyAppend(clusters, nil, cb.buildBlackHoleCluster(), cb.buildDefaultPassthroughCluster())
        // Outbound Cluster 打补丁
        clusters = append(clusters, outboundPatcher.insertedClusters()...)
        outboundPatcher.incrementFilterMetrics()

        inboundPatcher := clusterPatcher{efw: envoyFilterPatches, pctx: networking.EnvoyFilter_SIDECAR_INBOUND}
        // 构建 Inbound Cluster
        clusters = append(clusters, configgen.buildInboundClusters(cb, instances, inboundPatcher)...)
        // 添加 Passthrough Cluster, 为默认的路由转发流量
        clusters = inboundPatcher.conditionallyAppend(clusters, nil, cb.buildInboundPassthroughClusters()...)
        // Inbound Cluster 打补丁
        clusters = append(clusters, inboundPatcher.insertedClusters()...)
        inboundPatcher.incrementFilterMetrics()
    default: // 生成 Gateway Cluster
        patcher := clusterPatcher{efw: envoyFilterPatches, pctx:
```

```
networking.EnvoyFilter_GATEWAY}
            clusters = append(clusters, configgen.buildOutboundClusters(cb,
patcher)...)
            // Gateways 不需要默认的 passthrough Cluster，因为它没有原始目标地址监听器
            clusters = patcher.conditionallyAppend(clusters, nil,
cb.buildBlackHoleCluster())
            if proxy.Type == model.Router && proxy.MergedGateway != nil &&
proxy.MergedGateway.ContainsAutoPassthroughGateways{
                clusters = append(clusters,
configgen.buildOutboundSniDnatClusters(proxy, push, patcher)...)
            }
            clusters = append(clusters, patcher.insertedClusters()...)
            patcher.incrementFilterMetrics()
    }
    // Cluster 去重
    return cb.normalizeClusters(clusters)
}
```

根据代理类型的不同，Cluster 配置的生成方式也不同，直观上最大的区别是 router 类型的代理即 Gateway，没有 Inbound Cluster，因为网关一般都独立部署在集群或者网格的边缘，代理客户端的流量并将其转发到后端服务器。

21.3 本章小结

Pilot 作为 Istio 服务网格的大脑，控制着所有的数据面代理，其源码实现具有一定的复杂度。但是，若能耐心读完本章所有内容，跟随本章顺序浏览几遍源码，那么相信你一定能够从整体上把握 Pilot 的工作流程。

另外，本章从代码实现的角度深入分析了 Pilot 设计中的性能优化考量，尤其是缓存的利用及防抖动的配置分发，以及最终一致性模型带来的问题。对于 xDS 各种 API 资源生成的细节，本章没有进行过多说明，这些配置的细节属于 Envoy API 的范畴，更加偏向底层。绝大多数读者只需读懂生成的 xDS，然后理解 Envoy 的工作原理即可。另外，若对 xDS 生成感兴趣，那么可以自行阅读 "pilot/pkg/networking/core/v1alpha3" 源码包。

第 22 章 Citadel 源码解析

Citadel 作为 Istio 安全的核心组件，主要用于为工作负载签发证书及处理网关的 SDS 请求，还能为 Istiod 服务器签发证书。本章主要从 Citadel 关键模块的启动流程及关键模块的源码实现角度进行讲解。

22.1 启动流程

在 Istio 1.5 后，Citadel 合并到 Istiod 中，其初始化及启动流程也被融合到 Istiod 的启动流程中。Citadel 的启动代码位于 istio.io/istio/pilot/pkg/bootstrap/server.go 文件中：

```go
// Istiod 的初始化及启动入口
func NewServer(args *PilotArgs, initFuncs ...func(*Server)) (*Server, error) {
    ......
    // 创建及初始化 CA
    if err := s.maybeCreateCA(caOpts); err != nil{
        return nil, err
    }
    ......
    // 初始化 SDS 服务器，其目前主要用于处理网关的 SDS 请求
s.initSDSServer(args)
......
// 启动 Istio CA
    s.startCA(caOpts)
}
```

其中的关键代码包含 3 部分：①Istio CA 的创建；②SDS 服务器的初始化；③Istio CA 的启动。

22.1.1　Istio CA 的创建

Istio 通过 maybeCreateCA 创建用于自签证书的 IstioCA 或者 RA（使用外部 CA 签发证书）：

```go
// maybeCreateCA 按需创建和初始化 CA
func (s *Server) maybeCreateCA(caOpts *caOptions) error {
    // 仅在 CA 特性开关打开的情况下初始化 CA
    if s.EnableCA(){
        log.Info("creating CA and initializing public key")
        var err error
        var corev1 v1.CoreV1Interface
        if s.kubeClient != nil{
            corev1 = s.kubeClient.CoreV1()
        }
        if useRemoteCerts.Get(){
            // 从 Kubernetes 集群的 "cacerts" Secret 处获取根证书并将其保存在本地目录下
            if err = s.loadRemoteCACerts(caOpts, LocalCertDir.Get()); err != nil{
                return fmt.Errorf("failed to load remote CA certs: %v", err)
            }
        }
        // 创建 IstioCA 实例
        if s.CA, err = s.createIstioCA(corev1, caOpts); err != nil {
            return fmt.Errorf("failed to create CA: %v", err)
        }
        if caOpts.ExternalCAType != ""{
            // 创建 RA
            if s.RA, err = s.createIstioRA(s.kubeClient, caOpts); err != nil {
                return fmt.Errorf("failed to create RA: %v", err)
            }
        }
    }
    return nil
}
```

在 IstioCA 的初始化中，既可以使用本地的自签证书，也可以使用第三方 CA 机构签发的中间 CA 证书。另外，IstioCA 可以通过根证书轮转器自动进行根证书的轮转。

22.1.2 SDS 服务器的初始化

SDS 服务器主要根据用户配置的证书为工作负载生成 SDS 配置。SDS 服务器的初始化代码如下,其中通过 Secret 控制器 List-Watch(监听)Secret 资源的变化,进而触发 xDS 配置的生成与下发:

```
func (s *Server) initSDSServer() {
    if s.kubeClient == nil{
        return
    }
    if !features.EnableXDSIdentityCheck{
        log.Warnf("skipping Kubernetes credential reader; 
PILOT_ENABLE_XDS_IDENTITY_CHECK must be set to true for this feature.")
    } else {
        // 初始化多集群的 Secret 控制器
        creds := kubecredentials.NewMulticluster(s.clusterID)
        // 注册 Secret 事件回调处理函数,当 Secret 更新时触发 xDS 的推送
        creds.AddSecretHandler(func(name string, namespace string) {
            s.XDSServer.ConfigUpdate(&model.PushRequest{
                Full: false,
                ConfigsUpdated: map[model.ConfigKey]struct{}{
                    {
                        Kind:      kind.Secret,
                        Name:      name,
                        Namespace: namespace,
                    }: {},
                },
                Reason: []model.TriggerReason{model.SecretTrigger},
            })
        })
        // 注册 SDS 生成器、Gateway 证书
        s.XDSServer.Generators[v3.SecretType] = xds.NewSecretGen(creds,
s.XDSServer.Cache, s.clusterID, s.environment.Mesh())
        // 为多集群发现控制器注册 Secret 事件回调处理函数
        s.multiclusterController.AddHandler(creds)
        if ecdsGen, 
found :=s.XDSServer.Generators[v3.ExtensionConfigurationType]; found{
            ecdsGen.(*xds.EcdsGenerator).SetCredController(creds)
        }
    }
}
```

22.1.3　Istio CA 的启动

Istio CA 的启动通过 startCA 函数实现，其主要通过 RunCA 将 CA 服务器的接口注册到 gRPC 服务器上，这样就能与 xDS 的 Pilot 复用同一个 gRPC 服务器了：

```
// StartCA 启动 CA 或 RA 服务器
func (s *Server) startCA(caOpts *caOptions) {
    if s.CA == nil && s.RA == nil{
        return
    }
    s.addStartFunc(func(stop <-chan struct{}) error {
        grpcServer := s.secureGrpcServer
        if s.secureGrpcServer == nil{
            grpcServer = s.grpcServer
        }
        if s.RA != nil{
            log.Infof("Starting RA")
            // 注册 RA 到 gRPC 服务器
            s.RunCA(grpcServer, s.RA, caOpts)
        } else if s.CA != nil {
            log.Infof("Starting IstioD CA")
            // 注册 CA 到 gRPC 服务器
            s.RunCA(grpcServer, s.CA, caOpts)
        }
        return nil
    })
}
```

RunCA 的实现如下，其中会创建 CA 服务器，并将其 CreateCertificate 接口注册到 gRPC 服务器上，之后便可以为工作负载签发证书了：

```
func (s *Server) RunCA(grpc *grpc.Server, ca caserver.CertificateAuthority, opts *caOptions) {
    ……
    // 创建 CA 服务器
    caServer, startErr := caserver.New(ca, maxWorkloadCertTTL.Get(), opts.Authenticators)
    if startErr != nil{
        log.Fatalf("failed to create istio ca server: %v", startErr)
    }
    ……
    // 将 caServer 接口注册到 gRPC 服务器
    caServer.Register(grpc)
```

```
    log.Info("Istiod CA has started")
}
```

22.2 关键代码解析

Citadel 初始化及启动的主要逻辑是启动一系列独立的功能模块，下面选取核心的 CA 服务器和 SecretsController 来深入剖析 Citadel 是如何工作的。

22.2.1 CA 服务器的核心原理

CA 服务器在本质上是一个 gRPC 服务器，对外提供 CreateCertificate 接口，用于处理 CSR 请求。CA 服务器默认基于 TLS 证书接收安全的 gRPC 连接。如图 22-1 所示，CA 服务器通过 CreateCertificate 接口处理 CSR 请求。

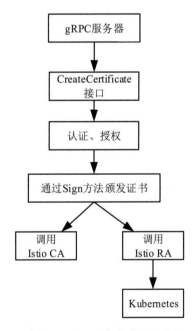

图 22-1 CA 服务器的处理流程

Istio 所有工作负载证书的签发归根结底都会通过 CreateCertificate 接口进行。CA 服务器 CreateCertificate 接口的主要实现流程如下。

（1）认证客户端，获取客户端的身份，用于签发证书。

（2）调用 CertificateAuthority 接口的 Sign 方法，为工作负载签发新的证书。

（3）当前 CertificateAuthority 接口的实现对象是 IstioCA 和 KubernetesRA，因此 CA 服务器在运行时会动态选择是使用 IstioCA 自签证书还是使用 Kubernetes 签发证书。

CreateCertificate 接口的实现代码如下：

```go
func (s *Server) CreateCertificate(ctx context.Context, request
*pb.IstioCertificateRequest) (*pb.IstioCertificateResponse, error) {
    // 认证客户端
    caller := Authenticate(ctx, s.Authenticators)
    if caller == nil{
        s.monitoring.AuthnError.Increment()
        return nil, status.Error(codes.Unauthenticated, "request authenticate failure")
    }
    crMetadata := request.Metadata.GetFields()
    certSigner := crMetadata[security.CertSigner].GetStringValue()
    _, _, certChainBytes, rootCertBytes := s.ca.GetCAKeyCertBundle().GetAll()
    certOpts := ca.CertOpts{
        SubjectIDs: caller.Identities,
        TTL:        time.Duration(request.ValidityDuration) * time.Second,
        ForCA:      false,
        CertSigner: certSigner,
    }
    // 根据 CSR，通过 CA 或者 RA 签发工作负载证书
    if certSigner == ""{
        cert, signErr = s.ca.Sign([]byte(request.Csr), certOpts)
    } else {
        respCertChain, signErr = s.ca.SignWithCertChain([]byte(request.Csr), certOpts)
……
    respCertChain := []string{string(cert)}
    //添加根证书，构造证书链
    if len(certChainBytes) != 0{
        respCertChain = append(respCertChain, string(certChainBytes))
    }
    respCertChain = append(respCertChain, string(rootCertBytes))
    response := &pb.IstioCertificateResponse{
        CertChain: respCertChain,
    }
```

```
        s.monitoring.Success.Increment()
        serverCaLog.Debug("CSR successfully signed.")
        return response, nil
}
```

22.2.2 证书签发实体 IstioCA

主要的证书签发实体 IstioCA 的结构体定义如下：

```
// IstioCA 为工作负载生成表示 Istio 身份的证书密钥对
type IstioCA struct {
    defaultCertTTL time.Duration
    maxCertTTL     time.Duration
    caRSAKeySize   int
    // CA 机构使用的根证书
    keyCertBundle  *util.KeyCertBundle
    // 根证书轮转器周期性地轮转自签根证书
    rootCertRotator *SelfSignedCARootCertRotator
}
```

其中，defaultCertTTL 和 maxCertTTL 是证书的有效期属性。defaultCertTTL 是默认的证书有效期，maxCertTTL 是允许的最长证书有效期，用于限制 Citadel 可签发证书的最长有效期，当请求签发的证书 TTL 超过最长有效期时，IstioCA 将会返回签发失败错误。

keyCertBundle 是具有本地缓存功能的抽象接口，缓存 CA 颁发证书所用的材料（公私钥对、根证书等）。

IstioCA 之所以可用于工作负载证书签发，是因为其实现了 CertificateAuthority 接口，通过 IstioCA.Sign 方法来签发证书，IstioCA.GetCAKeyCertBundle 用于获取前面讲到的 keyCertBundle，进而获取证书签发材料：

```
// CertificateAuthority 是 IstioCA 必须实现的接口
type CertificateAuthority interface {
    // 根据 CSR 及 TTL 为工作负载签发证书
    Sign(csrPEM []byte, opts ca.CertOpts) ([]byte, error)
    // 与 Sign 方法的功能类似，但是返回工作负载证书及全部的证书链
    SignWithCertChain(csrPEM []byte, opts ca.CertOpts) ([]string, error)
    // GetCAKeyCertBundle 返回 CA 使用的 KeyCertBundle
    GetCAKeyCertBundle() *util.KeyCertBundle
}
IstioCA 的 Sign 方法如下：
// 根据 CSR 和其他一些有效期、SAN 等签发证书
```

22.2 关键代码解析

```go
func (ca *IstioCA) Sign(csrPEM []byte, certOpts CertOpts) (
    []byte, error) {
    return ca.sign(csrPEM, certOpts.SubjectIDs, certOpts.TTL, true,
certOpts.ForCA)
}

func (ca *IstioCA) sign(csrPEM []byte, subjectIDs []string, requestedLifetime time.Duration, checkLifetime, forCA bool) ([]byte, error) {
    signingCert, signingKey, _, _ := ca.keyCertBundle.GetAll()
    if signingCert == nil{
        return nil, caerror.NewError(caerror.CANotReady, fmt.Errorf("Istio CA is not ready"))
    }
    // 解析 CSR
    csr, err := util.ParsePemEncodedCSR(csrPEM)
    if err != nil{
        return nil, caerror.NewError(caerror.CSRError, err)
    }

    lifetime := requestedLifetime
    // 如果 requestedLifetime 无效，则使用默认的证书有效期
    if requestedLifetime.Seconds() <= 0{
        lifetime = ca.defaultCertTTL
    }
    // 检查证书的有效期是否合法
    if checkLifetime && requestedLifetime.Seconds() > ca.maxCertTTL.Seconds(){
        return nil, caerror.NewError(caerror.TTLError, fmt.Errorf(
            "requested TTL %s is greater than the max allowed TTL %s",
requestedLifetime, ca.maxCertTTL))
    }
    // 底层调用 Golang x509 包来创建新的 x509 证书
    certBytes, err := util.GenCertFromCSR(csr, signingCert, csr.PublicKey,
*signingKey, subjectIDs, lifetime, forCA)
    if err != nil{
        return nil, caerror.NewError(caerror.CertGenError, err)
    }

    block := &pem.Block{
        Type:  "CERTIFICATE",
        Bytes: certBytes,
    }
    cert := pem.EncodeToMemory(block)
```

```
        return cert, nil
    }
```

证书签发利用了 Golang x509 标准库的方法，感兴趣的读者请自行学习 Golang crtpto/x509 包的源码。

Istio RA 是 Istio 借助 Kubernetes 为工作负载签发证书的机构，同样实现了 CertificateAuthority 接口，与 CA 模式的区别是，它只是将 CSR 请求转发给 Kubernetes API 服务器，然后等待证书签发完成即可。Istio RA 签发证书的具体实现如下：

```
    func (r *KubernetesRA) kubernetesSign(csrPEM []byte, caCertFile string,
certSigner string,
        requestedLifetime time.Duration,
    ) ([]byte, error) {
        certSignerDomain := r.certSignerDomain
        if certSignerDomain == "" && certSigner != ""{
            return nil, raerror.NewError(raerror.CertGenError,
fmt.Errorf("certSignerDomain is requiered for signer %s", certSigner))
        }
        if certSignerDomain != "" && certSigner != ""{
            certSigner = certSignerDomain + "/" + certSigner
        } else {
            certSigner = r.raOpts.CaSigner
        }
        usages := []cert.KeyUsage{
            cert.UsageDigitalSignature,
            cert.UsageKeyEncipherment,
            cert.UsageServerAuth,
            cert.UsageClientAuth,
        }
        certChain, _, err := chiron.SignCSRK8s(r.csrInterface, csrPEM, certSigner,
usages, "", caCertFile, true, false, requestedLifetime)
        if err != nil{
            return nil, raerror.NewError(raerror.CertGenError, err)
        }
        return certChain, err
    }

    // Sign方法根据CSR和其他属性，通过Kubernetes来签发证书
    func (r *KubernetesRA) Sign(csrPEM []byte, certOpts ca.CertOpts) ([]byte, error)
{
        _, err := preSign(r.raOpts, csrPEM, certOpts.SubjectIDs, certOpts.TTL,
```

22.2 关键代码解析

```go
certOpts.ForCA)
        if err != nil{
            return nil, err
        }
        certSigner := certOpts.CertSigner

        return r.kubernetesSign(csrPEM, r.raOpts.CaCertFile, certSigner,
certOpts.TTL)
    }
    // SignCSRK8s 通过创建 Kubernetes CSR 签发证书
    // 1.创建一个 CSR
    // 2.批准上一步创建的 CSR
    // 3.读取签署的证书
    // 4.删除 CSR
    func SignCSRK8s(client clientset.Interface, csrData []byte, signerName string,
usages []certv1.KeyUsage,
        dnsName, caFilePath string, approveCsr, appendCaCert bool,
requestedLifetime time.Duration,
    ) ([]byte, []byte, error) {
        var err error
        v1Req := false

        // 1.创建一个 CSR
        csrName, v1CsrReq, v1Beta1CsrReq, err := submitCSR(client, csrData,
signerName, usages, csrRetriesMax, requestedLifetime)
        if err != nil{
            return nil, nil, fmt.Errorf("unable to submit CSR request (%v). Error: %v",
csrName, err)
        }
        log.Debugf("CSR (%v) has been created", csrName)
        if v1CsrReq != nil{
            v1Req = true
        }

        // 4.删除 CSR
        defer func(){
            _ = cleanUpCertGen(client, v1Req, csrName)
        }()

        // 2.批准上一步创建的 CSR
        if approveCsr{
            csrMsg := fmt.Sprintf("CSR (%s) for the certificate (%s) is approved",
```

```
csrName, dnsName)
        err = approveCSR(csrName, csrMsg, client, v1CsrReq, v1Beta1CsrReq)
        if err != nil{
            return nil, nil, fmt.Errorf("unable to approve CSR request.
Error: %v", err)
        }
        log.Debugf("CSR (%v) is approved", csrName)
    }

    // 3.读取签署的证书
    certChain, caCert, err :=readSignedCertificate(client,
        csrName, certWatchTimeout, certReadInterval, maxNumCertRead,
caFilePath, appendCaCert, v1Req)
    if err != nil{
        return nil, nil, err
    }

    return certChain, caCert, err
}
```

22.2.3 CredentialsController 的创建和核心原理

CredentialsController 的主要职责是监听 Kubernetes Secret，然后为 SDS 生成器服务，为网关提供 SDS 配置，还可以为 ECDS Generator 提供 Wasm 镜像的下载证书。CredentialsController 主要通过以下接口提供鉴权及获取公钥、私钥和 CA 证书的功能：

```
type Controller interface {
    // 获取公钥和私钥
    GetKeyAndCert(name, namespace string) (key []byte, cert []byte)
    // 获取 CA 证书
    GetCaCert(name, namespace string) (cert []byte)
    // 获取 Docker 镜像的下载证书
    GetDockerCredential(name, namespace string) (cred []byte, err error)
    // 鉴权
    Authorize(serviceAccount, namespace string) error
    // 注册 Secret 事件处理函数
    AddEventHandler(func(name, namespace string))
}
```

22.2 关键代码解析

1. CredentialsController 的创建

CredentialsController 通过 NewCredentialsController 构造函数进行初始化，在单控制面多集群模型中，Citadel 为每个集群都创建了一个 SecretsController，负责当前集群自身证书的获取。NewCredentialsController 的实现如下：

```go
func NewCredentialsController(client kube.Client, clusterID cluster.ID)
*CredentialsController {
    informer := client.KubeInformer().InformerFor(&v1.Secret{}, func(k
kubernetes.Interface, resync time.Duration) cache.SharedIndexInformer {
        return informersv1.NewFilteredSecretInformer(
            k, metav1.NamespaceAll, resync,
cache.Indexers{cache.NamespaceIndex: cache.MetaNamespaceIndexFunc},
            func(options *metav1.ListOptions) {// 过滤掉不需要的Secret}
        )
    })
    // 忽略不需要的字段，减少内存占用
    _ = informer.SetTransform(kube.StripUnusedFields)

    return &CredentialsController{
        secretInformer:      informer,
        secretLister:        listersv1.NewSecretLister(informer.GetIndexer()),
        sar:                 client.Kube().AuthorizationV1().SubjectAccessReviews(),
        authorizationCache:
make(map[authorizationKey]authorizationResponse),
    }
}
```

其中，最重要的部分是由 cache.NewInformer 创建 Secret Informer，用于监听 Secret 对象，并注册了资源事件处理回调函数。CredentialsController 关心的事件只有 Secret 的 ADD、UPDATE、DELETE 事件。

除此之外，CredentialsController 还提供了授权功能接口，供 Secret Generator 校验 Proxy 是否具有读证书的权限，该功能为用户证书提供了一定的安全保障。

2. CredentialsController 的核心原理

CredentialsController 通过监听 Secret 的变化来维护合法、有效的证书，以供 Envoy 代理使用。

由前面可知，Secret 资源对象的 ResourceEventHandler 事件回调函数由 AddEventHandler

注册：

```
func (s *CredentialsController) AddEventHandler(h func(name string, namespace string)) {
    // 在 Informer 启动前注册回调处理函数
    s.secretInformer.AddEventHandler(controllers.ObjectHandler(func(o controllers.Object) {
        h(o.GetName(), o.GetNamespace())
    }))
}
```

Secret 真正的回调函数在 SDS 服务器的初始化函数 initSDSServer 中注册，触发 SDS 推送：

```
creds.AddSecretHandler(func(name string, namespace string) {
    s.XDSServer.ConfigUpdate(&model.PushRequest{
        Full: false,
        ConfigsUpdated: map[model.ConfigKey]struct{}{
            {
                Kind:      kind.Secret,
                Name:      name,
                Namespace: namespace,
            }: {},
        },
        Reason: []model.TriggerReason{model.SecretTrigger},
    })
})
```

CredentialsController 其他功能接口的实现相对简单，这里不再一一讲解。

22.3　本章小结

Citadel 的功能模块设计遵循松耦合、低内聚的原则，功能模块之间相互独立，用户可根据实际需求选择 CA 服务器。Istio 证书的签发和管理绝不仅仅是 Citadel 一个模块的事情，还有重要的参与者 Pilot-agent，希望读者结合 Pilot-agent 和对本章的学习，深入理解 Istio 的证书签发和证书轮转机制。

第 23 章　Galley 源码解析

Galley 作为 Istio 配置管理的核心组件，是一种典型的 Kubernetes 准入控制器，主要用于 Istio API 校验，也可用于维护自身的配置 ValidatingWebhookConfiguration。本章主要从 Galley 的启动流程及关键模块的源码实现角度进行讲解。

23.1　启动流程

自 Istiod 出现后，Galley 的启动及初始化流程都被合并到 Pilot 的启动过程中了，其初始化入口位于 istio.io/istio/pilot/pkg/bootstrap/server.go 中。

API 校验准入控制器初始化的代码如下：

```
if s.kubeClient != nil{
    // 初始化 Webhook 服务器
    s.initSecureWebhookServer(args)
    // 初始化 Sidecar Injector 准入控制器
    wh, err = s.initSidecarInjector(args)
    if err != nil{
        return nil, fmt.Errorf("error initializing sidecar injector: %v", err)
    }
    // 初始化 Galley API 校验控制器
    if err := s.initConfigValidation(args); err != nil {
        return nil, fmt.Errorf("error initializing config validator: %v", err)
    }
}
```

Istio 控制面归一后，Sidecar Injector 和 Galley Webhook 服务器也合并了，因此首先通过 initSecureWebhookServer 初始化 HTTP 服务器，然后通过 initConfigValidation 向 HTTP 服务器注册处理方法，最后通过 NewValidatingWebhookController 初始化 ValidatingWebhookConfiguration 控制器，动态维护 Galley 的 Webhook 配置。

23.1.1　Galley WebhookServer 的初始化

（1）初始化 HTTPS 服务器并注册就绪检查处理方法：

```go
func (s *Server) initSecureWebhookServer(args *PilotArgs) {
    log.Info("initializing secure webhook server for istiod webhooks")
    // 创建 HTTP 请求多路复用器
    s.httpsMux = http.NewServeMux()
    // 创建 Webhook 服务器
    s.httpsServer = &http.Server{
        Addr:    args.ServerOptions.HTTPSAddr,
        Handler: s.httpsMux,
        TLSConfig: &tls.Config{
            GetCertificate: s.getIstiodCertificate, // 自动轮转证书
            MinVersion:     tls.VersionTLS12,
            CipherSuites:   args.ServerOptions.TLSOptions.CipherSuits,
        },
    }

    // 注册 HTTPS 服务器就绪检查方法
    s.httpsMux.HandleFunc(HTTPSHandlerReadyPath, func(w http.ResponseWriter, _ *http.Request) {
        w.WriteHeader(http.StatusOK)
    })
    s.httpsReadyClient = &http.Client{
        Timeout: time.Second,
        Transport: &http.Transport{
            TLSClientConfig: &tls.Config{
                InsecureSkipVerify: true,
            },
        },
    }
    s.addReadinessProbe("Secure Webhook Server", s.webhookReadyHandler)
}
```

（2）初始化配置校验，核心校验逻辑位于 istio.io/istio/pkg/config/validation 包中：

```go
o.Mux.HandleFunc("/validate", wh.serveValidate)
```

23.1.2　ValidatingWebhookConfiguration 控制器的初始化

ValidatingWebhookConfiguration 控制器是一个典型的 Kubernetes Operator，负责根据

外部事件动态更新 ValidatingWebhookConfiguration。触发控制器工作的主要外部事件有 ①ValidatingWebhookConfiguration 的增、删、改事件，②Istiod 证书的更新。代码如下：

```go
func newController(
    o Options,
    client kube.Client,
) *Controller {
    c := &Controller{
        o:           o,
        client:      client,
        queue:       workqueue.NewRateLimitingQueue(workqueue.
NewItemExponentialFailureRateLimiter(1*time.Second, 1*time.Minute)),
        webhookName: o.validatingWebhookName(),
    }
    // 初始化 Informer，监听 ValidatingWebhookConfiguration 对象
    webhookInformer := cache.NewSharedIndexInformer(
        &cache.ListWatch{
            ListFunc: func(opts metav1.ListOptions) (runtime.Object, error){
                opts.FieldSelector = fields.
OneTermEqualSelector("metadata.name", c.webhookName).String()
                return client.AdmissionregistrationV1().
ValidatingWebhookConfigurations().List(context.TODO(), opts)
            },
            WatchFunc: func(opts metav1.ListOptions) (watch.Interface, error){
                opts.FieldSelector =
fields.OneTermEqualSelector("metadata.name", c.webhookName).String()
                return client.AdmissionregistrationV1().
ValidatingWebhookConfigurations().Watch(context.TODO(), opts)
            },
        },
        &kubeApiAdmission.ValidatingWebhookConfiguration{}, 0,
cache.Indexers{},
    )
    // 注册事件处理方法
    webhookInformer.AddEventHandler(makeHandler(c.queue, configGVK))
    c.webhookInformer = webhookInformer

    return c
}
```

控制器的启动主要包含 Kubernetes Informer 的启动、CaBundle 监听器的启动和 reconcile worker 的启动：

```
func (c *Controller) Run(stop <-chan struct{}) {
    defer c.queue.ShutDown()
    go c.webhookInformer.Run(stop)
    if !cache.WaitForCacheSync(stop, c.webhookInformer.HasSynced){
        return
    }
    go c.startCaBundleWatcher(stop)
    go c.runWorker()
    <-stop
}
```

23.2 关键代码解析

23.1 节对 Galley Server 的启动进行了详细分析，可以看出 Galley 的主要工作就是监听、校验来自 Kubernetes 的配置创建及更新请求。本节选取典型的配置校验、配置监听、配置分发的整个流程来解析 Galley 的工作原理。

23.2.1 配置校验

Webhook Server 在初始化时会注册 API 配置校验 handler（serveValidate），处理路径是 /validate：

```
func New(o Options) (*Webhook, error) {
    if o.Mux == nil{
        scope.Error("mux not set correctly")
        return nil, errors.New("expected mux to be passed, but was not passed")
    }
    wh := &Webhook{
        schemas:      o.Schemas,
        domainSuffix: o.DomainSuffix,
    }

    o.Mux.HandleFunc("/validate", wh.serveValidate)
    o.Mux.HandleFunc("/validate/", wh.serveValidate)

    return wh, nil
}
```

Webhook Server 在启动后开始接收来自客户端的请求并对配置进行校验，最后返回校验结果，它主要通过 serveValidate 调用 serve 方法来实现对 Istio API 配置的校验。

serve 方法的实现如下，主要处理 Kube-apiserver 发送过来的 AdmissionRequest，最终将 admit 的结果封装并返回给用户：

```go
func serve(w http.ResponseWriter, r *http.Request, admit admitFunc) {
    var body []byte
    if r.Body != nil{
        // 读取请求体，这里为了内存安全，并没有直接使用 ioutil.ReadAll
        // 而是通过 io.LimitedReader 限制读取数据的大小
        if data, err := kube.HTTPConfigReader(r); err == nil{
            body = data
        } else {
            http.Error(w, err.Error(), http.StatusBadRequest)
            return
        }
    }
    ……
    var reviewResponse *kube.AdmissionResponse
    var obj runtime.Object
    var ar *kube.AdmissionReview
    // 解码请求数据
    if out, _, err := deserializer.Decode(body, nil, obj); err != nil{
        reviewResponse = toAdmissionResponse(fmt.Errorf("could not decode body: %v", err))
    } else {
    // 实现了一个 Admission 请求版本的转换器，支持 v1beta1 和 v1 两种版本的 Admission API
        ar, err = kube.AdmissionReviewKubeToAdapter(out)
        if err != nil{
            reviewResponse = toAdmissionResponse(fmt.Errorf("could not decode object: %v", err))
        } else {
            // 校验请求
            reviewResponse = admit(ar.Request)
        }
    }

    response := kube.AdmissionReview{}
    response.Response = reviewResponse
    var responseKube runtime.Object
    var apiVersion string
    if ar != nil{
        apiVersion = ar.APIVersion
```

```
            response.TypeMeta = ar.TypeMeta
            if response.Response != nil{
                if ar.Request != nil{
                    response.Response.UID = ar.Request.UID
                }
            }
        }
        // 实现了一个 Admission 响应版本的转换器，支持 v1beta1 和 v1 两种版本的 Admission API
        responseKube = kube.AdmissionReviewAdapterToKube(&response, apiVersion)
        resp, err := json.Marshal(responseKube)
        if err != nil{
            reportValidationHTTPError(http.StatusInternalServerError)
            http.Error(w, fmt.Sprintf("could encode response: %v", err),
http.StatusInternalServerError)
            return
        }
        if _, err := w.Write(resp); err != nil{
            reportValidationHTTPError(http.StatusInternalServerError)
            http.Error(w, fmt.Sprintf("could write response: %v", err),
http.StatusInternalServerError)
        }
    }
```

admit 参数就是 validate 方法，其实现如下。

（1）检查请求类型，只处理 Create、Update 两种类型的请求：

```
switch request.Operation{
case kube.Create, kube.Update:
default:
    scope.Warnf("Unsupported webhook operation %v", request.Operation)
    reportValidationFailed(request, reasonUnsupportedOperation)
    return &kube.AdmissionResponse{Allowed: true}
}
```

（2）将数据进行格式转换、校验。在 Istio Schema 中保存了 Istio 所有的 API 配置信息及校验方法。通过数据对象的类型即可在 Schema 中找到相应的校验方法，对数据进行校验：

```
var obj crd.IstioKind
if err := json.Unmarshal(request.Object.Raw, &obj); err != nil{
    scope.Infof("cannot decode configuration: %v", err)
    reportValidationFailed(request, reasonYamlDecodeError)
    return toAdmissionResponse(fmt.Errorf("cannot decode configuration: %v",
```

```go
err))
    }

    gvk := obj.GroupVersionKind()

    s, exists := wh.schemas.FindByGroupVersionAliasesKind(resource.
FromKubernetesGVK(&gvk))
    if !exists{
        scope.Infof("unrecognized type %v", obj.GroupVersionKind())
        reportValidationFailed(request, reasonUnknownType)
        return toAdmissionResponse(fmt.Errorf("unrecognized type %v",
obj.GroupVersionKind()))
    }
    // 将 Kubernetes 对象转换成 Istio API 对象
    out, err := crd.ConvertObject(s, &obj, wh.domainSuffix)
    if err != nil{
        scope.Infof("error decoding configuration: %v", err)
        reportValidationFailed(request, reasonCRDConversionError)
        return toAdmissionResponse(fmt.Errorf("error decoding configuration: %v",
err))
    }
    // 校验 Istio API 对象
    warnings, err := s.Resource().ValidateConfig(*out)
    if err != nil{
        scope.Infof("configuration is invalid: %v", err)
        reportValidationFailed(request, reasonInvalidConfig)
        return toAdmissionResponse(fmt.Errorf("configuration is invalid: %v", err))
    }

    if reason, err := checkFields(request.Object.Raw, request.Kind.Kind,
request.Namespace, obj.Name); err != nil{
        reportValidationFailed(request, reason)
        return toAdmissionResponse(err)
    }

    reportValidationPass(request)
    return &kube.AdmissionResponse{Allowed: true, Warnings:
toKubeWarnings(warnings)}
```

每种 API 对象的 ValidateConfig 都在 pkg/config/schema/collections/collections.gen.go 中注册，而且各不相同。

23.2.2　Validating 控制器的实现

ValidatingWebhookConfiguration 控制器的主要职责是动态更新 ValidatingWebhookConfiguration，其原理是根据 ValidatingWebhookConfiguration 及 CaBundle 的变化进行 ValidatingWebhookConfiguration 对象的重新调协（Reconcile）：

```go
func newController(
    o Options,
    client kube.Client,
) *Controller {
    c := &Controller{
        o:      o,
        client: client,
        queue:  workqueue.NewRateLimitingQueue(workqueue.NewItemExponentialFailureRateLimiter(1*time.Second, 5*time.Minute)),
    }
    // 创建 ValidatingWebhookConfiguration Informer
    webhookInformer := cache.NewSharedIndexInformer(
        &cache.ListWatch{
            ListFunc: func(opts metav1.ListOptions) (runtime.Object, error){
                opts.LabelSelector = fmt.Sprintf("%s=%s", label.IoIstioRev.Name, o.Revision)
                return client.Kube().AdmissionregistrationV1().ValidatingWebhookConfigurations().List(context.TODO(), opts)
            },
            WatchFunc: func(opts metav1.ListOptions) (watch.Interface, error){
                opts.LabelSelector = fmt.Sprintf("%s=%s", label.IoIstioRev.Name, o.Revision)
                return client.Kube().AdmissionregistrationV1().ValidatingWebhookConfigurations().Watch(context.TODO(), opts)
            },
        },
        &kubeApiAdmission.ValidatingWebhookConfiguration{}, 0, cache.Indexers{},
    )
    // 注册 ValidatingWebhookConfiguration 回调方法
    webhookInformer.AddEventHandler(makeHandler(c.queue, configGVK))
    c.webhookInformer = webhookInformer

    return c
}
```

ValidatingWebhookConfiguration 回调方法在这里的主要作用是发送调协请求：

```go
func makeHandler(queue workqueue.Interface, gvk schema.GroupVersionKind) *cache.ResourceEventHandlerFuncs {
    return &cache.ResourceEventHandlerFuncs{
        AddFunc: func(curr any){
            obj, err := meta.Accessor(curr)
            ……
            req :=reconcileRequest{
                event:       updateEvent,
                webhookName: obj.GetName(),
                description: fmt.Sprintf("add event (%v, Kind=%v) %v", gvk.GroupVersion(), gvk.Kind, key),
            }
            // Add 事件，发送调协请求
            queue.Add(req)
        },
        UpdateFunc: func(prev, curr any){
            ……
            req := reconcileRequest{
                event:       updateEvent,
                webhookName: currObj.GetName(),
                description: fmt.Sprintf("update event (%v, Kind=%v) %v", gvk.GroupVersion(), gvk.Kind, key),
            }
            // update 事件，发送调协请求
            queue.Add(req)
        },
    }
}
```

CaBundle 的变化同样会触发 ValidatingWebhookConfiguration 调协：

```go
func (c *Controller) startCaBundleWatcher(stop <-chan struct{}) {
    if c.o.CABundleWatcher == nil {
        return
    }
    id, watchCh := c.o.CABundleWatcher.AddWatcher()
    defer c.o.CABundleWatcher.RemoveWatcher(id)
    // 在初始化时触发更新
    watchCh <- struct{}{}
    for {
        select {
```

```
        case <-watchCh:
            c.queue.AddRateLimited(reconcileRequest{
                updateEvent,
                "CA bundle update",
                "",
            })
        case <-stop:
            return
        }
    }
}
```

ValidatingWebhookConfiguration 的调协由控制器工作线程执行，先读取队列，然后获取最新的 CaBundle，接着更新 ValidatingWebhookConfiguration 对象：

```
func (c *Controller) processNextWorkItem() (cont bool) {
    obj, shutdown := c.queue.Get()
    if shutdown{
        return false
    }
    defer c.queue.Done(obj)
    ......
    if err := c.reconcileRequest(req); err != nil{
        c.queue.AddRateLimited(&reconcileRequest{
            event:       retryEvent,
            description: "retry reconcile request",
        })
        utilruntime.HandleError(err)
    } else {
        c.queue.Forget(obj)
    }
    return true
}
func (c *Controller) reconcileRequest(req *reconcileRequest) error {
    // 检查在集群中是否存在 ValidatingWebhookConfiguration
    configuration, err := c.client.AdmissionregistrationV1().
ValidatingWebhookConfigurations().Get(context.Background(), c.webhookName,
metav1.GetOptions{})
    if err != nil{
        if kubeErrors.IsNotFound(err){
            scope.Infof("Skip patching webhook, webhook %q not found",
c.webhookName)
            return nil
```

```
        }
        return err
    }
    // 获取 CaBundle
    caBundle, err := c.loadCABundle()
    if err != nil{
        scope.Errorf("Failed to load CA bundle: %v", err)
        reportValidationConfigLoadError(err.(*configError).Reason())
        return nil
    }
    // 设置失败策略
    failurePolicy := kubeApiAdmission.Ignore
    ready := c.readyForFailClose()
    if ready{
        failurePolicy = kubeApiAdmission.Fail
    }
    // 调用更新配置方法
    return c.updateValidatingWebhookConfiguration(configuration, caBundle, failurePolicy)
}
```

更新通知主要由 ValidatingWebhookConfiguration 的更新和 Istiod 证书的变化触发，在任一事件发生时，其事件处理方法都会将更新通知发送到队列中，然后由控制器调协。

23.3 本章小结

本章从源码角度详细介绍了 Galley 作为 Admission Webhook 服务器是如何进行 Istio API 对象校验及如何维护 ValidatingWebhookConfiguration 的。在 Istio 控制面变为单体 Istiod 之后，Galley 的配置资源获取及分发等功能已被全部转移到 Pilot 中，现在的 Galley 变得更加轻量，职责更加单一。

第 24 章 Pilot-agent 源码解析

Pilot-agent 是 Istio 提供的进程，在注入 istio-proxy 容器时被启动，负责数据面代理 Envoy 进程的启动及生命周期维护、Envoy 与控制面 Istiod 进程的通信中转、证书的创建与轮转、健康检查探测等工作。本章主要从进程的启动及监控、xDS 转发服务、SDS 证书服务、健康检查模块代码等方面介绍 Pilot-agent。

24.1 整体架构

Istio 对应用 Pod 自动注入 istio-proxy 容器时，实际上首先启动了 Pilot-agent 进程，Pilot-agent 进程的通信架构图如图 24-1 所示。

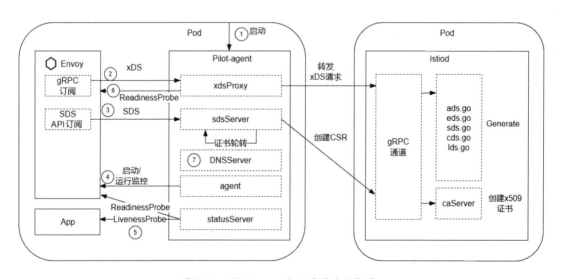

图 24-1 Pilot-agent 进程的通信架构图

结合图 24-1，Pilot-agent 进程的主要作用如下。

- Pod 启动注入的 istio-proxy 容器时，首先启动 Pilot-agent 进程。
- Pilot-agent 进程启动中会创建独立 xDS 转发线程 xdsProxy，接收 Envoy 的 UDS 连接 etc/istio/proxy/XDS，并负责转发由 Envoy 进程发送到控制面的 xDS 请求。
- Pilot-agent 进程启动中会创建独立的 SDS 处理线程 sdsServer，接收从 Envoy 进程间的 UDS 连接 etc/istio/proxy/SDS 发送来的 SDS 请求，并负责根据该 SDS 请求生成 CSR 证书来创建 CSR 请求，然后将该 CSR 请求通过与 Istio 控制面建立的 gRPC 通道转发到 Istio 控制面上的 Citadel 服务。在证书创建成功后，由控制面 Istiod 返回新创建的证书给 Pilot-agent 进程，并在 Pilot-agent 进程内存中保存证书信息，然后 Pilot-agent 进程将证书通过 UDS 返回给 Envoy 进程，当 Pilot-agent 进程监控到证书即将过期时，将主动创建证书申请请求并发送到控制面，接着保存更新后的证书。
- Pilot-agent 进程启动后，将拉起 Envoy 进程，并通过命令行参数传递 Envoy 启动配置文件。启动完成后，Pilot-agent 进程将使用独立线程监控 Envoy 进程的存活状态，如果 Envoy 进程不存在，则 Pilot-agent 进程自行退出，导致 Pod 重启。这个监控只能判断 Envoy 进程是否存在，无法判断其是否处于正常的工作状态。
- 可以在应用 Pod 中配置 LivenessProbe 和 ReadinessProbe，其中 LivenessProbe 用于探测应用容器是否存在，ReadinessProbe 用于探测应用容器是否可以开始接收请求，这两个选项默认为不开启，这样只要 istio-proxy 容器启动后处于就绪状态，Pod 就会显示为运行中。istio-proxy 容器的运行状态可通过 istio-proxy 容器注入配置中的 ReadinessProbe 参数设置，其用于监控 istio-proxy 容器内的 Pilot-agent 进程及 Envoy 进程是否处于就绪状态。这里的 LivenessProbe 和 ReadinessProbe 的探测主动发起者为节点内的 kubelet 进程。
- 除了由 kubelet 进程发起的 ReadinessProbe 探测，Pilot-agent 进程也可以作为 ReadinessProbe 探测的定期发起者。此功能默认不开启，可以通过应用容器 Deployment 文件设置 Istio 注解 proxy.istio.io/config 来开启。
- Pilot-agent 进程还可以当作 DNS 服务器使用，解决容器和虚拟机混合部署情况下虚拟机的 DNS 对容器服务的解析问题。通过修改 iptables 规则将 53 端口的本地 DNS 解析请求转发到 Pilot-agent 进程的 15053 端口，这样可以优先对容器内的服务进行解析，如果找不到目标服务对应的 DNS 地址项，再将 DNS 解析请求发送到上游的 kube-dns。此功能默认不开启，可以通过应用容器 Deployment 文件设置 Istio 注解 proxy.istio.io/config 来开启。原理可参考架构篇中的相关介绍。

24.2 启动及监控

Pilot-agent 进程的首要功能是作为 istio-proxy 容器的启动入口进程，Pilot-agent 进程在启动时对命令行参数、环境变量、Pod 的 metadata 等信息进行加工，并创建 Envoy 进程启动配置文件 /etc/istio/proxy/envoy-rev0.json，然后 Pilot-agent 进程启动 Envoy 进程并监控进程的运行状态（是否退出），只要 Envoy 进程退出，则整个 Pod 重启。Pilot-agent 进程的启动架构如图 24-2 所示。

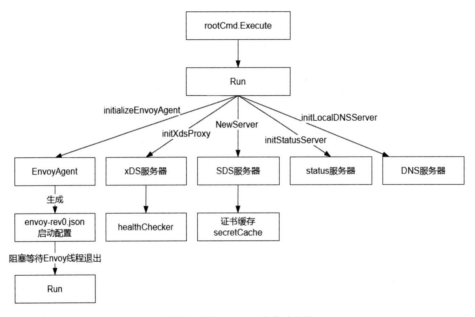

图 24-2　Pilot-agent 的启动架构

Pilot-agent 进程的启动入口位于 cmd/pilot-agent/main.go 的 main 方法中，其使用 NewRootCommand 通过 spf13 库注册 proxyCmd 对象，最后在 main 方法中运行 rootCmd 对象 Execute，触发 proxyCmd 回调方法：

```
func NewRootCommand() *cobra.Command {
    ……
    proxyCmd := newProxyCommand()
……
func main() {
    log.EnableKlogWithCobra()
    rootCmd := app.NewRootCommand()
```

```
        if err := rootCmd.Execute(); err != nil {
......
```

NewRootCommand 负责通过 Agent 创建 xds_proxy、sdsServer 等服务，并创建 statusServer 服务，初始化完毕后，通过 agent.Run 阻塞等待 Pilot-agent 进程退出，其中 initStatusServer 工作流程将在健康检查部分进行介绍：

```
func newProxyCommand() *cobra.Command {
    return &cobra.Command{
......
            if proxyConfig.StatusPort > 0 {
                if err := initStatusServer(ctx, proxy, proxyConfig,
agentOptions.EnvoyPrometheusPort, agent); err != nil { # 启动 status 监控服务
......
            wait, err := agent.Run(ctx) # Agent 初始化
            if err != nil {
                return err
            }
            wait() # 等待 Pilot-agent 进程运行结束
```

Agent.Run 方法负责创建本地 DNS 服务器、证书缓存管理器 secretCache、响应 Envoy SDS 请求的 SDS 服务器 sdsServer、响应 xDS 请求的转发器 xdsProxy，并生成 Envoy 启动配置文件 envoy-rev0.json，创建用于应用运行状态监测的 statusServer，最后启动 Envoy 子进程并进行监控：

```
func (a *Agent) Run(ctx context.Context) (func(), error) {
    var err error
    if err = a.initLocalDNSServer(); err != nil { # 创建可选的本地 DNS 服务器
......
        err = a.initSdsServer() # 创建 SDS 服务器
......
    a.xdsProxy, err = initXdsProxy(a) # 创建 xDS 转发代理服务器
......
        err = a.initializeEnvoyAgent(ctx, credentialSocketExists)
        #创建 Envoy-rev0.json 启动配置文件
        go func() {
            defer a.wg.Done()# Envoy 进程一旦退出，则通知主线程 wait 退出
......
            a.envoyAgent.Run(ctx) # 阻塞启动 Envoy 进程，等待进程退出
......
```

这里只简要介绍本地 DNS 服务的创建，其入口为 initLocalDNSServer，Pilot-agent 进

程根据启动配置中是否包含环境变量 ISTIO_META_DNS_CAPTURE，判断是否使用 NewLocalDNSServer 创建本地 DNS 服务器，默认为不开启。如果希望开启此环境变量，可以配置 Istio 支持的 proxyMetadata 注解，应用容器的 Deployment 文件配置如下：

```
spec:
……
    annotations:
      ……
      proxy.istio.io/config: |
        proxyMetadata:
          ISTIO_META_DNS_CAPTURE: "true"
```

配置开启后，将观察到 Pilot-agent 进程启动了 15053 监听端口。

接下来介绍 Pilot-agent 进程内启动 Envoy 进程的相关流程，其他部分在后面详细介绍。

Agent.initializeEnvoyAgent 负责创建 Envoy 启动配置文件 envoy-rev0.json，0 表示 epoch 值。generateNodeMetadata 用于获取 Pod 元数据，然后根据元数据通过 bootstrap.New 创建 instance 配置文件处理器并调用 CreateFileForEpoch 方法。相关代码如下：

```
func (a *Agent) initializeEnvoyAgent(ctx context.Context,
credentialSocketExists bool) error {
    node, err := a.generateNodeMetadata()
    ……
    out, err := bootstrap.New(bootstrap.Config{
        Node: node,
    }).CreateFile()
    ……
    a.envoyAgent = envoy.NewAgent(envoyProxy, drainDuration,
a.cfg.MinimumDrainDuration, localHostAddr,
    ……
```

instance.CreateFile 首先通过 GetEffectiveTemplatePath 获取 Envoy 启动配置的模板文件 /var/lib/istio/envoy/envoy_bootstrap_tmpl.json，然后调用 instance.WriteTo 将实际的启动参数填写到配置模板中，并生成 /etc/istio/proxy/envoy-rev.json 文件：

```
func (i *instance) CreateFile() (string, error) {
    ……
    templateFile := GetEffectiveTemplatePath(i.Metadata.ProxyConfig)
    # 输入模板文件 envoy_bootstrap_tmpl.json
    outputFilePath := configFile(i.Metadata.ProxyConfig.ConfigPath,
templateFile) # 确定配置文件的名称为 envoy-rev.json
    outputFile, err := os.Create(outputFilePath) # 创建配置文件
```

```
        ......
        if err := i.WriteTo(templateFile, outputFile); err != nil { # 写入配置文件
        ......
```

instance.WriteTo 首先读取、解析模板文件并生成 template.Template 对象，然后调用 Config.toTemplateParams 将要填充的数据转换为 KV 形式，最后使用 text 包中模板对象内的 Execute 方法完成填充：

```
func (i *instance) WriteTo(templateFile string, w io.Writer) error {
    t, err := newTemplate(templateFile) # 处理模板
    ......
    templateParams, err := i.toTemplateParams() # 转换 Envoy 配置数据
    ......
    return t.Execute(w, templateParams) # 填充模板参数
```

至此，完成了 Envoy 启动模板文件的创建，然后回到 envoyAgent.Run 方法，Pilot-agent 进程启动 Envoy 进程后将进入等待状态，直到 Envoy 进程退出，然后延迟触发 wg.Done 事件，使得主线程 wait 方法退出 main 方法：

```
func (a *Agent) Run(ctx context.Context) {
    log.Info("Starting proxy agent")
    go a.runWait(a.abortCh)

    select {
    case status := <-a.statusCh: # Pilot-agent 进程发现 Envoy 进程退出
    ......
    case <-ctx.Done(): # Pilot-agent 进程退出
        a.terminate()# 让 Envoy 进程执行优雅退出流程
        status := <-a.statusCh # 等待 Envoy 进程退出
    ......
```

Agent.Run 执行 runWait 启动 Envoy 进程，同时监控 Envoy 进程的退出信号 statusCh 和 Pilot-agent 进程的运行状态 ctx.Done。当 Pilot-agent 进程退出时，需要通过 terminate 方法给 Envoy 进程发送优雅退出命令，等收到 Envoy 进程的退出信号 statusCh 后才退出：

```
func (a *Agent) terminate() {
    log.Infof("Agent draining Proxy")
    e := a.proxy.Drain()
    ......
```

Agent.terminate 执行 envoy.Drain 方法，其调用 DrainListeners 给 Envoy 管理端口 15000 发送 drain_listeners?graceful POST 优雅退出请求，DrainListeners 位于 pkg/envoy/admin.go 下：

```go
func DrainListeners(adminPort uint32, inboundonly bool) error {
    var drainURL string
    if inboundonly {
        drainURL = "drain_listeners?inboundonly&graceful"
    } else {
        drainURL = "drain_listeners?graceful"    # 根据不同方向组织 URL
    }
    res, err := doEnvoyPost(drainURL, "", "", adminPort)
```

Agent.runWait 调用 envoy.Run 方法启动 Envoy 进程，在 Envoy 进程退出时触发 statusCh 信号：

```go
func (a *Agent) runWait(abortCh <-chan error) {
    log.Infof("starting")
    err := a.proxy.Run(abortCh)
    a.proxy.Cleanup()
    a.statusCh <- exitStatus{err: err}
}
```

注意：以上 Envoy 进程启动过程中并没有设置 epoch 值，虽然 Envoy 进程具有动态热升级能力，但在 Istio 1.15 版本中 Pilot-agent 进程不再支持此能力，因此当 Envoy 进程重启时，将导致 Pilot-agent 进程退出，Pod 重启。

在 runWait 中执行 envoy.Run 方法，该方法在 Envoy 启动时传入命令行参数并监控 Stdout、Stderr，等待 Envoy 进程退出：

```go
func (e *envoy) Run(abort <-chan error) error {
    ……
    args := e.args(e.ConfigPath, istioBootstrapOverrideVar.Get())
    log.Infof("Envoy command: %v", args)

    ……
    cmd := exec.Command(e.BinaryPath, args...)    # 创建 Envoy 命令行参数
    cmd.Stdout = os.Stdout    # 监控 Stdout 及 Stderr 检查 Envoy 进程是否退出
    cmd.Stderr = os.Stderr
    ……
    if err := cmd.Start(); err != nil {    # 启动 Envoy 进程
```

至此，Envoy 进程启动完毕。

24.3 xDS 转发服务

xDS 服务的创建入口为 pkg/istio-agent/agent.go 中的 Agent.Run 方法，Pilot-agent 进程将调用 initXdsProxy 创建异步 xDS 转发服务：

```
func initXdsProxy(ia *Agent) (*XdsProxy, error) {
    ……
    if err = proxy.initDownstreamServer(); err != nil {
        ……
        if err := proxy.downstreamGrpcServer.Serve(proxy.downstreamListener); err != nil {
```

XdsProxy.initDownstreamServer 创建 xDS 服务器所需的监听器、gRPC 服务器、xDS 消息处理器，如图 24-3 所示，xDS 消息处理器会通过类型关联方式注册到 gRPC 服务器中：

```
func (p *XdsProxy) initDownstreamServer() error {
    l, err := uds.NewListener(p.xdsUdsPath) # 创建 UDS 监听器
    …
    grpcs := grpc.NewServer(opts...) # 创建通用的 gRPC 服务器
    discovery.RegisterAggregatedDiscoveryServiceServer(grpcs, p)
    # 关联 XdsProxy 对象，作为 ADS 类型的 xDS 消息处理器
    reflection.Register(grpcs) # 注册 gRPC 反射服务
    p.downstreamGrpcServer = grpcs # 保存 gRPC 服务器的引用
    p.downstreamListener = l # 保存监听器的引用
    return nil
}
```

从上面的代码可以看出，l 为绑定到/etc/istio/proxy/XDS 路径的 UDS 监听器，grpcs 为通用的 gRPC 服务器，XdsProxy 作为 ADS 的消息处理器通过 RegisterAggregatedDiscoveryServiceServer 绑定到 gRPC 服务器上。接下来回到 initXdsProxy 方法，执行 downstreamGrpcServer.Serve(proxy.downstreamListener)，将阻塞启动 xDS 转发服务器。

第 24 章 Pilot-agent 源码解析

图 24-3 Pilot-agent 进程 xDS 的转发处理架构图

在收到 xDS 请求时，经过下层 gRPC 协议库的处理，最终由 XdsProxy.StreamAggregatedResources 方法响应：

```
func (p *XdsProxy) StreamAggregatedResources(downstream xds.DiscoveryStream) error {
    proxyLog.Debugf("accepted XDS connection from Envoy, forwarding to upstream XDS server")
    return p.handleStream(downstream)
}
```

此方法调用 XdsProxy.handleStream 处理从 Envoy 进程发送到 Pilot-agent 进程的 xDS 请求，xDS 请求通过名字为/etc/istio/proxy/XDS 的 UDS 长连接通道进行发送：

```
func (p *XdsProxy) handleStream(downstream adsStream) error {
    con := &ProxyConnection{ # 代理连接通道，用于记录上下游连接的对应关系
        ......
        requestsChan: channels.NewUnbounded(),
        # 下游请求队列
        ......
        responsesChan: make(chan *discovery.DiscoveryResponse, 1),
        # 上游响应队列
        stopChan:     make(chan struct{}),
        downstream:   downstream, # 记录下游的 gRPC 连接
    }
```

244

```
        upstreamConn, err := p.buildUpstreamConn(ctx) # 创建上游的 gRPC 连接
        ......
        xds := discovery.NewAggregatedDiscoveryServiceClient(upstreamConn)
        # 绑定上游的 gRPC 连接关联的 xDS 协议处理器
        ......
        return p.handleUpstream(ctx, con, xds) # 处理上游发送和接收的消息
    }
```

为了实现异步 XdsProxy 服务器，需要采用不同的线程同时处理下游 xDS 请求的接收、上游 xDS 请求的发送及上游响应的发送。handleStream 方法在与 Envoy 进程建立 ADS 长连接通道后，同时创建了代表上下游连接关联关系的 ProxyConnection 对象，并保存下游已接收的 gRPC 连接。在创建上游连接并绑定上游连接使用的 gRPC 协议处理器后，Pilot-agent 进程执行 handleUpstream 启动下游及上游处理线程：

```
func (p *XdsProxy) handleUpstream(ctx context.Context, con *ProxyConnection, xds
discovery.AggregatedDiscoveryServiceClient) error {
    upstream, err := xds.StreamAggregatedResources(ctx,
        grpc.MaxCallRecvMsgSize(defaultClientMaxReceiveMessageSize))
        # 指定上游连接处理 ADS 消息类型
    ......
    con.upstream = upstream # 完成 ProxyConnection 上下游连接关联
    ......
    go func() {
        for {
            ......
            resp, err := con.upstream.Recv() # 接收从 Istiod 发送的响应
            ......
            select {
            case con.responsesChan <- resp:
    ......
    go p.handleUpstreamRequest(con) # 处理从 Envoy 接收的 xDS 请求
    go p.handleUpstreamResponse(con) # 将响应发送给 Envoy 进程
    ......
```

handleUpstream 方法首先创建 go 任务来循环接收来自控制面 Istiod 的 xDS 响应，并将响应消息发送到 responsesChan 管道中。这样可以异步地继续接收新的 xDS 响应来提升并发处理性能。在这里，XdsProxy 用 go 命令启动了 handleUpstreamRequest 线程，该线程用于接收下游请求并向上游发送，同时启动 handleUpstreamResponse 将上游的响应发送回 Envoy 进程：

```
func (p *XdsProxy) handleUpstreamRequest(con *ProxyConnection) {
    initialRequestsSent := atomic.NewBool(false)
```

```
        go func() {
            for {
                ……
                req, err := con.downstream.Recv() # 接收 Envoy xDS 请求
                ……
                con.sendRequest(req) # 将 xDS 请求放入队列
        ……
        for {
            select {
            case requ := <-con.requestsChan.Get(): # 取出下游 xDS 请求
            ……
                if err := sendUpstream(con.upstream, req); err != nil {
                # 发送到上游连接
```

XdsProxy.handleUpstreamRequest 循环调用 downstream.Recv 读取 Envoy 进程发送来的 xDS 请求, 并通过 sendRequest 将请求向上游发送, 这里的 sendRequest 并不实际发送网络报文, 而是将请求保存到本地消息队列 con.requestsChan 中, 这样同样提升了下游请求接收性能:

```
func (con *ProxyConnection) sendRequest(req *discovery.DiscoveryRequest) {
    con.requestsChan.Put(req) # 将待发送的消息插入队列
}
```

下游 xDS 请求队列 requestsChan 内的请求的处理发生在 handleUpstreamRequest 方法中, handleUpstreamRequest 通过 con.requestsChan.Get 取出每个 xDS 请求, 并调用 sendUpstream 将请求发送到上游连接:

```
func sendUpstream(upstream xds.DiscoveryClient, request
*discovery.DiscoveryRequest) error {
    return istiogrpc.Send(upstream.Context(), func() error { return
upstream.Send(request) })
}
```

可以看出, sendUpstream 方法使用 gRPC 协议将 xDS 请求封装后通过上游 TCP 连接发送到 Istiod 控制面。接下来分析从上游 Istiod 控制面接收到的 xDS 响应的处理路径:

```
func (p *XdsProxy) handleUpstream(ctx context.Context, con *ProxyConnection, xds
discovery.AggregatedDiscoveryServiceClient) error {
    ……
        go func() {
        for {
            ……
            resp, err := con.upstream.Recv()
```

```
……
    case con.responsesChan <- resp:
……
go p.handleUpstreamResponse(con)
```

刚才已经分析过 XdsProxy.handleUpstream 方法，该方法在启动 go 异步任务时使用 upstream.Recv 接收上游发送回来的 DiscoveryResponse 消息并将其保存到 con.responsesChan 队列中，同时这个方法启动 go 异步任务 handleUpstreamResponse 将 con.responsesChan 队列中的消息取出并发送到 Envoy 进程：

```
func (p *XdsProxy) handleUpstreamResponse(con *ProxyConnection) {
    forwardEnvoyCh := make(chan *discovery.DiscoveryResponse, 1)
    for {
        select {
        case resp := <-con.responsesChan: # 从响应通道取出 xDS 响应消息
            ……
            default:
                if strings.HasPrefix(resp.TypeUrl, "istio.io/debug") {
                    p.forwardToTap(resp)
                    # 在调试场景下将 Istiod 的响应转发给 Tap 系统
                } else {
                    forwardToEnvoy(con, resp) # 将 xDS 响应发送到 Envoy 进程
                    ……
```

XdsProxy.handleUpstreamResponse 方法循环地从 con.responsesChan 队列抓取 xDS 响应消息，并调用 forwardToEnvoy 将其发送到 Envoy 进程，这个方法还支持对 xDS 中 TypeUrl 域为 istio.io/debug 的响应消息只进行调试输出：

```
func (p *XdsProxy) handleUpstreamResponse(con *ProxyConnection) {
    for {
        select {
        case resp := <-con.responsesChan:
        ……
            default:
                if strings.HasPrefix(resp.TypeUrl, "istio.io/debug") {
                    p.forwardToTap(resp)
                    # 在调试场景下将 Istiod 的响应转发给 Tap 系统
                } else {
                    forwardToEnvoy(con, resp)
```

XdsProxy.forwardToEnvoy 将调用 sendDownstream 方法，使用已经建立关联的下游 UDS 通道，执行 upstream.Send 将 xDS 响应进行 gRPC 封装后发送到 Envoy 进程：

第 24 章 Pilot-agent 源码解析

```
    func sendDownstream(downstream adsStream, response
*discovery.DiscoveryResponse) error {
        return istiogrpc.Send(downstream.Context(), func() error { return
downstream.Send(response) })
    }
```

24.4 SDS 证书服务

SDS 消息由 Pilot-agent 进程内的 sdsServer 模块处理，sdsServer 负责 Envoy 进程启动后证书的创建及定期轮转。之所以 SDS 消息没有与其他 xDS 一起通过 XdsProxy 代理处理并被直接转发到 Istiod 控制面，一个主要原因是证书创建过程中不是简单地对原始 SDS 消息进行转发，而需要由 Pilot-agent 进程接收 SDS 请求后根据请求内容创建证书申请消息 CSR。在此过程中，Pilot-agent 进程需要创建私钥和公钥，如果直接将私钥发送到网络上，则会增加安全风险。因此，如果将 CSR 处理放在 istio-proxy 容器内，则不会有此类问题。另一个原因是，由 Pilot-agent 进程在证书创建过程中向 Istiod 控制面发送标准 CSR 而不是其他私有证书生成协议，可以使证书创建过程更加标准化，使得 Pilot-agent 进程可以对接除 Istiod 的多种证书服务器。Pilot-agent 进程的 SDS 证书处理架构图如图 24-4 所示。

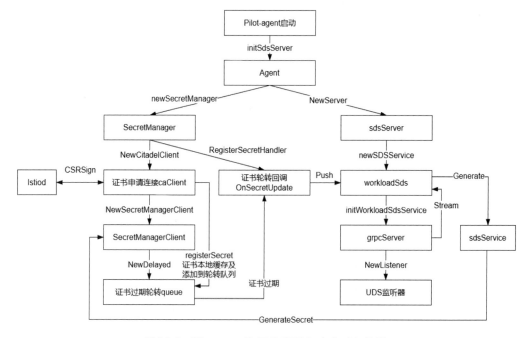

图 24-4 Pilot-agent 进程的 SDS 证书处理架构图

24.4 SDS 证书服务

sdsServer 在 Agent.Run 方法中创建，Agent.initSdsServer 方法首先创建证书本地缓存并创建与 Istiod 控制面负责证书生成的 caServer 的连接，这个连接支持使用不同 CA 证书的客户端，默认使用 Citadel CA 证书的 Citadel 客户端。然后 Pilot-agent 进程启动 sdsServer 服务并接收来自/etc/istio/proxy/SDS UDS 通道的 SDS 请求。最后设置证书轮转回调方法处理证书过期后的自动申请延期任务。相关代码如下：

```
func (a *Agent) initSdsServer() error {
    ……
    a.secretCache, err = a.newSecretManager()
    # 创建证书本地缓存，并创建连接 Istiod 的 Citadel 客户端
    ……
    a.sdsServer = sds.NewServer(a.secOpts, a.secretCache, pkpConf)
    # 创建本地 SDS 服务器
    a.secretCache.RegisterSecretHandler(a.sdsServer.OnSecretUpdate)
    # 设置证书轮转回调方法
```

Agent.newSecretManager 方法根据 Pilot-agent 进程启动配置创建用于申请证书的客户端，这个客户端支持多种证书创建方式，如基于本地挂载目录的客户端、Kubernetes JWT 的 gca.NewGoogleCAClient 客户端、Citadel CA 的客户端等，默认情况下创建与 Istiod 控制面连接的 citadel.NewCitadelClient 客户端：

```
func (a *Agent) newSecretManager() (*cache.SecretManagerClient, error) {
    ……
    caClient, err := citadel.NewCitadelClient(a.secOpts, tlsOpts)
    if err != nil {
        return nil, err
    }

    return cache.NewSecretManagerClient(caClient, a.secOpts)
```

NewSecretManagerClient 负责创建证书过期轮转触发队列，队列中保存每个证书的过期时间及过期后需要触发的动作，这样在新证书生成后被添加到此队列中时，需要同时计算到期时间，在证书到期后将刷新证书内容：

```
func NewSecretManagerClient(caClient security.Client, options
*security.Options) (*SecretManagerClient, error) {
    ……
    ret := &SecretManagerClient{
        queue:     queue.NewDelayed(queue.DelayQueueBuffer(0)),
        # 证书过期轮转触发队列
        caClient: caClient, # Citadel 客户端
        ……
```

```
        go ret.queue.Run(ret.stop)  # 启动证书过期轮转触发队列过期监控
```

接下来，Agent.initSdsServer 方法执行 NewServer，创建用于接收 Envoy 进程发送的 SDS 请求的 sdsServer，其代码位于 security/pkg/nodeagent/sds/server.go：

```
    func NewServer(options *security.Options, workloadSecretCache
security.SecretManager, pkpConf *mesh.PrivateKeyProvider) *Server {
        s := &Server{stopped: atomic.NewBool(false)}
        s.workloadSds = newSDSService(workloadSecretCache, options, pkpConf)
        s.initWorkloadSdsService()
```

newSDSService 方法将创建与 XdsServer 相关的 gRPC 服务器：

```
    func newSDSService(st security.SecretManager, options *security.Options,
pkpConf *mesh.PrivateKeyProvider) *sdsservice {
        ……
        ret.XdsServer = NewXdsServer(ret.stop, ret)  # 创建内置的 xDS 服务器
        ……
        go func() {  # 启动时预先创建 Envoy 进程所需的证书，用于启动加速
            ……
            _, err := st.GenerateSecret(security.WorkloadKeyCertResourceName)
            # 用常量名称 default 预先创建工作负载证书
            ……
            _, err := st.GenerateSecret(security.RootCertReqResourceName)
            # 用常量名称 ROOTCA 预先创建 CA 证书
```

newSDSService 方法首先通过 NewXdsServer 创建内置的处理 xDS 请求的 gRPC 服务器，用于处理 Envoy 进程发送来的 SDS 请求，然后为了加速 istio-proxy 容器的启动，预先用内置的常量名称 default 通过 GenerateSecret 方法创建工作负载证书并保存，用常量名称 ROOTCA 创建 CA 证书并保存：

```
    func NewXdsServer(stop chan struct{}, gen model.XdsResourceGenerator)
*xds.DiscoveryServer {
        s := xds.NewXDS(stop)  # 创建 simple xDS 服务器
        s.DiscoveryServer.Generators = map[string]model.XdsResourceGenerator{
            v3.SecretType: gen,  # 仅处理 SDS 请求类型
        }
        ……
        s.DiscoveryServer.Start(stop)  # 启动 xDS 服务器
```

NewXdsServer 方法创建的 xDS 服务器与前面的 XdsProxy 是不同的，此 xDS 服务器只用于处理 Envoy 进程的 SDS 请求。NewXDS 方法创建 simple xDS 服务器并启动，并且这个 xDS 服务器仅处理 SDS 类型请求，创建完成后由于还没有绑定监听器，因此还不能

接收 Envoy 进程发送来的 SDS 请求。

在创建完 workloadSds 服务器后，NewServer 方法执行 initWorkloadSdsService 对 xDS 服务器进行初始化并绑定监听器，之后就可以接收 SDS 请求了：

```
func (s *Server) initWorkloadSdsService() {
    s.grpcWorkloadServer = grpc.NewServer(s.grpcServerOptions()...)
    # 创建 gRPC 协议处理服务器
    s.workloadSds.register(s.grpcWorkloadServer) # 将 gRPC 服务器与 sdsServer 绑定
    var err error
    s.grpcWorkloadListener, err = uds.NewListener(security.
WorkloadIdentitySocketPath) # 创建/etc/istio/proxy/SDS UDS 监听
    go func() {
        ......
                if err = s.grpcWorkloadServer.Serve(s.grpcWorkloadListener);
err != nil { # 运行 sdsServer 处理 SDS 请求
```

Server.initWorkloadSdsService 与 XdsProxy 类似，首先创建 gRPC 服务器并关联 SDS 消息解析器 sdsServer，创建/etc/istio/proxy/SDS UDS 的监听器，并调用 Serve 方法接收 SDS 请求，至此 sdsServer 启动完毕。

在创建完 sdsServer 后，Agent.Run 方法将执行 SecretManagerClient. RegisterSecretHandler 方法注册证书轮转回调方法 OnSecretUpdate。若创建的证书在前面的 DelayQueue 中被判定为过期，将自动触发该回调方法重新申请证书：

```
func (a *Agent) Run(ctx context.Context) (func(), error) {
    ......
    a.secretCache.RegisterSecretHandler(a.sdsServer.OnSecretUpdate)
```

由于创建了 sdsServer 并启动了监听器，当收到 Envoy 进程发送来的 SDS 请求时，请求将被 gRPC 服务自动解析后进入 StreamSecrets 回调方法：

```
func (s *sdsservice) StreamSecrets(stream
sds.SecretDiscoveryService_StreamSecretsServer) error {
    return s.XdsServer.Stream(stream)
```

DiscoveryServer.Stream 是处理 SDS 请求的主要方法，负责处理来自 Envoy 进程的 SDS 请求并将生成的证书发送回 Envoy：

```
func (s *DiscoveryServer) Stream(stream DiscoveryStream) error {
    ......
    con := newConnection(peerAddr, stream) # 记录 Envoy 进程的 UDS 连接
    go s.receive(con, ids) # 接收下游 Envoy 进程的 SDS 请求并放入 reqChan 队列
```

```
......
for {
    ......
    select {
    case req, ok := <-con.reqChan: # 从 reqChan 队列取出 SDS 请求
        if ok {
            if err := s.processRequest(req, con); err != nil {
                # 处理 SDS 请求
                return err
            }
    ......
    case pushEv := <-con.pushChannel:
        err := s.pushConnection(con, pushEv)
```

DiscoveryServer.Stream 方法首先获取 Envoy 进程的 UDS 连接，然后执行 receive 方法创建用于在这个连接上接收 SDS 请求的线程。这个线程中的处理过程与 XdsProxy 处理类似，调用 stream.Recv 接收 SDS 请求，然后将请求发送到 con.reqChan 队列中，后续可以并行处理与接收请求，提升处理性能。相关代码如下：

```
func (s *DiscoveryServer) receive(con *Connection, identities []string) {
    ......
    firstRequest := true
    for {
        req, err := con.stream.Recv()
        ......
        case con.reqChan <- req:
```

DiscoveryServer.Stream 方法接下来从 con.reqChan 中接收 SDS 请求，并调用 processRequest 方法处理请求，processRequest 将执行 DiscoveryServer.pushXds 方法：

```
func (s *DiscoveryServer) processRequest(req *discovery.DiscoveryRequest, con *Connection) error {
    ......
    return s.pushXds(con, con.Watched(req.TypeUrl), request)
```

DiscoveryServer.pushXds 首先匹配 TypeUrl 对应的 Generator 生成器，Generator 生成器将根据 SDS 请求向证书中心申请证书，之后通过生成的证书生成标准的 SDS DiscoveryResponse 响应，并用 con.send 发送给 Envoy 进程：

```
func (s *DiscoveryServer) pushXds(con *Connection, w *model.WatchedResource, req *model.PushRequest) error {
    ......
    gen := s.findGenerator(w.TypeUrl, con) # 根据 TypeUrl 查找生成器
```

```
……
res, logdata, err := gen.Generate(con.proxy, w, req) # 处理 xDS 请求
……
resp := &discovery.DiscoveryResponse{ # 创建响应消息
    ControlPlane: ControlPlane(),
    TypeUrl:      w.TypeUrl,
    ……
    VersionInfo: req.Push.PushVersion,
    Nonce:       nonce(req.Push.LedgerVersion),
    Resources:   model.ResourcesToAny(res),
}
……
if err := con.send(resp); err != nil { # 发送响应消息给 Envoy 进程
```

sdsservice.Generate 方法的实现位于 security/pkg/nodeagent/sds/sdsservice.go 中，这个方法将调用 SecretManagerClient.GenerateSecret，根据资源名称生成 CSR，并将其发送到控制面并返回创建的证书：

```
func (sc *SecretManagerClient) GenerateSecret(resourceName string) (secret *security.SecretItem, err error) {
    ……
    ns := sc.getCachedSecret(resourceName) # 如果证书已经在缓存中，则跳过生成步骤
    ……
    ns, err = sc.generateNewSecret(resourceName)
    # 生成 CSR 并将其发送到证书创建中心
    ……
    sc.registerSecret(*ns) # 将证书保存到 Pilot-agent 缓存中并启动轮转监控
```

SecretManagerClient.GenerateSecret 方法首先检查缓存中是否存在已经创建的对应资源名称的证书，如果是则直接返回本地缓存中的证书，否则将调用 sc.generateNewSecret 方法生成 CSR 并将其发送到证书中心，然后得到返回的证书对象，证书接收完成后调用前面的 registerSecret 将证书保存到缓存中并启动证书轮转监控：

```
func (sc *SecretManagerClient) generateNewSecret(resourceName string) (*security.SecretItem, error) {
    ……
    csrHostName := &spiffe.Identity{ #创建 CSR 的参数
        TrustDomain:    sc.configOptions.TrustDomain,
        Namespace:      sc.configOptions.WorkloadNamespace,
        ServiceAccount: sc.configOptions.ServiceAccount,
    }
    ……
```

```
        csrPEM, keyPEM, err := pkiutil.GenCSR(options)  # 本地计算得到 CSR 对象、私钥
    ……
        certChainPEM, err := sc.caClient.CSRSign(csrPEM, int64(sc.configOptions.
SecretTTL.Seconds()))# 使用 caClient 向 Citadel 发送 CSR 并获取签发的证书
```

SecretManagerClient.generateNewSecret 方法根据 TrustDomain、WorkloadNamespace、ServiceAccount 创建证书申请对象 CSR，并调用 pkiutil.GenCSR 根据 CSR 模板计算得到 CSR 对象及私钥。然后通过 Citadel 客户端对象的 CSRSign 方法发送 CSR 对象并得到 Istiod 签发的 x509 证书。

SecretManagerClient.registerSecret 将新创建的证书添加到 Pilot-agent 缓存中，同时将证书添加到证书过期轮转监控队列中：

```
func (sc *SecretManagerClient) registerSecret(item security.SecretItem) {
    delay := sc.rotateTime(item)  # 证书轮转检测，默认周期为 12 小时
    ……
    sc.cache.SetWorkload(&item)  # 将证书添加到本地缓存中
    ……
    sc.queue.PushDelayed(func() error {  # 添加轮转任务
        resourceLog(item.ResourceName).Debugf("rotating certificate")
    ……
        sc.cache.SetWorkload(nil)  # 证书到期后清空证书本地缓存

        sc.OnSecretUpdate(item.ResourceName)  # 调用证书更新回调方法
        return nil
    }, delay)
}
```

通过 cache.SetWorkload 将新创建的证书添加到本地缓存中，并根据证书过期时间将证书轮转检测任务添加到前面提到的轮转监控队列 queue 中。若证书过期，首先清理保存的证书本地缓存项，然后通过 sc.OnSecretUpdate 调用 Agent.Run 中设置的 sdsServer.OnSecretUpdate 回调方法：

```
func (s *Server) OnSecretUpdate(resourceName string) {
    ……
    s.workloadSds.XdsServer.Push(&model.PushRequest{
        Full: false,
        ConfigsUpdated: map[model.ConfigKey]struct{}{
            {Kind: kind.Secret, Name: resourceName}: {},
        },
        Reason: []model.TriggerReason{model.SecretTrigger},  # 证书轮转标记
    })
```

Server.OnSecretUpdate 根据资源名称 resourceName 重新创建 PushRequest 请求并模拟 SDS 请求从 Envoy 进程发出的行为,之后将该 SDS 请求发送到 UDS 通道对应的 xdsServer,从而该 SDS 请求可以经过相同的路径被 Pilot-agent 进程的 StreamSecret 回调方法接收和处理。之后经历相同的证书生成过程,得到新生成的证书,将其保存到本地环境并添加到证书轮转监控队列后发送到 Envoy 进程。

24.5 健康检查

Envoy 健康检查遵循 Kubernetes 标准,主要分为 ReadinessProbe、LivenessProbe 两大类。LivenessProbe 用于判断服务是否存在,ReadinessProbe 用于进一步判断服务是否准备好。这两个探测选项在应用 Pod 中是可选配置,如果没有指定,则 Istio 认为应用容器启动后就可以提供服务。但需要注意的是,在 Istio 中,由于自动注入了 istio-proxy 容器,因此也需要判断其中的 Pilot-agent 进程及 Envoy 进程是否处于可用状态,在注入过程中会自动添加对 Pilot-agent 进程及 Envoy 进程进行判断的 ReadinessProbe,这样 Kubelet 在运行中也会自动发送对每个带有注入容器的应用 Pod 的探测。

24.5.1 应用容器的 LivenessProbe 探测

首先介绍 Pilot-agent 进程处理 LivenessProbe 流程,如图 24-5 所示。

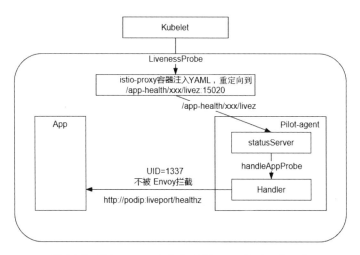

图 24-5 Pilot-agent 进程处理 LivenessProbe 流程图

第 24 章　Pilot-agent 源码解析

如果需要启动应用的 LivenessProbe 探测,需要在应用容器的 Deployment 文件中配置:

```
spec:
  containers:
  - name: frontend
    livenessProbe: # 开启 LivenessProbe 探测
      httpGet:    # 设置探测方式
        path: /healthz
        port: 8080
        ......
```

上面的配置告知 Kubelet 定期向应用 Pod 发送 HTTP 探测请求,该请求在没有使用 Istio 网格的情况下将直接被应用容器接收,但在注入了 istio-proxy 容器后,处理路径发生了变化。可以通过 kubectl get pod 命令获取已经启动的 Pod 描述文件,发现 LivenessProbe 已经被修改为如下形式:

```
spec:
  containers:
    ......
    livenessProbe: # 开启 LivenessProbe 探测
      failureThreshold: 3
      httpGet:
        path: /app-health/frontend/livez # 探测目标被修改为新 URL
        port: 15020 # 探测目标端口为 Pilot-agent 监听端口
        scheme: HTTP
```

此时可以看到,LivenessProbe 的探测 URL 已经被修改为以 /app-health 开头、livez 结尾的 URL 形式,中间为应用容器的名称。探测端口被修改为 Pilot-agent 监听端口 15020。当 Kubelet 发送探测请求时,该 HTTP 请求将被直接发送到 Pilot-agent 进程。在 Pilot-agent 进程运行时启动 statusServer,其线程任务管理器将安装 /app-health 处理器 handleAppProbe:

```
func (s *Server) Run(ctx context.Context) {
    log.Infof("Opening status port %d", s.statusPort)

    mux := http.NewServeMux()
    ......
    mux.HandleFunc("/app-health/", s.handleAppProbe)
```

handleAppProbe 支持多种探测协议,如 HTTP、GRPC、TCP,下面以 HTTP 为例,将执行 handleAppProbeHTTPGet:

```
func (s *Server) handleAppProbeHTTPGet(w http.ResponseWriter, req *http.Request,
prober *Prober, path string) {
```

```
        ......
        hostPort := net.JoinHostPort(s.appProbersDestination,
strconv.Itoa(prober.HTTPGet.Port.IntValue()))  # 生成新的探测 URL
        if prober.HTTPGet.Scheme == apimirror.URISchemeHTTPS {
            url = fmt.Sprintf("https://%s%s", hostPort, proberPath)
        } else {
            url = fmt.Sprintf("http://%s%s", hostPort, proberPath)
        }
        appReq, err := http.NewRequest(http.MethodGet, url, nil)
```

以上使用 Pod 地址和 KubeAppProbers 中保存的应用 LivenessProbe 端口信息来重新生成应用探测请求，然后发送 HTTP 探测请求。由于 Pilot-agent 进程与 Envoy 进程拥有相同的 UID=1337，因此请求不会被 iptables 再次拦截进入 Envoy 进程，而是直接发送到目标应用容器。

24.5.2 应用容器的 ReadinessProbe 探测

应用容器的 ReadinessProbe 探测过程与 LivenessProbe 探测过程类似，如图 24-6 所示。

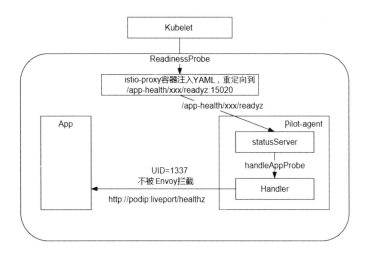

图 24-6　Pilot-agent 进程处理 ReadinessProbe 流程图

从图 24-6 可以看出，其处理流程与应用的 LivenessProbe 处理流程非常相似，也需要在应用容器 Deployment 文件中配置 ReadinessProbe 选项：

```
spec:
  containers:
```

第 24 章　Pilot-agent 源码解析

```
  - name: frontend
    ......
    readinessProbe: # 开启 ReadinessProbe 探测
      failureThreshold: 3 # 失败 3 次后重启
      httpGet:
        path: /app-health/frontend/readyz # 探测 URL 地址
        port: 15020
        scheme: HTTP
      periodSeconds: 10
      successThreshold: 1
      timeoutSeconds: 1
```

与 LivenessProbe 不同的是 ReadinessProbe 的 URL 后缀变为 readyz，这样就会在 Pilot-agent 进程对 HTTP 请求进行处理的 handleAppProbeHTTPGet 中匹配到不同的 KubeAppProbers，并组成向应用容器发送的 ReadinessProbe 探测请求。

24.5.3　Envoy 进程的 ReadinessProbe 探测

除了应用容器的 LivenessProbe、ReadinessProbe 探测，还需要对 istio-proxy 容器中 Pilot-agent 进程及 Envoy 进程服务是否准备好进行探测，如图 24-7 所示。

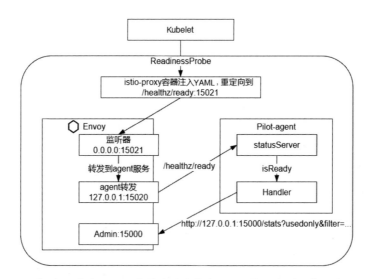

图 24-7　istio-proxy 容器处理系统进程 ReadinessProbe 流程图

针对 Sidecar 内系统服务的 ReadinessProbe 探测，是通过在自动注入过程中对 istio-proxy 容器的 Deployment 文件增加 ReadinessProbe 配置实现的。类似地，可以通过

kubectl get pod 命令获取已经启动应用 Pod 的 YAML 配置文件：

```yaml
name: istio-proxy
......
readinessProbe: # 开启 Envoy 进程的 ReadinessProbe 探测
  failureThreshold: 30
  httpGet:
    path: /healthz/ready # 固定探测路径
    port: 15021 # 固定探测端口指向 Envoy 进程
    scheme: HTTP
  initialDelaySeconds: 1
  periodSeconds: 2
  successThreshold: 1
  timeoutSeconds: 3
```

从以上配置可以看到，ReadinessProbe 为默认启动项，其固定 HTTP 探测 URL 为 /healthz/ready，目标端口为 15021，与前面介绍的探测不同的是，这里的目标端口直接指向 Envoy 进程的监听器，可以使用 kubelet 命令向 Envoy 15000 的 Admin 端口发送 /config_dump 命令来得到监听器配置：

```json
"address": {
 "socket_address": {
  "address": "0.0.0.0",
  "port_value": 15021 # 匹配 Envoy 监听器
 }
},
"filter_chains": [
 {
  "filters": [
   {
    "name": "envoy.filters.network.http_connection_manager",
    "typed_config": {
     "@type": "type.googleapis.com/envoy.extensions.filters.network.http_connection_manager.v3.HttpConnectionManager",
     "stat_prefix": "agent",
     "route_config": {
      "virtual_hosts": [
       ......
       "routes": [
        {
         "match": {
          "prefix": "/healthz/ready" # 匹配 URL
         },
```

```
      "route": {
        "cluster": "agent" # 路由到目标 Pilot-agent 服务
      }
```

从上面的 Envoy 监听器配置可以看到,对 15021 端口的 ReadinessProbe 请求经过 /healthz/ready 的 URL 匹配后,路由到目标 agent 服务,其目标服务 Cluster 配置如下:

```
{
 "name": "agent",
 "type": "STATIC",
 "connect_timeout": "0.250s",
 "load_assignment": {
  "cluster_name": "agent",
  "endpoints": [
   {
    "lb_endpoints": [
     {
      "endpoint": {
       "address": {
        "socket_address": {
         "address": "127.0.0.1",
         "port_value": 15020
```

从 Cluster 配置可以看出,agent 最终连接到 Pilot-agent 进程的 15020 端口,其恰好是 Pilot-agent 进程的 statusServer 服务端口,并根据原始 URL 请求地址匹配到 handleReadyProbe 方法:

```
const (
    ......
    readyPath = "/healthz/ready"
......
func (s *Server) Run(ctx context.Context) {
    log.Infof("Opening status port %d", s.statusPort)

    mux := http.NewServeMux()
    ......
    mux.HandleFunc(readyPath, s.handleReadyProbe) # 匹配/healthz/ready
```

handleReadyProbe 方法通过 isReady 对 istio-proxy 中的各个系统组件进行探测:

```
func (s *Server) isReady() error {
    for _, p := range s.ready {
        if err := p.Check(); err != nil { # 调用每个 Probe 探测器的 Check 方法
```

Pilot-agent 进程中的每个 Probe 探测器与一种系统配置的探测对应,如向 Envoy 进程

24.5 健康检查

发送 HTTP 请求的探测、Pilot-agent 运行状态的探测等。下面举向 Envoy 进程发送探测的例子，其探测使用的 Check 方法位于 status/ready/probe.go 中：

```go
func (p *Probe) Check() error {
    ……
    if err := p.checkConfigStatus(); err != nil {
        return err
    }
    return p.isEnvoyReady()
}
```

以上方法内的 checkConfigStatus 首先检查 Envoy 进程是否从 Pilot-agent 进程接收到了启动配置，接下来 isEnvoyuReady 通过 checkEnvoyReadiness 向 Envoy 进程的 Admin 15000 端口发送请求，要求检查 Envoy 进程是否已经处于 ready 状态：

```go
func (p *Probe) checkEnvoyReadiness() error {
    ……
    if p.atleastOnceReady { # 如果 Envoy 进程已经处于 ready 状态，则不再检查
        return nil
    }

    err := checkEnvoyStats(p.LocalHostAddr, p.AdminPort)
    # 向 Envoy 进程发送检查请求
    if err == nil {
        metrics.RecordStartupTime()
        p.atleastOnceReady = true # 第一次检查 Envoy ready 设置标志
```

从上面的代码可以看出，向 Envoy 进程发送 ReadinessProbe 探测时，一旦发现探测成功，则后续不会再向 Envoy 进程发送请求。其中 checkEnvoyStats 方法调用 GetReadinessStats 组装 HTTP 探测请求：

```go
func GetReadinessStats(localHostAddr string, adminPort uint16) (*uint64, bool, error) {
    ……
    hostPort := net.JoinHostPort(localHostAddr, strconv.Itoa(int(adminPort)))
    readinessURL := fmt.Sprintf("http://%s/stats?usedonly&filter=%s", hostPort, readyStatsRegex) # 拼接请求 URL
    stats, err := http.DoHTTPGetWithTimeout(readinessURL, readinessTimeout)
    if err != nil {
```

GetReadinessStats 组装向 Envoy 进程的 Admin 15000 端口发送请求的 URL，形式为 http://127.0.0.1:15000/stats?usedonly&filter=^(cluster_manager.cds|listener_manager.lds).(upd

261

第 24 章　Pilot-agent 源码解析

ate_success|update_rejected)。当 Pilot-agent 进程执行 isReady 内所有的 Check 方法并成功返回时，表示 Envoy 进程及 Pilot-agent 进程处于可提供服务的状态。

24.5.4　Pilot-agent 进程的 LivenessProbe 探测

在本章开始介绍过，除了由 Kubelet 触发 ReadinessProbe 探测，Pilot-agent 进程也可以作为探测发起者向应用发送 ReadinessProbe 探测。此功能默认不开启，不过可以在应用的 Deployment 文件的注解部分设置开启，开启方式如下：

```
spec:
  selector:
    matchLabels:
      app: frontend
    ……
    annotations:
      proxy.istio.io/config: |
        readinessProbe:
          httpGet:
            path: /healthz
            port: 8080
```

Pilot-agent 进程健康检查处理架构图如图 24-8 所示。

图 24-8　Pilot-agent 进程健康检查处理架构图

24.5 健康检查

在 Pilot-agent 进程启动过程中，newProxyCommand 方法将执行 ConstructProxyConfig 来读取 Pilot-agent 进程的启动配置参数，在这个过程中将读取 Pod 注解的 proxy.istio.io/config 中的 ReadinessProbe 配置：

```
func ConstructProxyConfig(meshConfigFile, serviceCluster, proxyConfigEnv
string, concurrency int, role *model.Proxy) (*meshconfig.ProxyConfig, error) {
    annotations, err := bootstrap.ReadPodAnnotations("")  # 读取 Pod 注解
    ……
    meshConfig, err := getMeshConfig(fileMeshContents,
annotations[annotation.ProxyConfig.Name], proxyConfigEnv, role.Type ==
model.SidecarProxy)
    ……
    proxyConfig := mesh.DefaultProxyConfig()  # 默认配置中不开启 ReadinessProbe
    if meshConfig.DefaultConfig != nil {
        proxyConfig = meshConfig.DefaultConfig
        # 注解部分覆盖默认的 proxyConfig 配置
    }
```

可以看出，Pilot-agent 进程将使用从 meshConfig 读取的注解部分覆盖默认的 proxyConfig 配置。当启动 XdsProxy 时，initXdsProxy 将使用 proxyConfig.ReadinessProbe 配置创建 healthChecker 线程：

```
func initXdsProxy(ia *Agent) (*XdsProxy, error) {
    ……
    proxy := &XdsProxy{
        ……
        healthChecker:         health.NewWorkloadHealthChecker(ia.proxyConfig.
ReadinessProbe, envoyProbe, ia.cfg.ProxyIPAddresses, ia.cfg.IsIPv6),
        # 创建健康检查器，若 proxyConfig 中未配置，则返回 nil
    ……
    go proxy.healthChecker.PerformApplicationHealthCheck(func(healthEvent
*health.ProbeEvent) {  # 创建健康检查线程并设置检查结果处理回调方法
        ……
        req := &discovery.DiscoveryRequest{TypeUrl: v3.HealthInfoType}
        if !healthEvent.Healthy {
            req.ErrorDetail = &google_rpc.Status{
                Code:    int32(codes.Internal),
                Message: healthEvent.UnhealthyMessage,
            }
        }
        proxy.sendHealthCheckRequest(req)  # 将检查结果发送到控制面 Istiod
```

NewWorkloadHealthChecker 根据传入的 ReadinessProbe 方式类型为 HTTP、TCP 或执行用户定制的命令来创建探测对象，下面以 HTTP 方式为例：

```go
func NewWorkloadHealthChecker(cfg *v1alpha3.ReadinessProbe, envoyProbe
ready.Prober, proxyAddrs []string, ipv6 bool) *WorkloadHealthChecker {
    ……
    if cfg == nil {
        return nil # 若未配置 ReadinessProbe，则直接返回 nil，不启动健康检查探测
    }
    ……
    switch healthCheckMethod := cfg.HealthCheckMethod.(type) {
    case *v1alpha3.ReadinessProbe_HttpGet: # 判断健康检查方式
        prober = NewHTTPProber(healthCheckMethod.HttpGet, ipv6)
```

完成健康检查对象的创建后，initXdsProxy 方法使用 go 命令创建健康检查任务 WorkloadHealthChecker.PerformApplicationHealthCheck 并设置检查结果处理回调方法。

PerformApplicationHealthCheck 方法启动定时器执行 doCheck 方法，doCheck 方法调用前面介绍的 Probe 方法进行 ReadinessProbe 探测，这里不再赘述：

```go
func (w *WorkloadHealthChecker) PerformApplicationHealthCheck(callback
func(*ProbeEvent), quit chan struct{}) {
    if w == nil {
        return # 如果未配置健康检查器，则直接返回
    }
    ……
    doCheck := func() {
        ……
        healthy, err := w.prober.Probe(w.config.ProbeTimeout)
        # 使用 Probe 方法进行健康探测
        if healthy.IsHealthy() { # 判断健康检查结果
            ……
            callback(&ProbeEvent{Healthy: true})
            # 调用健康检查结果处理回调方法
        ……
    }
    doCheck() # 启动 LivenessProbe 探测服务时马上做一次检查
    periodTicker := time.NewTicker(w.config.CheckFrequency) # 创建健康检查定时器
    defer periodTicker.Stop()
    for {
        ……
        case <-periodTicker.C:
            doCheck() # 定期执行健康检查任务
```

执行完一次健康检查任务后，doCheck 方法根据健康检查结果执行传入的 callback 回调方法，并将检查结果通过 sendHealthCheckRequest 发送到 Istio 控制面进行记录，这样就可以通过 Istio 的运维工具得到各个 Sidecar 的实时运行状态。

24.6 本章小结

本章介绍了 Pilot-agent 进程在 Sidecar 注入及运行中所扮演的角色，并详细梳理了其主要功能及工作流程。第 25 章将介绍 Envoy 进程中主要模块的工作流程。

第 25 章 Envoy 源码解析

　　Envoy 作为数据面代理的核心进程通过处理客户端及服务端的出入流量，实现了基于应用协议的安全、路由、负载均衡、透明观测等高级流量治理能力。本章主要从 Envoy 的初始化、过滤器管理、HotRestart 热升级、线程管理、内存管理、连接管理、请求及响应的接收和发送、xDS 流程、遥测数据处理等关键模块的源码实现角度介绍 Envoy。

25.1　Envoy 的初始化

　　Envoy 进程的初始化入口位于 source/exec/main.cc 的 main 方法中，main 方法调用 source/exec/main_common.cc 的静态方法 Envoy::MainCommon::main，创建 Envoy 对象 Envoy::MainCommon。该对象的构造方法 MainCommon 通过 base_(options_)方法执行成员 base_ 的构造方法 MainCommonBase(OptionsImpl& options,…)，其中的 options_ 为 OptionsImpl 类型，在构造方法中创建 TCLAP::CmdLine cmd 命令行参数对象，Envoy 启动的命令行参数被区分为 TCLAP::ValueArg 或 TCLAP::SwitchArg 参数类型并注册到 CMD 中，然后启动方法通过 cmd.parse 方法处理命令行参数。其中 concurrency 从命令行参数中读取，如果未读取出值，则值与系统当前的 CPU 核数相同，表示 Envoy 进程启动后的工作线程数，Envoy 进程在启动后不支持动态调整工作线程数。

　　MainCommonBase 构造方法使用 options_mode 方法判断启动模式为 Server::Mode::Serve 时，首先执行 configureHotRestarter 方法处理重启后新老 Envoy 进程间的热替换问题，然后创建 ThreadLocal::InstanceImpl 对象 tls_，用来作为线程局部存储空间分配器。InstanceImpl 对象中类型为 Stats::SymbolTableImpl 的成员变量 symbol_table_用于记录观测数据 Stats 字典，字典中类型为 Stats::AllocatorImpl 的分配器 stats_allocator_将基于字典创建 Stats 观测指标。类型为 Stats::ThreadLocalStoreImpl 的对象 stats_store_将 stats_allocator_包装为线程局部存储分配器，用来为 Stats 分配存储空间。

25.1 Envoy 的初始化

以上准备工作完成后，MainCommonBase 创建 Server::InstanceImpl 对象并传入构造方法参数，该对象为 Envoy 主线程创建入口。同时，构造方法中创建 Api::Impl api_对象作为底层 Dispatcher 的系统操作执行接口层。

每个线程都有独立的 Dispatcher，其通过 allocateDispatcher 方法创建。主线程的 Dispatcher 标识符为 main_thread，并创建 ConnectionHandlerImpl，用于处理主线程任务管理器收到的 15000 端口上的 Admin 服务请求。在 InstanceImpl::InstanceImpl 构造方法中执行 as_parent_.initialize 创建 Parent 监听。然后创建 Server::DrainManagerImpl 对象，用于接收并处理新 Envoy 进程发来的热重启退出请求。随后构造方法调用 InstanceImpl::initialize 继续进行 Envoy 进程的初始化。相关代码如下：

```
InstanceImpl::InstanceImpl(
    ……
    restarter_.initialize(*dispatcher_, *this);
    drain_manager_ = component_factory.createDrainManager(*this);
    initialize(std::move(local_address), component_factory);
```

Server initialize 的初始化流程如图 25-1 所示。

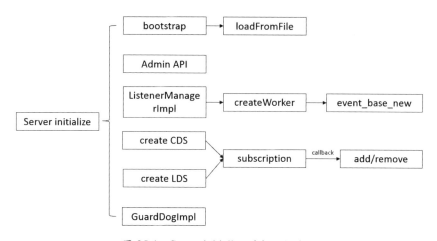

图 25-1 Server initialize 的初始化流程

主要的初始化步骤将在后面进行介绍。

25.1.1 启动参数 bootstrap 的初始化

启动参数 bootstrap 的初始化是通过 void InstanceUtil::loadBootstrapConfig(bootstrap, options, validation_visitor,...) 方法实现的，Envoy 进程在启动时用 --config-path 和 --config-yaml 指定启动配置文件，bootstrap 初始化方法会判断 config_path 或 config_yaml 参数是否为空，若不为空则调用 MessageUtil::loadFromFile 或 MessageUtil::loadFromYaml 方法分别加载配置文件，并通过 bootstrap.MergeFrom 方法对配置文件内容进行合并：

```
void MessageUtil::loadFromFile(const std::string& path, Protobuf::Message&
message,ProtobufMessage::ValidationVisitor& validation_visitor,Api::Api& api, bool
do_boosting) {
    const std::string contents = api.fileSystem().fileReadToEnd(path);
    ……
    if (absl::EndsWith(path, FileExtensions::get().Yaml)) {
      loadFromYaml(contents, message, validation_visitor, do_boosting);
    } else {
      loadFromJson(contents, message, validation_visitor, do_boosting);
    }
}
```

在 fileReadtoEnd 方法中，通过 file.rdbuf 方法返回文件的后缀类型，因为传入的配置文件默认为 JSON 格式，所以这里通过 loadFromJson 中的 JsonStringToMessage 方法来解析文件中的每一行配置内容。

解析完成后，结果会被填充到采用 protobuf 反序列化后得到的 envoy::config::bootstrap::v3::Bootstrap& bootstrap 对象中，并使用 validation_visitor 进行格式合法性校验。

25.1.2　初始化观测指标

Envoy 进程的初始化方法创建以 server. 为前缀的 COUNTER、GAUGE、HISTOGRAM 指标并将其保存到 server_stats_ 成员中：

```
    const std::string server_stats_prefix = "server.";
    const std::string server_compilation_settings_stats_prefix =
"server.compilation_settings";
    server_stats_ = std::make_unique<ServerStats>(
        ServerStats{ALL_SERVER_STATS(POOL_COUNTER_PREFIX(stats_store_,
server_stats_prefix), POOL_GAUGE_PREFIX(stats_store_,
server_stats_prefix),POOL_HISTOGRAM_PREFIX(stats_store_, server_stats_prefix))});
```

将 server_stats_ 观测指标绑定到成员 ProtobufMessage::ProdValidationContextImpl validation_context_ 对象，用于统计解析动态配置文件部分校验错误的数量：

```
    validation_context_.setCounters(server_stats_->static_unknown_fields_,
```

25.1 Envoy 的初始化

```
                    server_stats_->dynamic_unknown_fields_,
                    server_stats_->wip_protos_);
```

启动初始化时间记录器，统计启动时间，直到工作线程启动完成：

```
initialization_timer_ =
std::make_unique<Stats::HistogramCompletableTimespanImpl>(
    server_stats_->initialization_time_ms_, timeSource());
```

在 server_stats_ 观测数据中记录当前 Envoy 进程启动的线程数及 restart_epoch 值、版本信息等：

```
server_stats_->concurrency_.set(options_.concurrency());
server_stats_->hot_restart_epoch_.set(options_.restartEpoch());
……
server_stats_->version_.set(version_int);
```

25.1.3 过滤器注册及信息补齐

Envoy 进程通过过滤器方式支持请求处理过程中的功能扩展，过滤器的注册在每个过滤器的静态变量初始化阶段完成，并在 InstanceImpl::initialize 方法中将这些可使用的过滤器类型补充到 bootstrap 配置文件中。过滤器的静态注册过程如图 25-2 所示。

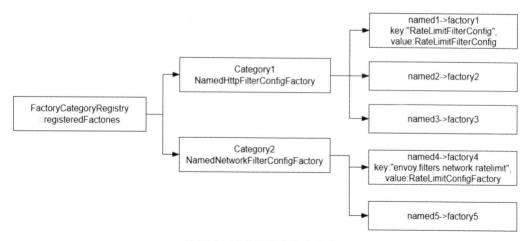

图 25-2 过滤器的静态注册过程

如图 25-2 所示，Envoy 进程中的过滤器分为两个级别，第一个级别为 category 分类，如 L7 过滤器 NamedHttpFilterConfigFactory、L4 过滤器 NamedNetworkFilterConfigFactory。每个分类内都可以保存若干过滤器，并通过过滤器名称与过滤器工厂实例建立映射关系。

以 L7 限流过滤器 RateLimit 为例，其代码位于 envoy/source/extensions/filters/http/ratelimit/config.h 中：

```
class RateLimitFilterConfig
  : public Common::FactoryBase<
        envoy::extensions::filters::http::ratelimit::v3::RateLimit,
        envoy::extensions::filters::http::ratelimit::v3::RateLimitPerRoute> {
public:
  RateLimitFilterConfig() : FactoryBase("envoy.filters.http.ratelimit") {}
  # 在这里设置过滤器名称。
```

RateLimitFilterConfig 继承自 public Common::FactoryBase，FactoryBase 继承自 public Server::Configuration::NamedHttpFilterConfigFactory。因此后面代码中的 Base 指的是 NamedHttpFilterConfigFactory，而 T 指的是 RateLimitFilterConfig 类型。

RateLimit 过滤器的注册代码位于 envoy/source/extensions/filters/http/ratelimit/config.cc 中：

```
REGISTER_FACTORY(RateLimitFilterConfig, # 当前过滤器为模板 T 类型
Server::Configuration::NamedHttpFilterConfigFactory){"envoy.rate_limit"};
  # 与父模板 Base 类型建立关联
```

REGISTER_FACTORY 为 C++宏定义，将创建静态全局变量 FACTORY##_registered，在这里是将 REGISTER_FACTORY 扩展为 RateLimitFilterConfig_registerd，并调用 Envoy::Registry::RegisterFactory 构造方法对传入的过滤器进行初始化：

```
#define REGISTER_FACTORY(FACTORY, BASE)                              \
  ABSL_ATTRIBUTE_UNUSED void forceRegister##FACTORY() {}             \
  static Envoy::Registry::RegisterFactory</*                         
NOLINT(fuchsia-statically-constructed-objects) */                    \
                                  FACTORY, BASE>                     \
      FACTORY##_registered
```

在每个过滤器的静态全局变量 RegisterFactory 内，保存过滤器工厂实例对象 instance_，用于后面对此过滤器执行实例化操作：

```
template <class T, class Base> class RegisterFactory {
public:
  ……
  RegisterFactory() {
    ASSERT(!instance_.name().empty());
    FactoryRegistry<Base>::registerFactory(instance_, instance_.name());
    ……
```

```
    if (!FactoryCategoryRegistry::isRegistered(instance_.category())) {
      FactoryCategoryRegistry::registerCategory(instance_.category(),
                              new FactoryRegistryProxyImpl<Base>());
    }
    ……
  T instance_{};   # 过滤器工厂实例
};
```

如上所示，构造方法中的 FactoryRegistry<Base>::registerFactory(instance_, instance_.name())首先在每个 Category 中将注册过滤器工厂名与过滤器工厂实例建立映射关系：

```
static void registerFactory(Base& factory, absl::string_view name,
           const envoy::config::core::v3::BuildVersion& version,
           absl::string_view instead_value = "") {
  auto result = factories().emplace(std::make_pair(name, &factory));
```

随后，如果发现此 Category 还未注册，则执行 FactoryCategoryRegistry::registerCategory(instance_.category(),new FactoryRegistryProxyImpl<Base>())方法注册 Category，并建立 Category 与该 FactoryRegistryProxyImpl<Base>()实例的映射关系：

```
static void registerCategory(const std::string& category, FactoryRegistryProxy*
factory_names) {
  auto result = factories().emplace(std::make_pair(category, factory_names));
```

FactoryRegistryProxyImpl<Base>实例内的方法可以返回该 Category 下所有已注册的过滤器名称：

```
template <class Base> class FactoryRegistryProxyImpl : public
FactoryRegistryProxy {
  public:
    using FactoryRegistry = Envoy::Registry::FactoryRegistry<Base>;
    # 指定 Category 下的所有过滤器

  std::vector<absl::string_view> registeredNames() const override {
    return FactoryRegistry::registeredNames();
    # 返回指定 Category 下的所有过滤器名称
  }
```

回到 Envoy 进程的初始化方法中，初始化阶段将当前 Envoy 进程内支持的静态注册过滤器信息补充到 bootstrap_配置文件生成对象中，用于 config_dump 输出等操作：

```
for (const auto& ext : Envoy::Registry::FactoryCategoryRegistry::
registeredFactories()) {   # 每个 ext 为一个 Category
```

```
    for (const auto& name : ext.second->allRegisteredNames()) {
      # 每个 name 为 Cateory 下的一个实际过滤器名称
      auto* extension = bootstrap_.mutable_node()->add_extensions();
      # 分配过滤器配置对象
      extension->set_name(std::string(name)); # 修改过滤器类型配置
      extension->set_category(ext.first);
      auto const version = ext.second->getFactoryVersion(name);
      # 根据过滤器名称查询版本
      ……
```

如上所示，在过滤器类型补全过程中 FactoryCategoryRegistry::registeredFactories 方法遍历了所有过滤器工厂的 Category，其中每个 ext 为一个 Category，例如 NamedHttpFilterConfigFactory，第二重循环在当前 Category 中获取每个过滤器实例工厂名，并在 bootstrap_ 配置对象下分配过滤器配置对象，设置过滤器实例工厂名、类型名称、过滤器版本等信息。在后续的 Envoy 进程中就可以根据过滤器类型或者名称创建过滤器实例了。

在创建过滤器时，需要根据 Category、过滤器名称等条件查找过滤器创建工厂实例，例如创建监听过滤器方法 ProdListenerComponentFactory::createListenerFilterFactoryList_ 位于 envoy/source/server/listener_manager_impl.cc 中，该方法根据监听器的配置信息返回监听器工厂实例。相关流程如下：

```
    ProdListenerComponentFactory::createListenerFilterFactoryList_(
        const Protobuf::RepeatedPtrField<envoy::config::listener::v3::
ListenerFilter>& filters,
        Configuration::ListenerFactoryContext& context) {
      ……
      auto& factory =
          Config::Utility::getAndCheckFactory<Configuration::
NamedListenerFilterConfigFactory>(proto_config);
      …… # 获取过滤器工厂实例
```

首先根据入参中的 filters 配置信息 Category 调用 getAndCheckFactory 模板方法来获取类型为 NamedListenerFilterConfigFactory 的过滤器工厂实例：

```
    static Factory* getAndCheckFactory(const ProtoMessage& message, bool
is_optional) {
      ……
      return Utility::getAndCheckFactoryByName<Factory>(message.name(),
is_optional);
    }
```

然后在 getAndCheckFactoryByName 内调用 Registry::FactoryRegistry<Factory>::getFactory(name)方法，在已注册的指定 Category 中根据过滤器名称查找工厂实例并返回。

25.1.4　Envoy 自身信息解析

Envoy 进程启动时，作为 Sidecar 的 Envoy 进程身份已确定，其 serviceClsuterName 及 serviceNodeName 为客户应用 Pod 的名称，在实际应用请求处理发生时，将其作为 metadata_exchange 的 Pod 元信息，用于请求及服务方身份交换及遥测数据收集。因此需要在 Envoy 进程初始化时将该身份信息保存到内存中。相关代码如下：

```
local_info_ = std::make_unique<LocalInfo::LocalInfoImpl>(
    stats().symbolTable(), bootstrap_.node(), bootstrap_.node_context_params(), local_address,
```

25.1.5　Admin API 的初始化

Envoy 进程需要暴露对外的 RESTful 服务，与外部控制面或观测数据收集系统进行交互，该服务由 Envoy 主线程的 Admin 模块承担。Admin 模块的配置在 bootstrap 文件的 admin 部分指定。Envoy 进程在初始化过程中创建 Admin 模块，Admin 服务初始化流程如图 25-3 所示。

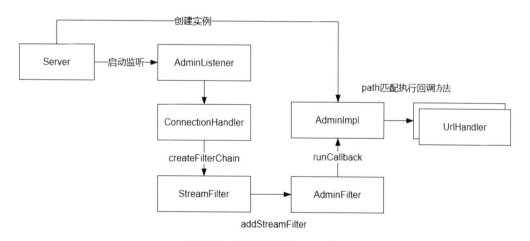

图 25-3　Admin 服务初始化流程

相关代码如下：

```
    Configuration::InitialImpl initial_config(bootstrap_);
    ……
    admin_ = std::make_unique<AdminImpl>(initial_config.admin().profilePath(),
*this);
    ……
    admin_->startHttpListener(initial_config.admin().accessLogs(),
options_.adminAddressPath(),
                              initial_config.admin().address(),
                              initial_config.admin().socketOptions(),
                              stats_store_.createScope("listener.admin."));
    ……
    admin_->addListenerToHandler(handler_.get());
```

Admin 模块实现位于 admin.cc 中，其构造方法位于 AdminImpl::AdminImpl 中，将创建前缀为 http.admin 的观测指标：

```
    AdminImpl::AdminImpl(const std::string& profile_path, Server::Instance&
server)
        : server_(server),
        ……
        stats_(Http::ConnectionManagerImpl::generateStats("http.admin.",
server_.stats())),
```

并且，会配置不同功能 URL 对应的 Handler 处理器。下面通过一个结构体 UrlHandler 来管理处理器，该结构体的定义如下：

```
struct UrlHandler {
  const std::string prefix_;
  const std::string help_text_;
  const HandlerCb handler_; # 回调方法
  const bool removable_;
  const bool mutates_server_state_;
};
```

对应地，在 Admin 模块中注册功能处理器时，每个 URL 的配置形式如下：

```
{"/", "Admin home page", MAKE_ADMIN_HANDLER(handlerAdminHome), false, false},
{"/certs", "print certs on machine",
MAKE_ADMIN_HANDLER(server_info_handler_.handlerCerts), false, false},
{"/clusters", "upstream cluster status",
MAKE_ADMIN_HANDLER(clusters_handler_.handlerClusters), false, false},
{"/config_dump", "dump current Envoy configs (experimental)",
MAKE_ADMIN_HANDLER(config_dump_handler_.handlerConfigDump), false, false},
……
```

25.1 Envoy 的初始化

下面取其中一条来介绍：

```
{"/config_dump", "dump current Envoy configs (experimental)",
MAKE_ADMIN_HANDLER(config_dump_handler_.handlerConfigDump), false, false},
```

在每一条配置的 MAKE_ADMIN_HANDLER 中都会调用 prefix 匹配待处理的请求 X，例如上面这条配置中的 X 就是 config_dump_handler_.handlerConfigDump，这类配置都有相同的形参。MAKE_ADMIN_HANDLER 的定义如下：

```
#define MAKE_ADMIN_HANDLER(X)
    [this](absl::string_view path_and_query, Http::ResponseHeaderMap&
response_headers,Buffer::Instance& data, Server::AdminStream& admin_stream) ->
Http::Code {
        return X(path_and_query, response_headers, data, admin_stream);
    }
```

如果 handers_ 的 prefix 字段和请求输入的 prefix 一致，就会执行 X(path_and_query, response_headers, data, admin_stream)，若返回 Http::Code::OK，代表执行成功。以上面的一条信息为例，如果请求的 prefix 是 /config_dump，就会执行 Http::Code ConfigDumpHandler::handlerConfigDump(absl::string_view url, …)。

AdminImpl::startHttpListener 用于在主线程中启动 Admin 监听。该方法内创建了监听 Socket，也创建了 Admin 监听器 AdminListener：

```
void AdminImpl::startHttpListener(const std::list<AccessLog::
InstanceSharedPtr>& access_logs,……) {
    ……
    socket_ = std::make_shared<Network::TcpListenSocket>(address, socket_options,
true);
    RELEASE_ASSERT(0 == socket_->ioHandle().listen(ENVOY_TCP_BACKLOG_SIZE).
return_value_,"listen() failed on admin listener");
    socket_factory_ = std::make_unique<AdminListenSocketFactory>(socket_);
    listener_ = std::make_unique<AdminListener>(*this,
std::move(listener_scope));
```

可以看出，Admin 模块的处理逻辑位于 AdminImpl 中，通用连接处理器位于 ConnectionHandlerImpl 中，监听器为 AdminListener，ConnectionHandlerImpl 通过 addListener 将监听器加入监听器列表中，当 ConnectionHandlerImpl 收到 Admin 请求时，将通过监听器列表中的监听器创建连接，然后连接上接收到的 RESTful 请求并交由 Admin 进行处理，三者相互关联且相互解耦：

```
void AdminImpl::addListenerToHandler(Network::ConnectionHandler* handler) {
```

```
    if (listener_) {
      handler->addListener(absl::nullopt, *listener_);
    }
}
```

AdminImpl 的逻辑由 L7 AdminFilter 对象添加到连接处理器：

```
void AdminImpl::createFilterChain(Http::FilterChainFactoryCallbacks&
callbacks) {
    callbacks.addStreamFilter(std::make_shared<AdminFilter>
(createCallbackFunction()));
}
```

createCallbackFunction 回调方法将处理外部进入的访问 Admin 15000 端口的 HTTP 请求，并执行 AdminFilter 对象的 runCallback 回调方法：

```
AdminFilter::AdminServerCallbackFunction createCallbackFunction() {
    return [this](absl::string_view path_and_query, Http::ResponseHeaderMap&
response_headers,……) -> Http::Code {
      return runCallback(path_and_query, response_headers, response, filter);
    };
}
```

AdminImpl::runCallback 将轮询构造方法中注册的 handlers_ 匹配 path_and_query 参数，匹配后的 RESTful 请求将调用已注册的 handler.handler_ 处理方法：

```
Http::Code AdminImpl::runCallback(absl::string_view path_and_query,
                  Http::ResponseHeaderMap& response_headers,
                  Buffer::Instance& response, AdminStream& admin_stream) {
……
    for (const UrlHandler& handler : handlers_) {
      if (path_and_query.compare(0, query_index, handler.prefix_) == 0) {
        ……
        code = handler.handler_(path_and_query, response_headers, response,
admin_stream);
        ……
      }
    }
```

25.1.6　Worker 的初始化

初始化 Envoy 进程的 Server 实例时的一个重要环节就是初始化每个工作线程 Worker

对象，它的入口方法如下：

```
listener_manager_ =
    std::make_unique<ListenerManagerImpl>(*this, listener_component_factory_,
worker_factory_,……);
```

Worker 工作线程的初始化流程如图 25-4 所示。

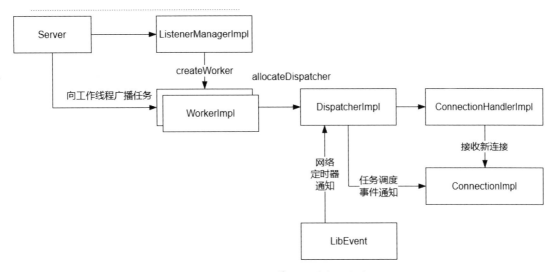

图 25-4　Worker 工作线程的初始化流程

在 Envoy 进程的初始化过程中，ProdListenerComponentFactory 及 ProdWorkerFactory 对象用于创建 ListenerManagerImpl 监听管理器。该实现位于 listener_manager_impl.cc 文件中，ListenerManagerImpl 对象构造方法将根据配置的工作线程数创建工作线程，并通过 ProdWorkerFactory 来创建新的工作线程对象，工作线程名称以 worker_ 为前缀：

```
for (uint32_t i = 0; i < server.options().concurrency(); i++) {
  workers_.emplace_back(
      worker_factory.createWorker(i, server.overloadManager(),
absl::StrCat("worker_", i)));
}
```

创建工作线程的代码位于 worker_impl.cc 中，执行 ProdWorkerFactory::createWorker 方法创建 WorkerImpl 实例：

```
WorkerPtr ProdWorkerFactory::createWorker(uint32_t index, OverloadManager&
overload_manager,const std::string& worker_name) {
    Event::DispatcherPtr dispatcher(api_.allocateDispatcher(worker_name,
overload_manager.scaledTimerFactory()));
```

```
    auto conn_handler = std::make_unique<ConnectionHandlerImpl>(*dispatcher,
index);
    return std::make_unique<WorkerImpl>(tls_, hooks_, std::move(dispatcher),
std::move(conn_handler), overload_manager, api_, stat_names_);
  }
```

createWorker 方法调用 api_.allocateDispatcher 方法, 进而创建调度器 DispatcherImpl 实例:

```
Impl::allocateDispatcher(const std::string& name,
                    const Event::ScaledRangeTimerManagerFactory&
scaled_timer_factory) {
    return std::make_unique<Event::DispatcherImpl>(name, *this, time_system_,
scaled_timer_factory, watermark_factory_);
  }
```

DispatcherImpl 作为网络事件及其他内部事件调度器, 会创建 WatermarkBufferFactory 工厂实例, 用于创建分配网络请求内存 Buffer 的 WatermarkBuffer 实例。WatermarkBuffer 可以监控请求内已分配内存的大小是否超出设置的阈值, 如果是则触发 L4 ConnectionImpl 连接对象上的 onWriteBufferLowWatermark/onWriteBufferHighWatermark 方法, 暂停接收新请求来保护 Envoy 进程运行。DispatcherImpl 对象则负责生命周期较短对象内存的延迟释放, 解决这类对象由于被其他生命周期较长对象访问时出现的野指针问题。同时, 在 DispatcherImpl 中执行 event_base_new 方法来创建与底层 libevent 库的通信。

DispatcherImpl 创建完成后, 监听器将继续创建 ConnectionHandlerImpl 对象, 用于处理新建连接。最后创建 WorkerImpl 对象管理工作线程, 注意此时还未创建操作系统线程。

WorkerImpl 构造方法将创建的工作线程注册到 registered_threads_ 列表内, 主线程可以通过 runOnAllThreads 让每个工作线程执行一个指定的外部回调方法:

```
WorkerImpl::WorkerImpl(ThreadLocal::Instance& tls, ListenerHooks& hooks,
                  ……) {
  tls_.registerThread(*dispatcher_, false); # 在构造方法中注册工作线程对象
……
  void InstanceImpl::registerThread(Event::Dispatcher& dispatcher, bool
main_thread) {
    ……
    if (main_thread) {
      main_thread_dispatcher_ = &dispatcher; # 主线程单独记录
      thread_local_data_.dispatcher_ = &dispatcher;
    } else {
      ASSERT(!containsReference(registered_threads_, dispatcher));
```

```
      registered_threads_.push_back(dispatcher); # 将新工作线程注册到列表中
......
void InstanceImpl::runOnAllThreads(Event::PostCb cb) {
  ......
  for (Event::Dispatcher& dispatcher : registered_threads_) {
    dispatcher.post(cb); # 主线程轮询每个工作线程发送 post 任务
  }
  ......
  cb();
}
```

25.1.7　Dispatcher 内存延迟析构

接下来需要着重分析 DispatcherImpl 对象的延迟析构处理。

Envoy 进程中的延迟析构功能主要是为了在较长生命周期对象引用较短生命周期对象时，解决有可能出现的较短生命周期对象已经析构所引发的野指针问题。解决这类问题时不能将被引用对象生命周期保留得太长，这样会导致大量小对象无法被及时释放，从而引发内存增长较快的问题。举例如下：

```
TcpListenerImpl::TcpListenerImpl(Event::DispatcherImpl& dispatcher,
                                 Random::RandomGenerator& random,
                                 SocketSharedPtr socket, TcpListenerCallbacks& cb,
                                 bool bind_to_port)
    : BaseListenerImpl(dispatcher, std::move(socket)), cb_(cb), random_(random),
bind_to_port_(bind_to_port), reject_fraction_(0.0) {
  if (bind_to_port) {
    ......
    socket_->ioHandle().initializeFileEvent(
        dispatcher, [this](uint32_t events) -> void { onSocketEvent(events); },
        Event::FileTriggerType::Level, Event::FileReadyType::Read);
  }
}
```

TcpListenerImpl 将在监听器 bind_to_port 标记为 true 时创建网络监听，并设置收到新连接的回调方法为 onSocketEvent，该方法为 TcpListenerImpl 成员方法，需要通过 this 指针访问，initializeFileEvent 方法通过 Dispatcher 向 libevent 库传递监听 fd_ 及网络事件的回调方法 onSocketEvent：

```
    void IoSocketHandleImpl::initializeFileEvent(Event::Dispatcher& dispatcher,
Event::FileReadyCb cb, Event::FileTriggerType trigger, uint32_t events) {
    ASSERT(file_event_ == nullptr, "Attempting to initialize two `file_event_` for
the same " "file descriptor. This is not allowed.");
    file_event_ = dispatcher.createFileEvent(fd_, cb, trigger, events);
}
```

initializeFileEvent 方法进而通过 dispatcher.createFilterEvent 方法创建 FileEventImpl 实例，用于保存文件描述符 fd 及回调方法的映射关系：

```
FileEventPtr DispatcherImpl::createFileEvent(os_fd_t fd, FileReadyCb cb,
FileTriggerType trigger, uint32_t events) {
    ASSERT(isThreadSafe());
    return FileEventPtr{new FileEventImpl(
        *this, fd,
        ……
```

FileEventImpl 构造方法将调用 event_assign 方法，用于将事件注册到 libevent 库中：

```
    void FileEventImpl::assignEvents(uint32_t events, event_base* base) {
    ASSERT(dispatcher_.isThreadSafe());
    ASSERT(base != nullptr);
    enabled_events_ = events;
    event_assign(
        &raw_event_, base, fd_,
        auto* event = static_cast<FileEventImpl*>(arg);
        ……
          event->mergeInjectedEventsAndRunCb(events);
        },
        this);
}
```

这样的话，当新连接到达时，将通过 FileEventImpl 回调 TcpListenerImpl 实例方法 onSocketEvent。如果在回调执行中 TcpListenerImpl 对象已经析构，则将出现野指针问题。但这是不可能的，因为 Dispatcher 是顺序执行的，只要保证在回调方法执行完毕前 TcpListenerImpl 对象存在，就不会出现野指针问题。而如果采用 C++智能指针 shared_ptr 延长对象生命周期来解决此问题，则需要在回调方法内添加额外的处理逻辑，这样容易出错。Dispatcher 内存延迟析构如图 25-5 所示。

25.1 Envoy 的初始化

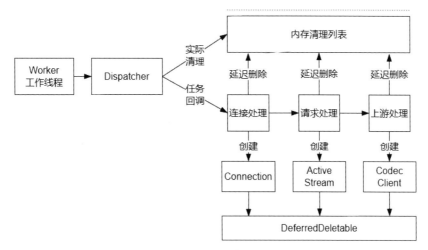

图 25-5 Dispatcher 内存延迟析构

可以被延迟析构的对象都继承自 DeferredDeletable 接口，如 Connection 连接对象、ActiveStream 下游请求对象、CodecClient 上游请求对象等。

ActiveStream 对象代表下游请求的完整生命周期，在下游请求对应的上游响应完成接收和处理后，ActiveStream 对象所在的工作线程调用 ConnectionManagerImpl::doDeferredStreamDestroy 方法对 ActiveStream 对象进行延迟析构：

```
void ConnectionManagerImpl::doDeferredStreamDestroy(ActiveStream& stream) {
  ……
  read_callbacks_->connection().dispatcher().deferredDelete(stream.removeFromList(streams_));
```

deferredDelete 方法在线程 Dispatcher 延迟清理列表的尾部添加待删除对象，并在第一个对象加入时插入一个清理任务 deferred_delete_cb_->scheduleCallbackCurrentIteration：

```
void DispatcherImpl::deferredDelete(DeferredDeletablePtr&& to_delete) {
  ASSERT(isThreadSafe());
  if (to_delete != nullptr) {
    to_delete->deleteIsPending();
    current_to_delete_->emplace_back(std::move(to_delete));
    ENVOY_LOG(trace, "item added to deferred deletion list (size={})", current_to_delete_->size());
    if (current_to_delete_->size() == 1) {
      deferred_delete_cb_->scheduleCallbackCurrentIteration();
    }
  }
}
```

这样在当前工作线程的 Dispatcher 执行完一轮任务后，可能已经由于多次调用 deferredDelete 方法积累了多个待延迟删除对象。新的一轮任务执行时，Dispatcher 将有机会运行 deferred_delete_cb_ 回调处理器中的 clearDeferredDeleteList 方法对延迟删除对象进行清理：

```
DispatcherImpl::DispatcherImpl(const std::string& name, Api::Api& api,
                    Event::TimeSystem& time_system,......)
    ……
    deferred_delete_cb_(base_scheduler_.createSchedulableCallback(
      [this]() -> void { clearDeferredDeleteList(); })),
```

clearDeferredDeleteList 方法既可以在 deferredDelete 执行时进行预设，也可以在 Envoy 工作线程处理中被手动触发，被手动触发时需要确保不会出现待清理对象被生命周期较长对象引用的情况，可参考 ActiveTcpListener::~ActiveTcpListener 析构方法。

clearDeferredDeleteList 方法执行时会首先判断 deferred_deleting_ 标志是否已设置，由于每次执行时将在 DispatcherImpl 内的两个延迟删除链表 to_delete_1_、to_delete_2_ 间切换，采用两个待删除链表的目的是使每次清理的对象数量不会太大，因此导致一次 clearDeferredDeleteList 方法执行很久才能结束。举例来说，如果当前要删除链表为 to_delete_1_，在删除过程中待删除对象的析构方法中可能又会调用 deferredDelete 方法删除其他对象，此时这个 deferredDelete 方法将会把新的待删除对象放入 to_delete_2_。这样做不会导致删除一个待删除列表中所有对象的总删除时间过长，阻塞其他 Dispatcher 上事件的处理。相关代码如下：

```
void DispatcherImpl::clearDeferredDeleteList() {
  ASSERT(isThreadSafe());
  std::vector<DeferredDeletablePtr>* to_delete = current_to_delete_;

  size_t num_to_delete = to_delete->size();
  if (deferred_deleting_ || !num_to_delete) {
    return;
  }

……
  if (current_to_delete_ == &to_delete_1_) {
    current_to_delete_ = &to_delete_2_; # 切换A/B表
  } else {
    current_to_delete_ = &to_delete_1_;
  }
```

25.1 Envoy 的初始化

```
……
    deferred_deleting_ = true; # 防止其他 clearDeferredDeleteList 同时执行
……
    for (size_t i = 0; i < num_to_delete; i++) {
        (*to_delete)[i].reset();  # 顺序执行各个对象的析构方法
    }

    to_delete->clear();
    deferred_deleting_ = false; # 允许新的 clearDeferredDeleteList 执行
}
```

25.1.8　CDS 的初始化

原理篇介绍过，Cluster 服务发现的初始化过程位于 MainImpl::initialize 中：

```
config_.initialize(bootstrap_, *this, *cluster_manager_factory_);
```

CDS 初始化流程图如图 25-6 所示。

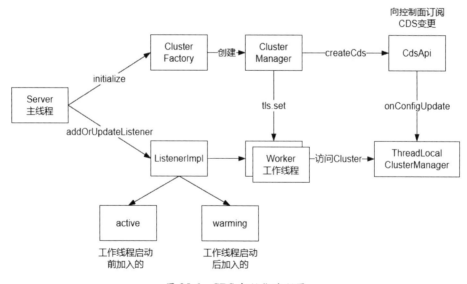

图 25-6　CDS 初始化流程图

Main_config 的 initialize 方法位于 configuration_impl.cc 中：

```
void MainImpl::initialize(const envoy::config::bootstrap::v3::Bootstrap&
bootstrap,Instance& server,Upstream::ClusterManagerFactory&
```

```
cluster_manager_factory) {
    ……
    cluster_manager_ = cluster_manager_factory.clusterManagerFromProto
(bootstrap); # 创建 Cluster 管理器

    const auto& listeners = bootstrap.static_resources().listeners();
    ENVOY_LOG(info, "loading {} listener(s)", listeners.size());
    for (ssize_t i = 0; i < listeners.size(); i++) {
      ENVOY_LOG(debug, "listener #{}:", i);
      server.listenerManager().addOrUpdateListener(listeners[i], "", false);
    }
    ……
```

addOrUpdateListener 调用 addOrUpdateListenerInternal，根据传入的监听器配置信息创建 ListenerImpl 监听器参数对象，并将其添加到活跃监听器列表 active_listeners_ 或预热监听器列表 warming_listeners_ 中。如果工作线程已经启动，则新添加的监听器处于 warming 状态，此时还需要获取路由的配置及 Cluster 的配置后才能为工作线程提供服务。如果工作线程还未启动，则此时 ClusterManager、ListenerManager 将通过 xDS 获取监听器相关的 RDS 及 CDS 配置，这样在监听器关联的工作线程启动后，这些监听器将被设置为 active 状态，表示可以立即提供服务。相关代码如下：

```
bool ListenerManagerImpl::addOrUpdateListenerInternal(
    const envoy::config::listener::v3::Listener& config, ……) {
    ……
    new_listener =
        std::make_unique<ListenerImpl>(config, version_info, *this, name,
added_via_api, workers_started_, hash, server_.options().concurrency());
    # 创建新的监听器对象
    ……
    if (workers_started_) { # 判断工作线程是否已经启动
      new_listener->debugLog("add warming listener");
      warming_listeners_.emplace_back(std::move(new_listener));
    } else {
      new_listener->debugLog("add active listener");
      active_listeners_.emplace_back(std::move(new_listener));
    }
    ……
```

cluster_manager_factory 的父类是 ProdClusterManagerFactory 工厂实例，它的返回值是 ClusterManagerImpl 对象，用于获取当前网格内所有的 Cluster 信息：

```
ClusterManagerPtr ProdClusterManagerFactory::clusterManagerFromProto(
```

```
    const envoy::config::bootstrap::v3::Bootstrap& bootstrap) {
  return ClusterManagerPtr{new ClusterManagerImpl(
      bootstrap, *this, stats_, tls_, context_.runtime(), context_.localInfo(),
log_manager_,……)};
  }
```

在 ClusterManagerImpl 构造方法中，针对每个线程创建 ThreadLocalClusterManagerImpl，解决多个工作线程访问 Cluster 配置的锁问题：

```
  tls_.set([this, local_cluster_params](Event::Dispatcher& dispatcher) {
    return std::make_shared<ThreadLocalClusterManagerImpl>(*this, dispatcher,
local_cluster_params);
  });
```

在主线程创建 ClusterManagerImpl 对象后，如果在我们的启动文件中配置了 CDS，那么这里会通过 create 方法创建 CDS：

```
  cds_api_ = factory_.createCds(dyn_resources.cds_config(),
cds_resources_locator.get(), *this);
  init_helper_.setCds(cds_api_.get());
```

createCds 方法的返回值是 CdsApiImpl 对象，处理 CDS 配置监听：

```
ProdClusterManagerFactory::createCds(const
envoy::config::core::v3::ConfigSource& cds_config,……) {
  ……
    return CdsApiImpl::create(cds_config, cds_resources_locator, cm, stats_,
                     validation_context_.dynamicValidationVisitor());
  }
```

create 方法的返回值是 CdsApiImpl 类型的指针：

```
return CdsApiPtr{
    new CdsApiImpl(cds_config, cds_resources_locator, cm, scope,
validation_visitor)};
```

通过 xDS 获取 CDS 订阅是通过 CdsApiImpl::CdsApiImpl 实现的，这里会注册对 CDS 资源的订阅 subscription：

```
  CdsApiImpl::CdsApiImpl(const envoy::config::core::v3::ConfigSource&
cds_config,……)
  {
    const auto resource_name = getResourceName();
    if (cds_resources_locator == nullptr) {
      subscription_ = cm_.subscriptionFactory().subscriptionFromConfigSource(
```

```
            cds_config, Grpc::Common::typeUrl(resource_name), *scope_, *this,
resource_decoder_, {});
    } else {
      subscription_ = cm.subscriptionFactory().collectionSubscriptionFromUrl(
          *cds_resources_locator, cds_config, resource_name, *scope_, *this,
resource_decoder_);
    }
  }
```

每当有 CDS 配置事件发生变化时，都通过 SubscriptionCallbacks 注册的回调方法执行 CdsApiImpl::onConfigUpdate 方法，然后执行 ClusterManager 中的 addOrUpdateCluster 或 removeCluster 方法添加或删除 Cluster，同时在 Envoy 进程的日志中输出 cds:add/update cluster '{...}' 或 cds: remove cluster '{...}' 信息。

25.1.9　LDS 的初始化

LDS 的初始化和 CDS 的相似，这一步发生在 CDS 初始化之后。首先加载启动文件里的 LDS 配置，调用父类 ListenerManagerImpl 创建对 LDS 配置的订阅：

```
    listener_manager_->createLdsApi(bootstrap_.dynamic_resources().
lds_config(),lds_resources_locator.get());
```

在 ProdListenerComponentFactory 类下创建新的 LdsApiImpl：

```
    void createLdsApi(const envoy::config::core::v3::ConfigSource& lds_config,
               const xds::core::v3::ResourceLocator* lds_resources_locator)
override {
      ASSERT(lds_api_ == nullptr);
      lds_api_ = factory_.createLdsApi(lds_config, lds_resources_locator);
    }
```

在 LdsApiImpl 构造方法中注册 LDS 订阅 subscription：

```
    LdsApiImpl::LdsApiImpl(const envoy::config::core::v3::ConfigSource&
lds_config,……) {
      const auto resource_name = getResourceName();
      if (lds_resources_locator == nullptr) {
        subscription_ = cm.subscriptionFactory().subscriptionFromConfigSource(
            lds_config, Grpc::Common::typeUrl(resource_name), *scope_, *this,
resource_decoder_, {});
      } else {
        subscription_ = cm.subscriptionFactory().collectionSubscriptionFromUrl(
```

```
        *lds_resources_locator, lds_config, resource_name, *scope_, *this,
resource_decoder_);
    }
    ......
}
```

当有 LDS 变更事件到来时，通过 SubscriptionCallbacks 回调方法进入 Envoy，然后主线程用 LdsApiImpl::onConfigUpdate 方法执行 ListenerManager 的 addOrUpdateListener 或 removeListener 方法来添加或删除监听器，同时在 Envoy 进程打印日志中输出 lds: add/update listener '{...}'或 lds: remove listener '{...}'信息。

25.1.10　初始化观测管理系统

在 Envoy 的初始化代码中可以看到，很多地方创建了带有回调方法的 init_target_ 对象，如 LdsApiImpl 构造方法。这些对象被称为初始化观测管理器的被观测者对象。被观测者对象与初始化观测管理器 init_manager 及观测者对象之间形成一个系统。从外部来看，初始化观测管理系统架构如图 25-7 所示。

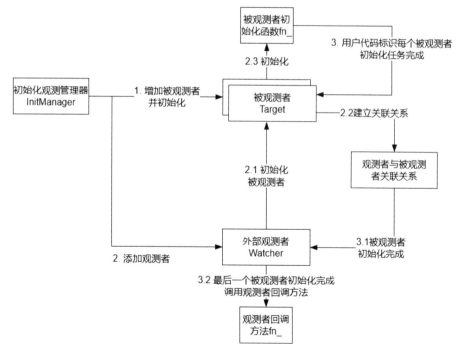

图 25-7　初始化观测管理系统架构

第 25 章　Envoy 源码解析

初始化观测管理系统主要解决的问题是，在多层嵌套初始化系统中，需要建立观测者 Watcher 与所有被观测者 Target 初始化执行结果之间的关系，并可在所有被观测者初始化完成后执行观测者 Watcher 的回调方法。这样将可实现多种异步任务执行结果间的依赖关系，其主要架构描述如下。

（1）初始化观测管理器 InitManager 调用 add 方法添加一个或多个被观测者 Target，并且保存每个被观测者的初始化回调方法。添加完成后这些被观测者 Target 都处于等待被初始化的状态。另外，也允许在添加观测者后还没有执行完被观测者的初始化时再添加新的观测者，这些新的观测者在被添加时将立即进行初始化。

（2）初始化观测管理器 InitManager 调用 initialize 方法添加一个观测者 Watcher，并且保存观测者的回调方法。如果此时系统中已经先添加了一些被观测者，则需要在添加观测者后，立即对这些被观测者进行初始化，并建立观测者与被观测者之间的关联关系。初始化被观测者时将调用每个被观测者的回调方法。如果系统中还未添加任何被观测者，则可以立即调用观测者 Watcher 的回调方法。

（3）在系统中已经添加了一个或多个被观测者 Target 且它们都已完成初始化任务后，需要在每个被观测者 Target 的回调方法中显式调用 ready 方法，标记当前被观测者初始化任务处理完成，这是由于通常情况下每个被观测者 Target 的初始化方法都将异步执行，因此就需要在被观测者初始化完成时告知初始化观测管理器。当初始化观测管理器判断当前是最后一个被观测者 Target 的初始化已完成时，则触发观测者 Watcher 的回调方法。

从以上主要架构可以看出，初始化系统很像消息系统中的 Topic 订阅和注册过程，并且可以实现多个初始化观测系统级联初始化的能力，这时只需要将一个观测系统的观测者回调方法作为其上游观测系统的被观测者回调方法即可。

在 Envoy 的初始化观测系统实现中，还实现了观测者与被观测者对象的存在性依赖解耦能力，也就是在某个初始化观测系统中不保证已经加入的某个被观测者或者观测者在其他被观测者初始化完成后一定存在的假设。这是通过初始化观测系统中的 Handle 机制实现的，其中 WatcherHandle 保存了对观测者 Watcher 的弱引用，TargetHandle 保存了对被观测者 Target 的弱引用。当初始化某个被观测者 Target 时，首先将通过弱引用尝试锁定 Target 对象。如果锁定成功，则按照前面所述的在被观测者初始化回调方法完成后向初始化观测管理器标记被观测者自己已完成的状态；如果锁定失败，则认为当前被观测者初始化已经完成，也向初始化观测管理器标记 Target 初始化已完成。同理，初始化观测管理器在发现最后一个被观测者初始化完毕后，也使用弱引用锁定的方式调用观测者的回调方法。

另外，还需要说明的是，在 Envoy 的初始化观测系统实现中，会在每个初始化观测管

25.1 Envoy 的初始化

理器的构造方法中创建一个内部观测者 Watcher，并将通过 initialize 方法添加的观测者作为外部观测者 Watcher。这样保证了内部观测者的生命周期与初始化观测管理器的一致，也就解决了前面提到的无法保证在其他被观测者初始化完成后外部观测者 Watcher 与被观测者 Target 存在的问题。具体的初始化观测系统实现流程如图 25-8 所示。

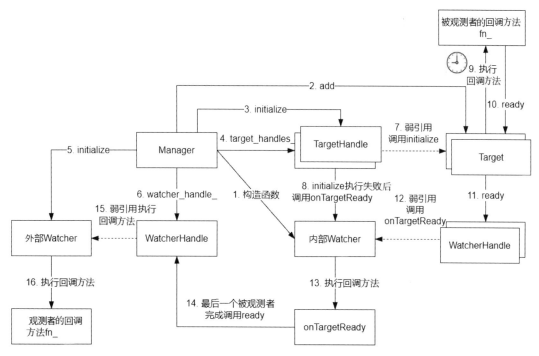

图 25-8 具体的初始化观测系统实现流程

首先在主线程初始化方法中执行 server_.initManager 来创建初始化观测管理器 Init::Manager 对象，在其构造方法中同时创建一个内部观测者 WatcherImpl 对象，并设置回调方法为 onTargetReady：

```
ManagerImpl::ManagerImpl(absl::string_view name)
    : name_(fmt::format("init manager {}", name)), state_(State::Uninitialized),
count_(0),
      watcher_(name_, [this](absl::string_view target_name)
{ onTargetReady(target_name); }) {}
```

初始化时初始化观测管理器 state_ 状态为未初始化，表示还没有添加外部观测者 Watcher。如果此时调用 add 方法添加被观测者 Target，则只将所有被观测者都放入初始化观测管理器的 target_handles_ 队列中。如果已经添加了外部观测者 Watcher，则执行 add 方法添加的被观测者 Target 会立即执行其 argetHandleImpl::initialize 初始化方法。target_handles_ 队列中保存的是每个被观测者通过 createHandle 创建的 TargetHandle 对象：

```
void ManagerImpl::add(const Target& target) {
 ++count_;
 TargetHandlePtr target_handle(target.createHandle(name_));
 switch (state_) {
 case State::Uninitialized:
   target_handles_.push_back(std::move(target_handle)); # Target 等待初始化
   return;
 case State::Initializing:
   target_handle->initialize(watcher_);
   return;
```

当执行 ManagerImpl::initialize 添加观测者 Watcher 时，将创建外部观测者的 WatcherHandle 并将其保存到 watcher_handle_ 中，此时如果系统中还没有任何已注册的被观测者 Target，则直接调用内部观测者的 ready 方法，进而执行外部观测者的回调方法：

```
void ManagerImpl::initialize(const Watcher& watcher) {
 ……
 watcher_handle_ = watcher.createHandle(name_);
 if (count_ == 0) {  # 还没有加入任何被观测者 Target，观测者直接完成观测
 ……
   ready();
 } else {
 ……
   for (const auto& target_handle : target_handles_) {
     if (!target_handle->initialize(watcher_)) {
       # 初始化每个 Target，传入内部 watcher_
```

如果已添加过被观测者 Target，则立即执行每个被观测者 Target 的 initialize 初始化方法，如果 initialize 方法由于对被观测者弱引用锁定失败而导致返回 false，也认为该被观测者完成了初始化，并执行内部观测者 Watcher 的 onTargetReady 方法减少被观测者计数。

如果 TargetHandleImpl::initialize 方法内当前被观测者 Target 的弱引用加锁成功，则表示该被观测者对象存在。此时将使用传入的内部观测者 Watcher 创建一个与当前被观测者关联的 WatcherHandle 并将其保存在 watcher_handle_ 中，然后通过加锁得到的被观测者回调方法 fn_ 对当前被观测者 Target 进行初始化：

```
bool TargetHandleImpl::initialize(const Watcher& watcher) const {
 auto locked_fn(fn_.lock());
 if (locked_fn) { # 锁定被观测者 Target 弱引用
```

```
    ……
    (*locked_fn)(watcher.createHandle(name_)); # 这里为内部 watcher_
```

被观测者 TargetImpl 的构造方法中 fn_ 为被观测者初始化方法对象，其在执行用户自定义的初始化方法前需要将内部观测者 WatcherHandle 保存在 TargetImpl 中，这样当用户自定义方法完成，执行 TargetImpl::ready 方法时，可以触发内部观测者 Watcher 的 ready 方法：

```
TargetImpl::TargetImpl(absl::string_view name, InitializeFn fn)
  : name_(fmt::format("target {}", name)),
    fn_(std::make_shared<InternalInitializeFn>([this, fn](WatcherHandlePtr watcher_handle) { # watcher_handle 是内部观测者 Watcher 创建的 Handle
      watcher_handle_ = std::move(watcher_handle);
      # 保存内部观测者 Watcher 创建的 Handle
      fn(); # 调用 Target 的用户自定义初始化方法
    })) {}
```

由于每个被观测者可能使用异步方法进行初始化，因此需要每个被观测者 Target 在其初始化完成时执行 TargetImpl::ready 方法来标记自己已完成初始化。TargetImpl::ready 方法此时根据保存的内部观测者的 watcher_handle_ 调用内部观测者 Watcher 的 ready 方法：

```
bool TargetImpl::ready() {
  if (watcher_handle_) {
    ……
    return local_watcher_handle->ready();
```

初始化观测管理器内部的观测者 WatcherImpl::ready 方法将执行 ManagerImpl::onTargetReady 方法，并在每次执行时减少被观测者计数 count_，直到最后一个被观测者 Target 被标记为 ready，初始化观测管理器将通过保存的 watcher_handle_ 调用外部观测者 WatcherHandle 的 ready 方法：

```
void ManagerImpl::onTargetReady(absl::string_view target_name) {
  ……
  if (--count_ == 0) { # 最后一个 Target 执行 ready 方法
    ready(); # 执行外部 Watcher 的用户自定义代码
  }
```

外部观测者 WatcherHandleImpl::ready 方法通过锁定弱引用的方式调用外部观测者 Watcher 的回调方法 fn_：

```
bool WatcherHandleImpl::ready() const {
  auto locked_fn(fn_.lock()); # 锁定 Watcher 回调弱引用
  if (locked_fn) {
```

```
……
ENVOY_LOG(debug, "{} initialized, notifying {}", handle_name_, name_);
(*locked_fn)(handle_name_);
```

25.1.11　启动 Stats 定期刷新

原理篇介绍过，Stats 的刷新由主线程定期触发，因此需要在 Envoy 初始化过程中创建定时器：

```
stat_flush_timer_ = dispatcher_->createTimer([this]() -> void
{ flushStats(); });
stat_flush_timer_->enableTimer(stats_config.flushInterval()); # 5s 定时刷新
```

根据 stats_config 配置，默认刷新时间是 5s，在每次主线程对 Stats 内容进行定期刷新，执行 flushStats 方法时，该方法都会判断 stats_flush_in_progress_ 标记，该标记为 true 表示当前刷新任务已经在处理中，解决 flushStats 处理的重入问题，防止由于某个 Stats 任务处理时间太久而与新启动的 Stats 任务发生冲突。在 flushStats 中首先使用 stats_store_.mergeHistograms 方法跨线程合并类型带有时间标记的 HISTOGRAM 统计数据，合并完成后，调用 flushStatsInternal 方法：

```
void InstanceImpl::flushStatsInternal() {
  updateServerStats();
  ……
  if (stat_flush_timer_ != nullptr) {
    stat_flush_timer_->enableTimer(stats_config.flushInterval());
  }

  stats_flush_in_progress_ = false;
}
```

flushStatsInternal 方法将执行 updateServerStats 方法处理并合并从老版本 Envoy 进程获取的 Stats 数据。然后再次重启 Stats 刷新定时器，并设置 stats_flush_in_progress_=false，使得新一轮 flushStats 可以继续执行。

25.1.12　GuardDog 的初始化

原理篇介绍过 GuardDog 用于防止 Envoy 工作线程处于死锁状态，其构造方法 GuardDogImpl:: GuardDogImpl 对 GuardDog 进行初始化：

25.1 Envoy 的初始化

```
main_thread_guard_dog_ = std::make_unique<Server::GuardDogImpl>(
    stats_store_, config_.mainThreadWatchdogConfig(), *api_, "main_thread");
    # 用于保护主线程
worker_guard_dog_ = std::make_unique<Server::GuardDogImpl>(
    stats_store_, config_.workerWatchdogConfig(), *api_, "workers");
    # 用于保护其他工作线程
```

每个 GuardDogImpl 都将启动单独的线程，用于对目标线程的运行状态进行监控，每个目标线程都会配备单独的 WatchDogImpl 对象，用于记录本线程是否已处于死锁状态。GuardDog 负责监控其下管理的所有线程 WatchDog 的运行状态，每个线程的 WatchDog 由其 Dispatcher 负责调度执行，并在执行中标记当前线程运行状态为健康。GuardDog 初始化流程图如图 25-9 所示。

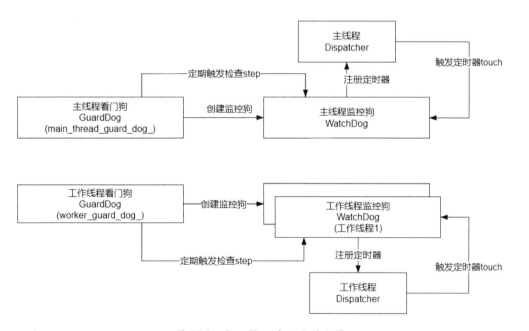

图 25-9 GuardDog 初始化流程图

在 Envoy 初始化阶段，将创建两个单独的 GuardDog，一个用于监控主线程 main_thread_guard_dog_，另一个用于监控其他工作线程 worker_guard_dog_。

GuardDogImpl 的构造方法位于 source/server/guarddog_impl.cc 中，创建 loop_timer_ 用于定期运行所管辖线程 WatchDog 的巡检任务。由于 GuardDog 会创建单独的线程监控任务，因此 GuardDog 需要使用 allocateDispatcher 方法创建独立的 dispatcher_ 对象：

```
    GuardDogImpl::GuardDogImpl(Stats::Scope& stats_scope, const
Server::Configuration::Watchdog& config,
                ……,
        dispatcher_(api.allocateDispatcher(absl::StrCat(name,
"_guarddog_thread"))),
        loop_timer_(dispatcher_->createTimer([this]() { step(); })),
        events_to_actions_([&](const Server::Configuration::Watchdog& config) ->
EventToActionsMap {
        ……
            return map; # 可根据配置定义"杀死"死锁进程的行为
        }(config)),
        run_thread_(true) {
    start(api);
    }
```

start 方法负责启动 GuardDog 线程，并激活 loop_timer_定期运行 step 巡检：

```
    void GuardDogImpl::start(Api::Api& api) {
      Thread::LockGuard guard(mutex_);
      ……
      thread_ = api.threadFactory().createThread(
          [this, &guarddog_thread_started]() -> void {
            loop_timer_->enableTimer(std::chrono::milliseconds(0));
            # 0s 延迟后立即运行 loop_timer
            ……
            dispatcher_->run(Event::Dispatcher::RunType::RunUntilExit);
            # 阻塞运行模式
          },
          options);
      ……
    }
```

每次 step 方法的运行都会轮询所有已注册的 WatchDog 的状态，每个线程的 WatchDog 状态返回后都将重置 touch 标志为 false，如果拥有 WatchDog 的线程运行正常，则其 touch 标志将被定期设置为 true，从而 step 方法可以检测出某目标线程是否长期处于不健康状态：

```
    void GuardDogImpl::step() {
      ……
        for (auto& watched_dog : watched_dogs_) {
        if (watched_dog->dog_->getTouchedAndReset()) {
          ……
          watched_dog->last_checkin_ = now; # 记录当前检查的时间戳
          continue; # 目标线程运行正常，继续检查下一线程
```

```
      }
      const auto last_checkin = watched_dog->last_checkin_;
      const auto tid = watched_dog->dog_->threadId();
      const auto delta = now - last_checkin;
      # 目标线程的 touch 标志未更新，检查自上次更新经历的时间
      ……
      if (delta > miss_timeout_) {
        ……  # 进行超时异常线程记录，后续执行 Kill 操作
      }
      ……

  if (run_thread_) {
    loop_timer_->enableTimer(loop_interval_);  # 再次启动 loop_timer_ 定时器
  }
}
```

其中，watchd_dogs_ 保存了所有管辖线程的 WatchDog 列表，getTouchedAndReset 方法负责对 WatchDog 内的原子状态进行检查及重置。

每个 WatchDog 的注册都是调用 GuardDog 的 createWatchDog 完成的，主线程 main_thread_guard_dog_ 在 InstanceImpl::run 中创建 WatchDog，工作线程 worker_guard_dog_ 在每个线程主方法 WorkerImpl::threadRoutine 中创建 WatchDog：

```
WatchDogSharedPtr GuardDogImpl::createWatchDog(Thread::ThreadId thread_id,
                                  ……) {
  ……
  auto new_watchdog = std::make_shared<WatchDogImpl>(std::move(thread_id));
  ……
  new_watchdog->touch();
  {
    Thread::LockGuard guard(wd_lock_);
    watched_dogs_.push_back(std::move(watched_dog));  # 放入管辖队列
  }
  dispatcher.registerWatchdog(new_watchdog, wd_interval);
  # 向目标线程注册 WatchDog 对象
```

registerWatchdog 方法向目标线程 Dispatcher 注册 WatchDog 对象，目标线程在运行 DispatcherImpl::touchWatchdog 方法时执行 watchdog_->touch。touch 方法调用原子操作 compare_exchange_strong 判断当前状态，如果为 false，表示刚被 GuardDog 巡检过，则设置新状态为 true，否则保持 false。

touchWatchdog 方法将在 DispatcherImpl 的 clearDeferredDeleteList、createFileEvent、createSchedulableCallback、createTimerInternal、runPostCallbacks 等主要事件执行逻辑中被调用，保证线程 Dispatcher 的主要事件处理方法都没有发生死锁。

25.2　热重启的流程

前面在 Envoy 进程启动流程中提到过，configureHotRestarter 用于处理新老 Envoy 进程启动时替换的问题。在热重启流程中，根据命令行传入的 options_.baseId 及 options_.useDynamicBaseId 参数确定当前 Envoy 进程采用的 base_id 并创建相应的 Server::HotRestartImpl 对象。

HotRestartImpl 构造方法中保存了 base_id_，并创建了 HotRestartingChild 类型的对象 as_child_，用于与老 Envoy 进程通信，以及创建 HotRestartingParent 类型的对象 as_parent_，用于接收新 Envoy 进程的请求。接着 HotRestartImpl 调用系统方法 shmOpen 及 ftruncate 来创建名为/envoy_shared_memory_${base_id}的共享内存对象 SharedMemory，并用 mmap 将共享内存对象映射到 Envoy 进程的当前内存空间，用于传递老 Envoy 进程日志文件锁及 flags 等信息。

文件锁是 pthread_mutex_t 类型的，通过 initializeMutex 使用系统方法 pthread_mutexattr_setpshared 设置，且支持跨进程标志 PTHREAD_PROCESS_SHARED。

restart_epoch==0 表示第一个启动的 Envoy 进程，负责初始化整个 SharedMemory 内存内容，包括与日志相关的 log_lock_ 及 access_log_lock_ 锁，后续的 Envoy 进程只映射名为/enovy_shared_memory_${base_id} 的共享内存对象到自己的进程内存。然后使用 ProcessSharedMutex 对象管理创建的 pthread_mutex_t 锁对象，在 main_common.cc 中可通过 restarter_->logLock 及 accessLogLock 方法进行访问。

HotRestartingChild 负责与老 Envoy 进程通信，当判断 restart_epoch_!=0 时，不是第一个 Envoy 进程，根据 base_id 及 options_.restartEpoch 初始化 UDS 地址 parent_address_，由于每次新 Envoy 进程启动时 restartEpoch 都加 1，因此 asChild 计算 parent 的目标地址为 restart_epoch_ + -1。HotRestart 热升级过程如图 25-10 所示。

25.2 热重启的流程

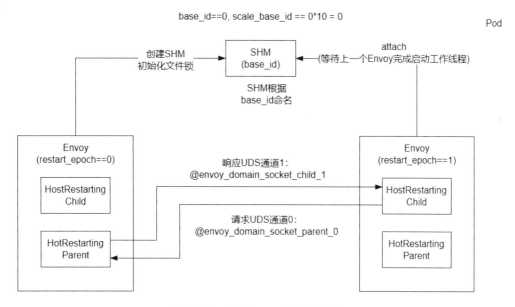

图 25-10 HotRestart 热升级过程

如图 25-10 所述，在 epoch==0 时启动的 Envoy 进程，其 HotRestartingParent 的 UDS 地址为@envoy_domain_socket_parent_0，该进程将与 epoch==1 时 HotRestartingChild 的 UDS 地址为@envoy_domain_socket_child_1 的 Envoy 进程建立连接。

通常情况下，HotRestart 交互由 5 种消息组成，请求消息都是从 child 发送到 parent。由于 asChild 为消息主动发送方，并且同步等待返回值，因此不需要注册网络事件到 Dispatcher。而 HotRestartingParent::initialize 则使用 DispatcherImpl::createFileEvent 方法创建 UDS 网络监听，执行 parent 被动收到消息后主线程 Dispatcher 的 onSocketEvent 方法。parent 收到 child 消息后的处理过程如下。

◎ 收到 kShutdownAdmin 消息：调用 InstanceImpl::shutdownAdmin 方法，将停止 Admin 端口 handler_的监听，使得后续的 Admin 请求进入新 Envoy 进程。如果当前老 Envoy 进程中存在父 Envoy 进程，则调用 restarter_.sendParentTerminateRequest 级联关闭其祖父 Envoy 进程。

◎ 收到 kPassListenSocket 消息：新 Envoy 进程创建每个监听器时，调用 createListenSocket 和 duplicateParentListenSocket(addr)方法，addr 参数为要启动监听器的地址，duplicateParentListenSocket 方法的返回值为 addr 对应的父 Envoy 进程内监听器的文件描述符 fd，将其作为新 Envoy 进程的监听描述符。此时父 Envoy 进程执行 getListenSocketsForChild 匹配 addr 对应的监听器并返回其对应的 fd 给新

Envoy 进程。此过程将执行多次，每次返回一个监听器。

- 收到 kStats 消息：在新 Envoy 进程启动过程中，stat_flush_timer_ 将每 5s 执行一次 flushStats 操作，其每次执行 updateServerStats 方法时都运行 mergeParentStatsIfAny 方法，mergeParentStatsIfAny 方法将通过 as_child_.mergeParentStats 发送 Stats 合并请求给父 Envoy 进程。父 Envoy 进程调用 exportStatsToChild 方法合并 serve_->stats 下的 GUAGE 及 COUNTER 观测数据，并将结果返回给新 Envoy 进程。新 Envoy 进程收到结果后执行 as_child_.mergeParentStats 方法来创建 Stats::StatMerger 对象，随后调用 StatMerger::mergeStats 方法将 COUNTER 及 GAUGE 观测数据合并，并将结果返回给新 Envoy 进程。
- 收到 kDrainListeners 消息：新 Envoy 进程完成工作线程的启动后，调用 as_child_.drainParentListeners 方法向父 Envoy 进程发送关闭监听器的请求，父 Envoy 进程收到请求后调用 InstanceImpl::drainListeners 方法，随后执行 ListenerManagerImpl::stopListeners 方法关闭所有已启动的网络监听。父 Envoy 进程需要较长时间等待已有请求完成，而且这个过程不会返回消息，所以新 Envoy 进程也无须等待。相关代码如下：

```
void InstanceImpl::drainListeners() {
  ENVOY_LOG(info, "closing and draining listeners");
  listener_manager_->stopListeners(ListenerManager::StopListenersType::All);
  drain_manager_->startDrainSequence([] {});
};
```

- 收到 kTerminate 消息：新 Envoy 进程执行 drainParentListeners 后，将运行 DrainManagerImpl::startParentShutdownSequence 方法。DrainManagerImpl::startParentShutdownSequence 方法 15s 后执行 as_child_.sendParentTerminateRequest 方法来发送 kTerminate 请求，父 Envoy 进程收到请求后，向自己发送 SIGTERM 信号，再由 Envoy 进程主线程安装的信号处理器 sigterm_ 拦截该信号并执行 InstanceImpl::shutdown 方法，InstanceImpl::shutdown 方法最后调用 dispatcher_->exit，结束主线程循环 InstanceImpl::run(Event::Dispatcher::RunType::Block)。

25.3 Envoy 的运行和连接创建

在 Envoy 进程完成初始化后，将启动各个线程使自己处于工作状态。Envoy 进程运行入口位于 MainCommonBase::run 方法中，此时 Envoy 进程以 Server 身份启动并执行 run

方法：

```
bool MainCommonBase::run() {
  switch (options_.mode()) {
  case Server::Mode::Serve:
    server_->run();
```

图 25-11 简要梳理了 Envoy 进程启动并接收应用连接的主要流程。

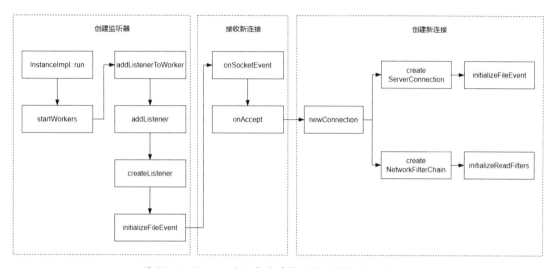

图 25-11　Envoy 进程启动并接收应用连接的主要流程

流程中涉及的几个步骤将在下面进行介绍。

25.3.1　启动 Worker 工作线程

Envoy 进程在初始化完成后，在 run 方法中会创建 RunHelper 对象来负责工作线程启动前的准备工作，并在准备工作完成后执行 InstanceImpl::startWorkers 方法启动工作线程：

```
void InstanceImpl::run() {
    ……
    const auto run_helper = RunHelper(*this, options_, *dispatcher_, clusterManager(),……, [this] {……
                                    startWorkers();
                                });
```

InstanceImpl::startWorkers 方法调用了 ListenerManagerImpl::startWorkers 方法，其首先遍历所有可被立即使用的监听器 active_listeners_，然后遍历所有工作线程 workers_，并依

次执行 addListenerToWorker(*worker,……, *listener)，将监听器与工作线程进行绑定：

```
for (const auto& worker : workers_) {
  addListenerToWorker(*worker, absl::nullopt, *listener,
                      [this, listeners_pending_init, callback]() {……
```

addListenerToWorker 方法会调用 WorkerImpl::addListener 方法，给目标线程添加监听器：

```
worker.addListener(overridden_listener, listener, [this, completion_callback]() 
-> void {
    ……
});
```

addListener 方法调用目标线程 Dispatcher 的 post 方法，将连接管理器 ConnectionHandler 与监听器进行绑定：

```
dispatcher_->post([this, overridden_listener, &listener, completion]() -> void {
  handler_->addListener(overridden_listener, listener);
  ……
});
```

之后 ListenerManagerImpl::startWorkers 方法执行 addListenerToWorker，轮询工作线程列表 workers_，并运行 WorkerImpl::start 方法启动每个线程：

```
void WorkerImpl::start(GuardDog& guard_dog, const Event::PostCb& cb) {
  ……
  thread_ = api_.threadFactory().createThread(
      [this, &guard_dog, cb]() -> void { threadRoutine(guard_dog, cb); },
options);
```

createThread 为系统方法调用入口，其中将创建系统线程，并将 threadRoutine 方法作为工作线程的入口方法。threadRoutine 方法首先发送 post 异步任务到目标工作线程任务调度队列，创建工作线程自己的 WatchDog，最后执行线程 Dispatcher 中的 run 方法来等待处理新事件：

```
void WorkerImpl::threadRoutine(GuardDog& guard_dog, const Event::PostCb& cb) {
  ……
  dispatcher_->post([this, &guard_dog, cb]() {
    # 发送 post 异步任务到目标工作线程任务调度队列
    cb();
    watch_dog_ = guard_dog.createWatchDog(api_.threadFactory().currentThreadId(),
                                          dispatcher_->name(), *dispatcher_);
```

```
});
dispatcher_->run(Event::Dispatcher::RunType::Block); # 阻塞等待
```

在主线程 RunHelper 的构造方法中，工作线程在启动前需要等待 ClusterManager 初始化完毕，ClusterManager 在初始化完成的回调方法中调用 init_manager.initialize 方法，将 RunHelper 添加为观测者 init_watcher_，并在观测者回调方法中启动工作线程：

```
RunHelper::RunHelper(Instance& instance, const Options& options,
Event::Dispatcher& dispatcher,
    ……
    : init_watcher_("RunHelper", [&instance, post_init_cb]() {
        if (!instance.isShutdown()) {
          post_init_cb(); # 将调用 startWorkers
        }
      ……
    cm.setInitializedCb([&instance, &init_manager, &cm, this]() {
      ……
    init_manager.initialize(init_watcher_);
      ……
```

25.3.2 监听器的加载

ConnectionHandlerImpl::addListener 方法将根据各个监听器支持的协议类型创建监听器对象，比如对于 TCP，将创建 ActiveTcpListener 实例：

```
  } else if (config.listenSocketFactories()[0]->socketType() ==
Network::Socket::Type::Stream) { # TCP 类型
    for (auto& socket_factory : config.listenSocketFactories()) {
      auto address = socket_factory->localAddress();
      ……
      details->addActiveListener(
          config, address, listener_reject_fraction_, disable_listeners_,
          std::make_unique<ActiveTcpListener>(
    ……
listener_map_by_tag_.emplace(config.listenerTag(), std::move(details));
```

ActiveTcpListener 构造方法指定目标线程 Dispatcher 并调用其 createListener 方法创建网络监听 Network::TcpListenerImpl，同时还将自己注册到全局连接均衡选择器中，用于新连接到达时决定是否执行连接均衡分配策略：

```
ActiveTcpListener::ActiveTcpListener(Network::TcpConnectionHandler& parent,
                                    ……)
```

第 25 章 Envoy 源码解析

```
        : OwnedActiveStreamListenerBase(
    parent, parent.dispatcher(),
    parent.dispatcher().createListener(std::move(socket), *this, runtime,
config.bindToPort(),
    ……
    connection_balancer_.registerHandler(*this); # 将当前监听器注册到连接均衡选择器中
```

注意，这里的监听器类型是 Network::TcpListenerImpl，而不是在 Envoy 进程初始化阶段介绍的 ListenerImpl：

```
    return std::make_unique<Network::TcpListenerImpl>(*this, random_generator_,
runtime,
```

在 TcpListenerImpl 构造方法中，调用 initializeFileEvent 方法向操作系统注册监听器，并设置事件回调方法 onSocketEvent，参数中的 Event::FileTriggerType::Level 表示采用边沿触发模式，减少网络事件的通知数量，bind_to_port 表示是否真正启动网络监听：

```
TcpListenerImpl::TcpListenerImpl(Event::DispatcherImpl& dispatcher,
Random::RandomGenerator& random,……) {
    if (bind_to_port) {
      ……
      socket_->ioHandle().initializeFileEvent(
        dispatcher, [this](uint32_t events) -> void { onSocketEvent(events); },
        Event::FileTriggerType::Level, Event::FileReadyType::Read);
```

initializeFileEvent 使用线程 Dispatcher 的 createFileEvent 方法向下层 libevent 库注册 Socket 描述符 fd：

```
    file_event_ = dispatcher.createFileEvent(fd_, cb, trigger, events);
```

createFileEvent 创建网络事件封装对象 FileEventImpl，当触发网络事件时，将调用回调方法 cb。对于网络监听器场景，cb 为 onSocketEvent 方法：

```
FileEventPtr DispatcherImpl::createFileEvent(os_fd_t fd, FileReadyCb cb,
FileTriggerType trigger……) {
    ……
    return FileEventPtr{new FileEventImpl(
      *this, fd,
      [this, cb](uint32_t events) {
        touchWatchdog();   # 设置当前线程 Watchdog 为正常状态
        cb(events);        # 调用回调方法，对于网络监听器场景，cb 为 onSocketEvent 方法
```

FileEventImpl 执行 assignEvents 方法调用 libevent 库接口 event_assign、event_add 来注册网络监听事件：

```
    assignEvents(events, &dispatcher.base());
    event_add(&raw_event_, nullptr);
```

assignEvents 方法将注册 FileEventImpl 对象指针,事件发生时通过 arg 参数进入 FileEventImpl 对象的回调方法,并执行 mergeInjectedEventsAndRunCb 方法,在合并事件后继续执行注册回调方法:

```
void FileEventImpl::assignEvents(uint32_t events, event_base* base) {
  ......
  event_assign(
      &raw_event_, base, fd_,
      ......
      [](evutil_socket_t, short what, void* arg) -> void {
        auto* event = static_cast<FileEventImpl*>(arg);
        ......

        ASSERT(events != 0);
        event->mergeInjectedEventsAndRunCb(events);
      },
      this); # 传入自己的对象指针
}
```

当新连接事件发生时,mergeInjectedEventsAndRunCb 方法将回调 TcpListenerImpl:: onSocketEvent 方法,onSocketEvent 回调方法将执行系统的 accept 方法来接收新连接 Socket 对象,并获取 Socket 上的本地地址 local_address 及远端地址 remote_address,然后 onSocketEvent 方法执行 ActiveTcpListener::onAccept 回调方法进入连接接收阶段:

```
void TcpListenerImpl::onSocketEvent(short flags) {
    ......
    IoHandlePtr io_handle =
        socket_->ioHandle().accept(reinterpret_cast<sockaddr*>(&remote_addr), &remote_addr_len);
    ......
    cb_.onAccept(
        std::make_unique<AcceptedSocketImpl>(std::move(io_handle),
local_address, remote_address));
    }
}
```

25.3.3 接收连接

当接收到新连接的 Socket 文件描述符 fd 后，将执行 Envoy 进程连接接收流程。此时 ActiveTcpListener::onAccept 方法中首先执行 ActiveTcpListener::onAcceptWorker 方法进行连接均衡，初始的 rebalanced 标志为 false，如果连接均衡决策结果为应由其他工作线程内的连接处理器 ConnectionHandler 处理当前连接，则执行 post 方法将当前线程接收到的连接转移给新线程处理，否则在当前线程中创建 ActiveTcpSocket 对象封装并继续调用 onSocketAccepted 方法。Envoy 进程连接接收流程如图 25-12 所示。

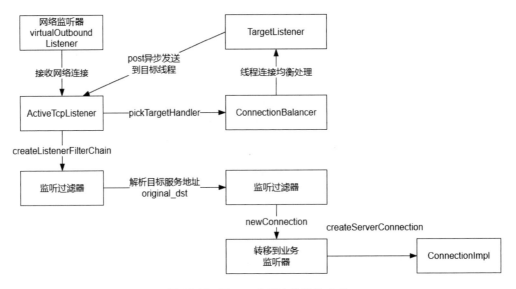

图 25-12　Envoy 进程连接接收流程

以下为 Envoy 新连接接收入口点 ActiveTcpListener::onAcceptWorker 方法：

```
void ActiveTcpListener::onAcceptWorker(Network::ConnectionSocketPtr&& socket,
                    ……,bool rebalanced) {
  if (!rebalanced) {
   Network::BalancedConnectionHandler& target_handler =
     config_->connectionBalancer().pickTargetHandler(*this);
   if (&target_handler != this) {
    target_handler.post(std::move(socket));
    return;
   }
  }

  auto active_socket = std::make_unique<ActiveTcpSocket>(*this,
```

```
      std::move(socket),……);

  onSocketAccepted(std::move(active_socket));
}
```

在前面介绍的监听器创建阶段执行 registerHandler 方法时提到过 connectionBalancer，其目前有两种实现：NopConnectionBalancerImpl 和 ExactConnectionBalancerImpl，其中 NopConnectionBalancerImpl 为默认实现，表示不做跨线程连接数均衡处理，当前线程接收到的所有连接都由本线程继续处理。如果使用 ExactConnectionBalancerImpl 实现，并判断当前线程连接数较大，则表示需要进行跨线程连接均衡处理，此时当前线程将接收到的连接发送到目标线程，之后目标线程 Dispatcher 将再次执行 onAcceptWorker 方法处理连接，此时 rebalanced 标志为 true，表示不再进行连接均衡操作：

```
void ActiveTcpListener::post(Network::ConnectionSocketPtr&& socket) {
  ……
  dispatcher().post([socket_to_rebalance, tag = config_->listenerTag(),
                    &tcp_conn_handler = tcp_conn_handler_,
                    handoff = config_->handOffRestoredDestinationConnections()]()
{ ……
  balanced_handler->get().onAcceptWorker(std::move(socket_to_rebalance->socket
), handoff, true); # 进入目标线程的 onAcceptWorker
  ……
```

在 onSocketAccepted 方法中，对新连接调用 createListenerFilterChain 方法，该方法根据监听器的配置 config_ 创建监听过滤器 filterChain，并调用 continueFilterChain 方法执行监听器过滤器 filterChain 内的各个回调方法，处理连接建立过程，如从 tls_inspector、original_dst 等监听过滤器处理连接：

```
void onSocketAccepted(std::unique_ptr<ActiveTcpSocket> active_socket) {
  ……
  config_->filterChainFactory().createListenerFilterChain(*active_socket);
  active_socket->continueFilterChain(true);
  ……
```

continueFilterChain 方法将调用监听器 filterChain 的 onAccept 回调方法：

```
void ActiveTcpSocket::continueFilterChain(bool success) {
  ……
    for (; iter_ != accept_filters_.end(); iter_++) {
    # 当前 Socket 上注册的 listener filterChain 列表
      Network::FilterStatus status = (*iter_)->onAccept(*this);
      ……
```

```
    if (no_error) {
      newConnection();
```

例如,对于 original_dst 过滤器,将调用 getOriginalDst,通过 sock.getSocketOption 方法获取经过 iptables 拦截前的原始 clusterIp 地址,用于 Cluster 判断:

```
Network::FilterStatus OriginalDstFilter::onAccept(Network::
ListenerFilterCallbacks& cb) {
    ……
    Network::Address::InstanceConstSharedPtr original_local_address =
getOriginalDst(socket);
    socket.connectionInfoProvider().restoreLocalAddress(original_local_address);
```

onAccept 完成后,continueFilterChain 调用 newConnection 方法创建新连接对象,此时将根据 ClusterIp 地址匹配 Envoy 进程中各个监听器的配置。我们知道,对于 Outbound 方向,所有连接都首先被拦截到 15001 端口的 VirtualOutbound 监听器,此时将根据连接的目标地址匹配 ClusterIp 关联的监听器,并调用其 onAcceptWorker 方法进行处理,之后由当前线程服务监听器对象执行 newConnection 方法创建连接:

```
void ActiveTcpSocket::newConnection() {
    ……
    new_listener =
        listener_.getBalancedHandlerByAddress(*socket_->
connectionInfoProvider().localAddress()); # 根据原始 Cluster 地址查找服务监听器
    }
    if (new_listener.has_value()) { # 从 virtualOutbound 转向服务监听器
      ……
      new_listener.value().get().onAcceptWorker(std::move(socket_), false,
false); # 将连接转到服务监听器上
    } else {
      ……
      listener_.newConnection(std::move(socket_), std::move(stream_info_));
      # 若已经是业务监听器,则继续创建连接对象
    }
}
```

ActiveStreamListenerBase::newConnection 将真正创建下游连接对象:

```
    void ActiveStreamListenerBase::newConnection(Network::ConnectionSocketPtr&&
socket,……) {
    ……
    const auto filter_chain =
config_->filterChainManager().findFilterChain(*socket); # 必须已经配置相应的 L4 过滤器
```

```
    if (filter_chain == nullptr) {
        ...... # 若未配置L4过滤器,则返回
        return;
    }
    ......
    auto server_conn_ptr = dispatcher().createServerConnection(
        std::move(socket), std::move(transport_socket), *stream_info);
    ......
    const bool empty_filter_chain!config_->filterChainFactory().
createNetworkFilterChain(
        *server_conn_ptr, filter_chain->networkFilterFactories());
    ......
    newActiveConnection(*filter_chain, std::move(server_conn_ptr),
std::move(stream_info));
}
```

在 newConnection 方法中调用以下 3 个主要方法。

（1）createServerConnection 方法会建立下游连接对象，并返回 Network::ServerConnectionImpl 实例，在 ServerConnectionImpl 构造方法中执行 initializeFileEvent 方法来注册网络 I/O 事件并设置回调方法 onFileEvent，同时设置带有高低水位流量保护的内存控制器，其中的 write_buffer_用于数据发送，read_buffer_用于数据接收：

```
ConnectionImpl::ConnectionImpl(Event::Dispatcher& dispatcher,
ConnectionSocketPtr&& socket,......, socket_(std::move(socket)),
    stream_info_(stream_info), filter_manager_(*this, *socket_),
    write_buffer_(dispatcher.getWatermarkFactory().createBuffer(......)),
    read_buffer_(dispatcher.getWatermarkFactory().createBuffer(......)),
    ...... {
    ......
    socket_->ioHandle().initializeFileEvent(
        dispatcher_, [this](uint32_t events) -> void { onFileEvent(events); },
trigger,Event::FileReadyType::Read | Event::FileReadyType::Write);
```

这里对网络 I/O initializeFileEvent 方法同时注册 Read、Write 事件。注册方式同前面的监听器 Socket。

（2）ListenerImpl::createNetworkFilterChain 方法用于创建 L4 网络过滤器，其通过 FilterChainUtility::buildFilterChain 方法调用 FilterManagerImpl::initializeReadFilters，初始化读过滤器 ReadFilter：

```
bool FilterManagerImpl::initializeReadFilters() {
    ......
```

```
    onContinueReading(nullptr, connection_);
    return true;
}
```

当第一次判断 initialized_=false 时，initializeReadFilters 方法将调用 onNewConnection，后续收到数据时调用 onContinueReading，并执行 L4 过滤器的 onData 回调方法：

```
void FilterManagerImpl::onContinueReading(ActiveReadFilter* filter,
                                ReadBufferSource& buffer_source) {
    ……
    for (; entry != upstream_filters_.end(); entry++) { # 所有 L4 过滤器
    ……
    if (!(*entry)->initialized_) {
      (*entry)->initialized_ = true;
      FilterStatus status = (*entry)->filter_->onNewConnection();
    ……
    if (read_buffer.buffer.length() > 0 || read_buffer.end_stream) {
      FilterStatus status = (*entry)->filter_->onData(read_buffer.buffer,
read_buffer.end_stream);
```

（3）newActiveConnection 方法将新 L4 连接对象保存到当前监听器 connections_by_context_ 中：

```
void ActiveTcpListener::newActiveConnection(const Network::FilterChain&
filter_chain,……) {
    auto& active_connections = getOrCreateActiveConnections(filter_chain);
    auto active_connection =
        std::make_unique<ActiveTcpConnection>(active_connections,
std::move(server_conn_ptr),……);
    ……
    LinkedList::moveIntoList(std::move(active_connection),
active_connections.connections_);
    }
}
```

Envoy 进程内监听器通过 newActiveConnection 方法接收的网络连接都与此监听器建立关联关系，当监听器配置发生变更时，为了保证新接收的连接与已有连接在过滤器处理路径上保持一致，通常情况下需要通过销毁当前监听器并重建新监听器的方式实现。此时当前监听器上关联的已有连接将被延迟关闭。监听器配置变更与活动连接如图 25-13 所示。

25.4 Envoy 接收及处理数据

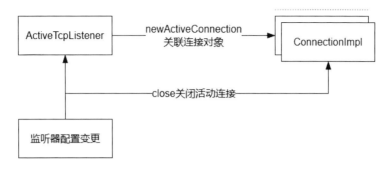

图 25-13　监听器配置变更与活动连接

connections_by_context_ 散列表将跟踪当前监听器内过滤器处理的所有活跃连接：

```
ActiveConnections& OwnedActiveStreamListenerBase::
getOrCreateActiveConnections(
    const Network::FilterChain& filter_chain) {
  ActiveConnectionCollectionPtr& connections =
connections_by_context_[&filter_chain];
  ……
```

相应地，当监听器配置更新时，Envoy 进程将识别发生变更的监听器并断开所有已建立连接，从而保证监听器下所有活跃连接使用相同的过滤器进行处理：

```
ActiveTcpListener::~ActiveTcpListener() {
  ……
  for (auto& [chain, active_connections] : connections_by_context_) {
    ASSERT(active_connections != nullptr);
    auto& connections = active_connections->connections_;
    while (!connections.empty()) {
      connections.front()->connection_->close(Network::ConnectionCloseType::
NoFlush); # 立即关闭连接
```

25.4　Envoy 接收及处理数据

Envoy 进程通过 LibeventScheduler::run 方法执行 event_base_loop 来处理网络事件，下游连接数据到达时，首先会被加入 libevent 库的 base->activequeues 队列中。当 event_base_loop 执行 event_process_active 来处理队列中的事件时，按照事件优先级的方式调用 event_process_active_single_queue 进行处理。libevent 库通过向 assignEvents 注册的回调方法来分发事件。

第 25 章　Envoy 源码解析

事件被分发之后进入 ConnectionImpl::onFileEvent 回调方法中。当事件读标志和写标志都被设置时，先处理网络关闭事件 closeSocket，然后处理写事件 onWriteReady 和读事件 onReadReady 回调方法。Envoy 进程接收及处理数据的流程如图 25-14 所示。

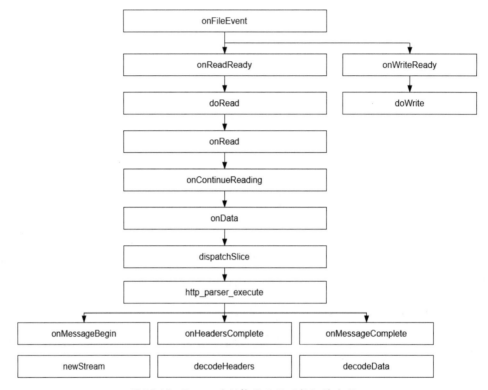

图 25-14　Envoy 进程接收及处理数据的流程

从图 25-14 可以看出，数据发送部分的处理逻辑相对较少，下面只分析数据接收部分。

25.4.1　读取数据

在 onReadReady 回调方法中，执行 doRead 方法从 Socket 中读取数据，每次最多读取 16KB 大小报文并放入 Buffer 中：

```
void ConnectionImpl::onReadReady() {
  ……
  IoResult result = transport_socket_->doRead(*read_buffer_);  # 一次最多读取 16KB
  ……
  if (result.bytes_processed_ != 0 || result.end_stream_read_ ||
```

```
  # 读取数据>0 或无数据可接收
    (latched_dispatch_buffered_data && read_buffer_->length() > 0)) {
  onRead(new_buffer_size)
}
......
if (result.action_ == PostIoAction::Close || bothSidesHalfClosed()) {
  ENVOY_CONN_LOG(debug, "remote close", *this);
  closeSocket(ConnectionEvent::RemoteClose); # Socket 关闭
}
```

当读取的数据不为 0 或读取完成时，进入 onRead。在完成数据的读取且 Buffer 不为空时，通过 FilterManagerImpl::onRead 调用 onContinueReading 方法同步处理接收到的数据。

25.4.2　接收数据

onContinueReading 方法用于判断是否已指定当前起始 L4 过滤器的位置，当过滤器起始位置为空时，会遍历所有过滤器 upstream_filters_。在执行每个过滤器时，当判断 onNewConnection 方法的返回状态不为 StopIteration 时，将继续执行过滤器的 onData 方法来处理请求数据。相关代码如下：

```
void FilterManagerImpl::onContinueReading(ActiveReadFilter* filter,
                                ReadBufferSource& buffer_source) {
  ......
  for (; entry != upstream_filters_.end(); entry++) {
    ......
    if (read_buffer.buffer.length() > 0 || read_buffer.end_stream) {
      FilterStatus status = (*entry)->filter_->onData(read_buffer.buffer,
read_buffer.end_stream);
      ......
```

ConnectionManagerImpl::onData 处理 HTTP 数据，首先根据监听器 config 配置及收到的 HTTP 请求的头部内容创建 HTTP1/2/3 协议的解码器 codec，然后调用 codec->dispatcher 处理 HTTP 消息的 Buffer 内容：

```
Network::FilterStatus ConnectionManagerImpl::onData(Buffer::Instance& data,
bool) {
  if (!codec_) {
    ......
    createCodec(data);  # 根据 Buffer 内容创建 L7 解码器 codec
  }
```

```
      ……
      const Status status = codec_->dispatch(data);  # 使用解码器处理 Buffer 数据
```

这里取 HTTP1 进行分析，其处理逻辑位于 dispatch 方法中，调用 dispatchSlice 方法循环处理接收到的数据缓冲区中的所有分片 slice 数据：

```
    Http::Status ConnectionImpl::dispatch(Buffer::Instance& data) {
      ……
      if (data.length() > 0) {
        current_dispatching_buffer_ = &data;
        while (data.length() > 0) {
          auto slice = data.frontSlice();  # 每次取 data 的头部分片 slice 数据
          dispatching_slice_already_drained_ = false;
          auto statusor_parsed = dispatchSlice(static_cast<const char*>(slice.mem_),
slice.len_);
          if (!dispatching_slice_already_drained_) {
            ASSERT(statusor_parsed.value() <= slice.len_);
            data.drain(statusor_parsed.value());  # 清理已处理过的分片 slice 部分
          }
          ……
```

dispatchSlice 方法每次执行时，将调用解码器方法 http_parser_execute 解析数据分片 slice 内容：

```
    RcVal execute(const char* slice, int len) {
       return {http_parser_execute(&parser_, &settings_, slice, len),
HTTP_PARSER_ERRNO(&parser_)};
    }
```

25.4.3　处理数据

HTTP1 采用 Node.js 项目中的解码器，http_parse_execute 方法将根据当前消息偏移调用 http_parser_settings 变量中注册的回调方法，如 onMessageBegin、onUrl、onHeaderField、onHeaderValue、onHeadersComplete、bufferBody、onMessageComplete 等：

```
    settings_ = {
      [](http_parser* parser) -> int {
        auto* conn_impl = static_cast<ParserCallbacks*>(parser->data);
        auto status = conn_impl->onMessageBegin();
        return conn_impl->setAndCheckCallbackStatus(std::move(status));
      },
      ……
```

```
    [](http_parser* parser) -> int {
      auto* conn_impl = static_cast<ParserCallbacks*>(parser->data);
      auto statusor = conn_impl->onHeadersComplete();
      return conn_impl->setAndCheckCallbackStatusOr(std::move(statusor));
    },
    ……
    [](http_parser* parser) -> int {
      auto* conn_impl = static_cast<ParserCallbacks*>(parser->data);
      auto status = conn_impl->onMessageComplete();
      return conn_impl->setAndCheckCallbackStatusOr(std::move(status));
    },
    ……
};
```

消息解码处理流程如图 25-15 所示。

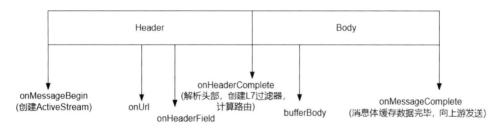

图 25-15 消息解码处理流程

在 HTTP1 的不同位置注册不同类型的回调方法。

（1）当前数据处理位置为 HTTP1 的头尾边界位置时，不包含协议数据，只包含保存协议处理状态的 http_parser parser_ 变量，主要涉及 onMessageBegin、onHeadersComplete 和 onMessageComplete 回调方法。

（2）当前数据处理位置为 HTTP1 的数据项位置时，对应 HTTP1 应用协议数据，处理时包含保存协议处理状态的 http_parser parser_ 变量和与数据自身偏移相关的变量，如 const char* at、size_t length，主要涉及 onUrl、onHeaderField、onHeaderValue 和 bufferBody 回调方法。

HTTP1 的报文数据根据协议规范，会按照 url、header、body 的顺序依次被解析。当消息刚被处理时，调用 onMessageBegin 回调方法；当 HTTP1 数据头部解析完成时，调用 onHeadersComplete 回调方法；当处理整个消息时，调用 onMessageComplete 回调方法。

其中，在 ConnectionImpl::onMessageBegin 回调方法内执行 ServerConnectionImpl::

onMessageBeginBase 方法来创建代表下游请求的 ActiveStream 对象，在其构造方法中将设置 IdleTimer 定时器来处理长时间无响应的请求，当定时器被触发时，将关闭当前的 ActiveStream 请求：

```
    RequestDecoder& ConnectionManagerImpl::newStream(ResponseEncoder&
response_encoder,……) {
    ……
    ActiveStreamPtr new_stream(new ActiveStream(*this,
response_encoder.getStream().bufferLimit(),……);
    ……
    LinkedList::moveIntoList(std::move(new_stream), streams_);
    return **streams_.begin();
}
```

ConnectionImpl::onHeadersComplete 回调方法将调用 HTTP 处理方法 ServerConnectionImpl:: onHeadersCompleteBase，该方法又会调用 ConnectionManagerImpl::ActiveStream::decodeHeaders 方法：

```
    active_request.request_decoder_->decodeHeaders(std::move(headers), false);
```

ActiveStream::decodeHeaders 对 HTTP 头部的散列表进行解码，并处理 HTTP 升级、头部缺少 host 等条件的校验，如果请求头部不合法，则直接发送失败响应给下游连接。HTTP 请求头部解析成功后创建 L7 过滤器，接下来调用 L7 过滤器管理器的 FilterManager::decodeHeaders 方法来处理 HTTP 请求头部的内容：

```
    void ConnectionManagerImpl::ActiveStream::decodeHeaders(RequestHeaderMapPtr&&
headers, bool end_stream) {
    ……
    const bool upgrade_rejected = filter_manager_.createFilterChain() == false;
    # 创建 L7 过滤器
    ……
    if (connection_manager_.config_.tracingConfig()) {
      traceRequest(); # 开始调用链 trace 记录
    }

    filter_manager_.decodeHeaders(*request_headers_, end_stream);
    # 执行 L7 过滤器处理请求内容
```

createFilterChain 方法调用 HttpConnectionManagerConfig::createFilterChainForFactories，根据 ConnectionManager 的配置创建 L7 过滤器：

```
    void HttpConnectionManagerConfig::createFilterChainForFactories(
      Http::FilterChainFactoryCallbacks& callbacks, const FilterFactoriesList&
```

```
filter_factories) {
    bool added_missing_config_filter = false;
    for (const auto& filter_config_provider : filter_factories) {
      auto config = filter_config_provider->config(); # 获取 L7 过滤器配置
      if (config.has_value()) {
        config.value()(callbacks); # 创建 L7 过滤器
        continue;
      }
    }
```

这里执行的过滤器创建的回调方法一般位于各个 L7 过滤器的 config.cc 中，一般为每个 L7 过滤器的 createFilterFactoryFromProtoTyped 方法。

L7 过滤器的注册过程入口位于 HttpConnectionManagerConfig 构造方法中，该构造方法将根据 HttpConnectionManagerConfig 的配置轮询所有 L7 过滤器，并通过 processFilter 创建支持的过滤器工厂实例：

```
HttpConnectionManagerConfig::HttpConnectionManagerConfig(
    ……
    auto config = filter_config_provider->config();
  const auto& filters = config.http_filters();
  DependencyManager dependency_manager;
  for (int32_t i = 0; i < filters.size(); i++) {
    processFilter(filters[i], i, "http", "http", i == filters.size() - 1,
filter_factories_,……);
  }
```

processFilter 方法将调用各个 L7 过滤器的 createFilterFactoryFromProto 方法来创建过滤器工厂实例：

```
void HttpConnectionManagerConfig::processFilter(
    const
envoy::extensions::filters::network::http_connection_manager::v3::HttpFilter&
        proto_config,……) {
  ……
  auto* factory =
      Config::Utility::getAndCheckFactory<Server::Configuration::
NamedHttpFilterConfigFactory>(……); # 根据配置获取 L7 过滤器工厂
  ……
  Http::FilterFactoryCb callback =
      factory->createFilterFactoryFromProto(*message, stats_prefix_,
context_);
```

createFilterFactoryFromProto 方法调用各个过滤器的 createFilterFactoryFromProtoTyped 方法来创建过滤器工厂方法。以 RateLimit 过滤器为例，createFilterFactoryFromProtoTyped 方法将返回创建 StreamFilter 类型的工厂方法：

```
Http::FilterFactoryCb RateLimitFilterConfig::
createFilterFactoryFromProtoTyped(……) {
  ……
  return [proto_config, &context, timeout, # 返回过滤器创建方法
        filter_config](Http::FilterChainFactoryCallbacks& callbacks) -> void {
    callbacks.addStreamFilter(std::make_shared<Filter>(……));
  };
}
```

当过滤器创建方法被执行时，addStreamFilter 方法将创建过滤器实例，并将其添加到 callbacks 对象上，这里的 callbacks 对象指 L7 过滤器管理器 FilterManager。

另外，L7 路由过滤器 Router 一般都被配置为 L7 处理的最后一个过滤器，过滤器创建代码位于 source/extensions/filters/http/router/config.cc 中，过滤器创建后返回 Router::ProdFilter 路由对象，该对象负责根据 HTTP 请求数据和路由配置寻找上游服务实例：

```
Http::FilterFactoryCb RouterFilterConfig::createFilterFactoryFromProtoTyped(
    ……) {
  ……
  return [filter_config](Http::FilterChainFactoryCallbacks& callbacks) -> void {
    callbacks.addStreamDecoderFilter(std::make_shared<Router::ProdFilter>(*filter_config)); # L7 路由过滤器
  };
}
```

当 ActiveStream::decodeHeaders 方法调用 L7 过滤器管理器的 FilterManager::decodeHeaders 方法来处理请求头部数据时，FilterManager::decodeHeaders 方法内将遍历 L7 过滤器列表 decoder_filters_，并调用每个 L7 过滤器的 decodeHeaders 方法来处理请求头部数据：

```
FilterHeadersStatus status = (*entry)->decodeHeaders(headers, (*entry)->end_stream_);
```

L7 过滤器列表 decoder_filters_ 中的每个 entry 变量都为 ActiveStreamDecoderFilter 对象，其构造方法中保存了过滤器对象实例 handle_：

```
FilterHeadersStatus decodeHeaders(RequestHeaderMap& headers, bool end_stream) {
  ......
  FilterHeadersStatus status = handle_->decodeHeaders(headers, end_stream);
```

这样，实际过滤器的 decodeHeaders 方法由各个过滤器的 handle_ 变量进行调用。

25.5 Envoy 发送数据到服务端

在 HTTP 请求头部解码完成后，需要根据 HTTP 请求头部内容与监听器路由配置信息匹配 Cluster 并通过负载均衡来确定 Cluster 的实例地址，然后工作线程将创建与该实例地址的连接并将 HTTP 请求经过编码操作后发送出去。

25.5.1 路由匹配

上面曾介绍过，L7 路由过滤器总是作为 L7 过滤器的最后一个进行创建，代码位于 source/common/router/router.cc 中，并在处理 HTTP 请求时调用过滤器的 Filter::decodeHeaders 方法：

```
FilterHeadersStatus decodeHeaders(RequestHeaderMap& headers, bool end_stream)
{
  ......
  route_ = callbacks_->route(); # 匹配路由项
  ......
  const auto* direct_response = route_->directResponseEntry();
  if (direct_response != nullptr) {
    ......
    return Http::FilterHeadersStatus::StopIteration;
  }
  route_entry_ = route_->routeEntry(); # 获取当前路由项
  ......
  Upstream::ThreadLocalCluster* cluster =
      config_.cm_.getThreadLocalCluster(route_entry_->clusterName());
      # 根据路由项匹配 Cluster
  ......
  std::unique_ptr<GenericConnPool> generic_conn_pool =
createConnPool(*cluster); # 获取 Cluster 的上游连接池
  ......
  UpstreamRequestPtr upstream_request =
      std::make_unique<UpstreamRequest>(*this, std::move(generic_conn_pool));
```

```
    # 创建上游 HTTP 请求
  LinkedList::moveIntoList(std::move(upstream_request), upstream_requests_);
  upstream_requests_.front()->encodeHeaders(end_stream); # 处理上游 HTTP 请求
  if (end_stream) {
    onRequestComplete();
  }

  return Http::FilterHeadersStatus::StopIteration; # 不再继续执行其他 L7 过滤器
}
```

路由处理过程如图 25-16 所示。

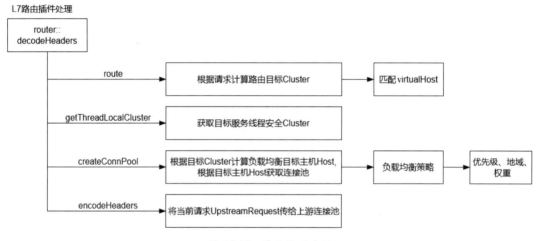

图 25-16 路由处理过程

路由处理过程包括以下几个步骤：

（1）首先根据请求头部内容匹配虚拟主机 virtualHost，然后根据 RDS 配置设置 URL 条件来找到 Cluster：

```
route_ = callbacks_->route();
```

route 方法调用 ActiveStream::refreshCachedRoute 方法，在配置文件对象 snapped_route_config_ 中计算路由匹配规则，snapped_route_config_ 对象是在执行 ActiveStream::decodeHeaders 方法时生成的：

```
snapped_route_config_ = connection_manager_.config_.
routeConfigProvider()->config();
```

refreshCachedRoute 方法依赖当前 HTTP 请求的头部 request_headers_ 进行后续路由处理：

```
    route = snapped_route_config_->route(cb, *request_headers_,
filter_manager_.streamInfo(),stream_id_);
```

路由处理的代码位于 source/common/router/config_impl.cc 中，首先根据请求头部数据 headers 在配置中查找虚拟主机 virtualHost：

```
    RouteConstSharedPtr RouteMatcher::route(……,const Http::RequestHeaderMap&
headers,……) const {
      const VirtualHostImpl* virtual_host = findVirtualHost(headers);
      if (virtual_host) {
        return virtual_host->getRouteFromEntries(cb, headers, stream_info,
random_value);
```

RouteMatcher::findVirtualHost 方法首先从请求头部 headers 中取出 HostValue 值，然后在配置文件 virtual_hosts_ 列表中查找，如果匹配不到项目，则继续尝试使用 findWildcardVirtualHost 方法从通配符规则中查找路由：

```
    const VirtualHostImpl* RouteMatcher::findVirtualHost(const
Http::RequestHeaderMap& headers) const {
      ……
      const std::string host = absl::AsciiStrToLower(headers.getHostValue());
      const auto& iter = virtual_hosts_.find(host);
      ……
    const VirtualHostImpl* vhost = findWildcardVirtualHost(…
      ……
```

虚拟主机 virtualHost 匹配完成后，route 操作调用 VirtualHostImpl::getRouteFromEntries 方法，再根据请求头部 headers 内容轮询配置文件 routes_列表来查找 Cluster：

```
    for (auto route = routes_.begin(); route != routes_.end(); ++route) {
      ……
      RouteConstSharedPtr route_entry = (*route)->matches(headers, stream_info,
random_value);
```

（2）如果 Cluster 配置了 HTTP 本地响应 directResponse，这时就会调用 sendLocalReply 方法将本地响应内容 direct_response 的报文 headers 中的 Path 部分重现，然后返回本地响应，最后 decodeHeaders 方法返回 StopIteration 标志来结束 L7 过滤器的遍历。

（3）route_entry_->clusterName 变量用于保存 Cluster 的名称，即上游服务名称，为了减少多线程竞争，每个工作线程中都有基于线程本地存储的 ThreadLocalCluster 对象，用于查找 Cluster，并通过 getThreadLocalCluster 方法进行查询：

```
Upstream::ThreadLocalCluster* cluster =
    config_.cm_.getThreadLocalCluster(route_entry_->clusterName());
```

25.5.2 获取连接池

在查找到路由项 route_entry_ 后,工作线程通过 createConnPool 方法获取上游 Cluster 的连接池:

```
std::unique_ptr<GenericConnPool> generic_conn_pool = createConnPool(*cluster);
```

这里工作线程调用 GenericGenericConnPoolFactory::createGenericConnPool 方法,根据 HTTP 请求头部中的 Method 域是否支持长连接来决定是创建 TcpConnPool 对象还是 HttpConnPool 对象。以 HttpConnPool 对象举例,HttpConnPool 构造方法调用 ClusterEntry::httpConnPool 方法来创建连接池:

```
ClusterManagerImpl::ThreadLocalClusterManagerImpl::ClusterEntry::httpConnPoo
l(......
    auto pool = httpConnPoolImpl(priority, protocol, context, false);
```

此时 peek 标志为 false,负载均衡过程中的 ClusterEntry::httpConnPoolImpl 方法调用负载均衡器 lb_ 的 chooseHost 方法,在当前 Cluster 的实例中挑选一个最适合的目标主机 Host 地址或创建新连接池:

```
HostConstSharedPtr host = (peek ? lb_->peekAnotherHost(context) :
lb_->chooseHost(context));   # 通过负载均衡器选择目标主机
    ......
    ConnPoolsContainer::ConnPools::PoolOptRef pool =
        container.pools_->getPool(priority, hash_key, [&]() {
        # 创建目标主机 Host 连接池
        auto pool = parent_.parent_.factory_.allocateConnPool(
```

接下来进入负载均衡计算阶段,首先了解各种负载均衡策略间的关系,如图 25-17 所示。

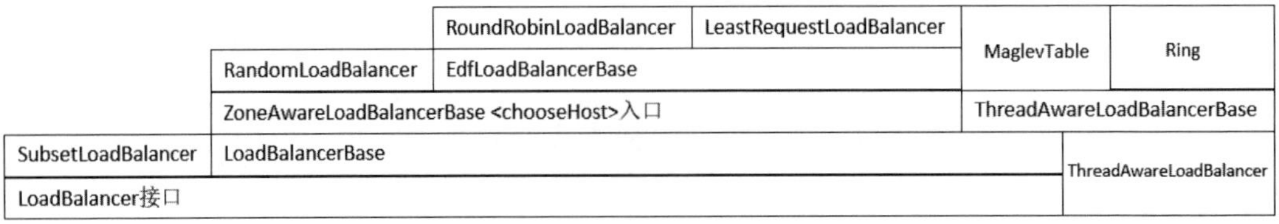

		RoundRobinLoadBalancer	LeastRequestLoadBalancer	MaglevTable	Ring
	RandomLoadBalancer	EdfLoadBalancerBase			
		ZoneAwareLoadBalancerBase <chooseHost>入口		ThreadAwareLoadBalancerBase	
SubsetLoadBalancer	LoadBalancerBase				
LoadBalancer接口				ThreadAwareLoadBalancer	

图 25-17 负载均衡策略

从图 25-17 可以看出，最外层 LoadBalancerBase 支持 priority 选择，ZoneAwareLoadBalancerBase 支持 locality 选择，EdfLoadBalancerBase 支持基于 weight 的选择。举例来说，RR 同时支持 3 个层次的主机选择：priority、locality 和 weight。

priority 表示控制面设置的优先级，可以包含多个，默认只有 P0。每个优先级包含多个主机地址，可以将主机状态划分为 Healthy、Unhealthy 和 Degraded，可以暂时将 Healthy 和 Degraded 合并，认为是健康主机，都能够接收用户请求。所有请求优先下发到 P0（priority=0）内的所有目标健康主机，当 P0 内所有主机都健康时，100%的用户请求将只被 P0 内的主机承担。当 P0 内的健康主机比例下降为 71%（当前健康主机比例乘以默认系数 1.4<100%）时，则开始有一小部分比例的用户请求落到下级 P1 内的目标健康主机。以此类推，Px 优先级内可得到的用户请求数量将依赖于更高优先级 Px-1 内的目标健康主机是否可以完全承担请求（可以形象地思考为：从上层桶 P0 中溢出的水才会流向下游的桶 P1）。

另外，Healthy 和 Degraded 不完全一样，在配置 Degraded 后，如果一部分主机变得不健康，则请求将首先转移到 Degraded 部分的主机，所以可以笼统地将 Healthy 和 Degraded 都认为是可以执行请求的目标主机。

locality 表示位置优先级，形象地表示目标主机的远近。与 priority 不同的是，设置为 locality 时，即使目标较远的健康主机优先级较低，也会按照比例获得用户的请求。而对于 priority，只要所有主机都健康，就将得到所有用户请求。例如，P0 内包含多个 locality 主机，每个 locality 主机根据远近不同得到不同比例的用户请求。假设当前有北京和广州两个地点，北京优先级为 1、广州优先级为 2，并且广州的所有主机都是健康主机：

北京健康主机百分比	请求路由到北京百分比	请求路由到广州百分比
100%	33%	67%
70%	33%	67%
69%	32%	68%
50%	26%	74%
25%	15%	85%
0%	0%	100%

上例中，以北京健康主机百分比 70%为例：

折算可用主机比例（北京）=140 × 70% = 98

有效优先级比例（北京）=1 × min(100, 98) = 98

有效优先级比例（广州）=2 × min(100, 100) = 200

请求路由到目标比例（北京）=98/ (98+200) = 33%

负载均衡器对象 lb_在 ClusterEntry 的构造方法中被创建，其支持 RoundRobin、LeastRequest、Random、Subset 等负载均衡策略类型，其中 RoundRobin 为默认类型：

```
host = chooseHostOnce(context);
```

chooseHostOnce 方法为负载均衡计算入口，举例来说 RR（RoundRobinLoadBalancer）策略的负载均衡器通过 3 个步骤进行负载均衡计算：

```
HostConstSharedPtr EdfLoadBalancerBase::chooseHostOnce(LoadBalancerContext* context) {
    const absl::optional<HostsSource> hosts_source = hostSourceToUse(context, random(false));
    ……
    const HostVector& hosts_to_use = hostSourceToHosts(*hosts_source);
    ……
    return unweightedHostPick(hosts_to_use, *hosts_source);
```

（1）首先，在 hostSourceToUse 中进行服务实例优先级 priority 和位置优先级 locality 的设置：

```
ZoneAwareLoadBalancerBase::hostSourceToUse(LoadBalancerContext* context, uint64_t hash) const {
    auto host_set_and_source = chooseHostSet(context, hash);
    ……
    if (host_availability == HostAvailability::Degraded) {
      locality = host_set.chooseDegradedLocality(); # 从 Degraded 目标主机选择
    } else {
      locality = host_set.chooseHealthyLocality(); # 从健康目标主机选择
    }
    ……
    hosts_source.locality_index_ = tryChooseLocalLocalityHosts(host_set);
```

chooseHostSet 方法调用 choosePriority 方法，根据随机数进行散列计算，并选择 Healthy 或 Degraded 状态的目标主机：

```
const auto priority_and_source = choosePriority(hash,
priority_loads.healthy_priority_load_,……);
```

计算过程中，每次循环都将上面所有的 priority 百分比加到当前 priority 中，这样一定有某个 priority 大于随机数散列值，将其作为目标 priority 返回：

```
    for (size_t priority = 0; priority < healthy_per_priority_load.get().size();
++priority) {
      aggregate_percentage_load += healthy_per_priority_load.get()[priority];
      if (hash <= aggregate_percentage_load) {
        return {static_cast<uint32_t>(priority), HostAvailability::Healthy};
      }
    }
```

在 tryChooseLocalLocalityHosts 方法中，若本地路由状态为 LocalityDirect，则直接返回第一个 locality=0，否则根据当前请求及 residual_capacity_ 列表内的所有 locality 比例决定选择哪个 locality：

```
    if (state.locality_routing_state_ == LocalityRoutingState::LocalityDirect) {
      stats_.lb_zone_routing_all_directly_.inc();
      return 0;
    }
    ……
    uint64_t threshold = random_.random() %
state.residual_capacity_[number_of_localities - 1];
      # 根据所有 locality 及当前请求的 threadhold
      ……
    while (threshold > state.residual_capacity_[i]) {
      # 比较每个 locality 与当前请求的 threshold，返回当前 locality
      i++;
    }
```

（2）hostSourceToUse 执行完成后，负载均衡计算将确定目标主机范围的 priority 和 locality。hostSourceToHosts 将从这两个查询条件中返回主机集合：

```
    case HostsSource::SourceType::AllHosts:
      return host_set.hosts(); # 返回所有主机，避免 panic 场景
    case HostsSource::SourceType::HealthyHosts:
      return host_set.healthyHosts(); # 返回所有健康主机，无 locality 限制
    case HostsSource::SourceType::DegradedHosts:
      return host_set.degradedHosts(); # 返回所有 Degraded 主机，无 locality 限制
    case HostsSource::SourceType::LocalityHealthyHosts:
      return host_set.healthyHostsPerLocality().get()[hosts_source.locality_
index_]; # 返回所有健康的某个 locality 下的所有主机
    case HostsSource::SourceType::LocalityDegradedHosts:
      return host_set.degradedHostsPerLocality().get()[hosts_source.locality_
index_]; # 返回所有 Degraded（次健康）的某个 locality 下的所有主机
```

（3）unweightedHostPick 方法对上一阶段主机集合 hosts_to_use 再进行 RR 权重计算，

得到一个最终的目标主机：

```
HostConstSharedPtr unweightedHostPick(const HostVector& hosts_to_use,
                                     const HostsSource& source) override {
  ……
  return hosts_to_use[rr_indexes_[source]++ % hosts_to_use.size()];
}
```

在 RR 计算中，每次选择了目标主机后，当前游标变量 rr_indexes_ 都执行自增操作，这样下次请求将会选择 hosts_to_use 内下一个位置的主机。

相比之下，LR 算法将默认执行两次随机选择 choice_count_ 操作，然后比较两次选择目标主机之间正在处理中的请求量，并返回其中请求量最少的：

```
HostConstSharedPtr LeastRequestLoadBalancer::unweightedHostPick(const
HostVector& hosts_to_use,……) {
  ……
  for (uint32_t choice_idx = 0; choice_idx < choice_count_; ++choice_idx) {
    const int rand_idx = random_.random() % hosts_to_use.size();
    HostSharedPtr sampled_host = hosts_to_use[rand_idx]; # 当前候选主机 Host
    ……
    const auto candidate_active_rq = candidate_host->stats().
rq_active_.value();
    const auto sampled_active_rq = sampled_host->stats().rq_active_.value();
    if (sampled_active_rq < candidate_active_rq) {
      # 在当前候选主机之间选择活跃请求量最少的
      candidate_host = sampled_host;
    }
  }

  return candidate_host;
}
```

经过以上 3 个步骤，在 ClusterEntry::httpConnPoolImpl 内，chooseHost 方法将返回最终选定的目标主机 Host。接着执行 getHttpConnPoolsContainer 方法来创建目标主机的连接池容器：

```
ConnPoolsContainer& container = *parent_.getHttpConnPoolsContainer(host,
true);
```

getHttpConnPoolsContainer 方法将在 ThreadLocalClusterManagerImpl 对象内使用 host_http_conn_pool_map_ 散列表进行连接池查找，因此每个线程的目标主机都拥有各自独立的上游连接池。

接下来，连接池创建过程根据目标主机 Host 支持的协议类型计算散列值 hash_key，并在目标主机已创建的活跃连接池中通过 getPool 进行连接池查找，如果连接池不存在，则通过 allocateConnPool 方法创建新连接池：

```
ConnPoolsContainer::ConnPools::PoolOptRef pool =
    container.pools_->getPool(priority, hash_key, [&]() {
      auto pool = parent_.parent_.factory_.allocateConnPool(
          parent_.thread_local_dispatcher_, host, priority,
upstream_protocols,……);
      ……
```

allocateConnPool 方法用于判断 HTTP 的类型，若类型为 HTTP1，allocateConnPool 方法将创建 FixedHttpConnPoolImpl 类型连接池实例，并在其构造方法中进行父类 HttpConnPoolImplBase 初始化，然后在父类 HttpConnPoolImplBase 中再进行祖父类 ConnPoolImplBase 初始化：

```
ConnPoolImplBase::ConnPoolImplBase(
    Upstream::HostConstSharedPtr host, Upstream::ResourcePriority priority,
    ……
      upstream_ready_cb_(dispatcher_.createSchedulableCallback([this]()
{ onUpstreamReady(); })) {}
```

在 ConnPoolImplBase 构造方法中，将创建 upstream_ready_cb_ 事件回调方法，该回调方法将被注册于线程调度器内，并在每个请求处理结束时被触发，表示当前请求已处理完成，可以用于处理其他待发送请求。

25.5.3 创建上游请求

在 L7 路由过滤器的 decodeHeaders 中，连接池创建完毕后将创建用于请求重试的对象 retry_state_，以及当前请求的上游对象 upstream_request：

```
retry_state_ = createRetryState(
    route_entry_->retryPolicy(), headers, *cluster_, request_vcluster_,
config_.runtime_,……);
……
UpstreamRequestPtr upstream_request =
    std::make_unique<UpstreamRequest>(*this, std::move(generic_conn_pool));
LinkedList::moveIntoList(std::move(upstream_request), upstream_requests_);
upstream_requests_.front()->encodeHeaders(end_stream);
……
return Http::FilterHeadersStatus::StopIteration;
```

上面的代码中首先创建了 retry_state_ 对象，用于请求重试。这里的重试与某一目标主机的连接池内的重试的区别是，连接池内的重试只会对当前已经选定的目标主机地址进行连接重试，如果目标主机确实存在连接问题或无法响应，应用请求将不会连接这个 Cluster 的其他主机地址。而路由内的重试 retry_state_ 对象，则是当某个目标主机始终由于连接问题或长期响应错误码（如 5××）而无法连接时，上游请求将有机会在 Cluster 内选择其他可用的主机地址并重新发送请求。请求重试策略如图 25-18 所示。

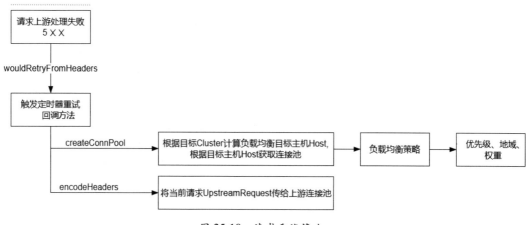

图 25-18　请求重试策略

下面首先介绍路由内的重试执行流程：

```
    void Filter::onUpstreamHeaders(uint64_t response_code,
Http::ResponseHeaderMapPtr&& headers,……)
    ……
        const RetryStatus retry_status =
            retry_state_->shouldRetryHeaders(*headers, [this]() -> void
{ doRetry(); });
```

当收到上游响应数据或遇到上游访问失败时，onUpstreamHeaders 方法被调用，该方法内执行 shouldRetryHeaders 方法，根据响应头部的 headers 内容判断是否需要重新选择主机。一旦判断为需要重新选择主机，则调用 doRetry 方法进行主机选择及请求发送的重试。相关代码如下：

```
    RetryStatus RetryStateImpl::shouldRetryHeaders(const Http::ResponseHeaderMap&
response_headers,……) {
        const bool would_retry = wouldRetryFromHeaders(response_headers);
        ……
        return shouldRetry(would_retry, callback); # 进行重试
```

wouldRetryFromHeaders 方法根据响应头部状态码判断是否匹配设置的重试条件，retry_on_变量是 Envoy 进程对重试策略的配置：

```
if (retry_on_ & RetryPolicy::RETRY_ON_5XX) {
  if (Http::CodeUtility::is5xx(Http::Utility::getResponseStatus(response_headers))) {
    return true;
  }
}
```

然后，shouldRetry 方法将保存外部设置的回调方法，这里为 onRetry 方法。接着调用 enableBackoffTimer 方法创建重试定时器，并在定时器时间到达后调用 onRetry 回调方法：

```
void RetryStateImpl::enableBackoffTimer() {
  if (!retry_timer_) {
    retry_timer_ = dispatcher_.createTimer([this]() -> void { callback_(); });
  }
  ……
```

接下来 doRetry 方法将进行类似路由 decodeHeaders 方法的处理，区别是，doRetry 方法将在已经得到的路由结果基础上选择目标主机并创建连接池，向上游发送请求：

```
void Filter::doRetry() {
   ……
   generic_conn_pool = createConnPool(*cluster); # 选择目标主机及创建连接池
   ……
   UpstreamRequestPtr upstream_request =
       std::make_unique<UpstreamRequest>(*this, std::move(generic_conn_pool));
   ……
   upstream_requests_.front()->encodeHeaders(…); # 向上游发送请求
   ……
```

这样不论在请求刚完成路由处理后，还是在当前连接池内所有主机连接失败，返回路由处理并进行连接重试时，工作线程都将执行 UpstreamRequest::encodeHeaders 方法处理上游连接。

UpstreamRequest::encodeHeaders 为上游请求发送的入口点。上游请求发送流程如图 25-19 所示。

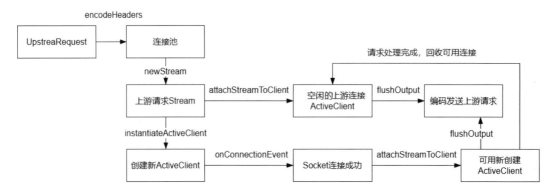

图 25-19　上游请求发送流程

UpstreamRequest::encodeHeaders 方法调用 HttpConnPool::newStream 方法，newStream 方法使用连接池的 newStream 方法创建连接池内可取消请求对象的 handle，并将上游请求 upstreamRequest 对象当作上下游请求的关联对象 upstreamToDownstream，然后将该对象作为将来上游响应的解码器保存，其中回调方法为 HttpConnPool 对象的引用。相关代码如下：

```
Envoy::Http::ConnectionPool::Cancellable* handle =
    pool_data_.value().newStream(callbacks->upstreamToDownstream(), *this);
```

HttpConnPoolImplBase::newStream 方法创建请求包装对象 HttpAttachContext，该对象保存上游请求 upstreamRequest 及 HttpConnPool 的关联关系。然后传入 ConnPoolImplBase::newStreamImpl 方法，newStreamImpl 方法将首先检查已就绪连接列表 ready_clients_ 中是否有可用连接，如果有，则直接取一个连接并执行 attachStreamToClient 方法，将当前请求上下文 context 关联到该连接：

```
ConnectionPool::Cancellable* ConnPoolImplBase::newStreamImpl(AttachContext&
context) {
    ……
    if (!ready_clients_.empty()) { # 可用连接不为空
      ActiveClient& client = *ready_clients_.front();
      ENVOY_CONN_LOG(debug, "using existing connection", client);
      attachStreamToClient(client, context); # 处理当前请求
      ……
    if (!host_->cluster().resourceManager(priority_).pendingRequests().
canCreate()) {
      ……
      return nullptr; # 无法将新请求放入等待队列
    }
```

```
ConnectionPool::Cancellable* pending = newPendingStream(context);
# 放入等待队列
const ConnectionResult result = tryCreateNewConnections();
……
```

如果没有可用连接，且此时上游请求等待队列中的请求量已超过设置的阈值，则放弃当前请求，返回 Overflow 标志，这样下游连接将收到一个带有 Overflow 标志的失败响应。如果上游请求等待队列中的请求量还未超过设置的阈值，工作线程则调用 newPendingStream 方法将当前请求保存到等待队列中，并调用 tryCreateNewConnections 方法创建新连接，创建的新连接以异步方式建立。在新连接建立完成后，将通过事件方式通知上游连接池继续处理等待队列中的请求。相关代码如下：

```
HttpConnPoolImplBase::newPendingStream(Envoy::ConnectionPool::AttachContext&
context) {
    ……
    return addPendingStream(std::move(pending_stream));
}
```

addPendingStream 方法将请求放入连接池待处理请求队列 pending_streams_ 中。

ConnPoolImplBase::tryCreateNewConnections 有 3 次机会尝试创建新连接，处理过程如下：

```
ActiveClientPtr client = instantiateActiveClient();
……
LinkedList::moveIntoList(std::move(client), owningList(client->state()));
```

instantiateActiveClient 是创建新连接的主要方法，在连接创建成功后，将根据连接的当前状态将其放入可用连接 ready_clients_、已用连接 busy_clients_、正在建立连接 connecting_clients_ 的列表中。如果连接建立较慢，首先将连接放入 connecting_clients_ 列表中。如果连接建立很快，其可以马上变成 ready_clients_。如果已经有待处理请求，则会在 onUpstreamReady 回调方法中关联待处理请求并将其立即变成 busy_clients_。

对于 HTTP1 的请求，instantiateActiveClient 方法通过前面连接池的 FixedHttpConnPoolImpl 构造方法内保存的回调对象创建新连接：

```
allocateConnPool(Event::Dispatcher& dispatcher, Random::RandomGenerator&
random_generator,……) {
    return std::make_unique<FixedHttpConnPoolImpl>(……,
        [](HttpConnPoolImplBase* pool) { return
std::make_unique<ActiveClient>(*pool); }, # 通过连接池内的回调方法创建上游连接对象
        [](Upstream::Host::CreateConnectionData& data, HttpConnPoolImplBase* pool)
```

```
{
        CodecClientPtr codec{new CodecClientProd(CodecType::HTTP1,
std::move(data.connection_), # 创建客户端连接解码器
```

codec_fn_ 变量用于保存 Http1::ActiveClient 构造方法：

```
ActiveClient::ActiveClient(HttpConnPoolImplBase& parent)
    : Envoy::Http::ActiveClient(
        parent, parent.host()->cluster().maxRequestsPerConnection(),
        1 # HTTP1 连接每次只能处理一个并发请求
```

可以看到，对于 HTTP1，每条上游连接每次只能处理一个 HTTP 请求。相应地，一条上游连接可以同时处理多个 HTTP2 的请求。

新上游连接的父类 Envoy::Http::ActiveClient 构造方法将创建 TCP 网络连接及解码器对象：

```
ActiveClient(HttpConnPoolImplBase& parent…)
    : Envoy::ConnectionPool::ActiveClient(parent,…) {
  ……
  Upstream::Host::CreateConnectionData data =
      static_cast<Envoy::ConnectionPool::ConnPoolImplBase*>(&parent)->
host()->createConnection(parent.dispatcher(), …); # 创建 TCP 网络连接
  initialize(data, parent); # 创建解码器对象
}
```

ActiveClient 对象的父类 Envoy::ConnectionPool::ActiveClient 构造方法将创建连接超时检测定时器 connect_timer_。当新连接一直无法建立成功时，可以关闭并销毁该连接：

```
void ActiveClient::onConnectTimeout() {
  ENVOY_CONN_LOG(debug, "connect timeout", *this);
  parent_.host()->cluster().stats().upstream_cx_connect_timeout_.inc();
  timed_out_ = true;
  close();
}
```

HostImpl::createConnection 方法调用 DispatcherImpl::createClientConnection 方法来创建网络连接，并将网络事件注册到当前工作线程的 Dispatcher 内：

```
……
    : dispatcher.createClientConnection(address, cluster.sourceAddress(),…);
```

ActiveClient 执行 initialize 方法调用 parent.createCodecClient 创建上游编解码器，原理类似于接收下游连接时创建解码器的过程。创建完成后将返回 CodecClientProd 对象，用

于上游响应的解码：

```
codec_client_ = parent.createCodecClient(data);
codec_client_->addConnectionCallbacks(*this);
```

CodecClient 为 CodecClientProd 的基类。CodecClientProd 构造方法首先调用父类构造方法 CodecClient::CodecClient，将自己注册为 L4 过滤器并响应网络连接事件 onEvent。同时也将自己注册为 L4 网络过滤器来进行数据的接收处理，当收到目标主机 Host 返回的上游响应时，将触发 CodecClient::onData 回调方法。相关代码如下：

```
CodecClient::CodecClient(CodecType type, Network::ClientConnectionPtr&&
connection,……) {
    ……
    connection_->addConnectionCallbacks(*this); # 注册为连接建立成功事件的回调方法
    connection_->addReadFilter(Network::ReadFilterSharedPtr{new
CodecReadFilter(*this)}); # 注册自己为 L4 读数据过滤器
```

CodecClientProd::CodecClientProd 还根据 HTTP 类型创建 codec_ 内部的编解码对象 Http1::ClientConnectionImpl，类似于处理下游连接时注册 Node.js 库的 onMessageBegin、onHeadersComplete 等回调方法。

CodecReadFilter 为 L4 过滤器的轻量包装器，将调用 CodecClient::onData 方法，并在响应处理完成后结束过滤器迭代。

CodecClient::onData 类似下游连接时的 ServerConnection 处理，这里将使用 codec_->dispatch 解析从目标主机 Host 返回响应数据：

```
void CodecClient::onData(Buffer::Instance& data) {
    const Status status = codec_->dispatch(data);
    ……
```

不但 CodecClient 将自己注册为网络连接事件的 L4 回调处理器，ActiveClient 也将自己注册为 L4 回调处理器，此时 ActiveClient 用于通知连接池更新连接状态，并决定是否处理其他等待请求。ActiveClient::initialize 方法中通过 addConnectionCallbacks 方法将 ActiveClient 设置为 CodecClient 的 L4 回调处理器：

```
void initialize(Upstream::Host::CreateConnectionData& data,
HttpConnPoolImplBase& parent) {
    ……
    codec_client_->addConnectionCallbacks(*this);
```

在新连接握手过程完成后，将调用连接池更新连接状态回调方法：

```
    void onEvent(Network::ConnectionEvent event) override {
    parent_.onConnectionEvent(*this, codec_client_->connectionFailureReason(),
event);
    }
```

ConnPoolImplBase::onConnectionEvent 回调方法用于判断新建立连接 ActiveClient 携带的网络事件状态，当连接建立成功时状态为 Network::ConnectionEvent::Connected：

```
    } else if (event == Network::ConnectionEvent::Connected) {
    ……
    transitionActiveClientState(client, ActiveClient::State::READY);
    # 设置当前连接状态为立即可用
    ……
    onUpstreamReady(); # 关联已挂起请求并开始处理
```

transitionActiveClientState 方法设置连接为立即可用状态，并调用 onUpstreamReady 方法轮询所有待处理请求，onUpstreamReady 方法从立即可用连接列表头部取出一个连接，并与一个待处理请求进行关联，同时从待处理请求列表中删除该请求：

```
void ConnPoolImplBase::onUpstreamReady() {
    while (!pending_streams_.empty() && !ready_clients_.empty()) {
      ActiveClientPtr& client = ready_clients_.front();
      ……
      attachStreamToClient(*client, pending_streams_.back()->context());
      ……
      pending_streams_.pop_back();
    }
```

使用可用连接处理某个请求时将调用 ConnPoolImplBase::attachStreamToClient 方法，该方法将调用 HttpConnPool::onPoolReady 处理复用连接的逻辑。

HttpConnPool::onPoolReady 方法将创建请求编码器包装对象 HttpUpstream，并调 UpstreamRequest::onPoolReady 方法：

```
    void UpstreamRequest::onPoolReady(std::unique_ptr<GenericUpstream>&& upstream,
Upstream::HostDescriptionConstSharedPtr host,…) {
    ……
    const Http::Status status =
        upstream_->encodeHeaders(*parent_.downstreamHeaders(),
shouldSendEndStream());
```

encodeHeaders 方法是 HttpUpstream 包装对象内的成员方法，其执行 RequestEncoderImpl::encodeHeaders 方法对 HTTP 上游请求进行发送前编码，编码过程主要使用 connection_.copyToBuffer 方法将 HTTP 请求对象变成 Buffer 字节流：

```
        connection_.copyToBuffer(method->value().getStringView().data(),
method->value().size());
```

工作线程继续调用 StreamEncoderImpl::encodeHeadersBase 方法，再经过一些 HTTP 修饰（如 chunk_encoding_ 标志），将最终的 HTTP 请求通过 L7 连接 connection_ 对象的 flushOutput 方法输出。如果此时 HTTP 请求处理结束，还要通过 StreamEncoderImpl::endEncode 方法给 HTTP 请求加上 CRLF 标志。

ConnectionImpl::flushOutput 方法通过 L4 连接对象的 write 方法发送上游请求的字节流 output_buffer_：

```
void ConnectionImpl::flushOutput(bool end_encode) {
  ......
  connection().write(*output_buffer_, false);
```

至此，完成向目标主机 Host 发送 HTTP 请求的操作。当然，消息从 L4 发出时还会调用 L4 的过滤器方法，此处不再赘述。

25.6　Envoy 收到服务端响应

25.6.1　接收响应数据

在 Envoy 完成请求发送任务后，后端的应用将根据接收的请求进行业务处理，然后将处理结果作为响应数据发送回 Envoy。Envoy 接收上游响应的处理流程如图 25-20 所示。

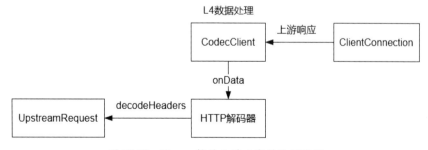

图 25-20　Envoy 接收上游响应的处理流程

前面介绍过，CodecClient 将自己注册为 L4 读过滤器，当收到服务端返回的响应时，L4 连接的 onFileEvent 回调方法被触发，经过 ClientConnection 的 onReadReady、onRead

处理后，将调用 CodecClient::onData 回调方法。这里介绍的上游响应处理流程与下游请求处理流程的区别是，下游的 L4 过滤器是在监听器接收连接阶段执行 createNetworkFilterChain 方法创建的过滤器处理链，并在该方法内调用每个过滤器工厂类的 createFilterFactoryFromProtoTyped 方法来创建过滤器工厂。然后过滤器工厂将在收到用户请求数据时创建过滤器对象并通过 addReadFilter 方法将过滤器对象加入过滤器管理器。

工作线程在创建上游连接时，上游连接关联的 CodecClient 对象构造方法中调用了 addReadFilter 方法来直接将自身对象添加为 L4 读过滤器。因此在收到上游发送回来的响应字节流后将进入 L4 网络过滤器 CodecClient::onData 方法：

```
void CodecClient::onData(Buffer::Instance& data) {
  const Status status = codec_->dispatch(data);
```

因此当收到上游响应时，CodecClient::onData 方法调用 codec_->dispatch 触发 Node.js HTTP 解析库的回调方法。对于 HTTP1，这个 codec_ 为 Http1::ClientConnectionImpl 对象：

```
Http::Status ClientConnectionImpl::dispatch(Buffer::Instance& data) {
  Http::Status status = ConnectionImpl::dispatch(data);
```

在 HTTP 头部接收完毕后，ClientConnectionImpl::onHeadersCompleteBase 被执行，这里将检查状态码 statusCode，完成检查后调用 UpstreamRequest::decodeHeaders 方法将上游响应向下游反向发送：

```
Envoy::StatusOr<ParserStatus> ClientConnectionImpl::onHeadersCompleteBase() {
  ......
  pending_response_.value().decoder_->decodeHeaders(std::move(headers),
  false);
```

UpstreamRequest::decodeHeaders 方法根据响应头部填充 stream_info_ 内容，用于定期观测数据的收集上报，然后调用 Filter::onUpstreamHeaders 方法找到对应该上游请求的原始下游请求并继续向下游推送：

```
void UpstreamRequest::decodeHeaders(Http::ResponseHeaderMapPtr&& headers, bool end_stream) {
    ......
    stream_info_.response_code_ = static_cast<uint32_t>(response_code);
    ......
    parent_.onUpstreamHeaders(response_code, std::move(headers), *this,
end_stream);
```

25.6.2 发送响应数据

此时上游响应进入 L7 过滤器 Filter::onUpstreamHeaders 回调方法，Filter::onUpstreamHeaders 方法在前面进行过介绍，其包含重试、HTTP 重定向、响应有效性判断等响应预处理工作，响应预处理完成后调用 ActiveStreamDecoderFilter::encodeHeaders 方法。响应发送处理流程如图 25-21 所示。

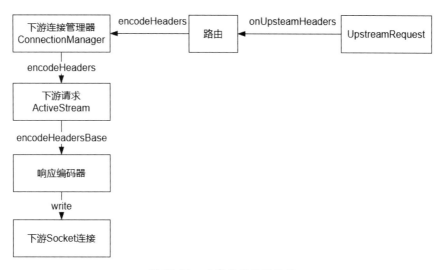

图 25-21　响应发送处理流程

在上游接收的响应经过 CodecClient 内的 HTTP 解码器处理后，将调用 L7 路由过滤器 Filter::onUpstreamHeaders 方法向下游发送：

```
void Filter::onUpstreamHeaders(uint64_t response_code,
Http::ResponseHeaderMapPtr&& headers,……) {
    ……
    const RetryStatus retry_status =
        retry_state_->shouldRetryHeaders(*headers, [this]() -> void
{ doRetry(); });
    ……
    setupRedirect(*headers)) { # 处理 HTTP 重定向
  ……
  callbacks_->encodeHeaders(std::move(headers), end_stream,
                  StreamInfo::ResponseCodeDetails::get().ViaUpstream);
}
```

ActiveStreamDecoderFilter::encodeHeaders 方法为包装类型的方法，其调用 L7 过滤器

管理器的 FilterManager::encodeHeaders 方法。如果下游配置了 L7 过滤器处理写请求，则这里将执行过滤器的 encodeHeaders 方法，完成过滤器处理后执行 ActiveStream::encodeHeaders 方法。变量 filter_manager_callbacks_ 保存的是原始下游请求对象 ActiveStream，接下来将通过原始下游请求对象 ActiveStream 将响应数据发送到下游连接。相关代码如下：

```
void FilterManager::encodeHeaders(ActiveStreamEncoderFilter* filter,
ResponseHeaderMap& headers,……) {
    ……
    FilterHeadersStatus status = (*entry)->handle_->encodeHeaders(headers,
(*entry)->end_stream_); # 执行注册的其他 L7 过滤器 encode 处理逻辑，如 ratelimit 控制
    ……
    filter_manager_callbacks_.encodeHeaders(headers, modified_end_stream);
    ……
} # 调用下游请求对象 ActiveStream 的 encodeHeaders 发送响应
```

ActiveStream::encodeHeaders 方法内进行了发送前响应头部 headers 内容的调整，对于 HTTP1，将调用 ResponseEncoderImpl::encodeHeaders 方法进行头部数据处理：

```
void ConnectionManagerImpl::ActiveStream::encodeHeaders(ResponseHeaderMap&
headers,……) {
    ……
    response_encoder_->encodeHeaders(headers, end_stream);
}
```

类似于上游数据发送前 RequestEncoderImpl 的编码操作，ResponseEncoderImpl::encodeHeaders 方法也是首先将 HTTP 对象通过 copyToBuffer 等操作写入字节流 Buffer，然后调用 encodeHeadersBase 方法将字节流发送到 L4 连接对象上：

```
void ResponseEncoderImpl::encodeHeaders(const ResponseHeaderMap& headers, bool
end_stream) {
    ……
    encodeHeadersBase(headers, absl::make_optional<uint64_t>(numeric_status),
end_stream, false);
```

StreamEncoderImpl::encodeHeadersBase 方法在前面已介绍过，然后通过 flushOutput 将响应数据发送到下游连接：

```
void StreamEncoderImpl::encodeHeadersBase(const RequestOrResponseHeaderMap&
headers,……) {
    ……
    connection_.flushOutput();
```

这里需要补充说明一下，当调用 L4 的 ConnectionImpl::write 方法时，并不是同步地

将数据写入网络 Socket 并发送出去的，而是首先将待发送数据保存到发送缓冲区 write_buffer_ 中，然后将一个网络写事件排队发送到当前线程时间队列中，等待事件被 Dispatcher 触发。另外，在将待发送数据放入队列前，会执行 L4 网络过滤器的 onWrite 回调方法，进行相应数据的处理，如应用自定义了 L4 写限流配置等：

```
void ConnectionImpl::write(Buffer::Instance& data, bool end_stream, bool through_filter_chain) {
    ……
    FilterStatus status = filter_manager_.onWrite(); # 执行 L4 写过滤器
    ……
    write_buffer_->move(data); # 将待发送数据放入写队列
    ……
    if (!connecting_) {
      ioHandle().activateFileEvents(Event::FileReadyType::Write);
    # 排队发送网络写事件
    }
```

当 Dispatcher 处理网络写事件时，将调用 onWriteReady 回调方法，然后通过 transport_socket_->doWrite 方法将待发送缓冲区的内容 write_buffer_ 发送到下游网络连接：

```
IoResult result = transport_socket_->doWrite(*write_buffer_, write_end_stream_);
```

从上面可以看出，响应数据路径处理步骤比请求路径处理步骤简单些，少了路由处理部分及连接池连接创建部分的逻辑。这也比较容易理解，毕竟等待服务端响应时，反向发送响应的路径应该已经准备好了。

25.7 xDS 流程解析

Envoy 进程采用基于 gRPC 应用层的协议与控制面 Istiod 进行通信，xDS 通信通道为长连接方式。订阅消息由 Envoy 进程发送到控制面 Istiod，后续 xDS 配置变化消息由控制面 Istiod 主动推送到 Envoy 进程，接下来将以监听器配置 LDS 流程介绍 xDS 订阅方法。

25.7.1 xDS 公共订阅

xDS 的公共订阅流程如图 25-22 所示。

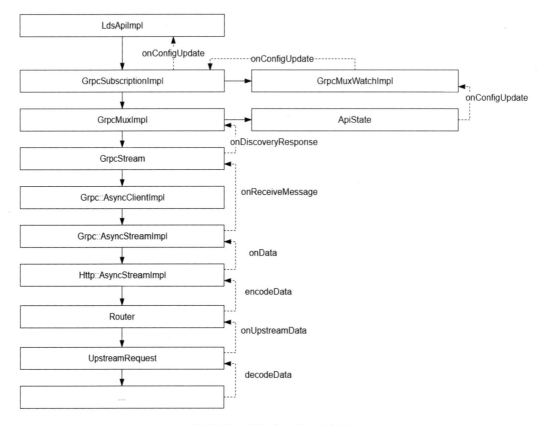

图 25-22　xDS 的公共订阅流程

从图 25-22 可以看出，LDS 的入口点为对象 LdsApiImpl，LdsApiImpl 对象在 ProdListenerComponentFactory::createLdsApi 方法中被创建：

```
LdsApiPtr createLdsApi(const envoy::config::core::v3::ConfigSource& lds_config,
const xds::core::v3::ResourceLocator* lds_resources_locator) override {
    return std::make_unique<LdsApiImpl>(
        lds_config, lds_resources_locator, server_.clusterManager(),
server_.initManager(),
```

在 LdsApiImpl 构造方法中，获取了固定的 LDS 监听资源名，然后调用 Cluster 管理器 ClusterManager 内订阅工厂的 subscriptionFromConfigSource 方法来创建订阅资源，创建订阅资源时需要将资源名称转换为 typeUrl 的字符串形式：

```
LdsApiImpl::LdsApiImpl(const envoy::config::core::v3::ConfigSource&
lds_config,……
        init_target_("LDS", [this]() { subscription_->start({}); }) {
    const auto resource_name = getResourceName();
```

```
    if (lds_resources_locator == nullptr) {
      subscription_ = cm.subscriptionFactory().subscriptionFromConfigSource(
          lds_config, Grpc::Common::typeUrl(resource_name), *scope_, *this,
resource_decoder_, {});
```

SubscriptionFactoryImpl::subscriptionFromConfigSource 方法使用默认的 gRPC 配置创建 GrpcSubscriptionImpl 及 GrpcMuxImpl 对象：

```
case envoy::config::core::v3::ApiConfigSource::GRPC:
  return std::make_unique<GrpcSubscriptionImpl>(
      std::make_shared<Config::GrpcMuxImpl>(
        local_info_,
        Utility::factoryForGrpcApiConfigSource(cm_.grpcAsyncClientManager(),
                                 api_config_source, scope, true)
            ->createUncachedRawAsyncClient(),……)
```

Utility::factoryForGrpcApiConfigSource 方法调用 AsyncClientManagerImpl::factoryForGrpcService 方法，根据订阅配置创建 gRPC 连接的工厂实例：

```
AsyncClientManagerImpl::factoryForGrpcService(const
envoy::config::core::v3::GrpcService& config,…) {
    switch (config.target_specifier_case()) {
    case envoy::config::core::v3::GrpcService::TargetSpecifierCase::kEnvoyGrpc:
      return std::make_unique<AsyncClientFactoryImpl>(cm_, config,
skip_cluster_check, time_source_);
```

createUncachedRawAsyncClient 方法调用 AsyncClientFactoryImpl::createUncachedRawAsyncClient 方法来创建 gRPC 客户端 Grpc::AsyncClientImpl 对象：

```
RawAsyncClientPtr AsyncClientFactoryImpl::createUncachedRawAsyncClient() {
    return std::make_unique<AsyncClientImpl>(cm_, config_, time_source_);
```

在 LdsApiImpl 构造方法的初始化列表中保存了主线程初始化完成时需要执行的回调方法 subscription_->start：

```
init_target_("LDS", [this]() { subscription_->start({}); }) {
```

当主线程初始化完毕时，将调用 GrpcSubscriptionImpl::start 回调方法启动与控制面 Istiod 间的 xDS 订阅，启动订阅的 start 方法会创建 gRPC 连接超时监控定时器 init_fetch_timeout_timer_，并在 gRPC 连接复用器 grpc_mux_ 中添加观测者 watch_，然后启动 grpc_mux_：

```
void GrpcSubscriptionImpl::start(const absl::flat_hash_set<std::string>&
resources) {
```

```
      ……
      init_fetch_timeout_timer_ = dispatcher_.createTimer([this]() -> void {
      ……
      watch_ = grpc_mux_->addWatch(type_url_, resources, *this, resource_decoder_,
options_);
      ……
      grpc_mux_->start();
```

gRPC 连接复用器的 addWatch 方法，用于将当前还未订阅的 type_url 注册到与 GrpcMuxImpl 关联的 ApiState 中，每个订阅资源 type_url 对应一个订阅请求 apiStateFor(type_url)。同时也将 type_url 放入 subscriptions_列表中，用于处理当配置变更通知到达时需要触发的用户侧回调方法。相同订阅资源 type_url 的多次订阅将创建各自的观察期 GrpcMuxWatchImpl 并保存到 GrpcSubscriptionImpl，但在 apiStateFor 对象中只会被添加一次。相关代码如下：

```
   GrpcMuxWatchPtr GrpcMuxImpl::addWatch(const std::string& type_url,…) {
      auto watch =
           std::make_unique<GrpcMuxWatchImpl>(resources, callbacks,
resource_decoder, type_url, *this);
      ……
      if (!apiStateFor(type_url).subscribed_) {
        ……
       apiStateFor(type_url).request_.mutable_node()->MergeFrom(local_
info_.node());
       apiStateFor(type_url).subscribed_ = true;
       subscriptions_.emplace_back(type_url);
      }
```

GrpcMuxImpl::start 方法调用 GrpcStream::establishNewStream 方法来创建与控制面的连接，GrpcMuxImpl 构造方法中传入的 Grpc::AsyncClient 对象负责创建表示当前请求的 Grpc::AsyncStream 对象：

```
   void establishNewStream() {
      ……
      stream_ = async_client_->start(service_method_, *this,
Http::AsyncClient::StreamOptions()); # 创建异步连接
      ……
      callbacks_->onStreamEstablished(); # 发出订阅请求
```

start 方法实际调用了 AsyncClient::start 方法，返回请求包装对象，该请求包装对象内部包含了实际请求对象 Grpc::AsyncStreamImpl：

25.7 xDS 流程解析

```
virtual AsyncStream<Request> start(const Protobuf::MethodDescriptor&
service_method,……) {
    return AsyncStream<Request>(
        Internal::startUntyped(client_.get(), service_method, callbacks,
options));
}
```

startUntyped 方法调用 AsyncClientImpl::startRaw 方法来创建请求对象 AsyncStreamImpl 并进行初始化:

```
RawAsyncStream* AsyncClientImpl::startRaw(absl::string_view
service_full_name,……) {
    ASSERT(isThreadSafe());
    auto grpc_stream =
        std::make_unique<AsyncStreamImpl>(*this, service_full_name, method_name,
callbacks, options);

    grpc_stream->initialize(false);
```

initialize 初始化方法通过 ClusterManager 查找控制面 Istiod 服务，如果存在 Istiod 服务，则使用预先创建的 httpAsyncClient 创建 Http::AsyncStreamImpl 请求对象，然后使用 Common::prepareHeaders 方法封装一个 HTTP 消息头部 headers_message_，最后调用 AsyncStreamImpl::sendHeaders 方法发送 xDS 请求:

```
void AsyncStreamImpl::initialize(bool buffer_body_for_retry) {
    const auto thread_local_cluster =
parent_.cm_.getThreadLocalCluster(parent_.remote_cluster_name_);
    ……
    stream_ = http_async_client.start(*this, options_.
setBufferBodyForRetry(buffer_body_for_retry)); # 创建 HTTP 请求,内部创建路由对象
    ……
    headers_message_ = Common::prepareHeaders( # 准备 HTTP 头部
        parent_.host_name_.empty() ? parent_.remote_cluster_name_ :
parent_.host_name_, service_full_name_, method_name_, options_.timeout);
    ……
    stream_->sendHeaders(headers_message_->headers(), false); # 发送 HTTP 头部
```

如上所示, http_async_client.start 方法创建了 Http::AsyncStreamImpl 对象, AsyncStreamImpl 构造方法中创建了路由对象 route_，这样便于复用前面介绍过的 L7 过滤器 Route 的 decodeHeaders 方法，该方法会模拟发出下游请求，并通过路由及负载均衡计算，向上游连接池发送 gRPC 请求, 发送前设置回调方法的接收者为 AsyncStreamImpl 对象:

```
    AsyncStreamImpl::AsyncStreamImpl(AsyncClientImpl& parent,
AsyncClient::StreamCallbacks& callbacks,
    ……
        route_(std::make_shared<RouteImpl>(…)),
    ……
    router_.setDecoderFilterCallbacks(*this); # 设置 encodeHeaders 回调方法
```

AsyncStreamImpl::sendHeaders 方法将模拟从下游发出的请求,但不经过网络层 Socket 的 onFilteEvent 触发阶段及 L4、L7 过滤器处理,而是直接进入路由 decodeHeaders 方法,这是因为 xDS 请求是 Envoy 进程构造出来的:

```
void AsyncStreamImpl::sendHeaders(RequestHeaderMap& headers, bool end_stream)
{
    ……
    router_.decodeHeaders(headers, end_stream);
```

xDS 之后的处理将使用我们介绍过的 Filter::decodeHeaders 方法,以及上游请求 UpstreamRequest 的处理路径,最终向控制面 Istiod 服务发送。

25.7.2　xDS 推送

在完成 xDS 的订阅后,控制面根据订阅资源向 Envoy 进程发送 xDS 变更消息,此时上游响应的处理路径类似于前面介绍的普通 HTTP 请求,并通过 UpstreamRequest 对象触发路由过滤器的 Filter::onUpstreamHeaders 回调方法,接着执行 Http::AsyncStreamImpl::encodeHeaders 方法,encodeHeaders 方法中调用了 AsyncStreamImpl::onHeaders 方法,首先保存 HTTP 响应头部,等到响应消息的数据部分也到达时,调用 AsyncStreamImpl::encodeData 方法,然后执行 AsyncStreamImpl::onData 处理响应数据部分。

在处理数据的过程中,onData 方法将响应数据缓冲区 Buffer 中的字节流解码成多个单独的配置变更消息片段,并调用 FrameInspector::inspect 方法循环查找每个消息片段边界。然后对每个响应消息调用 onReceiveMessageRaw 方法,通知上层回调方法继续处理,这里每个消息片段中都包含某类资源的所有变更项:

```
void AsyncStreamImpl::onData(Buffer::Instance& data, bool end_stream) {
    ……
    decoded_frames_.clear();
    if (!decoder_.decode(data, decoded_frames_)) {
        ……
        if (!callbacks_.onReceiveMessageRaw(frame.data_ ? std::move(frame.data_)…)
```

onReceiveMessageRaw 方法调用 Internal::parseMessageUntyped，其内部使用 protobuf 的 ParseFromZeroCopyStream 方法将当前消息片段转换成 ProtobufTypcs::MessagePtr 类型的。然后将转换后的 protobuf 格式消息通过 onReceiveMessage 回调方法继续向上传递：

```
bool onReceiveMessageRaw(Buffer::InstancePtr&& response) override {
  auto message = ResponsePtr<Response>(dynamic_cast<Response*>(
      Internal::parseMessageUntyped(std::make_unique<Response>(),
std::move(response))……);
  ……
  onReceiveMessage(std::move(message));
```

onReceiveMessage 回调方法在 GrpcStream 对象中实现，回调方法被触发时将调用 GrpcMuxImpl::onDiscoveryResponse 方法继续向上传递 envoy::service::discovery::v3::DiscoveryResponse 类型的消息：

```
void onReceiveMessage(ResponseProtoPtr<ResponseProto>&& message) override {
……
  callbacks_->onDiscoveryResponse(std::move(message),……);
```

然后 GrpcMuxImpl::onDiscoveryResponse 回调方法根据响应消息中的 type_url 找到关联的 api_state 对象，从该对象的观测者 watches_ 列表中找到所有订阅者，订阅者可只订阅某资源或对所有资源都进行订阅，最后调用订阅者注册的回调方法 onConfigUpdate：

```
void GrpcMuxImpl::onDiscoveryResponse(
  ……
  const std::string type_url = message->type_url();
  ……
  ApiState& api_state = apiStateFor(type_url);
    ……
    for (auto watch : api_state.watches_) {
……    watch->callbacks_.onConfigUpdate(all_resource_refs,
message->version_info()); # 通知对所有资源变化都感兴趣的订阅者
      continue;
      ……
      watch->callbacks_.onConfigUpdate(found_resources,
message->version_info()); # 通知对某资源变化感兴趣的订阅者
```

对于 LDS 资源，订阅者注册的回调方法为 LdsApiImpl::onConfigUpdate。

25.7.3 LDS 更新

有了前面介绍的 xDS 通用底层消息发送及接收流程，接下来将继续完成 LDS 的配置

第 25 章 Envoy 源码解析

更新介绍，其他 xDS 可以进行类似分析，都将 onConfigUpdate 作为入口，不再赘述。LDS 订阅处理流程如图 25-23 所示。

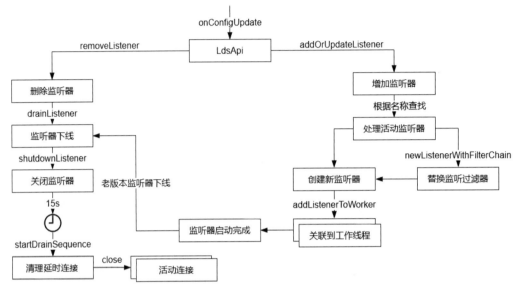

图 25-23　LDS 订阅处理流程

首先，LdsApiImpl::onConfigUpdate 回调方法被触发，并传入包含 LDS 所有变更内容的 resources 参数，onConfigUpdate 方法在监听器管理器 ListenerManager 中查找与当前 LDS 消息内的 resources 匹配的监听器，如果发现已有 WARMING 或 ACTIVE 状态的监听器与新下发的 LDS 名称不匹配，意味着这些监听器已经不复存在，需要将这些监听器加入删除列表 to_remove_repeated：

```
    void LdsApiImpl::onConfigUpdate(const
std::vector<Config::DecodedResourceRef>& resources,…) {
    ……
    for (const auto& resource : resources) {
        ……
        listeners_to_remove.erase(resource.get().name());
    }
    ……
    onConfigUpdate(resources, to_remove_repeated, version_info);
```

在 LdsApiImpl::onConfigUpdate 处理过程中，首先调用 removeListener 方法处理待删除的监听器，然后执行 addOrUpdateListener 方法处理 LDS 的 resources 内新添加或者需要更新的监听器：

```
    void LdsApiImpl::onConfigUpdate(const
std::vector<Config::DecodedResourceRef>& added_resources,
                    const Protobuf::RepeatedPtrField<std::string>&
removed_resources,……) {
    ……
    for (const auto& removed_listener : removed_resources) {
      if (listener_manager_.removeListener(removed_listener)) {
    ……
    for (const auto& resource : added_resources) {
       ……
       if (listener_manager_.addOrUpdateListener(listener,
resource.get().version(), true)) {
```

删除某个监听器时，ListenerManagerImpl::removeListenerInternal 方法会判断待删除监听器是否未处于已服务 ACTIVE 状态，如果只处于预热 WARMING 状态，则直接将其从列表 warming_listeners_ 中删除即可，这时一定没有与该监听器关联的客户端连接。如果已经处于 ACTIVE 状态，则需要将其从列表 active_listeners_ 中删除后，再调用监听器的 drainListener 操作，使其延迟关闭已接收的网络连接。相关代码如下：

```
bool ListenerManagerImpl::removeListenerInternal(const std::string& name,……) {
    ……
    warming_listeners_.erase(existing_warming_listener);
    # 直接删除处于预热中的监听器
    ……
    active_listeners_.erase(existing_active_listener);
    if (workers_started_) {
      drainListener(std::move(listener));   # 将已启动服务的监听器延迟下线
    }
```

ListenerManagerImpl::drainListener 方法负责关闭指定监听器，并延迟关闭其接收的网络连接：

```
void ListenerManagerImpl::drainListener(ListenerImplPtr&& listener) {
    ……
    stopListener(*draining_it->listener_, [this, listener_tag]() {
      for (auto& listener : draining_listeners_) {
        if (listener.listener_->listenerTag() == listener_tag) {
          listener.listener_->listenSocketFactory().closeAllSockets();
          # 关闭监听 Socket
```

ListenerManagerImpl::stopListener 方法负责对每个工作线程调用 stopListener 方法，将监听器从所有关联的连接处理器 ConnectionHandler 中删除，之后该监听器将不接收新的网络连接：

```
void ConnectionHandlerImpl::stopListeners(uint64_t listener_tag) {
  for (auto& listener : listeners_) {
    if (listener.second.listener_->listenerTag() == listener_tag) {
      listener.second.listener_->shutdownListener();
```

之后连接器进入 startDrainSequence 阶段，默认延迟 15s 后调用 removeListener 方法关闭该监听器上接收的所有网络连接：

```
draining_it->listener_->localDrainManager().startDrainSequence([this,
draining_it]() -> void {
    ......
    worker->removeListener(*draining_it->listener_, [this, draining_it]() ->
void {
    ......
```

通知各个工作线程删除该监听器时，每个工作线程的 WorkerImpl::removeListener 方法将调用 ConnectionHandlerImpl::removeListeners 方法，根据监听器的唯一标识 listener_tag 将其从 listeners_ 列表中删除，并触发监听器的析构方法：

```
void ConnectionHandlerImpl::removeListeners(uint64_t listener_tag) {
  ......
  if (listener->second.listener_->listenerTag() == listener_tag) {
    listener = listeners_.erase(listener);
```

前面介绍过，ActiveStreamListenerBase::newConnection 方法在建立连接后，会调用 ActiveTcpListener::newActiveConnection 方法将连接同时添加到监听器的 connections_ 列表中。那么当 removeListeners 方法删除监听器并触发其析构方法 ActiveTcpListener::~ActiveTcpListener 时，将循环关闭该监听器接收到的所有网络连接。此时如果应用没有实现连接重试，则将收到网络断开事件。相关代码如下：

```
ActiveTcpListener::~ActiveTcpListener() {
  ......
  for (auto& [chain, active_connections] : connections_by_context_) {
    ......
    connections.front()->connection_->close(Network::
ConnectionCloseType::NoFlush);
```

在网络连接关闭操作中，Network::ConnectionCloseType::NoFlush 标志表示直接关闭，否则会有 1s 的延迟等待。

在了解了这个机制后，当遇到客户端使用 WebSocket 等长连接协议时，如果管理员修改了监听器上的某些配置并将其更新到 Envoy 进程,将可能引发监听器的更新,同时会出现客户端长连接在一段时间(15s)后主动断开的现象。因此,建议应用端在业务逻辑中添加连接重连操作。相关代码如下:

```
void LdsApiImpl::onConfigUpdate(const
std::vector<Config::DecodedResourceRef>& added_resources,
……
    for (const auto& resource : added_resources) { # 添加或需要更新的监听器
        ……
        if (listener_manager_.addOrUpdateListener(listener,
resource.get().version(), true)) {
```

介绍完监听器的删除过程,接下来继续介绍 LDS 的 onConfigUpdate 方法添加新监听器的过程。监听器的添加或配置变更将使用 addOrUpdateListener 方法。该方法首先根据传入的监听器名称在当前监听器配置中查找已经存在的处于运行状态 existing_active_listener 的同名监听器或处于预热状态 existing_warming_listener 的同名监听器。

如果此时监听器已处于运行状态,则判断监听器是否支持原地热升级,如果支持则调用 ListenerImpl::newListenerWithFilterChain 方法并传入更新的配置,否则直接创建配置对应的新监听器 ListenerImpl 对象:

```
bool ListenerManagerImpl::addOrUpdateListenerInternal(……) {
    ……
    auto existing_active_listener = getListenerByName(active_listeners_, name);
    auto existing_warming_listener = getListenerByName(warming_listeners_, name);
    ……
    if (existing_active_listener != active_listeners_.end() &&
        (*existing_active_listener)->supportUpdateFilterChain(config,
workers_started_)) { # 支持热升级的监听器
        ENVOY_LOG(debug, "use in place update filter chain update path for listener
name={} hash={}",name, hash);
        new_listener = (*existing_active_listener)->newListenerWithFilterChain
(config, workers_started_, hash);
        stats_.listener_in_place_updated_.inc();
    } else { # 不支持热升级的,需要创建全新的监听器
        ENVOY_LOG(debug, "use full listener update path for listener name={} hash={}",
name, hash);
        new_listener =std::make_unique<ListenerImpl>(config, version_info, *this,
name, added_via_api, workers_started_, hash, server_.options().concurrency());
    }
```

ListenerImpl::newListenerWithFilterChain 方法会调用 ListenerImpl 对象的私有版本构

造方法，因此需要使用 WrapUnique 方法对其进行包装：

```
ListenerImpl::newListenerWithFilterChain(const
envoy::config::listener::v3::Listener& config,……) {
    return absl::WrapUnique(new ListenerImpl(*this, config, version_info_,
parent_, name_,……);
```

对比 ListenerImpl 的不同版本构造方法，可以看出在用于服务非热升级版本的构造方法中，local_init_watcher_ 观测者在收到 ListenerImpl 内应用协议 Transport 对象初始化完成的通知后，如果工作线程已经启动，则当前线程执行 parent_.onListenerWarmed 方法，否则执行 listener_init_target_.ready 方法，以标记当前监听器立即变为活跃状态 ACTIVE：

```
ListenerImpl::ListenerImpl(const envoy::config::listener::v3::Listener&
config, # 监听器构造方法
……
    local_init_watcher_(fmt::format("Listener-local-init-watcher {}", name),
                        [this] {
                          if (workers_started_) { # 工作线程是否已经启动
                            parent_.onListenerWarmed(*this);
                            # 预热状态 WARMING 转为活跃状态 ACTIVE
                          } else {
                            ……
                            listener_init_target_.ready();
                            # 马上可以变为活跃状态 ACTIVE
                          }
                        }),
```

ListenerManagerImpl::onListenerWarmed 方法负责处理监听器从预热状态 WARMING 转为活跃状态 ACTIVE 的过程，主要步骤如下。

（1）对每个工作线程执行 addListenerToWorker 方法，将当前新监听器与工作线程绑定。

（2）如果名称相同的老版本监听器已经处于接收请求的 ACTIVE 状态，则移除老版本监听器，并调用 drainListener 方法让老版本监听器停止接收新连接，并延迟断开所有已接收连接，然后在 active_listeners_ 列表中原地替换老版本监听器。

（3）如果同名监听器处于预热状态，则替换后直接将监听器插入 active_listeners_ 列表中，并从预热列表 warming_listeners_ 中删除监听器。相关代码如下：

```
void ListenerManagerImpl::onListenerWarmed(ListenerImpl& listener) {
    ……
    for (const auto& worker : workers_) {
      addListenerToWorker(*worker, absl::nullopt, listener, nullptr);
```

```
    # 将新监听器绑定到工作线程
  }
  ......
  if (existing_active_listener != active_listeners_.end()) {
  # 老版本监听器处于活跃状态
    ......
    *existing_active_listener = std::move(*existing_warming_listener);
    drainListener(std::move(listener)); # 老版本监听器优雅下线
  } else { # 老版本监听器处于预热状态
    active_listeners_.emplace_back(std::move(*existing_warming_listener));
  }
```

在监听器的私有版本构造方法 ListenerImpl 初始化完成后，其 local_init_watcher_ 回调方法将执行 inPlaceFilterChainUpdate 方法来替换当前已启动监听器中的过滤器 filterChain，而不是将整个监听器重启，这样就缩短了启动时间：

```
ListenerImpl::ListenerImpl(ListenerImpl& origin,
    ......
    local_init_watcher_(fmt::format("Listener-local-init-watcher {}", name),
                      [this] {
                        ASSERT(workers_started_);
                        parent_.inPlaceFilterChainUpdate(*this);
                      }),
```

此时 ListenerManagerImpl::inPlaceFilterChainUpdate 方法对所有工作线程进行监听器配置的更新，但不会对活动监听器执行 drainListener 方法，而只对其执行 drainFilterChains 方法来替换过滤器对象：

```
void ListenerManagerImpl::inPlaceFilterChainUpdate(ListenerImpl& listener) {
  ......
  for (const auto& worker : workers_) {
    ......
    addListenerToWorker(*worker, listener.listenerTag(), listener, nullptr);
  } #同前
  ......
  drainFilterChains(std::move(previous_listener), **existing_active_listener);
  #只替换 filterChain 部分
```

注意，ListenerImpl 构造方法完成时，还未开始执行 local_init_watcher_ 来完成回调方法。在 addOrUpdateListenerInternal 中，创建新 ListenerImpl 对象后，还要根据原始监听器设置 SocketFactory 类型等参数，在所有这些工作完成后，将执行 new_listener_ref.initialize 方法：

```
bool ListenerManagerImpl::addOrUpdateListenerInternal(
  ……
  new_listener_ref.initialize();
```

ListenerImpl::initialize 方法使用每个监听器 ListenerImpl 的初始化管理器 dynamic_init_manager_ 管理各个 Target 的初始化操作,在所有 Target 初始化完成后将执行 local_init_watcher_ 的完成回调方法。

25.7.4　SDS 订阅

对 xDS 订阅监听机制我们已经有了一定的了解,但还需要思考以下问题。对于某些资源,订阅者事先不需要了解其具体范围,因此可以监听所有资源变更。而对于另一些资源,订阅者只关心其中的具体取值。SDS 就是这样的一种资源,用于获取指定 Cluster 的 TLS 通信安全证书。SDS 订阅处理流程如图 25-24 所示。

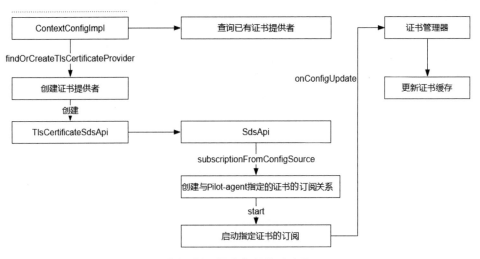

图 25-24　SDS 订阅处理流程

Envoy 配置中 Cluster 使用的 TLS 证书如下:

```
"tls_certificate_sds_secret_configs": [
{
  "name": "default",  # 获取证书名称
  "sds_config": {
   "api_config_source": {
    "api_type": "GRPC",
           "grpc_services": [
```

```
            {
        "envoy_grpc": {
              "cluster_name": "sds-grpc"
        }
  ......
  "validation_context_sds_secret_config": {
    "name": "ROOTCA",  # 用于验证的根证书名称
"sds_config": {
  "api_config_source": {
  "api_type": "GRPC",
  "grpc_services": [
  {
    "envoy_grpc": {
    "cluster_name": "sds-grpc"
  }
```

每个 Envoy 进程都需要通过 Pilot-agent 创建一个名称为 default 的私有证书及用于验证的根证书 ROOTCA。

当 Envoy 进程解析配置时，将调用 getTlsCertificateConfigProviders 方法，该方法位于 extensions/transport_sockets/tls/context_config_impl.cc 中：

```
std::vector<Secret::TlsCertificateConfigProviderSharedPtr>
getTlsCertificateConfigProviders(
      ......
      for (const auto& sds_secret_config :
config.tls_certificate_sds_secret_configs()) {  # 循环证书列表
         ......
         providers.push_back(factory_context.secretManager().
findOrCreateTlsCertificateProvider(sds_secret_config.sds_config(),
sds_secret_config.name(), factory_context));
```

SecretManagerImpl::findOrCreateTlsCertificateProvider 方法的入参会传入申请证书的名称，默认值为 default，并调用 DynamicSecretProviders::findOrCreate 方法判断该证书是否已经被创建，如果没有创建，则通过模板方法 SecretType::create 创建证书。在这里，对于 default 证书，将使用 TlsCertificateSdsApi::create 方法来创建 SDS 订阅对象 TlsCertificateSdsApi：

```
class TlsCertificateSdsApi : public SdsApi, public TlsCertificateConfigProvider {
  ......
    create(Server::Configuration::TransportSocketFactoryContext& secret_
provider_context, const envoy::config::core::v3::ConfigSource& sds_config,......) {
```

```
        return std::make_shared<TlsCertificateSdsApi>(
            sds_config, sds_config_name,
secret_provider_context.clusterManager().subscriptionFactory(),……);
```

TlsCertificateSdsApi 对象的父类就是 SdsApi，因此其构造方法在调用父类构造方法 SdsApi:: SdsApi 的过程中会创建一个名为 default 的证书订阅：

```
    SdsApi::SdsApi(envoy::config::core::v3::ConfigSource sds_config,
absl::string_view sds_config_name,
        ……
            init_target_(fmt::format("SdsApi {}", sds_config_name), [this]
{ initialize(); }), ……, # init_target_完成后启动订阅
        sds_config_name_(sds_config_name),…) { # 订阅的证书名称是default
      ……
        subscription_ = subscription_factory_.subscriptionFromConfigSource(
            sds_config_, Grpc::Common::typeUrl(resource_name), *scope_, *this,
resource_decoder_, {});
```

在启动订阅时，需要传入真正关心的资源名称，如 default，并将其保存在 TlsCertificateSdsApi 订阅对象内的 sds_config_name_ 中：

```
    void SdsApi::initialize() {
      ……
      subscription_->start({sds_config_name_});
```

另外，启动订阅的 GrpcSubscriptionImpl::start 方法支持传入一个 std::string 列表，对于 SDS 来说，这个列表每次只传入一个元素。

总的来说，Envoy 进程中的 xDS 订阅支持动态添加指定 TypeUrl 下的所有资源或指定范围内的资源，使用起来非常灵活和方便。

25.8 遥测元数据存储

25.8.1 创建遥测元数据

在 Envoy 进程内，每次调用遥测数据 Stats 将产生 Metric 观测项，如下：

```
        reporter=.=source;.;source_workload=.=unknown;.;source_workload_namespace=.=
unknown;.;source_principal=.=unknown;.;source_app=.=unknown;.;source_version=.=u
nknown;.;source_canonical_service=.=unknown;.;source_canonical_revision=.=latest
;.;source_cluster=.=unknown;.;destination_workload=.=unknown;.;destination_workl
```

```
oad_namespace=.=unknown;.;destination_principal=.=unknown;.;destination_app=.=un
known;.;destination_version=.=unknown;.;destination_service=.=localhost:10000;.;
destination_service_name=.=localhost:10000;.;destination_service_namespace=.=unk
nown;.;destination_canonical_service=.=unknown;.;destination_canonical_revision=
.=latest;.;destination_cluster=.=unknown;.;request_protocol=.=http;.;response_fl
ags=.=UF;.;connection_security_policy=.=unknown;.;response_code=.=503;.;grpc_res
ponse_status=.=;.;istio_requests_total
```

上面为某次调用遥测数据 Stats 后产生的 Metric 遥测数据完整标记 Tag，istio_requests_total 表示请求总调用次数观测项，其余项表示与该观测项相关的负载名称、Cluster 名称、调用协议、返回代码等 Tag 信息。在相同源、目标、服务、调用状态等情况下，这些 Tag 信息相同。试想如果每次请求都将该 Metric 完整字符串记录在内存中，而实际上只有观测 Metric 的值 istio_requests_total 的内容发生数值变化，那么将产生大量冗余内存占用。因此 Envoy 进程对 Metric 的处理是消除这些 Tag 冗余信息。遥测元数据存储方式如图 25-25 所示。

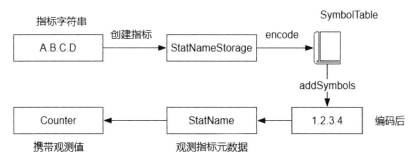

图 25-25　遥测元数据存储方式

Tag 信息通常用字符串表示，Envoy 进程则将这种重复性较高的字符串进行编码保存，这样做带来的一个好处是，编码后很方便对有关联关系的 StatName 添加头部 Scope 信息，表明观测项 Stats 的所属范围。

以后面即将介绍的 WASM 观测值记录功能 Stats 为例，其在每个请求的 Context 对象中使用 defineMetric 方法创建观测项：

```
WasmResult Context::defineMetric(uint32_t metric_type, std::string_view name,…) {
  ……
    Stats::StatNameManagedStorage storage(toAbslStringView(name),
wasm()->scope_->symbolTable());
```

Stats::StatNameManagedStorage 构造方法负责将传入的带有 "." 分隔符的字符串编码保存，并将其注册到符号表 symbolTable 中用于后续匹配。然后 StatNameManagedStorage

构造方法调用父类 StatNameStorage 构造方法，在 StatNameStorage::StatNameStorage 构造方法中，首先根据入参 symbolTable 对传入的字符串进行编码，代码位于 common/stats/symbol_table_impl.cc 中：

```
StatNameStorage::StatNameStorage(absl::string_view name, SymbolTable& table)
    : StatNameStorageBase(table.encode(name)) {}
```

SymbolTableImpl::encode 方法首先会去掉字符串头尾的冗余 "."，然后通过 addTokensToEncoding 方法编码整理好的字符串并将其保存到临时的 Encoding 对象中：

```
SymbolTable::StoragePtr SymbolTableImpl::encode(absl::string_view name) {
  name = StringUtil::removeTrailingCharacters(name, '.'); # 去掉头尾的冗余 "."
  Encoding encoding;
  addTokensToEncoding(name, encoding);
  # 将整理好的字符串编码后保存到 Encoding 对象中
  MemBlockBuilder<uint8_t> mem_block(Encoding::totalSizeBytes(encoding.bytesRequired())); # 临时字节数组的第一个位置为编码后对象的长度
  encoding.moveToMemBlock(mem_block); # 将编码后的对象保存到临时字节数组的后面
  return mem_block.release(); # 返回编码后的内存
}
```

SymbolTableImpl::addTokensToEncoding 方法通过 absl::StrSplit 对传入的完整字符串用 "." 符号进行分隔，将字符串分割为 token 数组，如 "reporter=" "=source;" ";source_workload=" "=unknown;" ";istio_requests_total" 等。可以看出 StatNameStorage 中保存的每个 token 字符串并没有意义，只是一种压缩存储方式。相关代码如下：

```
void SymbolTableImpl::addTokensToEncoding(const absl::string_view name,
Encoding& encoding) {
  ……
  const std::vector<absl::string_view> tokens = absl::StrSplit(name, '.');
  std::vector<Symbol> symbols;
  ……
    Thread::LockGuard lock(lock_); # 访问 symbolTable 字典需要加锁
    ……
    for (auto& token : tokens) {
      ……
      symbols.push_back(toSymbol(token));
      ……
  encoding.addSymbols(symbols);
```

toSymbol 方法负责将每个 token 字符串注册到 symbolTable 字典中并得到唯一的序号，返回的 Symbol 实际上就是 encoding map 索引值。然后根据传入的 token 在 symbolTable

的 encode_map_ 散列表中进行查找，如果没有找到，则调用 InlineString::create 方法创建固定长度数组化字符串，该字符串与一般的 C++堆分配 string 对象不同，InlineString 可以方便地进行序列化及反序列化操作。比如，在热重启 HotRestart 过程中，需要在 Envoy 进程间传递 Stats，这时就需要将 Stats 进行序列化后发送到网络上。

addSymbols 方法会添加正向查找 encode 项和反向查找 decode 项。这里的 SharedSymbol 对象负责对每个 token 对应的 Symbol 添加引用计数。例如，对两个相似 StatName 观测项 Counter A.B.C.D 及 A.B.C.E 来说，其中第一个子 token A 的引用计数为 2，第四个子 token D 的引用计数为 1，当不再使用此观测项 Stat 的引用 A.B.C.D 的 Counter 时，其引用计数为 0，此时 token D 可以被释放。最后 newSymbol 方法负责移动到下一个可被分配的 Symbol 索引。相关代码如下：

```
Symbol SymbolTableImpl::toSymbol(absl::string_view sv) {
  ……
  auto encode_find = encode_map_.find(sv);  # 根据token字符串查找
  if (encode_find == encode_map_.end()) {
  ……
    InlineStringPtr str = InlineString::create(sv);
    auto encode_insert = encode_map_.insert({str->toStringView(),
SharedSymbol(next_symbol_)});
  ……
    auto decode_insert = decode_map_.insert({next_symbol_, std::move(str)});
  ……
    result = next_symbol_;
    newSymbol();
```

最后，SymbolTableImpl::addTokensToEncoding 方法调用 Encoding::addSymbols 方法，将 symbols 列表编码为字节数组，在这个过程中，为了降低内存使用率，对 symbols 列表进行了最大化的压缩：

```
void SymbolTableImpl::Encoding::addSymbols(const std::vector<Symbol>& symbols)
{
  ……
  for (Symbol symbol : symbols) {
    data_bytes_required_ += encodingSizeBytes(symbol);  # 计算数组大小
  }
  mem_block_.setCapacity(data_bytes_required_);  # 在 Encoding 内分配字节数组内存
  for (Symbol symbol : symbols) {
    appendEncoding(symbol, mem_block_);  # 将每个 Symbol 保存到字节数组中
  }
```

编码过程为：首先 Encoding::addSymbols 方法计算需要保存的 symbols 列表使用的字节数组长度，算法为将每个 Symbol 表示为类似 UTF-8 编码的形式，每 7 位为一组，从最低位开始，如果 Symbol 值小于 128（用 7 位可以表示），则占用一个字节且最高位为 0，否则去掉最低 7 位后，次高 7 位使用另一个字节保存，但将最高位设为 1（将 SpilloverMask 定义为 0x80），同理处理剩余数据。相关代码如下：

```
void SymbolTableImpl::Encoding::appendEncoding(uint64_t number,…) {
  do {
    if (number < (1 << 7)) {
      mem_block.appendOne(number); # 小于128，最高位为0
    } else {
      mem_block.appendOne((number & Low7Bits) | SpilloverMask);
      # 大于或等于128，最高位为1
    }
    number >>= 7; # 处理完当前7位
```

这样除了最低位字节，当前 Symbol 占用的其余字节最高位都是 1，并且在不额外保存分隔符（如"."）的情况下，也可以将同一字节数组中的不同 token 区别开来，因为从当前位置到下一个最高位为 0 的数据都属于同一个 token。

addTokensToEncoding 方法完成后，SymbolTableImpl::encode 方法使用临时 MemBlockBuilder 变量保存编码内容的长度作为新数组的第一部分，然后通过 encoding.moveToMemBlock 方法将编码过的内容复制到新数组后面。StatNameStorageBase 构造方法将保存该数组对象。

每个 Stats 观测数据的标志 StatName 对象通过 symbolTable 都可以支持比较、拼接等多种操作。如 SymbolTableImpl::join 方法支持将多个 StatName 拼接为新的 StatName，用于对已有的 Stats 观测数据添加前缀。

StatName 使用上面介绍的压缩及存储方式来描述 A.B.C.D 形式的观测数据标记，但 StatName 对象并没有携带观测数据值。因此需要使用 ThreadLocalStoreImpl::ScopeImpl::counterFromStatNameWithTags 方法，根据 StatName 创建用于保存可变观测数据值的 Counter 对象。相关代码如下：

```
Counter& ThreadLocalStoreImpl::ScopeImpl::counterFromStatNameWithTags(const StatName& name, ……) {
    TagUtility::TagStatNameJoiner joiner(prefix_.statName(), name,
stat_name_tags, symbolTable()); # 实际调用SymbolTableImpl::join进行StatName拼接
    ……
    TlsCacheEntry& entry = parent_.tlsCache().insertScope(this->scope_id_);
```

```
        tls_cache = &entry.counters_;
    ......
    return safeMakeStat<Counter>( # 对每个唯一的 StatName 创建 Counter 对象来保存数据值
        final_stat_name,......,
        [](Allocator& allocator, StatName name, StatName tag_extracted_name,
            const StatNameTagVector& tags) -> CounterSharedPtr {
          return allocator.makeCounter(name, tag_extracted_name, tags);
        },
        tls_cache, ......);
```

TlsCache 第一级为 Scope，通过 this->scope_id_ 获取。每个 Scope 所属的 TlsCacheEntry 项可包含多个 Counter、Gauge、Histogram 观测数据，如在 Counter 映射表中，每个 Counter 具有唯一的完整 StatName 来标识 final_stat_name。

遥测变量 Counter、Gauge、Histogram 的创建过程如图 25-26 所示。

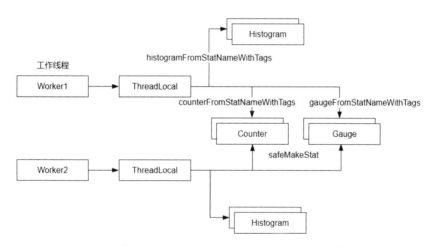

图 25-26　遥测变量 Counter、Gauge、Histogram 的创建过程

创建 Counter 观测数据的 safeMakeStat<Counter>模板方法在传入的 tls_cache 中查找是否已存在 full_stat_name，如果没有，则调用回调方法创建新的 Counter 观测值并将其保存到 tls_cache 中：

```
StatType& ThreadLocalStoreImpl::ScopeImpl::safeMakeStat(StatName
full_stat_name,...
    MakeStatFn<StatType> make_stat, StatRefMap<StatType>* tls_cache,......) {
    ......
    RefcountPtr<StatType> stat = make_stat( # 在回调方法内创建 Counter 对象
        parent_.alloc_, full_stat_name, ......);
    ......
```

```
        tls_cache->insert(std::make_pair(ret.statName(),
std::reference_wrapper<StatType>(ret))); # 保存到当前 Scope 下的 Counter 中
```

在回调方法中执行 AllocatorImpl::makeCounter 方法创建 Counter 对象,其调用 AllocatorImpl::makeCounterInternal 方法创建 CounterImpl 实例:

```
Counter* AllocatorImpl::makeCounterInternal(StatName name, StatName
tag_extracted_name,……) {
  return new CounterImpl(name, *this, tag_extracted_name, stat_name_tags);
```

CounterImpl 的父类 StatsSharedImpl<Counter>负责对 StatName 进行引用计数的安全访问,实现方式为在 StatsSharedImpl 的父类 MetricImpl<BaseClass>构造方法中初始化 MetricHelper 对象 helper_:

```
MetricImpl(StatName name, StatName tag_extracted_name, const StatNameTagVector&
stat_name_tags, SymbolTable& symbol_table)
    : helper_(name, tag_extracted_name, stat_name_tags, symbol_table) {}
```

MetricHelper 构造方法位于 common/stats/metric_impl.cc 中,该构造方法将传入的 StatName 及其他 Tag 信息保存到临时数组中:

```
MetricHelper::MetricHelper(StatName name, StatName tag_extracted_name,……) {
  ……
  absl::FixedArray<StatName> names(num_names); # 创建临时数组
  names[0] = name; # 保存 StatName
  ……
  symbol_table.populateList(names.begin(), num_names, stat_names_);
```

然后 MetricHelper 构造方法执行 SymbolTableImpl::populateList 方法,将传入的临时数组中的 name、tag_extracted_name 等 StatName 类型对象通过 incRefCount 方法增加引用计数,以此保证 Counter 对象对 StatName 对象的安全访问:

```
void SymbolTableImpl::populateList(const StatName* names, uint32_t num_names,
StatNameList& list) {
  ……
  for (uint32_t i = 0; i < num_names; ++i) {
    ……
    incRefCount(stat_name); # 增加 StatName 引用计数,保证安全访问
```

CounterImpl 对象内部保存原子变量 value_,用来记录当前观测值,并提供 inc、add 等方法对观测值进行修改:

```
class CounterImpl : public StatsSharedImpl<Counter> {
  ……
```

```
void add(uint64_t amount) override {……}
void inc() override { add(1); }
std::atomic<uint64_t> value_{0};  # 当前原子变量观测值
```

在 AllocatorImpl 分配器中创建的 Counter 和 Gauge 可被多线程共享，并通过原子变量解决线程冲突问题。而 Histogram 为时间序列数据，无法通过简单的原子变量表示。需要将创建得到的 ParentHistogramImpl 对象添加到 histogram_set_ 列表中，相关代码如下：

```
Histogram& ThreadLocalStoreImpl::ScopeImpl::
histogramFromStatNameWithTags(const StatName& name, ……) {
    ……
    stat = new ParentHistogramImpl(final_stat_name, unit, parent_,
    if (!parent_.shutting_down_) {
      parent_.histogram_set_.insert(stat.get());
      # 使得当前的 Histogram 可以被 ThreadLocalStoreImpl::histograms 返回
    ……
```

创建 Histogram 观测数据的 histogramFromStatNameWithTags 方法与前面的 Counter 类似，但没有采用相似的 makeSafeStat 调用，取而代之的是需要创建 ParentHistogramImpl 实例。ParentHistogramImpl 构造方法将传入的 ThreadLocalStoreImpl 类型变量 parent_ 保存为线程局部存储器 thread_local_store_。

当 Histogram 观测值写入观测数据时，将调用 ParentHistogramImpl::recordValue 方法：

```
void ParentHistogramImpl::recordValue(uint64_t value) {
  Histogram& tls_histogram = thread_local_store_.tlsHistogram(*this, id_);
  tls_histogram.recordValue(value);
  ……
```

recordValue 方法首先调用 ThreadLocalStoreImpl::tlsHistogram 方法来创建属于当前线程的 ThreadLocalHistogramImpl 对象。然后调用 ThreadLocalHistogramImpl::recordValue 方法来保存记录值。相关代码如下：

```
Histogram& ThreadLocalStoreImpl::tlsHistogram(ParentHistogramImpl& parent,
uint64_t id) {
    ……
    new ThreadLocalHistogramImpl(parent.statName(), parent.unit(),
tag_helper.tagExtractedName(),……);  # 每个工作线程各自的 Histogram 对象
```

另外，ThreadLocalHistogramImpl::recordValue 方法在保存观测数据时使用了 A/B 表技术，通过 current_active_ 标志进行切换，这样当主线程收集每个线程的 Histogram 数据时，每个线程的 current_active_ 将切换到另一张表，这样做将不阻塞当前工作线程的观测数据写入操作，从而减少了主线程与工作线程之间的锁等待。相关代码如下：

```
void ThreadLocalHistogramImpl::recordValue(uint64_t value) {
  ......
  hist_insert_intscale(histograms_[current_active_], value, 0, 1);
```

25.8.2 收集 Stats 观测数据

Counter、Gauge 类型的观测数据值是线程安全的，因此可以直接通过 value 方法返回，而 Histogram 类型的观测数据为时间序列，分别保存于不同的线程内，当需要汇总时，由主线程定期向各个工作线程轮询收集并合并。收集 Stats 观测数据的流程如图 25-27 所示。

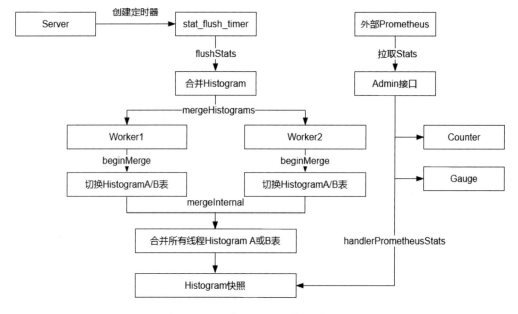

图 25-27　收集 Stats 观测数据的流程

在 Envoy 进程主线程初始化时创建定时器 stat_flush_timer_，并定期触发 flushStats 方法：

```
    stat_flush_timer_ = dispatcher_->createTimer([this]() -> void
{ flushStats(); });
```

InstanceImpl::flushStats 方法执行 ThreadLocalStoreImpl::mergeHistograms 方法，该方法将一个回调任务发送给所有线程的 Dispatcher：

```
void ThreadLocalStoreImpl::mergeHistograms(PostMergeCb merge_complete_cb) {
  ......
    tls_cache_->runOnAllThreads(
      ......
```

```
            tls_hist->beginMerge(); # 每个线程都切换 A/B 表
       ……
       [this, merge_complete_cb]() -> void
{ mergeInternal(merge_complete_cb); }); # 所有线程完成后主方法回调
```

对于每个线程，在回调方法对象中首先使用 beginMerge 方法切换到上面介绍的 Histogram A/B 表中的一个，在所有线程都切换完毕后，主线程可以安全地调用 mergeInternal 方法对所有线程的非活动 Histogram 表数据进行合并：

```
void ThreadLocalStoreImpl::mergeInternal(PostMergeCb merge_complete_cb) {
   ……
   for (const ParentHistogramSharedPtr& histogram : histograms()) {
      histogram->merge();
```

merge 方法调用第三方库 com_github_circonus_labs_libcircllhist 中的 hist_accumulate 方法进行 Histogram 数据处理。

当 Admin 15090 端口拉取 Stats 时，将触发 StatsHandler::handlerPrometheusStats 方法，代码位于 server/admin/stats_handler.cc：

```
   Http::Code StatsHandler::handlerPrometheusStats(absl::string_view
path_and_query,…) {
      ……
      PrometheusStatsFormatter::statsAsPrometheus(server_.stats().counters(),
server_.stats().gauges(), server_.stats().histograms(), response, used_only,
```

PrometheusStatsFormatter::statsAsPrometheus 方法将当前的 Counter、Gauge、Histogram 分别格式化后返回，histograms 方法返回 histogram_set_ 列表项：

```
   std::vector<ParentHistogramSharedPtr> ThreadLocalStoreImpl::histograms() const {
      ……
      for (const auto& histogram_ptr : histogram_set_) {
        ret.emplace_back(histogram_ptr);
```

25.8.3　定义静态指标

Envoy 进程除了在运行时创建 Counter、Gauge、Histogram 指标，如在 metadata_exchange 阶段交换调用双方身份的同时创建基于请求的 Stats；还在 Envoy 进程启动时定义了一些模块级别的 Stats 观测数据，如连接管理器 ConnectionManagerImpl 中的 ConnectionManagerImpl::generateStats 方法定义了 downstream_cx_delayed_close_timeout、downstream_cx_destroy、downstream_cx_active、downstream_cx_length_ms 等 Counter、

Gauge、Histogram 观测数据。其他模块定义观测数据的方法类似。相关代码如下：

```
ConnectionManagerStats ConnectionManagerImpl::generateStats(const
std::string& prefix,…) {
  return ConnectionManagerStats(
      {ALL_HTTP_CONN_MAN_STATS(POOL_COUNTER_PREFIX(scope, prefix),
POOL_GAUGE_PREFIX(scope, prefix), POOL_HISTOGRAM_PREFIX(scope, prefix))},
      prefix, scope);
```

ALL_HTTP_CONN_MAN_STATS 宏在最外层，可以看作声明添加的 Stats 列表项，列表内观测数据按 COUNTER、GAUGE、HISTOGRAM 进行声明：

```
#define ALL_HTTP_CONN_MAN_STATS(COUNTER, GAUGE, HISTOGRAM) \
  COUNTER(downstream_cx_delayed_close_timeout) \
  COUNTER(downstream_cx_destroy) \
  ……
  GAUGE(downstream_cx_active, Accumulate)      \
  GAUGE(downstream_cx_http1_active, Accumulate) \
  ……
  HISTOGRAM(downstream_cx_length_ms, Milliseconds)  \
  HISTOGRAM(downstream_rq_time, Milliseconds)       \
```

以 downstream_cx_delayed_close_timeout 观测指标为例，在这里被定义为 COUNTER 类型，此 COUNTER 观测指标为外层第一个参数传入的宏，并对应 POOL_COUNTER_PREFIX(scope, prefix)宏：

```
#define POOL_COUNTER_PREFIX(POOL, PREFIX)
(POOL).counterFromString(Envoy::statPrefixJoin(PREFIX, FINISH_STAT_DECL_
```

POOL_COUNTER_PREFIX 宏将调用 counterFromString 方法来创建 Counter 对象，其形参 POOL、PREFIX 分别对应 ConnectionManagerImpl::generateStats 方法指定的实参 scope、prefix。那么 downstream_cx_delayed_close_timeout 是何时被实现的呢？其是在 POOL_COUNTER_PREFIX 宏定义的最后一个内层宏定义 FINISH_STAT_DECL_中被实现的：

```
#define FINISH_STAT_DECL_(X) #X)),
```

上面的 X 将被替换为 downstream_cx_delayed_close_timeout 观测指标，且作为 statPrefixJoin 方法中的 StatName 标识项的左侧拼接部分。对于 GAUGE 类型指标，如 downstream_cx_active 观测指标，在 POOL_GAUGE_PREFIX 宏最后将采用 FINISH_STAT_DECL_MODE_ 进行宏替换：

```
#define FINISH_STAT_DECL_MODE_(X, MODE) #X),
Envoy::Stats::Gauge::ImportMode::MODE),
```

此处替换结果为：

```
"downstream_cx_active"), Envoy::Stats::Gauge::ImportMode::Accumulate),
```

25.9 WASM 扩展

在第 26 章 Istio-proxy 源码的介绍中，将涉及 metadata_exchange 及 Stats 扩展，它们都是作为 L7 WASM 过滤器的扩展使用的，下面我们来了解下 WASM 的主要工作流程。

25.9.1 WASM 虚拟机的启动

图 25-28 展示了 WASM 过滤器处理流程，分为 Envoy 进程中的 WASM 过滤器及 Istio-proxy 中的扩展虚拟机对象 VmPlugin，WASM 过滤器部分下层使用了 WASM host 库提供的虚拟机创建及访问 Context 的能力，VmPlugin 部分下层使用了 WASM SDK 库（其他语言使用各自框架），对用户自定义扩展代码提供创建并访问 Context 的能力。Envoy 进程与 Istio-proxy 之间通过 WASM 过滤器创建 VmPlugin 对象生成的导入和导出方法进行相互调用。

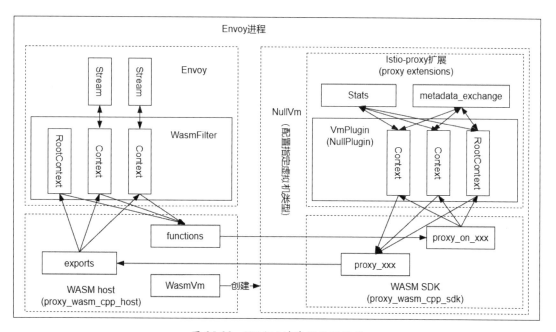

图 25-28 WASM 过滤器处理流程

第 25 章　Envoy 源码解析

我们还是以 L7 WASM Stats 扩展为例，典型配置如下：

```
        "filters": [
         {
          "name": "envoy.filters.network:http_connection_manager",
          "typed_config": {
           "@type": "type.googleapis.com/envoy.extensions.filters.
network.http_connection_manager.v3.HttpConnectionManager",
           ……
           "http_filters": [
            ……
            {
             "name": "istio.stats",
             "typed_config": {
              "@type": "type.googleapis.com/udpa.type.v1.TypedStruct",
              "type_url": "type.googleapis.com/envoy.extensions.filters.
http.wasm.v3.Wasm",
              "value": {
               "config": {
                "root_id": "stats_outbound",
                # 在 stats 子扩展下继续分不同的 RootContext 类型
                "vm_config": {
                 "vm_id": "stats_outbound", # 用于复用同类型 WASM 过滤器
                 "runtime": "envoy.wasm.runtime.null", # 指明使用 NullVm
                 "code": {
                  "local": { # 是否需要远程加载
                   "inline_string": "envoy.wasm.stats" # 指明使用 stats 子扩展类型
                  }
                 }
                },
                ……
```

在上面的配置中，L7 Stats 扩展 istio.stats 通过 type_url 指明其采用 envoy.extensions.filters.http.wasm.v3.Wasm 作为外层 L7 过滤器，用于配置内部的 value 域中的 config 项，对每个具体的子功能扩展进行配置，过滤器代码流程如下。

L7 WASM 过滤器工厂方法位于 source/extensions/filters/http/wasm/config.cc 中：

```
Http::FilterFactoryCb WasmFilterConfig::createFilterFactoryFromProtoTyped(…) {
  ……
  auto filter_config = std::make_shared<FilterConfig>(proto_config, context);
  return [filter_config](Http::FilterChainFactoryCallbacks& callbacks) -> void {
    auto filter = filter_config->createFilter();
```

```
    if (!filter) { // 过滤器创建失败
      return;
    }
    callbacks.addStreamFilter(filter); # 将外层WASM过滤器添加到L7过滤器列表
    callbacks.addAccessLogHandler(filter); # 前面介绍过,同时将自己注册为logHandler
```

HttpConnectionManagerConfig 构造方法执行 HttpConnectionManagerConfig::processFilter 方法来配置 L7 过滤器，该方法调用每个过滤器自己的 createFilterFactoryFromProtoTyped 工厂方法。对于 L7 WASM 过滤器，将创建 FilterConfig 对象并传入子扩展的配置：

```
    FilterConfig::FilterConfig(const
envoy::extensions::filters::http::wasm::v3::Wasm& config,……)
        : tls_slot_(ThreadLocal::TypedSlot<Common::Wasm::
PluginHandleSharedPtrThreadLocal>::makeUnique(……) {
      const auto plugin = std::make_shared<Common::Wasm::Plugin>(config.config()…);
      auto callback = [plugin, this](const Common::Wasm::WasmHandleSharedPtr&
base_wasm) {
        ……
        tls_slot_->set([base_wasm, plugin](Event::Dispatcher& dispatcher) {
          return std::make_shared<PluginHandleSharedPtrThreadLocal>(
            Common::Wasm::getOrCreateThreadLocalPlugin(base_wasm, plugin,
dispatcher)); # 每个线程创建子WASM对象
        });
      };

      if (!Common::Wasm::createWasm(plugin, ……,
                          std::move(callback))) { # 主线程创建父类的WASM对象
```

Common::Wasm::Plugin 构造方法位于 extensions/common/wasm/plugin.h 中，其调用父类 proxy_wasm::PluginBase 的构造方法，该父类构造方法位于 WASM host 库中，代码位于 $bazel_execution_root/../../external/proxy_wasm_cpp_host/incl ude/proxy-wasm/context.h 中。注意，bazel_execution_root 的相对路径位置可以通过执行以下命令得到：

```
    # bazel info execution_root
    ……
    /root/mnt/bazel_cache/_bazel_root/4bbf12dd9704daada50e2c011aa5e2df/execroot/
io_istio_proxy
    # 本例中WASM host库代码目录位于/root/mnt/bazel_cache/_bazel_root/
4bbf12dd9704daada50e2c011aa5e2df/external/proxy_wasm_cpp_host/
    # 相应地,后面提到的WASM SDK代码目录位于/root/mnt/bazel_cache/_bazel_root/
4bbf12dd9704daada50e2c011aa5e2df/external/proxy_wasm_cpp_sdk
```

PluginBase::PluginBase 构造方法保存配置的 name_、root_id_、vm_id_、runtime_等变量，并为创建运行时实例 NullPlugin 做准备：

```
    PluginBase(std::string_view name, std::string_view root_id, std::string_view
vm_id,……)
        : name_(std::string(name)), root_id_(std::string(root_id)),
vm_id_(std::string(vm_id)),……
```

后来，在 WASM host 库内，NullPlugin 在创建用户扩展 Context 对象时，首先获取该配置的 root_id_。

createWasm 方法位于 source/extensions/common/wasm/wasm.cc 中，负责 WASM 虚拟机的调用环境准备工作：

```
bool createWasm(const PluginSharedPtr& plugin, const Stats::ScopeSharedPtr&
scope,……) {
  ……
  if (vm_config.code().has_remote()) { # 判断是否需要远程加载，本例中为 local
  ……
  }
  auto vm_key = proxy_wasm::makeVmKey(vm_config.vm_id(),……);
  auto complete_cb = [cb, vm_key, plugin,……](std::string code) -> bool {
    ……
    auto wasm = proxy_wasm::createWasm( # 调用 WASM host 库创建 WASM 实例
      vm_key, code, plugin,……
      getWasmHandleFactory(config, ……),  # 获取通过传入 config 创建的根 WASM 工厂
      getWasmHandleCloneFactory(……));    # 获取通过传入父 WASM 创建的工作者 WASM 工厂
    ……
    cb(std::static_pointer_cast<WasmHandle>(wasm));
    # 在 FilterConfig 构造方法中执行回调方法来创建每个线程的本地过滤器实例
    ……
    return complete_cb(code); # 执行前面的 complete_cb
```

以上代码在创建 WASM 回调方法 callback 后执行 Common::Wasm::createWasm 方法，createWasm 方法检查 WASM 配置中是否配置了需要远程加载的虚拟机代码，如果配置了，则创建远程加载器 RemoteDataFetcherAdapter 进行远程加载。本例配置中的 null 虚拟机使用 C++代码及静态链接方式开发，因此不需要前面这个过程。接下来 createWasm 方法将根据每个配置中传入的 vm_id、configuration 及 code 参数，通过 proxy_wasm::makeVmKey 方法计算生成 vm_key，将其作为不同虚拟机运行时实例的索引：

```cpp
std::string makeVmKey(std::string_view vm_id, std::string_view vm_configuration, ……) {
    return BytesToHex(Sha256({vm_id, vm_configuration, code}));
```

createWasm 方法处理完成前，将通过 complete_cb 回调本地方法，在该本地方法中将调用 WASM host 库中的 proxy_wasm::createWasm 方法来创建每个虚拟机的根 WASM 对象，代码位于 proxy_wasm_cpp_host/src/wasm.cc 中：

```cpp
std::unordered_map<std::string, std::weak_ptr<WasmHandleBase>> *base_wasms = nullptr;
……
std::shared_ptr<WasmHandleBase> createWasm(std::string vm_key, std::string code,……) {
    ……
    wasm_handle = factory(vm_key); # 创建根 WasmVm 实例，本例中为 null 运行时
    ……
    (*base_wasms)[vm_key] = wasm_handle; # 保存 vm_key 与运行时实例的关系
    if (!wasm_handle->wasm()->load(code, allow_precompiled)){
    # 创建 null 运行时及其下的 Stats 扩展
    ……
    if (!wasm_handle->wasm()->initialize()) {
    ……
    auto configuration_canary_handle = clone_factory(wasm_handle);
    ……
    if (!configuration_canary_handle->wasm()->initialize()) {
    ……
    auto root_context = configuration_canary_handle->wasm()->start(plugin);
    ……
    if (!configuration_canary_handle->wasm()->configure(root_context, plugin)) {
    ……
    configuration_canary_handle->kill();
```

WASM host 库中包含全局 base_wasms 对象，并保存了 vm_key 类型与根实例的映射关系，如果 vm_key 类型已经存在，则返回根实例，否则调用 getWasmHandleFactory 方法创建根实例，然后将其保存到 base_wasms 中：

```cpp
static proxy_wasm::WasmHandleFactory
getWasmHandleFactory(WasmConfig& wasm_config, const Stats::ScopeSharedPtr& scope,……) {
    return [&wasm_config,……] -> WasmHandleBaseSharedPtr {
        auto wasm = std::make_shared<Wasm>(wasm_config, toAbslStringView(vm_key), scope,……);
        ……
```

```
        return std::static_pointer_cast<WasmHandleBase>(std::make_
shared<WasmHandle>(std::move(wasm)));
```

getWasmHandleFactory 方法返回创建 WASM 对象的工厂方法,并返回 WasmHandle 对象包装,代码位于 Envoy 的 extensions/common/wasm/wasm.cc 中:

```
Wasm::Wasm(WasmConfig& config, absl::string_view vm_key, const
Stats::ScopeSharedPtr& scope,……)
    : WasmBase(createWasmVm(config.config().vm_config().runtime()),
config.config().vm_config().vm_id(),……
```

Wasm 类型构造方法调用父类 WasmBase 构造方法,其位于 WASM host 库的 proxy_wasm_cpp_host/src/ wasm.cc 中。该构造方法的第一个参数为由 createWasmVm 方法创建的 WasmVm 实例:

```
WasmVmPtr createWasmVm(absl::string_view runtime) {
  ……
  auto runtime_factory = Registry::FactoryRegistry<WasmRuntimeFactory>::
getFactory(runtime);
  ……
  auto wasm = runtime_factory->createWasmVm();
  wasm->integration() = std::make_unique<EnvoyWasmVmIntegration>();
```

该方法依赖配置的 runtime 属性,本例中为 envoy.wasm.runtime.null。getFactory 方法从全局可用运行时列表中根据 runtime 配置找到运行时创建工厂,并调用该工厂实例的 createWasmVm 方法来创建虚拟机对象,null 虚拟机对象的创建代码位于 extensions/wasm_runtime/null/config.cc 中。相关代码如下:

```
class NullRuntimeFactory : public WasmRuntimeFactory {
public:
  WasmVmPtr createWasmVm() override { return proxy_wasm::createNullVm(); }
  absl::string_view name() override { return "envoy.wasm.runtime.null"; }
  # 匹配 runtime 类型
};

REGISTER_FACTORY(NullRuntimeFactory, WasmRuntimeFactory); # 注册 null 运行时
```

从上面的代码可以看出,NullRuntimeFactory 将 envoy.wasm.runtime.null 作为运行时类型注册到全局可用运行时列表中,通过全局静态初始化宏 REGISTER_FACTORY 将 null 运行时的创建工厂类 NullRuntimeFactory 关联到基本运行时工厂 WasmRuntimeFactory,过程类似于前面 L4/L7 过滤器的注册。除了 null 运行时,Envoy 还支持 Wamr、Wasmtime、Wavm、V8 等几种流行的运行时。通过 name 匹配后,createWasmVm 方法将调用

proxy_wasm::createNullVm 方法进入 WASM host 库，并继续创建 null 虚拟机对象：

```
std::unique_ptr<WasmVm> createNullVm() { return std::make_unique<NullVm>(); }
```

createNullVm 方法创建并返回 WASM host 库中创建的 NullVm 类型实例，代码位于 proxy_wasm_cpp_host/include/proxy-wasm/null_vm.h 中。NullVm 基类 WasmVm 提供了 WASM 访问接口：

```
struct NullVm : public WasmVm {
  NullVm() : WasmVm() {}
```

在 WasmVm 的父类 WasmBase 构造方法中，保存了已创建的 null 运行时的 WasmVm、vm_id、vm_key 等参数。

wasm_handle->wasm()->load 方法调用 WasmBase::load 方法，处理针对不同运行时的字节码预处理及加载逻辑。null 运行时直接通过 C++编译进 Envoy 二进制文件中，不需要考虑异构虚拟机系统的代码转换问题。相关代码如下：

```
bool WasmBase::load(const std::string &code, bool allow_precompiled) {
  ……
  if (wasm_vm_->runtime() == "null") { # 判断运行时类型
    auto ok = wasm_vm_->load(code, {}, {});
    # null 运行时加载，对于 Stats 扩展，其中 code 为 envoy.wasm.stats
    ……
    abi_version_ = AbiVersion::ProxyWasm_0_2_1; # 设置虚拟机接口方法版本
    return true;
  }
  ……
  auto ok = wasm_vm_->load(stripped, precompiled, function_names_);
  # 其他非 null 运行时的加载处理
```

NullVm::load 方法负责对 null 运行时对应的扩展 Plugin 进行查找，这些 Plugin 位于 Istio-proxy 中，如 Stats、metadata_exchange 等：

```
    std::unordered_map<std::string, NullVmPluginFactory>
*null_vm_plugin_factories_ = nullptr;

    RegisterNullVmPluginFactory::RegisterNullVmPluginFactory(std::string_view
name, NullVmPluginFactory factory) {
      if (!null_vm_plugin_factories_)
        null_vm_plugin_factories_ =
            new std::remove_reference<decltype(*null_vm_plugin_factories_)>::type;
      (*null_vm_plugin_factories_)[std::string(name)] = factory;
```

```
}
……
bool NullVm::load(std::string_view name, std::string_view,……) {
……
  auto factory = (*null_vm_plugin_factories_)[std::string(name)];
  # 根据code匹配全局静态运行时工厂
  plugin_name_ = name;
  plugin_ = factory(); # 根据null运行时下的扩展工厂创建Stats扩展对象
```

可以看出 RegisterNullVmPluginFactory 构造方法将指定的扩展类型及对应的扩展工厂方法保存到全局映射 null_vm_plugin_factories_ 中。如 Stats 扩展，其注册代码位于 Istio-proxyextensions/stats/plugin.cc 中。相关代码如下：

```
RegisterNullVmPluginFactory register_stats_filter("envoy.wasm.stats", []() {
  return std::make_unique<NullPlugin>(context_registry_);
});
```

Stats 扩展声明全局变量 register_stats_filter，其 name 为 envoy.wasm.stats：

```
"code": {
 "local": {
  "inline_string": "envoy.wasm.stats"
```

至此，已经创建的 WASM 内对象关系为 wasm(vm_key)→wasm_vm(null 运行时)→plugin(Stats 扩展)。在以上 WASM 对象创建完成后，WASM host 库内的 proxy_wasm::createWasm 方法执行 WasmBase::initialize 方法进行初始化：

```
bool WasmBase::initialize() {
   ……
   registerCallbacks();
   if (!wasm_vm_->link(vm_id_)) {
   ……
   vm_context_.reset(createVmContext());
   getFunctions();
   ……
   startVm(vm_context_.get());
```

initialize 方法负责虚拟机运行时的初始化，除了 null 运行时为原生 C++链接，其他运行时如 V8 等，虚拟机内加载的字节码方法无法被 Envoy 进程直接访问，因此需要通知虚拟机运行时暴露那些可被访问的 C 方法接口。反过来，虚拟机运行时同样需要访问 Envoy 进程内的非实例化方法，这是通过 WASM host 库中的 export 导出方法实现的。虚拟机初始化时按照依赖顺序应先调用 registerCallbacks 方法暴露导出方法 export 给虚拟机运行时，这是因为 Envoy 环境一定先于 WASM 准备好，然后调用运行时提供的 link 方法进行内联，最后通过 getFunctions 方法将运行时中的方法导出给 Envoy 进程调用，这类方法一般名为 on*XXX* 方法。

WasmBase::registerCallbacks 方法负责将 Envoy 中的 C 方法提供给目标虚拟机运行时使用：

```
void WasmBase::registerCallbacks() {
#define _REGISTER(_fn)                \
  wasm_vm_->registerCallback(……)
  _REGISTER(pthread_equal);       # 将原始 pthread_equal 提供给虚拟机
  ……
#define _REGISTER_PROXY(_fn) _REGISTER("env", "proxy_", , _fn)
  # 注册 proxy_ 方法
  FOR_ALL_HOST_FUNCTIONS(_REGISTER_PROXY); # 注册所有 ABI 版本无变化方法
  ……
  } else if (abiVersion() == AbiVersion::ProxyWasm_0_2_1) {
    # 根据运行时支持的不同版本注册兼容的 Envoy export 方法
    _REGISTER_PROXY(continue_stream);
    _REGISTER_PROXY(close_stream);
    _REGISTER_PROXY(get_log_level);
```

该方法中声明了多种 _REGISTER、_REGISTER_PROXY 宏。其中 _REGISTER 宏为基本宏，用于调用虚拟机运行时 registerCallback 方法来注册指定方法名与方法实现指针。_REGISTER_PROXY 宏负责给目标方法添加前缀 proxy_。FOR_ALL_HOST_FUNCTIONS 宏用于指定需要注册的方法列表，配合 _REGISTER_PROXY 宏将每个导出方法添加前缀后注册到虚拟机运行时，代码位于 include/proxy-wasm/exports.h 中。相关代码如下：

```
#define FOR_ALL_HOST_FUNCTIONS(_f)                                          \
  _f(log) _f(get_status) _f(set_property) _f(get_property)
_f(send_local_response)
        _f(get_shared_data) _f(set_shared_data) _f(register_shared_queue)
_f(resolve_shared_queue) ……
```

然后处理与不同运行时 ABI 接口版本兼容性相关的 Envoy 导出方法。

由于 null 虚拟机运行时的特殊性，其实现也为 C++ 对象，并可以直接调用 Envoy 进程内的方法，因此实际上 registerCallback 方法为空实现：

```
void registerCallback(std::string_view, std::string_view, _T,……) override{};
# 空实现
```

对于其他运行时，如 V8 等，则需要调用相应的运行时实现，如在 V8::registerHostFunctionImpl

方法内需要执行 wasm::Func::make，并对 C++引入的方法进行内联：

```
    void registerCallback(std::string_view module_name, std::string_view
function_name, T,……) override {
    registerHostFunctionImpl(module_name, function_name, f);    # V8 内联
```

Envoy 完成导入虚拟机运行时后，调用 link 方法进行虚拟机内联，对于 null 虚拟机将总返回 true：

```
    bool NullVm::link(std::string_view /* name */) { return true; }
```

createVmContext 方法创建仅供虚拟机使用的上下文，并将其保存到 WasmBase contexts_ 中，可被 vm_context_ 引用：

```
    virtual ContextBase *createVmContext() { return new ContextBase(this); }
```

ContextBase::ContextBase 单入参版本构造方法将 vm_context 保存到 WasmBase 对象 contexts_ 列表中 id_==0 的位置。此 vm_context 对应 Istio-proxy 扩展中的 RootContext，负责保存当前扩展的全局配置信息。而每当处理应用请求时，将使用 Istio-proxy 扩展内的 Context 对象，这些 Context 对象类型与虚拟机中的 Context 类型不同，且其构造方法中的 id_ 需要调用 allocContextId 方法进行自增处理。

getFunctions 类似于前面的 registerCallbacks 方法，但作用是反方向的，是将准备好的虚拟机运行时内的方法导出到 WASM host 方法对象中，可被 Envoy 模块使用：

```
    void WasmBase::getFunctions() {
    #define _GET_PROXY(_fn)                                                \
      if (capabilityAllowed("proxy_" #_fn))                                \
        wasm_vm_->getFunction("proxy_" #_fn, &_fn##_);                     \
      } else                                                               \
        _fn##_ = nullptr;                                                  \
      }
      FOR_ALL_MODULE_FUNCTIONS(_GET_PROXY);
      ……
      } else if (abiVersion() == AbiVersion::ProxyWasm_0_2_0 ||  # 判断 ABI 版本
                 abiVersion() == AbiVersion::ProxyWasm_0_2_1) {
        _GET_PROXY_ABI(on_request_headers, _abi_02);
```

null 运行时的 getFunction 方法为 NullVm::getFunction，位于 include/proxy-wasm/null_vm.h 中，其直接调用扩展对象 Plugin 的 getFunction 方法，根据名称返回方法指针：

```
    void getFunction(std::string_view function_name, _T *f) override {
      plugin_->getFunction(function_name, f);
```

子扩展的 getFunction 方法位于 src/null/null_plugin.cc 中，支持同名参数不同参数个数的多个版本：

```
void NullPlugin::getFunction(std::string_view function_name, WasmCallVoid<0>
*f)...... # 方法对象参数个数为 0
......
void NullPlugin::getFunction(std::string_view function_name, WasmCallVoid<1>
*f) {...... # 方法对象参数个数为 1
  auto plugin = this;
  if (function_name == "proxy_on_tick") {
    *f = [plugin](ContextBase *context, Word context_id) {
    # 记录方法名称 proxy_on_tick 对应的方法对象
      SaveRestoreContext saved_context(context);
      # 方法被调用时传入当前上下文及目标上下文 context_id，保存当前上下文
      plugin->onTick(context_id);
      # 执行扩展代码框架 null 运行时中的 NullPlugin::onTick 方法
    };
```

举例来说，当 WASM host 库执行虚拟机运行时内提供的方法 proxy_on_tick 时，getFunction 将根据方法名称进行匹配，并将返回的方法对象保存到 on_tick_ 变量中：

```
WasmCallVoid<1> on_tick_;
```

当 Envoy 模块调用 ContextBase::onTick 方法时，将判断方法对象是否存在，如果存在则调用：

```
void ContextBase::onTick(uint32_t) {
    ......
    wasm_->on_tick_(this, id_); # 调用虚拟机运行时提供的回调方法
```

根据前面方法包装中的 plugin->onTick 方法指针访问运行时扩展框架的方法 NullPlugin::onTick：

```
void NullPlugin::onTick(uint64_t root_context_id) {
  ......
  getRootContext(root_context_id)->onTick();
```

调用 Istio-proxy 扩展时首先根据传入的目标上下文 root_context_id 获取用户上下文，如 Stats 扩展内创建的上下文 Context。注意，这里扩展内的上下文 Context 与前面 WASM 内的 Context 是不同的。然后调用 onTick 方法，这样将调用 Istio-proxy 内 Stats 扩展的方法 onTick，其位于 extensions/stats/plugin.cc 中：

```
void PluginRootContext::onTick() {
  ......
```

总的来说，虽然 Envoy 模块内的 WASM Context 与 Istio-proxy 内看到的 Context 是不同的对象，但它们在 WASM host 库、WASM SDK 库内有唯一对应关系。

回到 WasmBase::initialize 方法，其最后一步执行 startVm 方法启动虚拟机。对于 null 运行时来说，运行指令对应工作线程，由于工作线程已经处于运行状态，无须特别的启动步骤，因此没有提供 null 运行时中的_initialize_及_start_实现。相关代码如下：

```
void WasmBase::startVm(ContextBase *root_context) {
  if (_initialize_) {
    ……
    _initialize_(root_context);
  ……
  } else if (_start_) {
    ……
    _start_(root_context);
```

到这里，完成了虚拟机运行时的启动。

25.9.2　WASM 虚拟机的运行

在 createWasm 方法中，调用 clone_factory 方法创建了用于 WASM 配置可用性校验的 configuration_canary_handle 对象。其创建流程与工作线程内 WASM 对象的创建流程一致，配置校验对象主要用于在 WASM 过滤器启动阶段验证虚拟机运行时是否可以正常运行，进行初始化并启动。启动校验步骤都执行完毕后将调用 kill 方法来关闭此 WASM 对象。

clone_factory 变量中保存了 getWasmHandleCloneFactory 方法，将刚创建的 WASM 运行时对象作为父对象传入 createWasm 方法，接下来创建每个工作线程内的 WASM 对象：

```
static proxy_wasm::WasmHandleCloneFactory
getWasmHandleCloneFactory(Event::Dispatcher& dispatcher,……) {
  return [&dispatcher,……]( WasmHandleBaseSharedPtr base_wasm) -> std::shared_ptr<WasmHandleBase> {
    auto wasm = std::make_shared<Wasm>(std::static_pointer_cast<WasmHandle>(base_wasm), dispatcher);
  ……
```

与前面创建根 WASM 工厂不同的是，这里的 base_wasm 传入了 WASM 对象作为新克隆 WASM 对象的父对象。然后 WASM 工厂调用参数为 WasmHandle 版本的 Wasm 构造方法：

```
Wasm::Wasm(WasmHandleSharedPtr base_wasm_handle, Event::Dispatcher&
```

```
dispatcher)
    : WasmBase(base_wasm_handle,
             [&base_wasm_handle]() {
                 return createWasmVm(absl::StrCat(
                     "envoy.wasm.runtime.",
toAbslStringView(base_wasm_handle->wasm()->wasm_vm()->runtime())));
```

在这个版本 Wasm 构造方法中，将 envoy.wasm.runtime. 与父 WASM 对象的运行时名称拼接后生成的新名称传入 createWasmVm 方法，本例中 null 虚拟机克隆运行时 runtime 的名称 envoy.wasm.runtime.null 与根 null 虚拟机的一致，因此也匹配到 NullRuntimeFactory 工厂，工厂实例将执行 proxy_wasm::createNullVm 方法来创建并返回新的 NullVm 对象。相关代码如下：

```
WasmVmPtr createWasmVm(absl::string_view runtime) {
    ……
    auto runtime_factory = Registry::FactoryRegistry<WasmRuntimeFactory>::getFactory(runtime);
    ……
    auto wasm = runtime_factory->createWasmVm();
```

这个克隆版本的 WasmBase::WasmBase 构造方法与根 WASM 对象的构造方法不同，区别是第一个参数需要传入根 WASM 对象句柄：

```
WasmBase::WasmBase(const std::shared_ptr<WasmHandleBase> &base_wasm_handle,
WasmVmFactory factory) …… {
    ……
    wasm_vm_ = factory(); # 调用 createWasmVm
```

用于运行时配置校验的 configuration_canary_handle Wasm 对象创建完成后，同样会执行 initialize 方法，通过 WASM host 库将虚拟机运行时的方法导入、链接、导出。然后执行 WasmBase::start 方法启动 WASM 运行时：

```
ContextBase *WasmBase::start(std::shared_ptr<PluginBase> plugin) {
    ……
    auto context = std::unique_ptr<ContextBase>(createRootContext(plugin));
    auto context_ptr = context.get();
    root_contexts_[plugin->key()] = std::move(context);
    if (!context_ptr->onStart(plugin)) {
```

start 方法根据传入的 plugin 扩展调用 createRootContext 方法来创建根上下文 RootContext。与前面的 createVmContext 方法不同的是，这里将传入 plugin 扩展对象，可以理解为这个上下文 Context 携带了 plugin_ 引用，因此可以通过 plugin_ 引用调用

Istio-proxy 运行时扩展中 RootContext 上下文内的方法。在 createRootContext 方法中创建 Context 对象，Context 对象的基类 ContextBase 构造方法相关代码如下：

```
ContextBase::ContextBase(WasmBase *wasm, std::shared_ptr<PluginBase> plugin)
    : wasm_(wasm), id_(wasm->allocContextId()), parent_context_(this), ……
plugin_(plugin) {
    wasm_->contexts_[id_] = this;
```

新创建的上下文 Context 支持的操作位于 WASM host 库的 src/context.cc 中，这个上下文被 Envoy 空间中创建的 ContextBase 子类对象 Context 访问：

```
bool ContextBase::onStart(std::shared_ptr<PluginBase> plugin) {
    ……
    wasm_->on_context_create_(this, id_, 0); # 参数为当前 ContextBase 对象指针及自身 id_索引,对于 rootContext 来说，其父 Context 为 VmContext==0
    ……
    result =
        wasm_->on_vm_start_(this, id_,
static_cast<uint32_t>(wasm()->vm_configuration().size()))
```

on_context_create_ 及 on_vm_start_ 保存初始化时 getFunction 方法导出的虚拟机运行时的导出方法，具体来说，分别对应虚拟机内名称为 proxy_on_context_create 及 proxy_on_vm_start 的方法指针。当访问方法对象 on_context_create_ 时，方法入参的第二个参数有 RootContext 下标，默认为 1，第三个参数有 VmContext 下标，默认为 0，代码位于 WASM host 库的 src/null/null_plugin.cc 中。其他 getFunction 方法导出的方法指针可能有不同的参数类型，如 WasmCallVoid、WasmCallWord 等。相关代码如下：

```
void NullPlugin::getFunction(std::string_view function_name, WasmCallVoid<2>
*f) {
    if (function_name == "proxy_on_context_create") {
      *f = [plugin](ContextBase *context, Word context_id, Word parent_context_id) {
        SaveRestoreContext saved_context(context);
        plugin->onCreate(context_id, parent_context_id);
        ……
    void NullPlugin::getFunction(std::string_view function_name, WasmCallWord<2>
*f) {
        ……
    } else if (function_name == "proxy_on_vm_start") {
      *f = [plugin](ContextBase *context, Word context_id, Word configuration_size)
{ # 将*f 保存到 WasmBase 对象中
        SaveRestoreContext saved_context(context); # 保存当前上下文
        return Word(plugin->onStart(context_id, configuration_size));
```

25.9 WASM 扩展

以 onCreate 方法为例，其 null 运行时方法中的参数为 ContextBase、*context、Word context_i，分别表示 WASM host 库内的当前上下文、Context 对象的指针及其对应的 id 下标：

```
void NullPlugin::onCreate(uint64_t context_id, uint64_t parent_context_id) {
  ......
  if (parent_context_id) {
    ensureContext(context_id, parent_context_id)->onCreate();
  } else {
    ensureRootContext(context_id)->onCreate();
  }
}
```

NullPlugin::onCreate 方法根据传入的 parent_context_id 下标来判断创建用户的上下文 Context 对象为一般 Context 还是 RootContext。从前面可以看出，当传入参数 context_id==1、parent_context_id==0 时，ContextBase::onStart 方法执行 ensureRootContext 方法：

```
null_plugin::RootContext *NullPlugin::ensureRootContext(uint64_t context_id) {
  auto root_id_opt = null_plugin::getProperty({"plugin_root_id"});
  # 调用 WASM SDK
  ......
  auto root_id_string = root_id->toString();
  auto factory = registry_->root_factories[root_id_string]; # 位于 WASM SDK 中
  ......
    auto context = factory(context_id, root_id->view());
    ......
    context_map_[context_id] = std::move(context);
}
```

在 ensureRootContext 方法中，null_plugin::getProperty 方法根据属性名 plugin_root_id 获取运行时 root_id 配置值，其调用 WASM SDK 库中的 getProperty 方法，代码位于 WASM SDK proxy_wasm_cpp_sdk/proxy_wasm_api.h 中：

```
inline std::optional<WasmDataPtr>
getProperty(const std::initializer_list<std::string_view> &parts) {
  ......
  auto result = proxy_get_property(buffer, size, &value_ptr, &value_size);
  ...... # 调用 WASM host 库中的导入方法（针对虚拟机运行时来说）
  return std::make_unique<WasmData>(value_ptr, value_size); # 创建数据包装
}
```

WASM SDK getProperty 方法反过来调用 WASM host 库中保存的 proxy_get_property 导入方法：

```
inline WasmResult proxy_get_property(const char *path_ptr, size_t path_size,......) {
  ......
```

```
            exports::get_property(WR(path_ptr), WS(path_size), WR(value_ptr_ptr),
WR(value_size_ptr)));
```

这个方法调用 WASM host 库 src/exports.cc 中的 get_property 方法，通过 contextOrEffectiveContext 获取当前 WASM host 库中发起调用的上下文 Context 对象，并向上调用 Envoy 模块空间中的 getProperty 方法：

```
Word get_property(Word path_ptr, Word path_size, Word value_ptr_ptr, Word value_size_ptr) {
    auto context = contextOrEffectiveContext();
    ......
    auto result = context->getProperty(path.value(), &value);
    # 向上调用 Envoy 模块空间中的 getProperty 方法
    ......
```

contextOrEffectiveContext 方法获取线程局部存储属性 thread_local 的全局对象 effective_context_id_、current_context_，并返回当前线程的上下文对象：

```
ContextBase *contextOrEffectiveContext() {
    ......
    auto effective_context = current_context_->wasm()->getContext(effective_context_id_);
    if (effective_context) {
      return effective_context;
    ......
```

还记得 NullPlugin 中的 getFunction 方法在调用每个返回的方法对象时都需要先声明一个本地临时变量 SaveRestoreContext 吗？实际上 contextOrEffectiveContext 方法就是在修改 effective_context_id_ 及 current_context_ 内保存的 WASM host 上下文：

```
    extern thread_local ContextBase *current_context_;
    extern thread_local uint32_t effective_context_id_;
    ......
    struct SaveRestoreContext {
      explicit SaveRestoreContext(ContextBase *context) {
        saved_context = current_context_; # 构造方法保存当前 WASM host 上下文
        saved_effective_context_id_ = effective_context_id_;
        current_context_ = context;
        effective_context_id_ = 0;
      }
      ~saverestorecontext() {
        current_context_ = saved_context; # 析构方法恢复之前的 WASM host 上下文
        effective_context_id_ = saved_effective_context_id_;
      }
```

当执行 WASM host 库内上下文对象中的 getProperty 方法来获取 plugin_root_id 时，WASM 将调用 Context::getProperty 方法，代码位于 Envoy 模块的 source/extensions/common/wasm/context.cc 中：

```
WasmResult Context::getProperty(std::string_view path, std::string* result) {
    ……
    auto top_value = findValue(toAbslStringView(part), &arena, start >= path.size());
```

findValue 方法将根据传入的 key 查找属性值并返回：

```
Context::findValue(absl::string_view name, Protobuf::Arena* arena, bool last) const {
    ……
    auto part_token = property_tokens.find(name);
    ……
    switch (part_token->second) {
    ……
    case PropertyToken::PLUGIN_ROOT_ID:
      return CelValue::CreateStringView(toAbslStringView(root_id()));
```

Context::findValue 方法在 property_tokens 属性列表中查找 PropertyToken::PLUGIN_ROOT_ID 键值，并返回前面 PluginBase 中保存的 root_id_：

```
#define PROPERTY_TOKENS(_f)                                    \
    ……
        _f(UPSTREAM_HOST_METADATA) _f(PLUGIN_ROOT_ID) ……       \
        ……
#define _PAIR(_t) {downCase(#_t), PropertyToken::_t},
    static absl::flat_hash_map<std::string, PropertyToken> property_tokens =
{PROPERTY_TOKENS(_PAIR)};
#undef _PAIR
```

可以看出 property_tokens 方法使用 PROPERTY_TOKENS 宏确定属性值范围，并采用 _PAIR 宏处理每个属性的声明方法，并将其全部变为小写，如对于 Stats 扩展，值为 stats_outbound：

```
std::string_view root_id() const { return isRootContext() ? root_id_ : plugin_->root_id_; }
```

在 NullPlugin::ensureRootContext 方法中获取 root_id 后，将根据此值查找已注册的 Istio-proxy 模块内的上下文 Context 创建工厂，代码位于 proxy extensions/stats/plugin.h 中：

```
    static RegisterContextFactory register_StatsOutbound(
        CONTEXT_FACTORY(Stats::PluginContext),  # 非 RootContext 创建工厂
        ROOT_FACTORY(Stats::PluginRootContextOutbound), "stats_outbound");
        # RootContext 创建工厂
```

RegisterContextFactory 构造方法位于 proxy_wasm_intrinsics.cc 中，将在 Istio-proxy 模块内的上下文 Context 创建工厂中保存 root_id 与工厂方法的映射：

```
    static std::unordered_map<std::string, RootFactory> *root_factories = nullptr;
    static std::unordered_map<std::string, ContextFactory> *context_factories =
nullptr;
    ……
    RegisterContextFactory::RegisterContextFactory(ContextFactory context_factory,
RootFactory root_factory, std::string_view root_id) {
    ……
        (*context_factories)[std::string(root_id)] = context_factory;
    ……
        (*root_factories)[std::string(root_id)] = root_factory;
```

CONTEXT_FACTORY 及 ROOT_FACTORY 宏的定义位于 WASM SDK 库中，在本例的 Stats 扩展中，将在创建 RootContext 时返回 Stats::PluginRootContextOutbound，对一般 Context 创建将返回 Stats::PluginContext 扩展对象：

```
    #define ROOT_FACTORY(_c)                                                    \
      [](uint32_t id, std::string_view root_id) -> std::unique_ptr<RootContext> { \
        return std::make_unique<_c>(id, root_id);    # 创建用户 RootContext
      }
    #define CONTEXT_FACTORY(_c)                                                 \
      [](uint32_t id, RootContext *root) -> std::unique_ptr<Context> {          \
        return std::make_unique<_c>(id, root);       # 创建用户 Context
      }
```

从上面的代码可以看出，与 Envoy 模块内的 Context 不同的是，Istio-proxy 扩展中存在两种类型的上下文：根上下文 RootContext 与请求上下文 Context。其中定时类操作、读取扩展配置类操作都集中在根上下文 RootContext 中，而处理应用请求的操作位于 Context 上下文中。定时类上报操作需要在执行前切换到请求所在的 Context 上运行。下面以 onTick 为例：

```
    void PluginRootContext::addToRequestQueue(
        uint32_t context_id, ::Wasm::Common::RequestInfo* request_info) {
      request_queue_[context_id] = request_info;
    }
    ……
```

```
void PluginRootContext::onTick() {
  ……
  for (auto const& item : request_queue_) { # 当前存在的请求列表
    ……
    Context* context = getContext(item.first); # 获取每个请求的 Context
    ……
    context->setEffectiveContext(); # 切换到请求 Context
    report(*item.second, false); # 执行 RootContext 的 report 方法,可以获取配置信息,
然后通过 WASM host 库内的 exports 方法,切换到 Envoy 当前请求 Context 内执行 setProperty 方法
  }
}
```

onTick 请求通过 addToRequestQueue 添加到 request_queue_ 中,索引为 context_id。

当 PluginRootContext::onTick 定时方法被工作线程内的 Dispatcher 触发时,将轮询请求列表 request_queue_,并调用 getContext 方法,根据 first 变量保存的 context_id 获取用户扩展 Context 对象,接着 WASM SDK 库中的 setEffectiveContext 方法通过 proxy_set_effective_context 进入 WASM host 库中切换当前上下文:

```
inline WasmResult ContextBase::setEffectiveContext() { return
proxy_set_effective_context(id_); }
```

WASM host 库中的 exports::set_effective_context 方法根据传入的 context_id 切换 Envoy 内的当前 Context 对象:

```
Word set_effective_context(Word context_id) {
  auto context = contextOrEffectiveContext();
  # 取得上一个有效 Envoy Context 上下文
  uint32_t cid = static_cast<uint32_t>(context_id); # 目标 Context id
  auto c = context->wasm()->getContext(cid);
  # 通过上一个有效 Context 上下文得到 WASM 的查询目标 Context
  ……
  effective_context_id_ = cid; # 设置 Envoy 当前 Context 上下文
```

WASM host 库中的 set_effective_context 方法首先使用 contextOrEffectiveContext 获取上一个有效 Envoy Context 上下文对象,并将查询到的 Envoy Context 上下文唯一 id 保存到 effective_context_id_ 中完成切换。从原理上说,Istio-proxy 内的用户扩展不会创建异步操作,而会导致从 Envoy 模块主动发起的调用上下文被打乱,而且 Envoy 主动发起的调用将在每次用户请求触发时,保存前一个请求上下文并在调用完成后恢复。因此 onTick 方法不需要恢复上一个请求上下文。

WASM 扩展启动时的配置参数是通过根上下文 RootContext 内的 onStart 回调方法进行

设置的。当 ContextBase::onStart 内的 on_context_create_ 方法执行完毕后，接着调用虚拟机运行时 on_vm_start_ 导出方法，通过该导出方法执行 NullPlugin::onStart 方法，找到创建的 Istio-proxy 内扩展根上下文 RootContext 并执行其 onStart 方法：

```
bool NullPlugin::onStart(uint64_t root_context_id, uint64_t
vm_configuration_size) {
    ……
    return getRootContext(root_context_id)->onStart(vm_configuration_size) != 0;
```

在 createWasm 中的 start 方法执行完成后，通过执行 WasmBase::configure 方法调用 ContextBase::onConfigure 回调方法：

```
bool ContextBase::onConfigure(std::shared_ptr<PluginBase> plugin) {
    ……
    wasm_->on_configure_(this, id_,
static_cast<uint32_t>(plugin->plugin_configuration_.size()))
```

on_configure_ 变量用于保存虚拟机运行时内的 configure 导出方法，其声明在 null/null_plugin.cc 中：

```
void NullPlugin::getFunction(std::string_view function_name, WasmCallWord<2>
*f) {
    ……
    } else if (function_name == "proxy_on_configure") {
    ……
    return Word(plugin->onConfigure(context_id, configuration_size));
```

NullPlugin::onConfigure 通过 RootContext 访问 Istio-proxy 用户扩展中的 onConfigure 方法。以 Stats 扩展为例，PluginRootContext::configure 作为用户扩展的配置入口执行初始化相关工作，其位于 proxy extensions/stats/plugin.cc 中：

```
bool PluginRootContext::configure(size_t configuration_size) {
    ……
    if (!initializeDimensions(j)) {
    ……
    proxy_set_tick_period_milliseconds(tcp_report_duration_milis);
```

参照前面介绍的 Stats 遥测数据收集代码流程，initializeDimensions 方法用来初始化上报指标的 Metric 列表及每个 Metric 的 Tag 列表，proxy_set_tick_period_milliseconds 用于设置默认的 onTick 时间间隔。

此时 Envoy 模块内的 createWasm 方法调用 proxy_wasm::createWasm 来完成虚拟机自己 WASM 对象的创建。完成根 WASM 对象创建后，接下来调用 FilterConfig 内的临时

callback 回调方法，给每个工作线程创建子 WASM 对象：

```
    FilterConfig::FilterConfig(const
envoy::extensions::filters::http::wasm::v3::Wasm& config,……) {
    ……
    auto callback = [plugin, this](Common::Wasm::WasmHandleSharedPtr base_wasm)
{
        tls_slot_->set([base_wasm, plugin](Event::Dispatcher& dispatcher) {
                    pid_t tid = syscall(SYS_gettid);
                    ENVOY_LOG_MISC(error, "here crate real wasm for thread:{}", tid);
            return std::make_shared<PluginHandleSharedPtrThreadLocal>(
                    Common::Wasm::getOrCreateThreadLocalPlugin(base_wasm, plugin,
dispatcher));
        ……
    if (!Common::Wasm::createWasm(plugin, context.scope().createScope(""),
context.clusterManager(),……, std::move(callback))
    # 前面已分析过，创建 WASM 对象，并传入工作线程的 WASM 对象来创建回调方法
```

前面已分析过 Common::Wasm::createWasm 方法，这个方法完成 proxy_wasm::createWasm 后回调 cb 方法，其对应 tls_slot_->set 方法，tls_slot_ 为线程局部存储管理器，可以为每个线程分配相同类型的对象实例并将其保存到统一的 slot 上，代码位于 common/thread_local/thread_local_impl.cc 中：

```
    void InstanceImpl::SlotImpl::set(InitializeCb cb) {
    ……
    for (Event::Dispatcher& dispatcher : parent_.registered_threads_)
    { # 所有工作线程
      dispatcher.post(wrapCallback(
          [index = index_, cb, &dispatcher]() -> void { setThreadLocal(index,
cb(dispatcher)); }));
    ……
    setThreadLocal(index_, cb(*parent_.main_thread_dispatcher_));
    # 设置主线程 ThreadLocal
```

对于每个工作线程，set 方法通过所有注册的工作线程的 Dispatcher，发送异步任务到目标线程任务队列中，主线程直接通过 setThreadLocal 方法完成回调，因此每个线程都将执行 Common::Wasm::getOrCreateThreadLocalPlugin 方法，并将已创建的 base_wasm、plugin 作为参数传入线程的 WASM 对象创建方法中。getWasmHandleCloneFactory 方法已经在前面介绍过，用于创建与 base_wasm 关联的子 WASM 对象及其后端虚拟机运行时 NullVm 对象：

```
PluginHandleSharedPtr
```

```
    getOrCreateThreadLocalPlugin(const WasmHandleSharedPtr& base_wasm, const
PluginSharedPtr& plugin,……) {
    ……
    return std::static_pointer_cast<PluginHandle>(proxy_wasm::
getOrCreateThreadLocalPlugin(
        std::static_pointer_cast<WasmHandle>(base_wasm), plugin,
        getWasmHandleCloneFactory(dispatcher, create_root_context_for_testing),
    ……
```

每个工作线程内的 WASM 对象使用 vm_key 进行唯一标识，其内部可以包含多个 Plugin 对象，使用 vm_key||plugin_key 进行标识。

WASM host 库内的方法 getOrCreateThreadLocalPlugin 首先根据 vm_key 及 plugin 名称生成 Plugin 唯一名称，然后根据此 Plugin 名称在线程局部存储对象 local_plugins 中查找，如果找到则返回已创建的 Plugin 对象，否则执行 getOrCreateThreadLocalWasm 方法创建或返回 WASM 对象，然后使用插件工厂根据 WASM 对象及 Plugin 配置创建 Plugin 对象，将 Plugin 唯一名称及此 Plugin 对象保存到线程局部存储 local_plugins 中：

```
……
thread_local std::unordered_map<std::string, std::weak_ptr<PluginHandleBase>>
local_plugins;
    ……

std::shared_ptr<PluginHandleBase> getOrCreateThreadLocalPlugin(……) {
    std::string key(std::string(base_handle->wasm()->vm_key()) + "||" +
plugin->key()); # 组合 vm_key 及 plugin 生成 Plugin 唯一名称
    ……
    auto wasm_handle = getOrCreateThreadLocalWasm(base_handle, clone_factory);
    ……
    auto plugin_context = wasm_handle->wasm()->start(plugin);
    ……
    if (!wasm_handle->wasm()->configure(plugin_context, plugin)) {
    ……
    auto plugin_handle = plugin_factory(wasm_handle, plugin);
    local_plugins[key] = plugin_handle;
```

getOrCreateThreadLocalWasm 方法用于创建或返回当前线程与 vm_key 名称对应的 WASM 对象，由于此时主线程已经完成 WASM 对象的创建，因此如果当前线程为主线程，则直接返回已创建的 WASM 对象，如果当前线程为工作线程，则将创建主线程 WASM 对象的克隆对象，并将 vm_key 及创建的 WASM 对象保存到线程局部存储对象 local_wasms 中：

```
    thread_local std::unordered_map<std::string, std::weak_ptr<WasmHandleBase>>
local_wasms;
    ……

    static std::shared_ptr<WasmHandleBase>
    getOrCreateThreadLocalWasm(std::shared_ptr<WasmHandleBase> base_handle,
                      WasmHandleCloneFactory clone_factory) {
      ……
      std::string vm_key(base_handle->wasm()->vm_key());
      # 同 createWasm
      ……
      auto wasm_handle = clone_factory(base_handle);
      # 同 createWasm 内 configuration_canary_handle 的创建
      ……
      if (!wasm_handle->wasm()->initialize()) { # 同 createWasm
      ……
      local_wasms[vm_key] = wasm_handle;
      ……
```

clone_factory、initialize 方法的执行流程已进行过介绍。初始化完成后，每个线程的 WASM 对象根据 vm_key 保存到 thread_local 线程对象的 local_wasms 列表内，后面每个线程都根据 vm_key 返回本线程已创建对象。

线程级 WASM 对象创建完成后，各个线程内的 WASM 对象都已经关联好后端 NullVm 对象，接着通过 start、configure 方法创建 WASM host 库内的 RootContext 及对应的 NullPlugin 内的 RootContext 对象，然后调用 Istio-proxy 用户扩展中的 onStart、onConfigure 回调方法进行初始化。此时每个线程都准备好 WASM 对象运行时及各自的 RootContext。

举例来说，当 Envoy 进程处理请求进入 L7 WASM 过滤器的 decodeHeaders 方法时，将执行 WASM 扩展的 Context::decodeHeaders 方法，代码位于 extensions/common/wasm/context.cc 中：

```
    Http::FilterHeadersStatus Context::decodeHeaders(Http::RequestHeaderMap&
headers, bool end_stream) {
      onCreate(); # 负责创建用户扩展中每个请求的 Context 对象
      ……
      auto result =
convertFilterHeadersStatus(onRequestHeaders(headerSize(&headers), end_stream));
      ……
```

Context::decodeHeaders 方法处理请求头部时，首先调用 onCreate 方法创建当前应用请求内扩展所创建的 Context 对象，代码位于 WASM host proxy_wasm_cpp_host/src/context.cc 中：

```
    void ContextBase::onCreate() {
      ……
      wasm_->on_context_create_(this, id_, parent_context_ ?
parent_context()->id() : 0);
      ……
      in_vm_context_created_ = true;
      # 请求内多次调用只执行一次 on_context_create_ 方法调用
```

in_vm_context_created_ 防止请求内多次调用 onCreate 方法，重复创建 Istio-proxy 内的用户扩展 Context 对象。

on_context_create_ 方法对应于 null_plugin.cc 中的 proxy_on_context_create 方法。由于 NullPlugin::onCreate 已传入 parent_context_id，因此将执行 ensureContext 方法创建请求级别的上下文 Context 对象，并调用 Istio-proxy 上下文 Context 对象上的 onCreate 方法：

```
  void NullPlugin::onCreate(uint64_t context_id, uint64_t parent_context_id) {
    ……
    if (parent_context_id) {
      ensureContext(context_id, parent_context_id)->onCreate();
      # Stats 扩展的 onCreate 为空方法
```

NullPlugin::ensureContext 方法获取用户代码中的 Context 创建工厂，本例的 Stats 中将创建 Stats 扩展的 Stats::PluginContext 对象：

```
  null_plugin::Context *NullPlugin::ensureContext(uint64_t context_id, uint64_t
root_context_id) {
    ……
    auto factory = registry_->context_factories[root_id];
    ……
    e.first->second = factory(context_id, root);
```

完成创建请求级上下文 Context 对象后，Envoy 中的 L7 过滤器 Context::decodeHeaders 方法将在解析 HTTP 请求头部时执行 Istio-proxy 扩展中的 onRequestHeaders 回调方法，这是通过 Envoy 中 L7 WASM 过滤器下 WASM host 库中的 ContextBase::onRequestHeaders 方法调用 Istio-proxy 扩展中 Context 对象的 onRequestHeaders 回调方法实现的。

反过来，Istio-proxy 扩展中的上下文 Context 对象访问 Envoy 模块内的上下文对象 Context，则需要经过 WASM SDK，此时 Istio-proxy 扩展通过 WASM SDK 调用 Envoy 的 export 导出方法，接着根据 WASM host 保存的当前上下文 id 找到 Envoy 模块内的上下文 Context 对象，然后执行 Envoy 内方法的回调。如在 Istio-proxy 的 Stats 扩展内，Context 对象使用的 getProperty 方法经过 WASM SDK 及 WASM host 传递后，实际最终由 Envoy

模块内的 Context::getProperty 方法进行处理。Envoy 内的 Context::getProperty 方法将获取当前请求对象内 stream_info 中的 filterState 属性值，并将其返回给 Istio-proxy 内的 Stats 扩展：

```
WasmResult Context::getProperty(std::string_view path, std::string* result) {
    ......
    auto top_value = findValue(toAbslStringView(part), &arena, start >= path.size()); # findValue 将访问请求的 stream_info 对象
......
Context::findValue(absl::string_view name, Protobuf::Arena* arena, bool last) const {
    ......
    const StreamInfo::StreamInfo* info = getConstRequestStreamInfo();
    # 获取请求的 stream_info 对象
    ......
    const CelState* state = info->filterState().getDataReadOnly<CelState>(key); # 获取 stream_info 内的 filterState 属性
```

25.10 本章小结

本章详细梳理了 Envoy 的运行原理和工作流程，以及 WASM 扩展框架原理。Envoy 作为数据面的核心组件，在兼顾性能的同时，通过过滤器架构极大地增强了对应用请求进行处理的拓展性，使得可以方便地添加路由、转发、熔断、限流等多种高级流量治理功能到 Envoy 内。另外，基于 WASM 扩展框架的支持，可以方便地使用除 C++的其他语言编写的处理请求数据的扩展组件。

第 26 章　Istio-proxy 源码解析

Istio-proxy 是基于 Envoy 项目且应用于 Istio 网格产品的 C++及 WASM 过滤器及扩展，其主要在不修改 Envoy 原始代码的情况下支持 Istio 扩展安全策略、扩展日志收集、实现 Telemetry V2 遥测等功能。本章主要从 Istio-proxy 主要过滤器及扩展的源码实现角度介绍 Istio-proxy。

在第 25 章中介绍了 WASM 的扩展原理，下面主要介绍 Envoy 进程运行过程中遥测数据收集功能 Telemetry V2 用到的 metadata_exchange 过滤器及扩展和 Stats 扩展。

26.1　metadata_exchange

metadata_exchange 的数据交换流程如图 26-1 所示，其中包含了基于 TCP 协议的 L4 metadata_exchange 及基于 HTTP 的 L7 metadata_exchange 扩展。

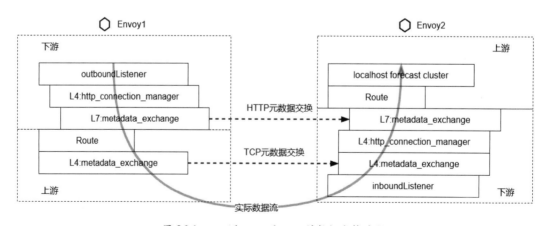

图 26-1　metadata_exchange 的数据交换流程

L4 及 L7 metadata_exchange 生效及工作的位置有区别。从图 26-1 可以看到，应用采用 TCP 通信时，Envoy1 的上游元数据交换请求由配置于 Outbound 方向的上游 Cluster 内的 L4 metadata_exchange 过滤器进行处理，对端 Envoy2 的下游元数据交换请求由配置于 Inbound 方向的 L4 metadata_exchange 过滤器进行处理。应用采用 HTTP 通信时，Envoy1 的上游元数据交换请求由配置于 Outbound 方向 L7 过滤器内的 metadata_exchange 扩展进行处理，对端 Envoy2 的下游元数据交换请求由配置于 Inbound 方向 L7 过滤器的 metadata_exchange 扩展进行处理。

从位置上看，L4 metadata_exchange 过滤器间的数据流处理链路距离比 L7 metadata_exchange 过滤器间的距离更短。距离短意味着对端能更早地收到本端发送的 Pod 身份信息，但由于需要等当前请求完成才能将请求通过 report 机制更新到本 Envoy 的观测数据 Stats 中，因此不论是对 HTTP L7 metadata_exchange 数据还是对 TCP L4 metadata_exchange 数据来说，交换 Pod 身份信息的耗时区别都不明显。

基于 HTTP 的 L7 metadata_exchange 会在原始请求的 HTTP 头部添加 x-envoy-peer-metadata 和 x-envoy-peer-metadata-id 域，因此 Envoy 进程需要了解每个 HTTP 请求，这由 HTTP 本身的 L7 decodeHeaders 过滤器支持。由于使用 TCP 进行请求转发时，L4 metadata_exchange 不需要了解应用层协议，因此使用 TCP 通信时无法类似于处理 L7 时修改应用消息内容，而需要在两端 Envoy 进程刚建立连接时首先发送一个 metadata_exchange 自定义的消息头部来实现 Pod 元数据交换。对端 Envoy 进程在收到新连接内的数据后解析 metadata_exchange 头部，然后向反方向发送一个携带自身 Pod 信息的 metadata_exchange 消息。

首先介绍一下 L4 metadata_exchange 过滤器的数据交换流程，过滤器代码位于 tcp/metadata_exchange/metadata_exchange.cc 中，数据交换流程如图 26-2 所示。

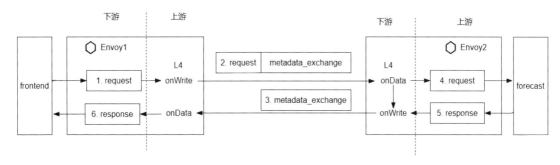

图 26-2 TCP metadata_exchange 的数据交换流程

Envoy1 进程在 Outbound 端发送应用请求时，待发送的应用请求数据 Buffer 进入 onWrite 方法：

```
Network::FilterStatus MetadataExchangeFilter::onWrite(Buffer::Instance&, bool) {
  ……
  case WriteMetadata: {
    writeNodeMetadata(); # 发送本 Pod 的身份信息
    FALLTHRU;
```

MetadataExchangeFilter::writeNodeMetadata 方法准备 Pod 的身份信息后创建 metadata_exchange 交换消息，并采用 protobuf 格式对消息进行序列化，然后调用 injectWriteDataToFilterChain 方法将该自定义消息插入待发送应用消息的头部：

```
void MetadataExchangeFilter::writeNodeMetadata() {
  ……
  Envoy::ProtobufWkt::Struct* metadata =
      (*data.mutable_fields())[ExchangeMetadataHeader].mutable_struct_value();
  getMetadata(metadata);
  std::string metadata_id = getMetadataId(); # 获取 nodeId
  ……
  (*data.mutable_fields())[ExchangeMetadataHeaderId].set_string_value(
      metadata_id); # 填写 data 中的 ExchangeMetadataHeaderId 域
  ……
  std::unique_ptr<::Envoy::Buffer::OwnedImpl> buf =
      constructProxyHeaderData(metadata_any_value);
    # 将 data 字符串化，然后序列化为 Buffer 字节流
  write_callbacks_->injectWriteDataToFilterChain(*buf, false);
  # 插入应用数据的头部
```

ExchangeMetadataHeader 方法通过 getMetadata 方法获取 Pod 元数据信息的 local_info_.node().metadata 部分并进行序列化。mutable_struct_value 用于引用原始 data 的可变域 ExchangeMetadataHeader 的引用部分并进行修改。相关代码如下：

```
void MetadataExchangeFilter::getMetadata(google::protobuf::Struct* metadata) {
  ……
  const auto fb = ::Wasm::Common::extractNodeFlatBufferFromStruct(
      local_info_.node().metadata());
  ::Wasm::Common::extractStructFromNodeFlatBuffer(
      *flatbuffers::GetRoot<::Wasm::Common::FlatNode>(fb.data()), metadata);
```

::Wasm::Common::extractNodeFlatBufferFromStruct 将对象转换成 FlatBuffer 格式的，::Wasm::Common::extractStructFromNodeFlatBuffer 将 FlatBuffer 转换成 protobuf 格式的并将其填写到 metadata 域中。

在 Envoy 间新建连接和发送数据前，Envoy1 调用 write_callbacks_-> injectWriteDataToFilterChain

将该 metadata_exchange 消息插入待发送应用消息的头部。

消息发出后，在 Envoy2 的 Inbound 端被接收，并且使用 Envoy2 上配置的 L4 metadata_exchange 过滤器对接收到的消息进程进行处理，触发 onData 回调方法：

```
Network::FilterStatus MetadataExchangeFilter::onData(Buffer::Instance& data,……) {
  case WriteMetadata: {
    ……
    writeNodeMetadata(); # 在收到请求端的 metadata 的同时，发送本端 metadata 到对端
    FALLTHRU;
  }
  case ReadingInitialHeader:
  case NeedMoreDataInitialHeader: {
    tryReadInitialProxyHeader(data);
    ……
    FALLTHRU;
  }
  case ReadingProxyHeader:
  case NeedMoreDataProxyHeader: {
    tryReadProxyData(data);
```

在 writeNodeMetadata 处理过程中，在收到请求端 metadata_exchange 时，首先将本端 Pod 元信息 metadata 通过 Envoy 间连接发送回请求端 Envoy1，然后 FALLTHRU 进入 NeedMoreDataInitialHeader 分支，在此处 tryReadInitialProxyHeader 方法处理收到的对端 Envoy1 发来的 metadata 消息的头部，tryReadProxyData 处理收到的对端 metadata 的消息体。

MetadataExchangeFilter::tryReadInitialProxyHeader 方法检查是否收到有足够多头部字节数的 MetadataExchangeInitialHeader 结构，该结构包含 magic 域，用于校验请求是否符合 metadata_exchange 消息类型，以及 data_size 域，表示实际的 metadata_exchange 消息长度，用于校验是否为合法的 metadata_exchange 消息：

```
void MetadataExchangeFilter::tryReadInitialProxyHeader(Buffer::Instance& data) {
  ……
  MetadataExchangeInitialHeader initial_header;
  data.copyOut(0, initial_header_length, &initial_header);
  if (absl::gntohl(initial_header.magic) !=
      MetadataExchangeInitialHeader::magic_number) {
    # 校验 metadata_exchange 消息
    ……
```

MetadataExchangeFilter::tryReadProxyData 接收并解析剩余的 metadata_exchange 消息数据部分，并在 proxy_data 部分转换回 protobuf 结构后，在结构中分别获取

ExchangeMetadataHeader、ExchangeMetadataHeaderId 域的内容，然后调用 updatePeer、updatePeerId 将对端 Pod 的身份信息保存到本请求的 filterState 对象中：

```
void MetadataExchangeFilter::tryReadProxyData(Buffer::Instance& data) {
  ……
  std::string proxy_data_buf =std::string(static_cast<const
char*>(data.linearize(proxy_data_length_)),
             proxy_data_length_); # 将字节流转换成字符串
  Envoy::ProtobufWkt::Any proxy_data;
  if (!proxy_data.ParseFromString(proxy_data_buf)) { # 转换成 protobuf 通用对象
  ……
  Envoy::ProtobufWkt::Struct value_struct =
     Envoy::MessageUtil::anyConvert<Envoy::ProtobufWkt::Struct>(proxy_data);
    #转换成 protobuf 的 Struct
  ……
  updatePeer(key_metadata_it->second.struct_value());
  ……
  updatePeerId(toAbslStringView(config_->filter_direction_ ==
                     FilterDirection::Downstream
                     # 指定自己为 Inbound
                  ? ::Wasm::Common::kDownstreamMetadataIdKey
                  # 对于 Inbound 端，设置对端信息到下游
                  : ::Wasm::Common::kUpstreamMetadataIdKey),
                  # 对于 Outbound 端，设置对端信息到上游
```

updatePeer 方法利用 filterState 对象保存对端 Pod 身份信息，该对象贯穿于每个请求中，用于在请求的各个处理阶段使用相同的请求上下文。需要注意的是，onData 方法将根据当前过滤器配置的方向信息决定将接收到的对端 Pod 身份信息设置为上游还是下游，对于 Inbound 端，将设置对端信息到下游，反之设置为上游：

```
void MetadataExchangeFilter::updatePeer(……) {
  ……
  read_callbacks_->connection().streamInfo().filterState()->setData(
    absl::StrCat("wasm.", toAbslStringView(key)), std::move(state),……)
```

setData 通过 WASM SDK、WASM host 库调用 Envoy 进程空间的 WASM 过滤器中的 Context::setProperty 方法，在该方法中判断 key 对应的 CelState 对象是否已经存在于 filterState 中，如果没有，则创建对象：

```
WasmResult Context::setProperty(std::string_view path, std::string_view value) {
  auto* stream_info = getRequestStreamInfo();
  ……
```

```
if (stream_info->filterState()->hasData<CelState>(key)) {
  state = &stream_info->filterState()->getDataMutable<CelState>(key);
} else {
……
  auto state_ptr = std::make_unique<CelState>(prototype);
  state = state_ptr.get();
  stream_info->filterState()->setData(key, std::move(state_ptr),……);
} # 保存新 CelState
if (!state->setValue(toAbslStringView(value))) { # 对 CelState 填写新 value
```

在得到 CelState 对象后，将前面获得的 Pod 身份信息存储到该对象中。至此完成 L4 metadata_exchange 数据交换过程。接下来介绍 L7 metadata_exchange 数据交换过程。

HTTP metadata_exchange 作为 L7 WASM 主过滤器的扩展，其代码实现位于 extensions/metadata_exchange/plugin.cc 中，Outbound 端与 Inbound 端都在 L7 WASM 过滤器下游部分中解析并添加 metadata_exchange 信息。L7 metadata_exchange 的数据交换流程如图 26-3 所示。这里需要注意，L7 metadata_exchange 扩展与 L4 metadata_exchange 过滤器处理 metadata_exchange 消息的顺序有所不同。

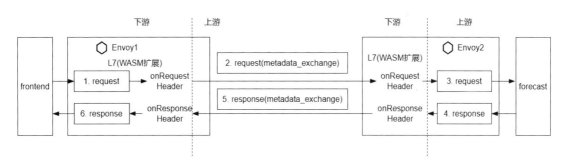

图 26-3　L7 metadata_exchange 的数据交换流程

Envoy 进程在 Outbound 或 Inbound 端经过 L7 过滤器处理下游的请求时，将进入 metadata_exchange 的 PluginContext::onRequestHeaders 方法：

```
FilterHeadersStatus PluginContext::onRequestHeaders(uint32_t, bool) {
  auto downstream_metadata_id = getRequestHeader(ExchangeMetadataHeaderId);
  # 当前消息中是否已经携带 metadata_exchange 头部 ExchangeMetadataHeaderId
  if (downstream_metadata_id != nullptr &&
      !downstream_metadata_id->view().empty()) { # 如果已经携带，一般为 Inbound
    removeRequestHeader(ExchangeMetadataHeaderId);
    # 从请求中移除 metadata_exchange 头部
    setFilterState(::Wasm::Common::kDownstreamMetadataIdKey,
                   downstream_metadata_id->view());
```

```
                # 并将其保存到与 Envoy filterState 关联的下游区域
    ......
    auto downstream_metadata_value = getRequestHeader(ExchangeMetadataHeader);
    # 当前消息是否已经携带 ExchangeMetadataHeader
    if (downstream_metadata_value != nullptr &&
        !downstream_metadata_value->view().empty()) { # 如果已经携带，为 Inbound
      removeRequestHeader(ExchangeMetadataHeader);
      # 从请求中移除 metadata_exchange 头部
      if (!rootContext()->updatePeer(::Wasm::Common::kDownstreamMetadataKey,……)
      # 并将其保存到与 Envoy filterState 关联的下游区域
    ......
    if (direction_ != ::Wasm::Common::TrafficDirection::Inbound) {
    # 一般为 Outbound
      auto metadata = metadataValue(); # 获取当前 Pod 身份信息
      ......
      replaceRequestHeader(ExchangeMetadataHeader, metadata);
      # 替换当前 HTTP 消息中头部 Pod 身份信息的内容
      ......
```

在这个方法中将判断 HTTP 请求头部是否已经包含 metadata_exchange 信息，如果包含，则表示本端 Envoy 为 Inbound，接收对端 Envoy 发来的 metadata_exchange 消息，本端 Envoy 将提取 metadata_exchange 信息并将其保存到与 filterState 关联的下游区域，然后从 HTTP 头部移除此信息。如果 Envoy 为 Outbound，则 HTTP 消息中不包含 metadata_exchange 消息，Envoy 将 Pod 元信息保存到 HTTP 消息头部，然后发送到目标 Envoy。至此完成 L7 metadata_exchange 下游 Envoy 向上游上报 Pod 元数据的过程。

接下来当 Inbound/Outbound 端处理向下游发送的响应消息时，进入 L7 metadata_exchange 的 PluginContext::onResponseHeaders 方法：

```
    FilterHeadersStatus PluginContext::onResponseHeaders(uint32_t, bool) {
      auto upstream_metadata_id = getResponseHeader(ExchangeMetadataHeaderId);
      # 判断 HTTP 响应头部是否携带 metadata_exchange 消息
      if (upstream_metadata_id != nullptr &&
          !upstream_metadata_id->view().empty()) { # 如果携带，一般为 Outbound 端
        removeResponseHeader(ExchangeMetadataHeaderId);
        # 将 metadata_exchange 从 HTTP 响应头部移除
        setFilterState(::Wasm::Common::kUpstreamMetadataIdKey,
                       upstream_metadata_id->view());
                       # 并将其保存到与 Envoy filterState 关联的 Upsteam 区域
        ......
      if (direction_ != ::Wasm::Common::TrafficDirection::Outbound) { # 为 Inbound
        auto metadata = metadataValue(); #当前 Envoy 的 Pod 元数据
```

```
……
replaceResponseHeader(ExchangeMetadataHeader, metadata);
# 将其添加到 HTTP 响应头部，发送给 Outbound 端
```

metadata_exchange 响应处理过程可与下游向上游发送请求的处理过程的反方向类比，如果 Envoy 被判断为 Outbound 端，则将移除 HTTP 头部的 Pod 元信息并将其保存到当前 Envoy 的 filterState 中，此时 metadata_exchange 可立即确定当前 Inbound 端为上游。如果 Envoy 为 Inbound 端，则将 Envoy 的 Pod 元信息保存到 HTTP 请求头部并发送回 Outbound 端 Envoy。至此完成响应消息的 metadata_exchange 数据交换流程。

26.2 遥测数据 Stats 的上报

Telemetry V2 涉及调用双方 Pod 元信息交换的阶段在前面介绍的 metadata_exchange 中完成，完成后双方 Envoy 进程都将获得对方的 Pod 元信息并将其保存到各自的请求上下文 filterState 中，在应用请求处理完成后，需要将调用完成信息记录在 Envoy 内并定期由遥测数据收集。这个过程需要借助每个工作线程内的 Dispatcher 对完成的请求延迟析构，并在请求对象 Stream 的析构函数中进行日志记录。已处理完请求的析构函数执行 onLog 方法进入 WASM 扩展 Stats 中，这里将每个请求的完成信息汇总为遥测数据所需的 Metric 及观测值并记录在 Envoy 内存中。汇总后的观测数据通过 Envoy 的 15090 端口最终被格式化为标准的 Prometheus 格式，并被外部观测系统如 Prometheus 拉取，如图 26-4 所示。

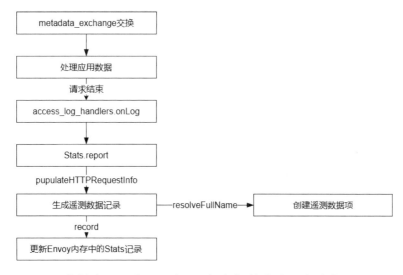

图 26-4　metadata_exchange 相关遥测数据 Stats 记录流程

第 26 章 Istio-proxy 源码解析

遥测数据的上报需要同时支持 HTTP 及 TCP。对于 HTTP 来说，Envoy 了解每个请求处理完成的时机，可在每个请求完成时计算请求执行经历的时长、消息字节数等信息，并将其保存到 Envoy 的观测数据 Stats 区域，等待被 Prometheus 拉取。对于 TCP 来说，在整个连接内，Envoy 不了解每个具体请求协议的内容，因此无法判断每个请求的边界，因此只能采用定期收集的方式将每个连接内传递的消息字节数等信息保存到 Envoy 的观测数据 Stats 区域。

对于 HTTP，可以在 Envoy 配置文件中找到 WASM 内扩展 istio.stats 的配置：

```
"filters": [
  {
    "name": "envoy.filters.network.http_connection_manager",
    "typed_config": {
    ……
     "http_filters": [
     ……
      {
       "name": "istio.stats",
       "typed_config": {
        "@type": "type.googleapis.com/udpa.type.v1.TypedStruct",
        "type_url": "type.googleapis.com/envoy.extensions.filters.http.wasm.v3.Wasm",
        "value": {
         "config": {
          "root_id": "stats_outbound",
          "vm_config": {
           "vm_id": "stats_inbound",  # HTTP 的 Stats
           "runtime": "envoy.wasm.runtime.null", # 使用 null 虚拟机
           "code": {
            "local": {
             "inline_string": "envoy.wasm.stats"
            ……
```

从以上配置可以看出，istio.stats 是作为 L7 过滤器 envoy.extensions.filters.http.wasm.v3.Wasm 的扩展使用的。

HTTP Stats 的 WASM 子扩展代码的初始化代码位于 extensions/filters/ http/wasm/config.cc 中，工作线程在调用过滤器工厂 WasmFilterConfig::createFilterFactoryFromProtoTyped 所返回的过滤器创建方法后，将生成 WASM 过滤器，并通过 callbacks.addStreamFilter 方法将 WASM 过滤器添加到 L7 过滤器处理流程中，同时将 WASM 扩展 Stats 作为 accesslogHandler 的日志处理器，在请求结束时收集观测数据：

```cpp
Http::FilterFactoryCb WasmFilterConfig::createFilterFactoryFromProtoTyped(……) {
    ……
    auto filter_config = std::make_shared<FilterConfig>(proto_config, context);
    ……
    auto filter = filter_config->createFilter();
    ……
    callbacks.addStreamFilter(filter);
    callbacks.addAccessLogHandler(filter); # 将 WASM 过滤器自身作为 log filter
```

在 FilterConfig 构造方法中传入 WASM 配置 config，其中内含 root_id、vm_id 等信息，并调用 Common::Wasm::Plugin 构造方法创建 WASM 配置对象 plugin，进而创建 WASM 虚拟机对象：

```cpp
FilterConfig::FilterConfig(const
envoy::extensions::filters::http::wasm::v3::Wasm& config,……) {
    const auto plugin = std::make_shared<Common::Wasm::Plugin>(
        config.config(), context.direction(), context.localInfo(),
&context.listenerMetadata());
    ……
    if (!Common::Wasm::createWasm(plugin, context.scope().createScope(""),
context.clusterManager(),……); # 创建 WASM 虚拟机对象
```

然后，FilterConfig::createFilter 根据配置创建 Context 对象，该对象为 WASM 过滤器对象：

```cpp
std::shared_ptr<Context> createFilter() {
    ……
    return std::make_shared<Context>(wasm, handle->rootContextId(), handle);
```

Context 类型的声明在 source/extensions/common/wasm/context.h 中，可以看到其可以同时作为 L7 过滤器和 L4 过滤器：

```cpp
class Context : public proxy_wasm::ContextBase,
                public Logger::Loggable<Logger::Id::wasm>,
                public AccessLog::Instance,
                public Http::StreamFilter, # 作为 L7 过滤器
                public Network::ConnectionCallbacks,
                public Network::Filter, # 作为 L4 过滤器
                ……
```

Context 类型的声明作为 L7 过滤器时，HTTP 请求经过 wasm_filter 被传递给 PluginContext::onRequestHeaders 方法，该方法位于 extensions/stats/plugin.h 中。该方法通过 getHeaderMapValue 及 getValue 等 WASM SDK 库中的扩展方法来获取 Envoy 进程空间

中的当前请求信息，并将其填入本地 request_info_ 对象中，用于后续执行 report 方法时将每个请求转换为 Stats 类型的并保存到 Envoy 内存中：

```
FilterHeadersStatus onRequestHeaders(uint32_t, bool) override {
  ……
    getValue({"request", "host"}, &request_info_.url_host);
```

对应的 PluginContext::onResponseHeaders 方法将处理响应头部并将其保存到 Stats 内的 request_queue_ 映射表中：

```
FilterHeadersStatus onResponseHeaders(uint32_t, bool) override {
    rootContext()->addToRequestQueue(id(), &request_info_);
```

在 addToRequestQueue 方法内，request_queue_ 散列表中的 key 是每个请求的唯一 id，内容为请求信息：

```
void PluginRootContext::addToRequestQueue(uint32_t context_id, ……) {
    request_queue_[context_id] = request_info;
```

从上面的 PluginRootContext::addToRequestQueue 方法可以看出，PluginRootContext 内保存了每个正在处理中的请求。当主线程定时器定期执行 onTick 方法时，onTick 方法对所有正在处理中的请求执行 report 方法，完成 Stats 遥测数据处理：

```
void PluginRootContext::onTick() {
  ……
  for (auto const& item : request_queue_) {
    ……
    report(*item.second, false); # 定期处理每个请求的 Stats
```

onTick 方法的触发时间间隔在 Stats 扩展的初始化方法 configure 中配置，默认为 15s：

```
bool PluginRootContext::configure(size_t configuration_size) {
  ……
  uint32_t tcp_report_duration_milis = kDefaultTCPReportDurationMilliseconds;
  # 默认设置 15s
  ……
  proxy_set_tick_period_milliseconds(tcp_report_duration_milis);
  # 调用 WASM SDK，将定时参数传递到 Envoy 进程空间
```

proxy_set_tick_period_milliseconds 方法通过 WASM SDK 将定时参数传递到 Envoy 进程空间并执行 Wasm::setTimerPeriod 方法使定时器生效，setTimerPeriod 方法的代码位于 extensions/common/wasm/ wasm.cc 中：

```
void Wasm::setTimerPeriod(uint32_t context_id, std::chrono::milliseconds
```

```
new_period) {
    ......
    if (period.count() > 0) {
      timer = dispatcher_.createTimer(  # 创建定时器
          ......
          shared->tickHandler(context_id);  # 每次都执行回调方法
          ......
      timer->enableTimer(period);  # 根据设置的触发时间间隔启动定时器
```

Wasm::setTimerPeriod 根据设置的触发时间间隔启动定时器,并在定时器回调方法中执行 tickHandler 方法,tickHandler 方法通过 WASM host 库将 onTick 方法的调用传递到 Istio-proxy 的 Stats 扩展内:

```
void Wasm::tickHandler(uint32_t root_context_id) {
    ......
    context->onTick(0);  # 传递到proxy执行onTick
```

除了在 TCP 中通过定时触发的方法来实现观测数据收集,Envoy 使用 WASM 过滤器 logHandler 日志处理器的 log 方法来执行 report 方法,实现 HTTP 请求的观测数据收集。对于 HTTP 请求来说,工作线程在每个请求处理完成后将执行 ConnectionManagerImpl::doDeferredStreamDestroy 方法,并将代表已完成请求的 ActiveStream 对象通过 deferredDelete 方法放入当前线程的延迟删除队列中,在延迟删除事件被触发后,线程的 Dispatcher 执行 stream.filter_manager_.log 方法,在写入访问日志 accesslog 的同时触发 Stats 的 onLog 方法:

```
void ConnectionManagerImpl::doDeferredStreamDestroy(ActiveStream& stream) {
    ......
    stream.filter_manager_.log();
    ......
    read_callbacks_->connection().dispatcher().deferredDelete(stream.
removeFromList(streams_));
```

在 Envoy source/common/http/filter_manager.h 中,FilterManager::log 方法获取已完成请求对象中保存的请求内容 request_headers、response_headers、response_trailers,然后依次调用注册的 logHandler::log 方法,其中一个 Context::log 为 WASM 扩展实现:

```
void log() {
    ......
    for (const auto& log_handler : access_log_handlers_) {
      log_handler->log(request_headers, response_headers, response_trailers,
stream_info_);
    }
```

Context::log 位于 source/extensions/common/wasm/context.cc 中，调用 onLog 方法将已完成请求通过 WASM host 库传递给 Istio-proxy 的 onLog 回调方法：

```
void Context::log(const Http::RequestHeaderMap* request_headers,……) {
  ……
  onLog();
```

Istio-proxy 中的 PluginContext::onLog 位于 extensions/stats/plugin.h 中，其调用 report 方法进行 Stats 处理：

```
void onLog() override {
  rootContext()->deleteFromRequestQueue(id());
  # 删除 id 对应的请求，onTick 方法将不再处理该请求
  ……
  rootContext()->report(request_info_, true);
};
```

deleteFromRequestQueue 将根据 onTick 处理列表内当前请求上下文中的 id 来删除待处理的请求，并执行 report 方法进行 Stats 处理：

```
void PluginRootContext::report(::Wasm::Common::RequestInfo& request_info,……) {
  Wasm::Common::PeerNodeInfo peer_node_info(peer_metadata_id_key_,
                                            peer_metadata_key_); # 获取请求对端的信息
  if (request_info.request_protocol == Protocol::TCP) {
    ……
    ::Wasm::Common::populateTCPRequestInfo(outbound_, &request_info);
  } else { # HTTP
    ……
    ::Wasm::Common::populateHTTPRequestInfo(……);
  ……
  map(istio_dimensions_, outbound_, peer_node_info.get(), request_info);
  ……
  auto stats_it = metrics_.find(istio_dimensions_);
  # 分别处理目标 istio_dimension 对应的 Stats
    for (auto& stat : stats_it->second) {
      if (end_stream || stat.recurrent_) {
        stat.record(request_info); # 各个观测项 Stat 分别处理 request_info
  ……
  std::vector<SimpleStat> stats;
  for (auto& statgen : stats_) { # 调用 Stats 生成器列表
    ……
      auto stat = statgen.resolve(istio_dimensions_); # 创建新的观测项 stat
      if (end_stream || stat.recurrent_) {
```

```
      stat.record(request_info);
    }
    stats.push_back(stat); # 根据某个istio_dimentions创建多个观测项stat
  }
  incrementMetric(cache_misses_, 1); # 新创建观测项Stat, 导致没有匹配到一次cache
  metrics_.try_emplace(istio_dimensions_, stats);
  # 将stat添加到metrics_, 用于下次查询匹配
  ……
```

PluginRootContext::report 方法内流程较长，下面分步骤进行说明。

（1）peer_node_info 对象的创建将依据前面 metadata_exchange 信息交换过程中得到的 MetadataIdKey 和 MetadataKey 键值。如果当前 Envoy 过滤器的配置为 Outbound 方向，则将获取 MetadataIdKey 和 MetadataKey 的键值指定为 upstream_peer_id 及 upstream_peer，代码参考 26.1 节中的 onResponseHeaders 处理；如果配置为 Inbound 方向，则将 MetadataIdKey 和 MetadataKey 的键值指定为 downstream_peer_id 及 downstream_peer，代码参考 26.1 节中的 onRequestHeaders 处理。然后将 metadata_exchange 信息交换过程中获取的对端 Pod 元信息包装为 Wasm::Common::PeerNodeInfo 对象返回。

（2）根据应用协议类型，将请求上下文的内容填写到临时对象 request_info 中。对于 HTTP，扩展执行 populateHTTPRequestInfo 方法（代码位于 extensions/common/ context.cc 中），该方法将使用 getValue 获取与请求、响应关联的 time、code、flags、url_path、duration、total_size 等观测值，并将其填写到临时对象 request_info 中：

```
void populateHTTPRequestInfo(bool outbound, bool use_host_header_fallback,……){
  getValue({"request", "url_path"}, &request_info->url_path);
  ……
```

（3）准备好 request_info 后，map 方法将根据上面获取的 request_info、peer_node_info 等信息填写 istio_dimensions_字符串列表，列表中的每条记录都是 Prometheus 观测信息项内一条共用的 Tag 信息。示例如下：

```
istio_response_bytes_sum{response_code="200",reporter="source",……} 635
```

istio_response_bytes_sum 是一个 Stats 观测数据项，其当前数值为 635, response_code/ reporter 为其中两个 Tag 的信息，可以粗略地认为每个观测数据项都包含一个 istio_dimension 的位置描述信息：

```
void map(IstioDimensions& instance, bool outbound,……) {
  map_peer(instance, outbound, peer_node); # 设置peer对应的Tag信息
  map_request(instance, request); # 设置request对应的Tag信息
  ……
```

（4）metrics_为从 istio_dimension 到与其相关的各个观测数据 Stats 的映射，这样消除了单独保存每个 Stat 及其 Tag 信息带来的冗余内容，降低了内存占用率，并且加快了 report 方法处理时的查找速度。如果可匹配到已有的 Stat 项，则调用其 record 方法传入 request_info 分别进行计算，其中各个 Stat 关注的 request_info 部分不同。

（5）如果没有找到当前目标 istio_dimension 对应的各个 Stat，则调用 resolve 方法，根据需要上报的 stats_ 创建器列表创建 Stat 对象，创建器的生成位置在 PluginRootContext::initializeDimensions 方法中，这个方法在 PluginRootContext::configure 扩展的配置方法中被调用一次：

```
SimpleStat resolve(const IstioDimensions& instance) {
  ……
  for (const auto& tag : metric_.tags) { # 计算所有 Tag 的总长度
  ……
  std::string n;
  n.reserve(s); # 分配 Tag 总长度
  n.append(metric_.prefix);
  for (size_t i = 0; i < metric_.tags.size(); i++) {
  # 根据所有 Tag 及 Stat 项的名称拼接 Stat 申请字符串
    n.append(metric_.tags[i].name);
    n.append(metric_.value_separator);
    n.append(instance[indexes_[i]]);
    n.append(metric_.field_separator);
  }
  n.append(metric_.name);
  auto metric_id = metric_.resolveFullName(n);
  # 通过 WASM SDK 在 Envoy 进程空间内创建 Stat
  return SimpleStat(metric_id, extractor_, metric_.type, recurrent_);
  # 返回 Envoy 进程空间新创建 Stat 的封装，提供 record 方法用于值记录
```

resolve 方法用于计算所有 Tag 的总长度，并拼接 tags、metric_.name 等信息，申请通过 Stat 创建唯一标识字符串，其中包含当前 tags 及 metric 的名称，例如：

```
reporter=.=source;.;source_workload=.=unknown;.;source_workload_namespace=.=unknown;.;source_principal=.=unknown;.;source_app=.=unknown;.;source_version=.=unknown;.;source_canonical_service=.=unknown;.;source_canonical_revision=.=latest;.;source_cluster=.=unknown;.;destination_workload=.=unknown;.;destination_workload_namespace=.=unknown;.;destination_principal=.=unknown;.;destination_app=.=unknown;.;destination_version=.=unknown;.;destination_service=.=localhost:10000;.;destination_service_name=.=localhost:10000;.;destination_service_namespace=.=unknown;.;destination_canonical_service=.=unknown;.;destination_canonical_revision=.=latest;.;destination_cluster=.=unknown;.;request_protocol=.=http;.;response_fl
```

```
ags=.=UF;.;connection_security_policy=.=unknown;.;response_code=.=503;.;grpc_res
ponse_status=.=;.;istio_requests_total
```

上例 Stats 数据最后的 istio_requests_total 为 metric 名称，其余为 tags 列表，包含 reporter、source_workload、source_workload_namespace 等，每项之间都以 ";.;" 分隔，每项内的 key 与 value 都以 "=.=" 分隔。

（6）然后 Stats 扩展调用 resolveFullName 方法，通过 WASM SDK 库在 Envoy 进程空间内创建新 Stat 观测数据，并生成 SimpleStat 包装对象，提供 record 方法用于每次执行 report 方法时更新当前记录值。MetricBase::resolveFullName 还将调用 WASM SDK 库的 defineMetric 方法，触发 Envoy 进程空间中的 Context::defineMetric 方法，创建新的 Stat 存储空间：

```
WasmResult Context::defineMetric(uint32_t metric_type, std::string_view name,……)
{
    Stats::StatNameManagedStorage storage(toAbslStringView(name),
wasm()->scope_->symbolTable());
    # 根据传入的申请字符串的内容在 symbolTable 中申请新的 Stat 存储空间
    Stats::StatName stat_name = storage.statName();
    if (type == MetricType::Counter) {
      auto id = wasm()->nextCounterMetricId(); # 生成唯一 id
      Stats::Counter* c = &Stats::Utility::counterFromElements(
      # 创建 Envoy 可访问的 Stats 对象
        *wasm()->scope_, {wasm()->custom_stat_namespace_, stat_name});
      wasm()->counters_.emplace(id, c);
      # 放入 WASM 子扩展创建的 counter 类型的 Stat 映射中，将创建的唯一 id 作为 key
      ……
```

Context::defineMetric 方法首先在 symbolTable 中申请新的 Stat 存储空间，然后根据数据类型 Counter、Gauge、Histogram 创建不同的 Stat 对象，例如 Counter 调用 counterFromElements 方法，经过与 WASM scope 前缀合并后通过 ThreadLocalStoreImpl::ScopeImpl::counterFromStatNameWithTags 创建前缀为 wasmcustom 的 Counter 观测项，创建方法的流程参考第 25 章中遥测元数据的存储流程：

```
wasmcustom.reporter=.=source;.;source_workload=.=unknown;.;source_workload_n
amespace=.=unknown;.;source_principal=.=unknown;.;source_app=.=unknown;.;source_
version=.=unknown;.;source_canonical_service=.=unknown;.;source_canonical_revisi
on=.=latest;.;source_cluster=.=unknown;.;destination_workload=.=unknown;.;destin
ation_workload_namespace=.=unknown;.;destination_principal=.=unknown;.;destinati
on_app=.=unknown;.;destination_version=.=unknown;.;destination_service=.=localho
st:10000;.;destination_service_name=.=localhost:10000;.;destination_service_name
```

```
space=.=unknown;.;destination_canonical_service=.=unknown;.;destination_canonica
l_revision=.=latest;.;destination_cluster=.=unknown;.;request_protocol=.=http;.;
response_flags=.=UF;.;connection_security_policy=.=unknown;.;response_code=.=503
;.;grpc_response_status=.=;.;istio_requests_total
```

在 Stat 创建完成后，在 WASM 中调用 nextCounterMetricId 来申请唯一 id，这个 id 用于记录所有由 WASM 扩展创建的观测项 Stat 标识，即上面介绍的 Istio-proxy 中的 metric_id。

当执行 Istio-proxy 中的 SimpleStat::record 方法时，将根据这里保存的 metric_id 调用 WASM SDK 库中的 recordMetric 方法：

```
inline void record(::Wasm::Common::RequestInfo& request_info) {
  ......
  recordMetric(metric_id_, val);
```

将 value 参数值传递给 Envoy 中的 Context::recordMetric 方法，用于对 metric_id 指定的观测项进行数值更新：

```
WasmResult Context::recordMetric(uint32_t metric_id, uint64_t value) {
  ......
  if (type == MetricType::Counter) {
    auto it = wasm()->counters_.find(metric_id); # 根据 metric_id 查找 Stat
    if (it != wasm()->counters_.end()) {
      it->second->add(value); # 更新 Stat 数值
```

到这里，完成了 report 方法的处理逻辑，从中可以了解到一个请求的观测数据是如何被记录并在 Envoy 进程内传递的。

让我们再分析一下 TCP 的观测数据收集过程，其在 Envoy 配置文件中对应的 WASM 内的扩展配置如下：

```
{
        "filter_chain_match": {
         "destination_port": 8123,
         "transport_protocol": "tls",
         ......
        "filters": [
          {
            "name": "istio.metadata_exchange", # 在 istio.stats 前
            "typed_config": {
              "@type": "type.googleapis.com/udpa.type.v1.TypedStruct",
              "type_url": "type.googleapis.com/envoy.tcp.metadataexchange.
config.MetadataExchange",
              "value": {
```

```
              "protocol": "istio-peer-exchange"
            }
          }
        },
        {
          "name": "istio.stats",
          "typed_config": {
           "@type": "type.googleapis.com/udpa.type.v1.TypedStruct",
           "type_url": "type.googleapis.com/envoy.extensions.filters.
network.wasm.v3.Wasm",
           "value": {
            "config": {
             "root_id": "stats_inbound",
             "vm_config": {
              "vm_id": "tcp_stats_inbound",   # TCP 的 Stats
              "runtime": "envoy.wasm.runtime.null",  # 使用 null 虚拟机
              "code": {
               "local": {
                "inline_string": "envoy.wasm.stats"
                ……
```

从以上配置可以看出，istio.stats 是作为 L4 过滤器 envoy.extensions.filters.network.wasm.v3.Wasm 的扩展被使用的。

L4 WASM 过滤器的创建工厂代码位于 extensions/filters/network/wasm/config.cc 中：

```
Network::FilterFactoryCb WasmFilterConfig::createFilterFactoryFromProtoTyped(
   ……) {
  ……
  auto filter_config = std::make_shared<FilterConfig>(proto_config, context);
    ……
  auto filter = filter_config->createFilter();
  if (filter) {
    filter_manager.addFilter(filter);
```

可以看出，L4 过滤器创建 WASM 子扩展的流程与 HTTP 的很相似，只调用了 L4 的 addFilter 方法，用来添加过滤器，当 TCP 数据经过 L4 过滤器时会触发 onData/onWrite 回调方法，其代码位于 extensions/common/wasm/context.cc 中。

L4 过滤器处理 Stats 数据与 L7 过滤器处理的不同之处在于，L4 WASM 过滤器没有将自己注册为请求完成时执行的日志记录器 logHandler，原因参照前面的分析。对于 TCP，工作线程无法判断每个请求的边界，从而无法主动调用 log 方法来触发 report 处理过程。

因此 TCP 的观测数据需要依赖 L4 过滤器回调方法 onData/onWrite 来实现记录，然后通过前面介绍的 onTick 方法定期进行收集和记录：

```
Network::FilterStatus Context::onData(::Envoy::Buffer::Instance& data, bool
end_stream) {
    ……
    auto result = convertNetworkFilterStatus(onDownstreamData(data.length(),
end_stream));
```

在这里，不要将处理 Stats 的 Context::onData 方法与 metadata_exchange 处理过程中的 onData 方法混淆，metadata_exchange 处理过程中的 onData 用于处理请求开始时调用双方的元数据，而 Stats 的 onData 用于处理 TCP 连接内的应用请求的数据。从前面 L4 过滤器的配置可以看出，配置顺序为先配置 istio.metadata_exchange 扩展，然后配置 istio.stats 扩展，表示在连接建立并完成 metadata_exchange 元数据交换后，在 Envoy 进程 Inbound 端的 Stats 扩展 onData 回调方法中直接调用 onDownstreamData 方法来处理应用数据，并使用 metadata_exchange 信息交换过程中得到的对端 Outbound 的下游 Pod 元信息：

```
Network::FilterStatus Context::onWrite(::Envoy::Buffer::Instance& data, bool
end_stream) {
    ……
    auto result = convertNetworkFilterStatus(onUpstreamData(data.length(),
end_stream));
```

需要特别注意的是，处理 TCP 的 L4 metadata_exchange 过滤器在 Envoy 的 Outbound 端是作为上游 Cluster 中的 L4 上游过滤器配置的，而对端 Envoy 的 metadata_exchange 过滤器是作为 Inbound 端的监听过滤器配置的，因此双方过滤器配置位置不同。

至此，作为 Inbound 端的 Envoy 在执行 Stats 扩展的 onUpstreamData 方法时，可以获取到 metadata_exchange 信息交换过程中 onData 方法解析的对端 Pod 元数据。之后 TCP 将使用 onTick 方法定期触发收集观测数据的 report 方法，之后的处理逻辑与 HTTP 的相同。

26.3 源码地址

本章项目的 Istio-proxy 完整源码位于 Istio 项目代码库 istio/proxy 中，其主要源码目录结构如下。

extensions 目录下包含了多种 WASM 形式的 Istio 扩展，如表 26-1 所示。

表 26-1 多种 WASM 形式的 Istio 扩展

序号	扩展的名称	扩展的类型	功能描述
1	access_log_policy	WASM	常用于判断请求访问日志是否真正被记录或发送，比如若插入位置先于 stackdriver，则在请求结束执行 onLog 时，根据记录的频繁程度，判断是否需要记录本次日志，并设置 FilterState 中 ::Wasm::Common::kAccessLogPolicyKey 属性的值，该值将在随后执行 stackdriver 扩展时被取出，用于进行 shouldLogThisRequest 条件判断
2	attributegen	WASM	在解析 HTTP 请求头部及请求执行完毕两个阶段被执行，根据配置的属性生成器将原始请求转换成 key:value 形式，并保存在 FilterState 中传递给后续扩展。比如，可以将生成器配置为匹配 request_url_path 及 request.method 固定值或正则表达式的形式，并生成 output_attribute 指定的 key 名称及 value 指定的值
3	metadata_exchange	WASM	用于 HTTP 通信中，双方获取对方身份信息并补全 Telemetry V2 观测数据 Stats
4	stackdriver	WASM	访问日志远程收集的驱动，根据 access_log_policy 判断的结果决定是否将本次请求日志上传
5	stats	WASM	根据 metadata_exchange 阶段来创建请求观测指标 Metric 并记录访问量，相关数据后来被外部 Prometheus 系统拉取

src 目录下包含了多种 Envoy C++形式的 Istio 扩展，如表 26-2 所示。

表 26-2 多种 Envoy C++形式的 Istio 扩展

序号	扩展的名称	扩展的类型	功能描述
1	http.alpn	C++	用于将下游连接的应用协议类型转换为匹配的上游应用协议类型，比如若客户端应用协议为 HTTP11，则将其转换为向上游 Envoy 发送的 istio-http/1.1 应用协议，这样对于上游来说，将从该协议中解析出 metadata_exchange 携带的请求端 Pod 身份信息
2	http.authn	C++	处理 HTTP 的身份认证
3	tcp.forward_downstream_sni	C++	TLS 扩展 SNI（Server Name Indication）在 TCP 握手过程中支持客户端告知目标服务器的主机名称，这样允许在相同的目标服务地址及端口上呈现多个证书，用于不同的安全连接校验，Envoy 通过该过滤器将下游获取的 SNI 名称设置为上游新连接的 UpstreamServerName
4	tcp.metadata_exchange	C++	处理 TCP 的 metadata_exchange 的身份交换

续表

序号	扩展的名称	扩展的类型	功能描述
5	tcp.sni_verifier	C++	校验路由阶段使用的 SNI 是否与原始客户端请求的 SNI 相同，若不相同，则此时客户端可能正在被中间人拦截，应拒绝对目标服务的连接

26.4 本章小结

本章详细梳理了 Envoy 二进制文件中已编译完成的 Istio-proxy 内的过滤器及扩展：metadata_exchange、Stats 的基本运行原理和工作流程，metadata_exchange 过滤器和扩展配合 Stats 扩展实现了数据面的观测数据收集功能，在满足 Telemetry V2 方案的架构下，提升了 Envoy 在观测数据上报方面的性能。

附录 A 源码仓库介绍

Istio 目前采用分库方式管理核心代码及周边生态，目前包括三个主要仓库：istio/istio、istio/api 和 istio/proxy。其中，istio/istio 包含 Istio 所有的控制面组件；istio/api 定义了 Istio 通用的配置接口；istio/proxy 是数据面代理，扩展了上游 Envoy，支持 Istio 独有的一些遥测、认证等功能。

A.1 Istio 的主库

Istio 目前被托管在 GitHub 上，主库目录为 github.com/istio/istio。它使用了宽松的 Apache 2.0 许可证，允许任意商业软件使用而不需要开放源码。

Istio 的所有组件 Pilot、Galley、Citadel、Sidecar-injector、Pilot-agent 等全部位于同一个代码库中。目前，Istio 的代码目录结构比较整洁，主要的代码包及其用途如表 A-1 所示。

A-1 Istio 主要的代码包及其用途

代 码 包	用 途
bin	代码检查、格式化、编译等脚本
docker	一些基础镜像的 Docker file
install	提供几种不同平台的默认安装配置
istioctl	命令行工具所在的目录，提供手动 Sidecar 注入、配置查询等功能
manifests	安装、升级 Istio 及 Add-on 所需的 charts
operator	Istio Operator 相关的代码，主要功能是安装和升级 Istio
pilot	Pilot 组件所在的目录，包含 Pilot-agent、Sidecar-injector、Galley，是 Istio 控制面最重要的组件之一。Sidecar-injector 提供了 Sidecar 容器自动注入功能；Pilot-agent 负责代理的生命周期管理；Pilot discovery 提供了 Sidecar 的 xDS 发现功能
pkg	pkg 目录包含组件共用的一些代码包

续表

代 码 包	用　　途
release	包含一些版本发布工具
samples	Istio 提供的一些典型样例，供用户学习和了解 Istio
security	安全组件依赖包所在的目录，主要提供证书的签发、维护及证书发现功能
tools	包含一些工具脚本及编译、调试工具等

　　Istio 通过 Makefile 提供了非常方便的二进制编译及 Docker 镜像构建方法，用户可以独立编译特定的组件或者全部组件，唯一需要做的就是执行一条 make 命令。当然，这里假设用户已经安装好依赖环境如 Golang、Docker 等，如果没有安装依赖环境，则请先参照 GitHub 目录 github.com/istio/istio/wiki/Dev-Guide 进行独立安装。

A.1.1　二进制编译

　　进入 Istio 源码根目录，执行 make build 命令，将依次编译 Istio 的所有二进制组件，编译好的二进制文件会被保存在 "istio.io/istio/out/linux_amd64/" 目录下：

```
$ make build
$ ls out/linux_amd64/ -alt
total 746956
-rwxr-xr-x 1 root docker 38141952 Nov 23 10:35 pilot-agent
drwxr-xr-x 4 root docker     4096 Nov 23 10:35 .
-rwxr-xr-x 1 root docker 65843200 Nov 23 10:35 istio-cni
-rwxr-xr-x 1 root docker 13606912 Nov 23 10:35 istio-iptables
-rwxr-xr-x 1 root docker 75153408 Nov 23 10:35 bug-report
-rwxr-xr-x 1 root docker 46784512 Nov 23 10:35 install-cni
-rwxr-xr-x 1 root docker 44511232 Nov 23 10:35 istio-cni-taint
-rwxr-xr-x 1 root docker 80474112 Nov 23 10:35 pilot-discovery
-rwxr-xr-x 1 root docker 79556608 Nov 23 10:35 operator
-rwxr-xr-x 1 root docker 81842176 Nov 23 10:35 istioctl
-rwxr-xr-x 1 root docker 50827264 Nov 23 10:35 server
-rwxr-xr-x 1 root docker 24662016 Nov 23 10:35 client
-rw-r--r-- 1 root docker        0 Nov 23 10:33 istio_is_init
-rwxr-xr-x 1 root docker 82784616 Nov 23 10:33 envoy-centos
-rwxr-xr-x 1 root docker 80639608 Nov 23 10:33 envoy
drwxr-xr-x 2 root root       4096 Nov 23 10:33 release
drwxr-xr-x 2 root docker     4096 Nov 23 10:33 logs
drwxr-xr-x 3 root docker     4096 Nov 23 10:33 ...
```

默认使用容器进行编译，这样可以保证不同条件下的编译时环境相同。

◎ 如果需要依赖本地软件包，则只需在编译命令"make build"后增加"BUILD_WITH_CONTAINER=0"参数，这样整个编译过程就不依赖 Docker 了。
◎ 如果需要单独编译特定的组件如 Pilot，则只需执行 make pilot-discovery 命令，非常方便。

A.1.2　构建 Docker 镜像

进入 Istio 源码根目录，执行 make docker 命令，将先编译各组件的二进制文件，然后依次构建 Pilot、Istio-proxy 及测试所需的镜像。镜像的构建时间取决于机器的性能及网络带宽，可以执行 docker images 命令查看构建好的镜像：

```
$ make docker  #可以指定镜像仓库及镜像标签[HUB=xxx] [TAG=yyy]
$ docker images
REPOSITORY              TAG       IMAGE ID       CREATED         SIZE
zhhxu2011/proxyv2       latest    1314e7ae3c71   13 minutes ago  244MB
zhhxu2011/install-cni   latest    c1eda40216f8   13 minutes ago  282MB
zhhxu2011/pilot         latest    1be6f6cb7b69   13 minutes ago  199MB
zhhxu2011/app           latest    274555643aa1   13 minutes ago  195MB
zhhxu2011/operator      latest    0ada932ebafd   13 minutes ago  201MB
zhhxu2011/istioctl      latest    790d9fb9bb72   13 minutes ago  200MB
```

Istio 也支持特定组件的镜像构建，执行 make docker.xxx 命令即可构建 xxx 组件的镜像。例如，要构建 Pilot 镜像，则只需执行 make docker.pilot 命令。

A.2　Istio-proxy

从《Istio 权威指南（上）》的原理篇可以看出，Istio-proxy 项目与 Envoy 项目一起编译并生成同一个二进制文件。Envoy 默认采用静态链接方式，因此只需 Envoy 编译系统的 glibc 版本小于或等于运行 Envoy 环境的 glibc 版本即可。

bazel 为 Envoy 的主要编译工具。

Istio-proxy 项目作为 Istio 项目的 Envoy 插件，支持镜像编译及本地编译两种方式。

A.2.1 镜像编译

镜像编译流程如下。

（1）修改 proxy/ Makefile.overrides.mk 文件：

```
……
BUILD_WITH_CONTAINER ?= 1 # 将默认值 0 修改为 1
IMAGE_NAME ?= build-tools-proxy # 采用的编译镜像名称
```

（2）执行编译命令：

```
# cd proxy; make
```

在以上流程中，Makefile 文件内部引用 Makefile.overrides.mk 文件来读取编译方式变量 BUILD_WITH_CONTAINE。若 BUILD_WITH_CONTAINER 被设置为 1，则指明采用镜像编译方式。在获取 BUILD_WITH_CONTAINER 变量后，Makefile 调用 common/scripts/run.sh 脚本文件执行具体的编译流程，common/scripts/run.sh 脚本文件在内部运行 common/scripts/setup_env.sh 脚本文件处理编译依赖的环境变量。其中，IMG 环境变量指明使用的编译镜像名称，此镜像名称随 Istio 版本的变化而变化，Istio 1.15 使用 gcr.io/istio-testing/build-tools-proxy:release-1.15-60d3777b82c0196b6cb9a1a4355af7f72cef42d7 镜像进行编译，此镜像基于 Ubuntu 16.0.4LTS 镜像进行创建：

```
docker run --rm
gcr.io/istio-testing/build-tools-proxy:release-1.15-60d3777b82c0196b6cb9a1a4355a
f7f72cef42d7 cat /etc/lsb-release
    DISTRIB_ID=Ubuntu
    DISTRIB_RELEASE=16.04
    DISTRIB_CODENAME=xenial
    DISTRIB_DESCRIPTION="Ubuntu 16.04.7 LTS"
```

采用镜像方式既有优点，又有缺点。

◎ 优点：可以将 Linux 的不同版本作为编译机，有较好的通用性。
◎ 缺点：由于 Bazel 在编译过程中需要下载大量的依赖包，所以当编译机处于内网环境并且下载某些包较为困难时，就需要对镜像编译和启动时的配置进行较大修改，这里不再赘述。

A.2.2 本地编译

采用编译机进行本地编译时，编译完成后将在编译机文件系统中生成 Envoy 的二进制执行程序，编译环境：Ubuntu 18.04 LTS 系统，编译机至少 4 核 8GB，磁盘大于或等于 80GB，Bazel 默认自动使用所有 CPU 进行编译。

下面讲解其编译流程。

1. 安装编译依赖软件包

安装 clang-9 llvm-9 openjdk-11-jdk cmake make python ninja-build build-essential ca-certificates 软件包。这里之所以选用 JDK 11 的 Java 环境，是因为如果需要在编译流程中配置 http_proxy 代理下载编译依赖，则某些内部代理服务（如公司内部）在使用基于 Java 运行环境的 Bazel 下载依赖包时需要使用网关的代理证书。实测选用 JDK 8 的 Java 环境配置代理证书后，有时会出现无法下载的情况。在 Ubuntu 中安装 Bazel 软件包的过程如下：

```
$ sudo apt install apt-transport-https curl gnupg
$ curl -fsSL https://bazel.build/bazel-release.pub.gpg | gpg --dearmor > bazel.gpg
$ sudo mv bazel.gpg /etc/apt/trusted.gpg.d/
$ echo "deb [arch=amd64] https://storage.googleapis.com/bazel-apt stable jdk1.8" | sudo tee /etc/apt/sources.list.d/bazel.list
$ sudo apt update && sudo apt install bazel
```

Bazel 安装包内的 bazel 可执行程序为启动编译命令的入口程序，在实际编译过程（如 Envoy）中将根据项目的 bazelrc 配置文件中指定的 Bazel 编译工具的依赖版本号下载实际的 Bazel 编译工具。

2. 下载 Golang 编译器压缩包并解压

从 Golang 下载中心下载 Golang 编译器压缩包并解压，比如 go1.18.linux-amd64.tar.gz：

```
export GOPROXY="http://xxx,direct" # xxx 根据实际情况配置 Go 代理服务器
export GO111MODULE=on
export GONOSUMDB=*
export GOSUMB=off
export PATH=$PATH:/usr/local/go/bin
```

3. 导入证书

在配置了 http_proxy 代理服务后，需要手工设置 http_proxy 代理所需的根证书。这里假设组织颁发的证书为 myroot.crt，则可以从已配置了 http_proxy 代理的 Windows 机器上打开 IE 浏览器，选择设置 "->Internet" 选项，在 "内容" 标签中单击 "证书" 按钮，在打开的证书管理窗口中单击 "受信任的根证书颁发机构" 选项卡，找到相应的 CA 根证书，

单击"导出"按钮将证书保存到文件系统，然后将此证书上传到 Ubuntu 开发机，并将证书导入 Ubuntu 系统。导入步骤如下，在导入流程中可能需要输入创建证书时设置的密码。

（1）将根证书导入 Ubuntu 系统的可信任证书列表：

```
$ sudo cp myroot.crt /usr/local/share/ca-certificates
$ sudo update-ca-certificates
```

（2）将根证书导入 Java 环境的可信任证书列表：

```
$ keytool -alias REPLACE_TO_ANY_UNIQ_NAME -import -keystore \
/usr/lib/jvm/java-11-openjdk-amd64/jre/lib/security/cacerts -file myroot.cer
```

4. 配置 HTTP(s)代理

这里假设开发机已经配置了代理转发服务如 Cntlm，并且已经启动并在本地的 127.0.0.1:3128 端口进行监听。在通过以上步骤完成对 http_proxy 代理的配置后，需要为当前账户配置 Git 代理及 HTTP 全局代理。这样就可以在 Envoy 编译过程中，由 Bazel 命令自动拉取编译时依赖的 Envoy 源码及第三方依赖库源码等。配置 Git 代理及 HTTP 全局代理的步骤如下。

（1）配置 Git 代理：

```
$ export GIT_SSL_NO_VRERIFY=1
$ git config --system heep.sslverify false
$ git config --system http.sslCAPath /usr/lib/jvm/java-11-openjdk-amd64/lib/security/cacerts
$ git config --system http.proxy 'http://127.0.0.1:3128'
$ git config --system https.proxy 'http://127.0.0.1:3128'
```

（2）配置 HTTP 全局代理：

```
$ export http_proxy=http://127.0.0.1:3128
$ export https_proxy=http://127.0.0.1:3128
$ export no_proxy=127.0.0.1,localhost,10.243.231.210,.svc,10.96.0.0/12,10.244.0.0/16 # 根据实际的组网配置，这里跳过 Istio 服务网段
```

为了在编译过程中使用指定的 Envoy 及 Istio-proxy 源码目录，需要执行 Git 命令对两个源码目录分别进行拉取并保存到本地，目录结构如下：

```
$ git clone https://github.com/istio/envoy.git
$ git clone https://github.com/istio/proxy.git # 拉取后选择分支如 release-1.15

$ tree
```

```
├── envoy
└── proxy
```

接着在 Istio-proxy 目录下启动 Bazel 编译命令时指定依赖的 Envoy 源码目录为本地，否则 Bazel 将根据 Istio-proxy 源码内的 Envoy 依赖版本下载固定版本的 Envoy 源码包进行编译，这样不方便在后期对临时下载的 Envoy 源码进行修改和维护。

5. 修改 envoy.bazelrc 文件

在 Bazel 命令开始编译并指定本地 Envoy 源码目录前，需要修改 envoy.bazelrc 文件，使得此配置文件的 startup 指令使用前面添加过代理证书的 JDK 目录，帮助 Bazel 在下载第三方依赖包时通过 http_proxy 代理服务器的验证，此为可选项：

```
startup --host_jvm_args=-Xmx2g
--server_javabase=/usr/lib/jvm/java-11-openjdk-amd64 # 使用本地安装的 JDK 11，且已经添
加 http_proxy 使用的证书

run --color=yes

build --color=yes
build --workspace_status_command="bash bazel/get_workspace_status"
build --incompatible_strict_action_env
build --host_force_python=PY3
build --host_javabase=@bazel_tools//tools/jdk:remote_jdk11
build --javabase=@bazel_tools//tools/jdk:remote_jdk11
build --enable_platform_specific_config
```

6. 运行编译命令

在启动 Bazel 进行编译时，需要指定 Istio-proxy 依赖的本地 Envoy 源码目录，并启用 Clang-9 编译器进行 C++ 源码的编译。在本地编译命令中，Bazel 编译参数 --override_repository 指定 Istio-proxy 依赖的 Envoy 源码路径，这样就可以将本地修改过的 Envoy 代码与 Istio-proxy 代码一起进行编译了：

```
export CC=clang CXX=clang++ && bazel build --config=linux --config=clang
--override_repository=envoy=`pwd`/../envoy --config=release //src/envoy:envoy
```

需要注意的是，初次编译时间较长，最终生成的 Envoy 二进制文件位于 proxy/bazel-bin/src/envoy 目录下。实测采用 Clang 编译得到的 Envoy 二进制文件比采用 GCC 编译得到的二进制文件在运行性能方面有了较大提升。

附录 B 实践问题总结

随着 Istio 应用得越来越广泛,用户在应用 Istio 的过程中也遇到了各种问题。下面讲解一些典型的问题及解决办法,希望对读者解决类似的问题有所启发。

B.1 启用 Istio 后,服务调用速度变慢

以某应用场景为例,如表 B-1 所示,网关到目标服务的端到端的耗时 DURATION 为 127 毫秒,但是 X-ENVOY-UPSTREAM-SERVICE-TIME 反映的服务端耗时只有 14 毫秒,由此判断有较长时间花在调用方 Ingress-gateway 和服务端 Sidecar 的处理链路上。我们结合访问日志中 6 个重要时间的含义,很容易察觉是插入的服务网格数据面代理导致访问链路耗时变长。

表 B-1 访问日志时间解析

访问日志时间段	Ingress-gateway			服务端 Sidecar		
	耗时	起始时间	结束时间	耗时	起始时间	结束时间
DURATION	127	[01:20:46.337]	[01:20:46.464]	126	[01:20:46.338]	[01:20:46.464]
X-ENVOY-UPSTREAM-SERVICE-TIME	15	[01:20:46.449]	[01:20:46.464]	14	[01:20:46.449]	[01:20:46.463]

对访问日志的相关时间戳分析如下。

◎ 调用方 Ingress-gateway 发送请求首字节的时间是[01:20:46.337],收到上游服务应答末字节的时间是[01:20:46.464],DURATION 总计耗时 127 毫秒。

◎ 服务端 Sidecar 收到请求首字节的时间是[01:20:46.338],收到上游服务应答末字节的时间是[01:20:46.464],DURATION 总计耗时 126 毫秒。

◎ 调用方 Ingress-gateway 发送请求末字节到上游的时间是[01:20:46.449],收到上游服务应答首字节的时间是[01:20:46.464],从 Ingress-gateway 的视角来看,上游

Sidecar 和应用处理请求用了 15 毫秒。
◎ 服务端 Sidecar 收到请求末字节的时间是[01:20:46.449]，收到上游服务应答首字节的时间是[01:20:46.463]，从 Sidecar 的视角来看，应用处理请求用了 14 毫秒。

将 Ingress-gateway 的日志级别提高到 trace，跟踪一次请求，得到如图 B-1 所示的数据包处理流程。可以看到，客户端和 Ingress-gateway 之间的请求数据包被拆包并重组，但采用了流水线状的重组方式，数据包被每个阶段处理并向下一阶段传递。

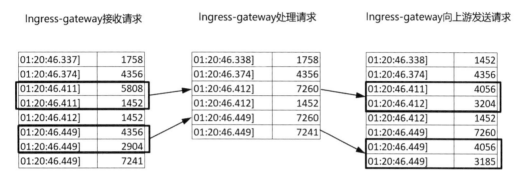

图 B-1　数据包处理流程

收到请求的每个包的时间：第 337 毫秒收到第 1 个包，第 374 毫秒收到第 2 个包，但第 411 毫秒和第 449 毫秒才分别收到后面两个包，即 Ingress-gateway 接收数据包用了 112 毫秒。通过观察 Ingress-gateway 处理每个包的时间，发现并没有产生大的延迟。所以确认导致整个链路产生延迟的原因是客户端与 Ingress-gateway 之间的网速慢，而不是 Ingress-gateway 或 Sidecar 自身的处理速度慢。

B.2　实施异常点检查策略时，被隔离的实例比例超过了该策略配置的最大阈值

DestinationRule 的异常点检查功能可以帮助我们自动隔离不健康的服务实例，从而方便地实施故障隔离和故障恢复，进而提高服务韧性。配置阈值的逻辑一般为：在检查周期（interval）内连续出现 consecutive5xxErrors、consecutiveGatewayErrors 或 consecutiveLocalOriginFailures 次访问异常的服务实例将被隔离一定时间（baseEjectionTime）。还可以配置最大隔离比例（maxEjectionPercent）这一阈值：控制被隔离的服务实例比例，从而避免阈值定得较低，以致将过多的实例判定成不健康并隔离，影响整个服务的可用性。

但配置最大隔离比例也有让人感到困惑之处。比如，总计 10 个服务实例，配置的最大隔离比例是 30%，但根据 Istio 生成的指标绘制的访问拓扑图（见图 B-2），可以看到有 4 个服务实例被隔离，隔离比例为 40%，超过了最大隔离比例。

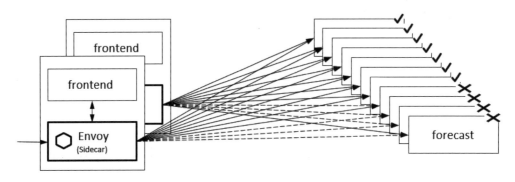

图 B-2　访问拓扑图

要分析其原因，就需要理解配置生效的原理。DestinationRule 配置的连接池、异常点检查等都作用于一个独立的代理，若发生故障的服务实例比例超过最大隔离比例，则在不同的客户端代理处隔离的服务实例可能不一样。比如，配置 forecast 的最大隔离比例为 30%，总计 10 个 forecast 实例，有 4 个 forecast 实例发生故障，此时有两个 frontend 实例在访问 forecast，第 1 个 frontend 实例隔离了发生故障的第 1、2、3 个 forecast 实例，第 2 个实例隔离了发生故障的第 2、3、4 个 forecast 实例，所以在访问拓扑图上会看到有 4 个 forecast 实例被隔离，隔离比例为 40%。但其实每个 frontend 实例都按照配置的最大隔离比例正确执行了隔离动作。

B.3　Istio 调用链埋点的"代码零修改"问题

Istio 的数据面代理代替业务进行埋点，在处理出流量和入流量时根据一定的规则生成 TraceId、SpanId 等重要标识和详细数据。但数据面代理生成的只是这个阶段处理的请求的调用链标识，并不能形成完整的调用链信息。为了把每个阶段的调用链都串起来，调用链埋点机制会要求应用程序在将请求发送给下一个服务时，将与调用链相关的信息一同发送过去，尽管这些 TraceId、SpanId 标识是数据面代理生成的。这样，数据面代理在处理出流量时，在向下一服务发起请求前才能生成子 Span，并与原 Span 关联，形成一个完整的调用链。如果应用程序未传递头域的调用链信息，则数据面代理在埋点时会创建根 Span，最终形成若干个割裂的 Span，不能被关联到同一个调用链。

用户若刚开始使用服务网格,对调用链的理解不太深刻,那么很容易困惑:既然 TraceId 和 SpanId 是同一个数据面代理生成的,那么进行调用链埋点时为什么要求应用程序在收到请求时解析这些 Id 标识,在发出请求时再通过头域把这些 Id 标识传回给数据面代理呢?其主要原因: Istio 的数据面代理分别在两个端口上处理出流量和入流量,对于 Envoy 来说就是一个数据面代理监听两个端口,独立处理各自的流量,因此不存在出流量和入流量上的信息映射。但是如果未来的数据面代理不是拦截网络访问,而是拦截服务间的调用,则原理上有机会标识和记录一次请求对上游服务的调用和被下游服务的调用,从而自动传递这些调用链的标识,无须应用程序传递固定的调用链。现在,应用程序开发者已经习惯在应用程序中传递这些调用链的固定头域。

B.4 通过 DestinationRule 配置给特定版本的流量策略未生效

DestinationRule 支持将各种流量策略都配置到不同粒度的对象上,比如某服务上、某服务子集上、某服务的特定端口上或者某服务的特定子集的特定端口上。用户在生产环境下曾遇到一个问题: forecast 只有一个版本 v1,用户通过 DestinationRule 给该版本配置了一个异常点检查策略,按理说所有流量都由该版本的后端处理,但实际上不是:

```
spec:
  host: forecast
  subsets:
  - name: v1
    labels:
      version: v1
    trafficPolicy:
      outlierDetection:
        consecutive5xxErrors: 5
        interval: 4m
        baseEjectionTime: 10m
        maxEjectionPercent: 30
```

可以发现,是 VirtualService 和 DestinationRule 的配合关系出现问题导致异常点检查策略未生效。因为 forecast 只有一个版本,不需要做灰度分流,所以运维人员没有创建 VirtualService,即没有通过配置路由将流量分发到 v1,导致在 v1 上配置的流量策略未生效。

考虑到在生产环境下每个微服务一般都对应独立的 VirtualService 和 DestinationRule,因此强烈推荐对服务网格管理的服务都默认维护同一个模板的 VirtualService 和

DestinationRule 对象，这样在管理该服务上的流量时，更新该模板的规则即可。针对以上示例，按照如下所示定义 v1 的默认路由，就不会出现流量策略未生效的问题：

```
spec:
  hosts:
  - forecast
  http:
  - route:
    - destination:
        host: forrest
        subset: v1
```

B.5　Spring Cloud 与 Istio 相互之间的服务发现

在开发企业级应用时，很多开发团队为了提升效率，都采用了统一的开发框架，并会维护自己内部的通用开发框架，其中，Spring Cloud 及其衍生的各种开发框架的应用尤为广泛。Spring Cloud 基于 Spring Boot 提供了高效的开发框架，通过 SDK 内置的功能进行微服务的服务注册和服务发现，并通过配置对服务间的访问进行管理。

Istio 采用了另一种方式进行服务发现、负载均衡和流量管理。

所以，如何将 Spring Cloud 的服务接入 Istio，或者如何将 Spring Cloud 与 Istio 结合使用，是近年来用户关注较多的话题。下面提供两种方案。

方案一，简单的服务发现互通。即让 Spring Cloud 的服务在 Istio 中自动注册，从而让 Istio 中的服务发现 Spring Cloud 的服务。该方案一般包含一个自动同步器，在 Istio 中分别以 ServiceEntry 和 WorkloadEntry 的格式注册在 Spring Cloud 中注册的服务和服务实例，这样 Istio 控制面就存有 Spring Cloud 服务的注册信息。当 Istio 的服务访问 Spring Cloud 的服务时，服务网格数据面代理拦截请求并执行服务发现，从服务网格控制面获取 Spring Cloud 服务对应的服务实例地址。Istio 数据面代理根据配置的负载均衡策略选择服务实例发送请求到对应的目标 Spring Cloud 服务实例上。当然，一个必要前提是 Istio 的服务实例和 Spring Cloud 的服务实例之间网络可达。

方案二，使用 Istio 管理 Spring Cloud 开发的应用，像管理部署在服务网格上的普通应用一样。为了处理好 Spring Cloud 内置的服务发现和服务治理，对于典型的运行在 Kubernetes 平台上的服务，一般进行以下操作。

（1）使用 Istio 运行的 Kubernetes 定义的服务替换原有 Spring Cloud 注册中心的服务

定义，进行服务发现。

（2）短路 Spring Cloud SDK 中服务发现和负载均衡等逻辑，直接使用 Kubernetes 的服务名和端口访问目标服务。

（3）结合自身的项目需要，逐步使用 Istio 的治理能力替换原有 Spring Cloud SDK 的治理能力。这根据实际需要是可选的。

一般可通过以下两种操作方式达成以上目标。

一种方式是只修改 Spring Cloud 的配置。Spring Cloud 本身除了支持基于 Eureka 等的服务端的服务发现，还支持对 Ribbon 配置静态服务实例地址。我们可以通过这种机制给 Spring Cloud 服务的后端实例地址配置对应的 Kubernetes 服务名和端口：

```
spring:
  application:
    name: frontend
server:
  port: 3000

# 配置 Kubernetes 的服务域名和端口
forecast:
  ribbon:
    listOfServers: forecast:3002
```

如以上配置，在 frontend 使用 Spring Cloud 的服务名访问 forecast 时，静态负载均衡会把流量分发到 forecast:3002 的服务实例上，即将请求转发到对应的 Kubernetes 服务和端口上。这样访问会被 Istio 数据面拦截，应用 Istio 的服务发现和负载均衡。当然，对于基于注解的配置，用同样的语义修改即可。这种方式对原有项目的修改较少，但是 Spring Cloud 的项目依赖都还在。

另一种方式是卸载 SDK 中的服务发现和负载均衡等依赖。从最终效果来看，整个项目的体量大大减少，即基本把 Spring Cloud 的开发和治理框架退化成 Spring Boot 开发框架。

在以上两种方案中，微服务网关比较特殊。Spring Cloud 的 Zuul 和 Spring Cloud Gateway 都基于注册中心进行服务发现，将内部的微服务映射成外部服务，并且在入口处提供安全、分流等功能。如果用户在网关上开发了很多私有的业务强相关的过滤器，则微服务网关在扮演一组微服务的门面服务时，可以直接将其当作普通的微服务部署在 Istio 中进行管理。如果 Spring Cloud Gateway 只提供了路径映射、授权等标准功能，那么推荐使用 Istio 的 Ingress-gateway 直接将其替换，以非侵入的方式提供外部 TLS 终止、限流、流量切分等功能。

B.6　服务网格内部服务协议配置错误，导致外部服务访问不通

这里分享一个真实的应用案例：由多个微服务组成的应用被部署在 Kubernetes 集群中，使用 Istio 管理服务间的流量，该应用的部分能力依赖购买的 Redis 云服务。Redis 云服务未在服务网格内注册，服务网格内的服务直接通过外部的 Redis 地址 10.206.181.10:6379 访问 Redis 服务。但是，应用在正常运行一段时间后，突然访问不通了。

在此期间，我们未对购买的 Redis 服务进行任何操作，其工作也正常；对访问 Redis 的微服务未做升级或修改；服务网格内现有服务的流量规则都没有变化；唯一的操作是管理员在 Istio 管理的 Kubernetes 集群内上线了一个要测试的 Redis 服务，端口也是 6379。经仔细诊断发现，这个 Redis 服务的协议被错误地配置为 HTTP，这影响了同端口的另一个外部 Redis 服务的正常访问。外部 Redis 服务虽然未在服务网格内注册，但可以通过服务的 IP 地址加 6379 端口正常访问，这是因为 Istio 从 1.1 版本开始，出流量的默认访问策略都是 ALLOW_ANY，即不对外部访问进行任何控制。这里的外部 Redis 服务未在服务网格内注册，因此当服务网格内的服务访问这个 Redis 服务时，数据面代理会通过 PassthroughCluster 将流量直接转发到访问的目标 IP 地址和端口上。

但是当管理员在服务网格内创建了一个端口是 6379 的 Redis 服务且将协议错误配置成 HTTP 时，在 Envoy 中会创建如下全零地址的监听器 "0.0.0.0_6379"，并通过 http_connection_manager 关联到名称是 6379 的 HTTP 路由。这样所有目标端口是 6379 的流量都会被这个监听器处理，包括服务网格内通过 6379 端口对原有外部 Redis 服务的访问流量，这些流量会被这个监听器当作 HTTP 请求进行处理，造成访问不通：

```
{
    "name": "0.0.0.0_6379",
    "active_state": {
     "version_info": "2022-02-21T18:52:24+08:00/5517",
     "listener": {
      "@type": "type.googleapis.com/envoy.config.listener.v3.Listener",
      "name": "0.0.0.0_6379",
      "address": {
       "socket_address": {
        "address": "0.0.0.0",
        "port_value": 6379
```

```
      }
    },
    "filter_chains": [
     {
      "filters": [
       {
        "name": "envoy.filters.network.http_connection_manager",
       }
      ]
     }
    ],
   }
  }
```

所以，解决措施有两种，都比较简单：①修改内部 Redis 服务被错误配置的协议为正确的协议；②使用 ServiceEntry 显式地注册服务网格外部服务。这样在 Envoy 配置中就会有一个监听在目标服务地址 10.206.181.10 且端口为 6379 的监听器处理该服务的流量。同时，对于在 Istio 中注册的外部服务，我们可以配置各种流量策略对其进行管理。

B.7 HTTP/2 访问无响应

在使用浏览器访问 frontend 提供的 HTTPS 服务时，请求偶尔会存在长时间无响应的情况。原因可能是：浏览器接收到的协议类型是 HTTP/2，而 frontend 支持的协议类型是 HTTP/1.1，即请求传输过程为浏览器→HTTP/2→Istio Ingress-gateway→HTTP/1.1→frontend。

这个传输过程存在 HTTP 的协议转换，在 Envoy 将 HTTP/2 请求转换为 HTTP/1.1 请求时，会偶尔出现挂起的状态。有种解决方案是升级 frontend，使其可以接收 HTTP/2 请求，并在定义 frontend 的 Service 时将对应端口的名称前缀改为"http2"，例如"name: http2"，在整个请求过程中都使用 HTTP/2，不存在协议转换。

B.8 UPE 及 DPE

UPE 和 DPE 是关于 HTTP 错误的两种响应标记。UPE 一般出现在客户端的访问日志中，指在上游响应中包含 HTTP 错误信息，上游服务器无法正确解析客户端发送的数据包。

DPE 指下游请求使用了错误的 HTTP，在一般情况下如果下游发送 HTTP 请求，则服务端 Envoy 无法正确解码，因此会提示 DPE。

1. UPE

UPE 出现的原因是对于 Envoy 向上游发送的 HTTP 请求，上游服务器正确解码。这里的 HTTP 请求不仅仅是 HTTP/1.1，还可能是 HTTP/1.0、HTTP/2、gRPC 等 HTTP 类协议。在 Istio 中，在用户访问服务网格外部服务或者没有注入 Sidecar 的服务，在 Access Log 中经常出现了类似如下的错误：

```
[2022-06-23T02:51:31.891Z] "GET /abc/testing.txt HTTP/2" 502 UPE
upstream_reset_before_response_started{protocol_error} - "-" 0 87 1 - ...
```

这时有必要检查客户端发送的 HTTP 版本及服务端所支持的协议版本。比如当客户端发送的是 HTTP/2 请求，但是服务器只支持 HTTP/1.1 协议时，就会出现此错误。而我们只需弄明白客户端发送请求使用的协议为什么不是服务器支持的协议。下面列出几种可能的排查方向和因素。

◎ 排查服务定义时，端口是否声明了错误的协议，比如端口名称被定义成 http2-xxx、grpc-xxx 等，这时 Istio 会配置使用 HTTP/2 进行服务访问。

◎ 排查全局 MeshConfiguration 中的 H2UpgradePolicy 策略是否被设置为 UPGRADE，有些用户为了提升 Sidecar 之间的通信效率，会通过全局策略强制使用 HTTP/2 通信。

◎ 排查 DestinationRule 服务中的 H2UpgradePolicy 策略是否被设置为 "UPGRADE"。

2. DPE

DPE 出现的原因是，对于服务端 Envoy 接收到的下游发送的 HTTP 请求，本地无法正确解码。这里的 HTTP 请求可能是 HTTP/1.1 或 HTTP/2 请求。使用 Istio 时，在访问日志中经常出现了类似如下的错误：

```
[2022-06-23T21:54:57.850Z] "- - HTTP/1.1" 400 DPE http1.codec_error - "-" 0 11
0 - "-" "-" "-" "-" "-" - - ……
```

排查方法与排查 UPE 的方法类似：首先确定客户端发送的具体协议类型是什么，服务器 Envoy 处理的协议类型是什么，如果两者不匹配，那么极有可能提示 DPE。下面列出几种具体的排查方向和因素。

（1）排查在定义服务时是否对端口声明了错误的协议。比如端口名称被定义成

"http-xxx",但是客户端发起的是 HTTP/2 请求,这时服务端配置的 HTTP 解码器只能解码 HTTP/1.1,不能解析 HTTP/2。

(2)排查在定义服务时是否对同一个目标端口声明了两种协议。比如在以下设置中,同一个目标端口被声明了 TCP 和 gRPC 两种协议,那么 Istio 在配置服务端 Sidecar 时,Inbound 监听器使用的是目的端口,所以只能设置一种协议。假如 gRPC 生效,而这时客户端使用 HTTP/1.1 协议进行访问,就会提示 DPE:

```
spec:
 ports:
 - name: tcp-ltm
   port: 10101
   protocol: TCP
   targetPort: 10000
 - name: grpc-ltm
   port: 10102
   protocol: TCP
   targetPort: 10000
```

B.9　证书校验错误(CERTIFICATE_VERIFY_FAILED)

有时在访问日志中会出现类似如下的证书校验错误:

```
[2022-6-10T12:36:02.063Z] "GET / HTTP/1.1" 503 UF,URX
upstream_reset_before_response_started{connection_failure,TLS_error_:268435581:S
SL_routines:OPENSSL_internal:CERTIFICATE_VERIFY_FAILED} - "TLS error:
268435581:SSL routines:OPENSSL_internal:CERTIFICATE_VERIFY_FAILED" 0 195 45 - "-"
"hackney/1.6.4" "9b3d6495-fa43-4054-8d0c-c6f51308b288"
"storage-db-svc.kazoo-db:5984" "192.168.58.110:5984"
outbound|5984||storage-db-svc.kazoo-db.svc.cluster.local - 10.100.26.163:5984
192.168.46.122:43165 - default
```

在 Istio 中,两个工作负载之间的通信默认通过 mTLS 进行安全加密。因此,在双方建立连接后会进行 TLS 握手和相互校验。

如果客户端和服务端使用的根证书不是同一套,那么会出现以上错误。这时可以通过 istioctl pc secret <pod name> -o yaml 获取证书,然后通过 openssl x509 -in <cert> -text -nout 对比两边的 Root CA 是否相同。

导致根证书不同的原因可能有哪些呢?比如 Istio 重新安装或者升级,但使用的 CA 证书与以前不一样,在这种情况下,如果没有重启工作负载,那么老工作负载与新工作负载就会使用不同的根证书。该问题在 Istio 1.14 之后的版本中已经修复,使用 Istio 1.14 之前的版本时一定要注意。

B.10 Job 执行完,Pod 不退出

在 Kubernetes 环境下,Job、CronJob 是部署离线作业的主要形态,它们通常执行一些离线计算任务,在任务执行完毕且将结果保存之后就会主动退出。但是在注入 Sidecar 后,我们如果没有做任何特殊设置,就会发现作业执行完成,但是 Pod 并没有进入 Complete 状态,而 Istio 的 Sidecar 容器还处于运行状态。

应该如何处理这种问题呢?首先,Kubernetes 提供的 preStop 钩子函数显然不适合这种场景,因为 preStop 的设计目的是允许容器在被动停止前做一些优雅退出的资源清理动作。而作业类的容器会主动退出,Kubernetes 不会调用 preStop 钩子函数。

目前 Kubernetes 社区关于支持 Sidecar 容器的提议一直处于挂起状态,因此从框架层面暂时无法通知 Sidecar 容器退出,只能对应用本身进行一些通知。Istio 社区为了解决这个问题,专门通过 15020 端口设计了一个 REST 接口,路径为/quitquitquit,允许作业类应用在退出之前主动通知 Sidecar 退出。

B.11 MySQL 访问不通

安装 Istio 之后若出现 MySQL 访问不通的问题,则往往是因为 MySQL 是一种 Server First 协议,即服务端先发送数据。Server First 协议会干扰 Istio 的协议自动探测,尤其是在使用 PERMISSIVE mTLS 模式,我们可能会看到类似如下的错误:

```
ERROR 2013 (HY000): Lost connection to MySQL server at 'reading initial communication packet', system error: 0.
```

Istio 协议探测发生在 Outbound 方向的客户端 Sidecar 上。在 Server First 协议中,服务器先发送数据,客户端不会先发送数据,因此协议探测对此失效。典型的 Server First 协议包括 MySQL、Redis、MongoDB 等。为了支持 Server First 协议,Istio 明确要求用户显式地设置服务端口所使用的协议,例如设置 MySQL 端口的名称为 "tcp-mysql"。

B.12 Headless Service 访问不通

Headless 服务是有状态应用在 Kubernetes 中访问时常用的一种服务类型，它与常规 Kubernetes 服务最大的区别：Headless 服务没有虚拟 IP 地址，它所定义的端口号在 Kubernetes 中没有实际意义。Kubernetes 的网络组件 Kube-proxy 不会为 Headless 服务生成任何转发规则，因此通过 Headless 服务访问等价于通过 Pod IP 地址直接访问。

声明 Headless 服务的主要目的是通知 CoreDNS 对服务域名进行 DNS 解析。CoreDNS 将 Headless 服务域名解析成其任意 Endpoint 成员的地址。所以在访问 Headless 服务时，一定要使用应用进程实际监听的端口。

Istio 根据服务的端口号及协议类型进行监听器和 Cluster 等 xDS 配置的生成，而且 Headless 服务对应的 Cluster 转发类型为原始目的地址类型。Sidecar 在进行 Headless 服务代理时，会把请求转发到应用所访问的目的地址，要求客户端访问所使用的目的端口必须与 Headless 服务实例监听的端口一致。因此，用户在定义 Headless 服务时，必须让 Port 和 TargetPort 的值保持一致，否则应用通过 Headless 服务域名和端口访问时，在 Sidecar 中会出现 Connection Refused 错误。

B.13 Ingress Gateway 访问不通

Istio 处理南北向流量时，Ingress Gateway 是必经的通道。Ingress Gateway 一般要求用户创建 Gateway API 对象，配置网关监听器，包括监听的端口、使用的协议，等等。

如果对 Gateway API 的 Selector 属性选择网关实例，则默认没有命名空间隔离，即无论网关实例在哪个命名空间，只要它的 Label 标签被 Gateway API 对象选中，它就会被此对象控制。这里存在一种设计上的反模式。

在服务网格内，为了业务的隔离性，在不同的命名空间都部署了不同的 Ingress-gateway，但可能因为在部署时直接复制了默认的 Deployment 模板，所以会导致不同命名空间的网关实例有相同的 Labels 标签。在这种情况下，用户在使用 Gateway API 配置服务北向的访问时，很容易造成不同命名空间的 Ingress-gateway 相互干扰。

另外，Gateway API 允许用户指定网关所用的 TLS 证书。Istio 要求 TLS 证书必须与网关实例部署在相同的命名空间，如果 TLS 证书所在的命名空间与网关实例不同，则会造成网关监听器无法加载证书，也会造成 Ingress 请求不通。

因此，Gateway API 对象选择使用网关实例并同时加载 TLS 证书，三个命名空间（Gateway API 对象、网关实例、证书的命名空间）的叠加会造成配置出错的可能性成倍增加。

B.14　修改 HTTP 过滤器参数，导致客户端长连接断开

用户的线上系统通过 EnvoyFilter 方式修改了 Ingress-gateway 中的监听器配置，发现修改完成后经过一段时间，客户端已经建立的 WebSocket 长连接被全部断开，虽然客户端已经做了业务重试处理，不会导致业务中断，但若有大量客户端重连请求到达，则后端服务的压力瞬间上升。

断开的原因：Envoy 的监听器配置关联 FilterChain 配置，在运行过程中，客户端创建的连接将与 Envoy 建立 TCP 连接，并且这些 TCP 连接的信息将被记录在 Envoy 监听器上。当用户向 Istio 下发某些配置时，Istio 控制面将重新生成并下发监听器配置。在一般情况下，监听器配置的更新将导致监听器对象的重建，这是由于每个监听器对象在创建时都已配置好各种过滤器及每个过滤器执行的顺序，如果动态修改某个监听器配置或监听器顺序，则可能影响已有连接对象上过滤器对象之间的关系。因此，最简单、有效的处理方式是重建整个监听器对象。在重建过程中，首先需要关闭原监听器对象及其关联的连接对象，从而使所有客户端连接都断开。

一种简单、有效的问题排查办法为通过 istioctl 命令查看当前 Envoy 的配置，然后重点检查监听器上的 version_info 时间标记，该标记记录了 Envoy 加载配置的时间：

```
{
    "name": "10.106.153.91_8123",
    "active_state": {
     "version_info": "2023-02-21T07:06:49Z/2",  # 监听器的最新更新时间
     "listener": {
      "@type": "type.googleapis.com/envoy.config.listener.v3.Listener",
      "name": "10.106.153.91_8080",
      "address": {
       "socket_address": {
        "address": "10.106.153.91",
        "port_value": 8080
       }
      },
      ……
```

B.15 在 Sidecar 容器启动之前，网络访问不通

有些应用在启动阶段需要通过网络远程加载一些配置或者访问其他服务。在未使用 Istio 之前，所有应用的启动完全正常，但在使用 Istio 注入 Sidecar 之后，经常出现应用的容器启动时网络访问不通，过一段时间后网络访问自我恢复的情况。这种情况出现的时间很短，通常难以定位。

这通常是由于在应用的容器启动时，Sidecar 容器还没有就绪，应用的网络请求在被拦截到 15001 端口后丢弃。Istio 社区目前提供了一种方案：保证 Sidecar 容器优先启动，并且等到它就绪后再启动应用的容器。具体的方案名称叫作延迟应用启动（HoldApplicationUntilProxyStarts），它通过控制 Sidecar 容器的注入顺序和增加 Sidecar 容器的生命周期 Post-Start 钩子函数，保证应用在 Sidecar 容器就绪之后启动。

我们在安装 Istio 时，既可以通过 "istioctl install --set values.global.proxy.holdApplicationUntilProxyStarts=true" 全局控制应用延迟启动，也可以通过在 Pod Annotation 中设置 "proxy.istio.io/config: '{ "holdApplicationUntilProxyStarts": true}'" 单独控制某个应用容器延迟启动。

B.16 一个有多个端口的服务在 Istio 中存在的连接冲突问题

有个案例：一个运行在 Istio 中的 Kubernetes 服务有两个端口（如下配置），都通过 Ingress-gateway 从外部进行访问，在长时间使用过程中，其中的 8001 端口可能出现连接异常断开：

```
spec:
  clusterIP: 10.247.26.161
  ports:
  - name: TCP
    port: 8001
    protocol: TCP
    targetPort: 8001
  - name: TCP
    port: 8002
    protocol: TCP
    targetPort: 8002
```

其原因可能是 Istio 的 Iptables 流量拦截功能在同服务多端口场景中存在机制性问题。

在该案例中，Ingress-gateway 访问目标服务的流量被 Iptables 拦截到服务端 Sidecar 的 15006 端口，由 Sidecar 对服务的入流量进行处理。在正常情况下，同一个 Ingress-gateway 的实例地址 10.0.0.45 会使用不同的随机端口连接同一个目标服务实例 10.0.0.38。但如下表所示，同一个 Ingress-gateway 实例有可能使用同一个随机端口 15018 访问目标服务实例 10.0.0.38，导致源 IP、源端口、目标 IP、Sidecar 目标端口的连接四元组重复，如表 B-2 所示。

表 B-2　连接四元组重复

源 IP 地址	源端口	目标 IP 地址	业务目标端口	Sidecar 目标端口
10.0.0.45	15018	10.0.0.38	8001	15006
10.0.0.45	15018	10.0.0.38	8002	15006

在目标服务的实例上进行抓包，可以清晰地看到冲突引起的问题，如图 B-3 所示。

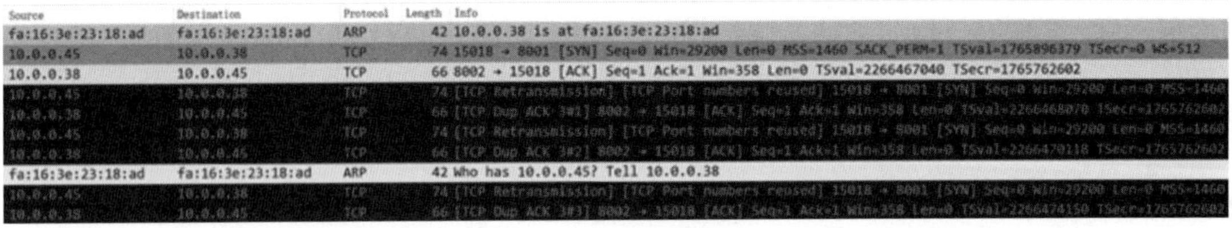

图 B-3　冲突引起的问题

其原因：Ingress-gateway 通过 10.0.0.45:15018 连接 forecast 实例地址的 8002 端口，即 10.0.0.38:8002，Iptables 重定向 Inbound 流量到 Sidecar 的 15006 端口，这时 10.0.0.45:15018 到 10.0.0.38:15006 的连接工作正常；当 Ingress-gateway 访问另一个端口 8001 时，Ingress-gateway 上的随机端口可能也是 15018，这时来自 10.0.0.45:15018 的 SYN 报文被发送到 10.0.0.38:8001，Iptables 就会把报文重定向到 Sidecar 的 15006 端口。在这种情况下，因为已经存在 10.0.0.45:15018 到 10.0.0.38:15006 的连接，其原始连接是 10.0.0.45:15018 到 10.0.0.38:8002，所以对 8001 端口的连接失败。

在实际使用过程中，并发越大，出现这种问题的可能性越大。一般在两个端口中，若一个端口为长连接，另一个端口上的连接建立比较频繁，则比较容易出现这种问题。在 Istio 当前基于 Iptables 的流量拦截机制中，对这种问题并没有根本的解决方案。

这里提出一种解决方案是：建议用户基于微服务理念"一个服务只做一个明确业务"，让一个服务只开放一个业务端口，只对这个端口上的业务流量进行管理。其他健康检查或运维端口上的流量可以不通过 Istio 管理，比如通过配置 excludeInboundPorts 配置这些非业务端口的流量不通过数据面代理。

B.17 HTTPTransfer-Encoding 解码兼容性导致的连接断开问题

用户的线上系统采用 HTTP1 中的 Transfer-Encoding 头域指定 HTTP body 部分的传输方式，并且指定取值为 chunked，表明通过多个数据分块的方式传输 HTTP body 部分。分块的编码原理非常简单：每个分块都包含一个单独的长度值及分块的实际数据，并且最后一个分块的长度值必须为 0，且没有数据部分。HTTP 接收端在收到带有 Transfer-Encoding 头域的响应时，将根据 chunked 标志对后续的分块数据进行读取并合并。

用户的线上系统采用分块传输机制后，由于使用了自制的 HTTP 编码库，使得响应数据包含多个相同的 Transfer-Encoding: chunked 头域，这种编码方式在 HTTP 的较早版本中没有被明确标记为不合法，因此在使用 Istio 前，客户端和服务端没有出现通信异常，但在使用 Istio 后，发现连接被 Envoy 主动断开并返回了 503 错误。经过分析得知，Envoy 处理应用数据时认为这是异常编码，断开了与服务端的连接并向客户端返回了"503"错误码。

为了保持客户端与服务端业务的连续性和兼容性，需要在 Envoy 中兼容这种编码方式，因此修改 HTTP1 的 codec_impl_legacy 编码器，通过 Envoy 中运行时机制的 envoy_reloadable_features_reject_unsupported_transfer_encodings 开关确定 Envoy 在对应用数据解码的过程中是否应该拒绝处理这种不支持的 HTTP 编码，默认为拒绝，可以通过 Admin 的 RESTful 服务进行开启，开启及查看开启结果的方法如下：

```
kubectl exec -it forecast-7f4b9fc79b-c95nr -c istio-proxy -- curl -X POST
http://localhost:15000/runtime_modify?envoy_reloadable_features_reject_unsupport
ed_transfer_encodings=0
   kubectl exec -it forecast -7f4b9fc79b-c95nr -c istio-proxy -- curl
http://localhost:15000/runtime|grep
envoy_reloadable_features_reject_unsupported_transfer_encodings -A5 .
```

附录 C 服务网格术语表

服务网格涉及的术语较多，有些细节容易对入门者造成困扰。本附录会对服务网格相关的术语进行解释，覆盖全书横向总结术语的含义，方便读者集中检索，并以这些关键术语为切入点提纲挈领地了解服务网格的内容。

C.1 服务网格

本节列举服务网格较高层面的术语。

C.1.1 服务网格（Service Mesh）

服务网格是本书中最高频的一个术语，在本书中一般指服务网格技术。

在实际使用过程中，服务网格更多地包括两种含义：①从物理形态来看，一个服务网格通常指由控制面和数据面组成的实现完整应用网络功能的一套服务组件；②从业务逻辑来看，一个服务网格通常指需要进行流量管理的一组服务的逻辑边界。

逻辑边界有如下特点。

◎ 一个服务网格管理的多个服务在业务上有紧密的相关性，比如在大多数场景下，这些服务是组成一个独立的完整应用的若干微服务。
◎ 一个服务网格管理的多个服务相互之间可以进行服务发现且可直接访问。
◎ 通过对一个服务网格配置一组流量、可观测性和安全等策略，管理该服务网格的服务。

在 Istio 中，一般一个服务网格对应一个独立的网格控制面和一组数据面，管理服务网格内服务间的流量。因此服务网格的物理含义与逻辑含义其实是统一的。

以具体的服务网格产品为例，我们在使用华为云的 ASM 或 AWS 的 appMesh 等产品时，会首先创建一个服务网格实例，然后在这个实例中配置服务的流量策略，管理服务间的流量。AWS 的 VPC Lattice 业务模型中的 Service Network 也是与服务网格类似的语义。

在以上产品的业务模型和大多数资料中，服务网格的英文术语 Service Mesh 在大多数时候会被简写为 Mesh。

C.1.2 数据面 API（xDS）

xDS 是一组服务网格数据面 API，它基于 Envoy 的 xDS API 构建，提供了中立、通用的标准 API，支持 Envoy、Proxyless、硬件负载均衡、移动客户端等各种数据面。xDS API 由 xDS-WG（xDS API Working Group）在 cncf/xds 仓库维护，用于提供一组应用于 L4、L7 的标准 API，类似于 OpenFlow 作用于 L2、L3 和 L4 的 SDN。

曾经有较长一段时间，这个数据面 API 更官方的名称是统一数据面协议 UDPA（Universal Data Plane API）。cncf/udpa 仓库目前处于归档状态，内容指向 cncf/xds 仓库。

xDS 由一组发现服务（Discovery Service，DS）组成，控制面通过实现这些 API 即可在运行时对数据面进行动态配置。xDS 的通用 API 特点：只要实现了该 API 的控制面，就可以对标准的数据面下发策略。Istio 的控制面 Istiod 将在 Istio 中配置的策略通过 xDS 下发给数据面 Envoy；AWS 的 appMesh、Google 的 Traffic Director 等自研的网格控制面也将各自的流量策略配置通过 xDS 下发给数据面 Envoy。同理，数据面只要支持 xDS，也可以被通用的控制面管理。xDS 源自 Envoy，Envoy 也是最早支持 xDS 协议的数据面代理。随着 xDS 协议的标准化，越来越多的数据面也开始支持 xDS。

C.1.3 控制面（Control Plane）

Istio 控制面是一组系统组件，管理服务网格数据面代理，并接收用户配置的流量策略，将其转换为数据面策略格式并下发到服务网格数据面。Istio 从 1.5 版本开始，控制面的架构由微服务模型回归单体模型，以 Pilot 为基础框架，将原有的 Pilot、Galley、Citadel、Sidecar-injector 等控制面组件合并为一个新的控制面组件 Istiod。因此，在 Istio 的相关资料和文档中，网格控制面、Istiod 和 Pilot 在大多数时候都表示网格控制面。

在社区的单集群模式和典型多集群模式下，网格控制面一般被部署在待管理的业务集群中。但在生产中更多地采用外部网格控制面（External Control Plane），即网格控制面被单独部署，不被部署在用户的业务集群中，从而解耦网格组件和用户环境，方便灵活、动态地管理业务集群。

华为云应用服务网格 ASM 采用了外部网格控制面，并且外部网格控制面由厂商托管，用户完全无须感知网格控制面的存在，也无须对其进行运维，只需将待管理的容器集群、Serverless 集群、虚拟机等服务接入控制面即可。ASM 对 Kubernetes 容器的服务和其他各类服务都提供了一致的服务发现机制、流量治理能力和使用体验。这种厂商管理和运维的控制面形态也被称为托管控制面（Managed Control Plane）。

C.1.4　数据面（Data Plane）

Istio 的网格数据面是一组透明的高性能代理，拦截应用程序间的出流量和入流量，执行配置的流量策略，实现服务网格的流量、可观测性和安全等能力，构建一个面向应用的基础设施。

网格数据面经常被称为 Sidecar，因为在大多数场景中，网格数据面都基于 Sidecar 模式与应用程序部署在一起。但广义上的网格数据面除 Sidecar 模式外，还包括其他形态的能接收网格控制面策略、进行流量管理的数据面组件，比如管理入口流量的 Ingress-gateway、管理出口流量的 Egress-gateway、Proxyless 形态的数据面、Istio Ambient 模式下的 Ztunnel 和 Waypoint、ASM 的节点级别网格代理 Terrace 等。

C.1.5　多集群服务网格（Multi-Cluster）

服务网格的管理对象是服务，或者准确地说是服务间的流量，与集群没有直接的关系。集群虽然不被包含在服务网格的业务模型中，但 Istio 在架构、部署形态等方面都与 Kubernetes 有紧密的联系，Istio 流量策略应用的主要负载是运行在 Kubernetes 集群中的容器。

Istio 除了可以管理单个 Kubernetes 集群的服务流量，也可以对多个 Kubernetes 集群的服务流量进行统一管理，这就是多集群服务网格。Istio 把流量策略分发到跨集群的网格数据面上，管理跨集群的服务间流量。Istio 提供了多种多集群部署模型，包括扁平网络单控制面模型、非扁平网络单控制面模型、扁平网络多控制面模型、非扁平网络多控制面模型。

C.1.6　网格联邦（Mesh Federation）

服务网格是服务流量管理的逻辑边界。管理员一般在一个服务网格中管理与业务密切相关的一组服务,这些服务之间相互之间可以直接访问,使用统一的流量策略,但边界不是绝对的:当两个服务网格中的两组服务间有业务关联时,就需要把一个服务网格的服务发布出来,在另一个服务网格中可以访问,并且访问的流量可被管理。这些跨服务网格的服务间访问在两个或多个服务网格间建立联系,这种形态就是网格联邦。这里的服务发布一般是把边界上跨网格访问和管理的服务通过 ServiceEntry 方式在对端的网格中定义的。

从部署上看,一个服务网格对应一个独立的网格控制面,网格联邦将多个服务网格的能力建立联系,其实也是将多个网格控制面建立联系,这也就是多网格(Multi-Mesh)模式的部署。

C.1.7　Envoy

Envoy 是一个开源的高性能的服务代理。Istio 将 Envoy 作为高性能数据面代理,执行控制面下发的流量策略,实现在 Istio 中定义的流量、可观测性和安全能力。在本书和大多数 Istio 文档中,Envoy 等同于网格数据面。Envoy 除了可以作为负载的 Sidecar,也可以作为独立的 Ingress 网关和 Egress 网关管理网格边界上的流量。

C.1.8　无代理(Proxyless)

Proxyless 是一种新的网格数据面形态。在这种模式下,开发框架内置了网格数据面能力,使用该框架开发的应用程序通过 xDS 对接网格控制面获取策略,并执行动作。Proxyless 模式的整体能力和基于代理的数据面一致,控制面配置也完全相同。这种模式无须代理拦截和处理流量,因此省去了代理的资源和性能开销,但是存在开发框架的应用程序耦合和语言绑定等问题。Proxyless 模式最典型的应用是 gRPC,gRPC 从 1.39 版本开始内置网格数据面能力,以 Proxyless 模式被网格管理。

C.1.9　网关(Gateway)

Istio 中的网关如下两个不同的含义。

(1)Gateway 规则,描述服务网格边缘上开放的服务端口和协议等配置,配合流量策略管理服务网格的入口流量和出口流量。

(2)服务网格边缘上独立部署的网关组件,包括入口处的 Ingress-gateway 和出口处的 Egress-gateway。Ingress-gateway 管理服务网格的入口流量,被服务网格外部客户端连接并访问，一般被发布为 Loadbalancer 服务。Egress-gateway 管理服务网格的出口流量，被服务网格内部服务调用，基于通用的 ClusterIp 服务访问。

C.2 服务

服务网格的管理对象是服务间的流量。服务作为流量的作用主体，在服务网格中扮演着重要的角色。在服务网格的业务模型甚至很多服务网格产品中，"服务网格管理服务"这种业务设计也符合用户的思维模式和使用习惯。下面从服务网格的视角讲解服务相关的术语。

C.2.1 服务（Service）

服务网格中的服务是流量策略作用的主体对象，一般包括一个可以访问的服务域名、端口和协议等信息。Istio 提供了面向多种协议的治理策略和数据面能力。

Istio 支持 Kubernetes 容器服务和 ServiceEntry 对象定义虚拟机服务、外部服务等非 Kubernetes 服务。Istio 基本可以无差别地对待不同形式的服务。Istio 控制面维护了一个内部对象 Service，将各种服务运行平台特有的服务模型转换为 Istio 通用的抽象服务模型进行管理。

虽然在 Istio 的云原生应用场景中，大部分服务是微服务，但从原理上来说，在实际应用中，各种形态的服务只要有流量通过网格数据面，就可以被网格管理，微服务化并不是必需的要求。

C.2.2 服务实例（Service Instance）

服务实例是真正处理流量的服务后端。每个服务都有一个或者多个服务实例，作为服务后端，在服务描述的端口上提供服务的业务能力。Service Instance 是通用的服务发现模型中的术语，在 Istio 中，服务实例也被称为服务后端（Service Endpoint）。Istio 数据面代理通过 EDS 协议进行服务发现，从控制面获取服务的后端实例集合，在处理请求时，从后端实例集合中选择一个实例转发流量。

Istio 控制面维护了一个 ServiceInstance 的内部对象表示服务实例，描述服务和后端的关联关系。控制面在将各种服务运行平台特有的服务模型转换为 Istio 通用的抽象服务模型时，会把各种服务实例统一转换为 ServiceInstance 对象。

服务实例是在控制面服务注册中心存储的一条逻辑记录，对应在数据面上是运行的一个工作负载实例。

C.2.3 工作负载（Workload）

工作负载是在运行环境下部署的应用程序的二进制进程。若某工作负载关联了服务，则说明该工作负载开放了可被访问的接口。一个工作负载可以关联多个服务，表示开放多个访问接口；一个工作负载也可以不关联服务，表示这个工作负载自身不会被访问，只是作为访问者访问别的服务。典型的 Kubernetes 工作负载是 Deployment，在 Istio 中特别提供了工作负载组 WorkloadGroup 来定义虚拟机类型的工作负载，可参照 3.7 节的内容。

Istio 的多个应用场景都用到了工作负载信息，比如在 4.1 节所述的访问指标中一般都包含 source.workload.name、source.workload.namespace、destination.workload.name、destination.workload.namespace 等信息，用于描述可观测性数据产生的源工作负载和目标工作负载。

C.2.4 工作负载实例（Workload Instance）

工作负载实例是多实例部署的工作负载的一个实例，一般对应一个应用程序的进程，是服务实例的物理承载。类似于工作负载与服务的关系，一个负载实例对应一个服务实例。典型的工作负载实例是 Kubernetes 的 Pod，它是 Kubernetes 的工作负载 Deployment 的动态控制 Pod。Istio 提供了 WorkloadEntry 对象来定义一个工作负载实例，以描述虚拟机等负载类型，既可以手动创建，也可以基于工作负载组（WorkloadGroup）自动创建。

工作负载实例在 Istio 中应用得也较多：Istio 的各种策略通常基于工作负载实例的属性描述匹配条件，比如在授权策略中通过 source.namespace、source.principal 等描述授权匹配的条件；认证策略、授权策略、EnvoyFilter 等通过工作负载选择器（Workload Selector）描述规则应用的对象；在可观测性数据中记录了负载实例的具体信息，进行负载实例级别的运维管理。

C.2.5 命名空间（Namespace）

在 Istio 中没有特别定义命名空间的对象，而是复用了 Kubernetes 的命名空间来组织和管理 Istio 的各种规则资源。

对 Istio 的命名空间有以下几点需要注意。

◎ 命名空间解析：Istio 管理的规则被定义在一个命名空间中，规则定义的服务可能在另外的命名空间中，将规则的短域名解析成完整域名，该完整域名经常有歧义。如 3.2.3 节所描述，VirtualService 的 hosts 字段描述的短域名在被解析为完整域名时，补齐的命名空间是 VirtualService 所在的命名空间，而不是用户期望的服务的命名空间。

◎ 同一服务判定：在多集群的服务网格中，每个独立的 Kubernetes 集群都有各自的命名空间和服务。Istio 的服务发现机制认为多个集群中名称和命名空间都相同的服务是同一个服务。Istio 的流量策略若被应用到某个服务，则在该服务跨集群的多个实例上也生效。

除了组织和管理流量规则和服务，Istio 中基于命名空间的管理还包括如下内容。

◎ Sidecar 注入：Istio 支持不同粒度的 Sidecar 注入，其中应用最广泛的是通过对某个命名空间打上注入标签，控制对该命名空间的所有负载注入网格数据面代理。

◎ 策略生效范围：Istio 中的 Sidecar、EnvoyFilter、PeerAuthentication、RequestAuthentication、AuthorizationPolicy 等均支持对同一个命名空间配置统一的策略。

◎ 策略匹配条件：在 Istio 中，大量策略都将命名空间作为匹配条件。比如 VirtualService 的 sourceNamespace、授权策略中的 source.namespace 等都匹配源负载的命名空间。

◎ 可观测性属性：在 Istio 生成的可观测性数据中包含源命名空间和目标命名空间（source.workload.namespace 和 destination.workload.namespace），基于命名空间对可观测性数据进行检索和管理。

C.2.6　服务发现（Service Discovery）

服务发现指在服务访问过程中通过服务名获取对应服务实例列表的机制，一般配合负载均衡机制，将访问流量分发到服务的后端实例上。服务发现机制可以轻松应对扩缩容、升级等服务后端实例地址变化的问题。服务发现机制一般包括以下两种形态。

◎ 客户端的服务发现：通过微服务框架开发的服务内置了服务发现能力，一个微服务在访问另一个微服务时会先从注册中心获取服务实例的地址，然后向选定的地址发送流量；Kubernetes 也基于客户端的服务发现机制，Kube-proxy 从 Kube-apiserver 处获取服务对应的实例列表，并选择服务实例分发流量；Istio 同样基于客户端的服务发现机制，控制面 Istiod 将服务对应的实例地址通过 EDS 接口推送到网格数据面，网格数据面执行负载均衡，分发流量到目标服务实例。
- ◎ 服务端的服务发现：一般的使用场景是客户端程序访问一个网关，在网关处执行服务发现，选择服务对应的后端实例并转发流量。微服务的入口网关如 Spring Cloud Gateway 或 Istio 的 Ingress-gateway 均采用了服务端的服务发现机制。

C.2.7 服务注册（Service Registry）

服务注册是服务发现的前置动作和必要条件，指创建服务与服务实例的关联关系的过程。服务注册一般配套一个服务注册中心或名字服务的组件存储服务和服务实例信息，常见的服务注册中心包括 Eureka、Consul、ZooKeeper、Etcd、Nacos 等，也有类似 AWS Cloud Map、Google Service Directory 等托管的名字服务。服务注册方式通常如下。

- ◎ 自注册：服务在启动时向注册中心发送请求并进行注册，比如 Spring Cloud 的微服务在启动时会使用内置的 Eureka Client 连接远端的 Eureka Server 注册当前服务实例的信息。
- ◎ 第三方注册：服务自身无须注册，第三方或平台执行服务注册。典型的如 Kubernetes，用户只需在 Kubernetes 上声明式地创建服务，当服务关联的工作负载的 Pod 发生变化时，Kubernetes 平台自动维护服务与后端实例的关系。

Istio 默认使用 Kubernetes 的 Kube-apiserver 作为服务注册后端，对 Kubernetes 容器的服务直接复用 Kubernetes 服务和服务实例数据，无须注册；对虚拟机等其他形态的服务，提供了基于 ServiceEntry 和 WorkloadEntry 的服务注册机制。在实践过程中，当 Istio 和第三方注册中心的服务有交互时，我们也可以将外部注册中心的服务和实例在 Istio 中自动注册，从而实现统一的服务发现机制。

C.2.8 服务版本（Service Version）

Istio 分流策略的一个重要应用场景是灰度发布，这就引入了服务版本的概念。一般服务版本的实现机制是：一个服务关联不同的工作负载，每个工作负载都基于不同版本的二进制文件构建。比如在 Kubernetes 中，一个服务关联多个 Deployment，每个 Deployment 都基于不同的镜像构建，代表一个服务的不同版本。在 Deployment 生成的 Pod 上携带版本标签，从而标记不同版本的实例。Istio 正是向标记了版本的服务实例分组分发流量来实现灰度发布的。有个细节：在 Istio 的灰度分流策略中，服务版本对应的服务实例分组需要通过 DestinationRule 的服务子集来定义。

C.2.9 服务子集（Subset）

服务子集是 Istio 定义的服务后端分组，在 DestinationRule 中定义了满足标签过滤条件的服务实例属于一个服务子集。Istio 可以对一个服务的不同服务子集配置不同的流量策略，也可以配置路由策略为不同的服务子集分发流量。

在常见的灰度发布场景中，我们先在 DestinationRule 中定义服务子集，描述服务子集匹配的实例版本标签，然后在 VirtualService 中配置灰度分流策略，将流量分发到不同的服务子集。

其他服务网格虽然不一定对应包含 Istio 的服务子集，但也有类似的模型对象，比如在 AWS appMesh 配置模型中，虚拟节点（Virtual Node）起到了与服务子集类似的作用。

C.2.10 源服务（Source）

源服务指服务间访问的发起者在 Istio 中多处出现的 Source 一般都表示源服务。3.2 节所述的 HTTP、TCP、TLS 三种流量策略均支持的匹配条件 sourceLabels 和 sourceNamespace 等表示匹配请求来源的负载标签和命名空间。在 4.1.2 节所述的可观测性指标定义中，一组以 Source 开头的字段 source.workload.name、source.workload.namespace 等描述了源服务工作负载的名称、命名空间等；在 5.4 节所述的授权策略定义中也包括多个基于源服务的属性 source.namespace、source.principal 等来描述授权策略的匹配条件。

C.2.11 目标服务（Destination）

目标服务指服务间访问的目标对象。Istio 的流量策略虽然可能在源服务或目标服务的代理上生效，但大部分定义的对象都是目标服务。比如 VirtualService 的路由目标 RouteDestination 描述流量分发的目标：

```
- route:
  - destination:
      host: forecast
      subset: v1
```

另外，在指标定义中，一组以 Destination 开头的字段 destination.workload.name、destination.workload.namespace 等描述目标服务工作负载的名称、命名空间等信息；在授权策略定义中也包括多个基于目标服务的属性 destination.ip、destination.port 等来描述授权策略的匹配条件。

C.3 安全

下面讲解 Istio 安全相关的术语。

C.3.1 对等身份认证（Peer Authentication）

对等身份认证是服务到服务的访问过程中基于服务双方身份的认证方式。对等身份认证要求向服务双方都提供标识，用于服务间访问的双向认证。在 Istio 中基于双向认证 mTLS 实现对等身份认证。Istio 自动为网格中的服务维护标识身份的证书，双方的 Sidecar 代替应用程序实现服务到服务的认证。

C.3.2 服务请求认证（Request Authentication）

服务请求认证指基于在请求中携带的信息进行认证，一般用于对最终用户的认证。在 Istio 中通过 JWT 方式实现服务请求认证。源服务将 JWT 令牌通过 HTTP 头域发送给目标服务，网格数据面代理验证签名以判断该 JWT 是否可信，同时从认证通过的 JWT 令牌中解析用户身份，配合授权策略判定是否允许对目标服务进行访问。

C.3.3 双向认证（mTLS）

TLS 是一种连接级的协议，为 TCP 连接提供安全保障，将 TCP 作为通信协议的应用程序都可以通过 TLS 保障通信的安全。

双向认证 mTLS 指在 TLS 认证过程中，源服务和目标服务都要验证对端的身份，源服务和目标服务都持有标识身份的证书，在双方通信时源服务校验目标服务，同时源服务提供证书供目标服务校验。双向认证比较安全，主要用于机机场景中服务到服务的访问。在 Istio 中，双向认证通过源服务和目标服务的网格代理来完成，业务无须参与。

与双向认证对应的是单向认证，单向认证只要求源服务验证目标服务的合法身份，目标服务不需要校验源服务的证书。目标服务对源服务的验证通过业务层来实现，一般用于人机访问场景中。典型的 Web 应用大多是单向认证，无须在 TLS 协议层对用户的身份进行校验，一般在应用代码中验证用户的合法性，或使用 JWT 的服务请求认证。

除了认证功能，mTLS 还可以保障通信的机密性和保障交换数据的完整性。

C.3.4　自动双向认证（Auto mTLS）

自动双向认证是 Istio 提供的一种内置的强身份机制，自动完成双向认证。Istio 基于这种机制实现网格内服务间的对等身份认证。用户只需在对等身份认证策略中启用认证，网格数据面代理就会自动为服务签发代表其身份的证书，并进行证书的自动轮换。在服务间访问时，源服务和目标服务的代理使用自动生成的证书进行 mTLS 通信，整个认证过程对用户的应用程序来说是自动的，因此是自动双向认证。

C.3.5　授权（Authorization）

授权指对特定的资源使用进行控制。Istio 基于零信任要求根据授权策略的定义细粒度地管理服务间的访问，控制只有来自某个命名空间、某个 IP 段或特定身份的工作负载可以访问目标服务或者目标服务的某个接口或端口。Istio 的授权可以结合认证策略，控制只有认证过的特定身份的负载可以访问目标服务。授权在网格数据面上执行，对用户的业务透明。

C.3.6　JWT（JSON Web Token）

JWT 是对服务中携带的 JWT 令牌进行验证的方式。Istio 根据在请求认证策略 RequestAuthentication 中描述的信息验证 JWT 令牌，从而实现服务请求认证。

C.3.7　SPIFFE（安全生产身份框架）

SPIFFE 是一个标识应用身份和安全通信的框架和标准，提供了与平台无关的身份，帮助跨异构环境和组织边界的服务相互之间进行身份识别，包括：定义了 SPIFFE ID，一个服务身份标识的标准；定义了 SVID（SPIFFE Verifiable Identity Document），将 SPIFFE ID 编码在一个加密并且可验证的文档中，典型的如 X.509 证书或 JWT 令牌。

C.3.8 信任域（Trust Domain）

信任域作为负载标识的一部分，表示系统的信任根。一般在一个信任域内运行独立的 SPIFFE，在这个信任域内，所有工作负载都可以基于 SVID 进行相互验证。信任域作为一个安全组织单位，可以根据业务需要规划，基于部署环境或者安全管理的要求，将不同的负载规划在不同的信任域。

在 Istio 中一般一个服务网格对应一个信任域，即将与业务相关的一组服务规划在一个信任域内，比如 spiffe://wistio.cc/ns/weather/sa/forecast 标识中的 wistio.cc 表示负载所属的信任域，服务网格内的所有负载标识都被规划在该信任域下。在多集群服务网格中，为了在负载间互相信任，推荐将多个集群的负载规划到一个信任域中。

C.3.9 TLS 终结（TLS Termination）

TLS 终结指在 Istio 的 Ingress-gateway 处接收外部客户端发起的 TLS 连接，使用配置的证书和客户端进行认证，解密访问流量并将其转发给服务网格内部服务。服务网格内部服务无须关注与外部的源服务间的 TLS 认证。

C.3.10 TLS 发起（TLS Origination）

TLS 发起指 Istio 的服务网格内部服务在通过 Egress-gateway 访问外部服务时，Egress-gateway 代替服务网格内的源服务与外部的目标服务进行 TLS 认证，并将来自源服务的非加密流量透明地转化为 TLS 的加密流量进行访问。服务网格内部的源服务无须关注与外部目标服务间的 TLS 认证。

C.4 可观测性

下面讲解与 Istio 可观测性相关的关键术语。

C.4.1 应用拓扑（Application Topology）

应用拓扑表示一个应用包含的服务之间基于业务访问呈现的依赖关系。Istio 基于非侵入方式采集的服务间的访问指标构建应用拓扑，并在拓扑点和拓扑连线上分别呈现服务与服务间的实时访问指标，包括延迟、吞吐、错误率等。

C.4.2　调用链（Tracing）

调用链记录和关联一次完整请求中所有服务间的调用，从而展示每个阶段的耗时和调用的详细情况。调用链可以帮助运维人员有效地解决分布式系统的定界定位问题。调用链系统包括调用链埋点、数据收集、存储和检索。Istio通过网格数据面进行调用链埋点，简化了应用程序的开发流程。

C.4.3　指标（Metric）

指标基于统计视图描述监控对象在各个维度的量化特征。Istio管理的服务间访问主要记录服务间访问的耗时、吞吐等信息。网格数据面代理通过非侵入方式记录服务间的访问指标，并对每个指标都提供丰富的指标维度。Istio数据面提供了Prometheus标准的指标采集接口。运维人员对访问指标进行多粒度的聚合管理，构建服务的趋势、统计、拓扑视图，描述服务的总体运行状态和健康状况。

C.4.4　访问日志（Access Log）

访问日志用于记录服务每次访问的时间、请求、耗时、源服务和目标服务等详细信息，帮助运维人员进行服务问题排查。Istio数据面代理根据配置的访问日志格式，在处理流量时以非侵入方式记录访问日志，并通过标准接口上报到访问日志后端。

C.4.5　服务水平目标（SLO）

服务水平目标（Service Level Objective，SLO）通过定义服务水平指示器（Service Level Indicator，SLI）的目标值或目标值的范围，来描述用户对系统期待和能承受的最低要求。SLI是用于衡量和描述服务的指标，在Istio中用于描述服务访问的常用指标包括服务的吞吐、访问成功率、访问延时等。相应地，服务水平协议（Service Level Agreement，SLA）描述了企业对外承诺的SLO未实现时向用户提供补偿的协议。

Istio通过非侵入方式采集到服务的访问指标，提供SLI数据，帮助用户结合需求和系统能力定义服务的SLO，保证在Istio上运行的服务呈现给最终用户的服务质量满足要求，并跟踪燃烧速率，即相对于 SLO 目标，服务消耗错误预算的速度，在速度过快时进行告警。

C.5　部署

下面讲解 Istio 部署相关的术语。

C.5.1　Istiod

Istio 网格控制面组件，见 C1.3 节。

C.5.2　Pilot

Pilot 是 Istio 的控制中枢。Pilot 与网格数据面代理建立连接，管理网格数据面代理，并实现服务发现和各种流量策略的配置下发。

C.5.3　Galley

Galley 是 Istio API 配置管理的核心组件，校验 API 的配置信息，保证配置的合法性，并为其他组件提供 API 查询功能。

C.5.4　Citadel

Citadel 是 Istio 的核心安全组件。Citadel 作为 Istio 的证书颁发机构，与数据面代理一起为用户负载签发证书并自动完成证书轮转，支撑数据面代理完成自动双向认证。

C.5.5　Sidecar-injector

Sidecar-injector 是在 Istio 中实现自动注入 Sidecar 的组件，以 Kubernetes 准入控制器（Admission Controller）的形式运行。

C.5.6 主集群（Primary Cluster）

主集群指被部署在网格控制面中的 Kubernetes 集群，一般在多集群场景中选择一个业务集群部署网格控制面，其他集群的网格数据面代理连接主集群的网格控制面，管理这些集群服务间的流量。

C.5.7 远端集群（Remote Cluster）

远端集群相对于主集群而言，指部署了用户业务负载的 Kubernetes 集群，连接主集群内部署的网格控制面或外部独立的网格控制面，进行流量管理。

C.5.8 IOP（Istio Operator）

IOP 特指 Istio 的 CRD 定义 IstioOperator，描述 Istio 组件的目标安装状态，包括对 Istio 组件的完整配置。Istio Operator 基于 Kubernetes Operator 模式，使用一个特定于 Istio 组件的控制器 Operator 来工作，基于 IstioOperator 的 CR（Kubernetes 的自定义资源）的配置打包、部署和管理 Istio 组件。

结　语

感谢各位读者阅读本书的全部内容！希望书中的内容能给您和您的日常工作带来帮助。下面谈谈笔者对服务网格技术的一些观点，以与各位读者共勉。

随着多年的发展，服务网格技术在用户场景中的应用及技术本身都进入了比较务实的阶段。以 Istio 为代表的服务网格项目通过自身的迭代和对用户应用场景的打磨变得逐渐稳定、成熟和易用。Istio 已加入 CNCF，这进一步增加了技术圈对服务网格技术的信心。通过这几年的发展，服务网格技术逐渐成熟，形态也逐步被用户接受，并越来越多地在生产环境下大规模应用。

在这个过程中，服务网格技术不断应对用户的实际应用问题，也与周边技术加速融合，更聚焦于解决用户的具体问题，在多个方面都呈现积极的变化。

除了 Istio 得到人们的广泛关注和大规模应用，其他多个服务网格项目也得到关注并实现了快速发展。除了开源的服务网格项目，多个云厂商也推出了自研的服务网格控制面，提供面向应用的全局的应用基础设施抽象，统一管理云上多种形态的服务（包括容器、虚拟机和多云混合云等），并与自有的监控、安全等服务结合，向最终用户提供完整的应用网络功能，解决服务流量、韧性、安全和可观测性等问题。

一个较大的潜在变化发生在网格 API 方面，Kubernetes Gateway API 获得了长足的发展。原本设计用于升级 Ingress 管理入口流量的一组 API 在服务网格领域获得了意想不到的积极认可。除了一些厂商使用 Kubernetes Gateway API 配置入口流量，也有服务网格使用其来配置管理内部流量。社区专门设立了 GAMMA（Gateway API for Mesh Management and Administration）来推动 Kubernetes Gateway API 在服务网格领域的应用。

较之控制面的设计和变化大多受厂商和生态等因素的影响，服务网格数据面的变化则更多来自最终用户的实际使用需求。在大规模的落地场景中，资源、性能、运维等挑战推动了服务网格数据面相应的变革尝试。

首先，服务网格数据面呈现多种形态，除了常规的 Sidecar 模式，Istio 社区在 2022 年下半年推出了 Ambient Mesh，在节点代理 Ztunnel 上处理四层流量，在拉远的集中式代理

结　语

Waypoint 上处理七层流量。Cilium 项目基于 eBPF 和 Envoy 实现了高性能的网格数据面，四层流量由 eBPF 快路径处理，七层流量通过每节点部署的 Envoy 代理处理。华为云应用服务网格 ASM 上线节点级的网格代理 Terrace，处理本节点上所有应用的流量，简化 Sidecar 维护并降低了总的资源开销。同时，华为云 ASM 推出完全基于内核处理四层和七层流量的数据面 Kmesh，进一步降低了网格数据面代理带来的延迟和资源开销。

然后，在云厂商的网络产品中，七层的应用流量管理能力和底层网络融合的趋势越来越显著。即网络在解决传统的底层连通性的同时，开始提供以服务为中心的语义模型，并在面向服务的连通性基础上，提供了越来越丰富的应用层的流量管理能力，包括流量、安全和可观测性等方面。虽然当前提供的功能比一般意义上服务网格规划的功能要少，颗粒度要粗，但其模型、能力甚至场景与服务网格正逐步趋近。

其次，除了向基础设施进一步融合，网格数据面也出现了基于开发框架构建 Proxyless 模式的尝试。这种模式作为标准代理模式的补充，在厂商产品和用户解决方案中均获得了一定的认可，gRPC、Dubbo 3.0 等开发框架均支持这种 Proxyless 模式。开发框架内置了服务网格数据面的能力，同时通过标准数据面协议 xDS 和控制面交互，进行服务发现、获取流量策略并执行相应的动作。这种模式比代理模式性能损耗少，也会相应地节省一部分代理的资源开销，但也存在开发框架固有的耦合性、语言绑定等问题。

再次，Proxyless 模式从诞生时期开始就引发了较大的争论。一种观点认为其是服务网格的正常演进，是代理模式的有益补充；也有一种观点认为其是向开发框架模式的妥协，更有甚者批评其是技术倒车。笔者若干年前做过微服务框架的设计开发工作（项目后来开源并从 Apache 毕业），近些年一直聚焦于服务网格相关技术和产品，认为没必要太纠结技术形态细节。在为用户提供产品和解决方案的过程中，近距离深入了解各类用户的实际业务需求和痛点，我们认为几乎所有技术呈现的变化都是适应用户实际业务的自我调整。具体到网格数据面的这些变化，说明服务网格技术正进入了快速发展时期。在这个过程中，希望我们这些有幸参与其中的技术人员能够以更开放的心态接纳和参与这些变化，深刻洞察用户碰到的问题，并以更开阔的技术视野解决用户问题，避免各种无休止的技术形态空洞之争。我们认为技术唯一的价值就是解决用户问题，产生有用性。正是不断涌现的用户业务需求，推动了技术的进步和发展，也提供给我们参与其中的机会和发挥作用的空间。

最后，再次感谢各位读者阅读本书，也很期待将来有机会就其中的内容和您进行技术交流。假如您需要更深入地学习服务网格及云原生相关技术，欢迎关注我们的"容器魔方"公众号，一起学习并讨论服务网格及云原生领域内的最新技术进展。

张超盟